高等教育网络空间安全专业系列教材

密码学及应用

胡 伟 戚明平 朱 丹 编著

机械工业出版社

本书主要涵盖密码学背景基础、密码算法及其应用、密码分析、密码学新方向四大主题。首先，介绍网络空间安全和密码学的相关概念，并概述了密码学的发展历程。然后，对密码算法应用以及国密算法标准体系进行了介绍，包含古典密码、分组密码、序列密码、哈希函数、公钥密码、数字签名、密钥建立与管理。接下来，重点讨论密码应用安全和密码分析手段，主要介绍了常用的侧信道攻击及其防御措施、密码设计安全验证。最后，简要介绍了同态加密、安全多方计算、隐私集合求交与联邦学习、区块链与数字货币、后量子密码等密码学新技术。

本书既可以作为高等院校网络空间安全、信息安全、密码科学与技术、网络安全和保密技术等安全类专业本科生或研究生相关课程教材，也可以作为集成电路硬件安全领域从事密码侧信道分析研究和开发工作人员的参考书。

本书配有授课电子课件，需要的教师可登录 www.cmpedu.com 免费注册，审核通过后下载，或联系编辑索取（微信：13146070618，电话：010-88379739）。

图书在版编目（CIP）数据

密码学及应用 / 胡伟，戚明平，朱丹编著 . -- 北京：机械工业出版社，2025.7. --（高等教育网络空间安全专业系列教材）. -- ISBN 978-7-111-78271-1

Ⅰ . TN918.1

中国国家版本馆 CIP 数据核字第 2025CX7879 号

机械工业出版社（北京市百万庄大街 22 号　邮政编码 100037）
策划编辑：郝建伟　　　　　　　　　责任编辑：郝建伟　王　芳
责任校对：孙明慧　杨　霞　景　飞　责任印制：单爱军
唐山三艺印务有限公司印刷
2025 年 8 月第 1 版第 1 次印刷
184mm×260mm · 17.75 印张 · 451 千字
标准书号：ISBN 978-7-111-78271-1
定价：69.90 元

电话服务　　　　　　　　　　网络服务
客服电话：010-88361066　　　机 工 官 网：www.cmpbook.com
　　　　　010-88379833　　　机 工 官 博：weibo.com/cmp1952
　　　　　010-68326294　　　金 书 网：www.golden-book.com
封底无防伪标均为盗版　　　　机工教育服务网：www.cmpedu.com

前　　言

网络安全已经上升到国家安全的高度。密码是网络与信息安全的核心支撑技术，是网络与信息系统上层建筑的安全根基，也是保障诸多关键安全属性的重要途径，在信息加密存储、安全传输、身份认证和安全审计等领域发挥着不可替代的作用。无论是在国家层面还是个人层面，密码技术都体现出其核心价值；对于安全从业者而言，它也代表着核心竞争力。这牢固奠定了密码学相关课程在网络空间安全、信息安全、密码科学与技术、保密技术等多个安全相关学科中专业核心课的地位。如何讲授好相关专业核心课程，夯实学生的密码理论基础，培养学生的密码应用和分析能力，是密码学相关课程一线教师和教研工作者们共同思索的一个问题。

早期密码学相关课程的教学非常注重密码数学基础和密码算法的讲授，有力夯实了学生的密码理论基础，对于新型密码算法的研究也起到了积极的推动作用。然而，这一时期普遍存在对密码应用重视不足的问题，导致了理论与实际应用的脱节。21世纪初，网络、通信、数字经济的飞速发展对密码算法的工程实现、设计优化和部署应用产生了广泛而迫切的需求，推动了密码技术的普遍应用，我们开始更加重视学生密码应用能力的培养。网络和信息技术在促进经济和社会飞速发展的同时，也带来了严峻的信息安全问题。密码技术作为守护网络安全的重要屏障，其安全性引发了广泛的关注与探讨。为了深入理解和评估密码系统的安全性，众多密码分析方法应运而生，共同为构建更加稳固的网络安全防线提供支撑。如果学生还停留在密码算法理论性安全分析以及密码工程实现层面，没有充分认识到密码算法在数学上的安全性与其实现的安全性是两个不同的问题，完全按照密码算法标准规范或课本上讲授的算法流程去开发密码应用，这样的应用在密码分析专家面前将不堪一击。针对新的安全挑战，我们需要充分重视密码分析思维和能力的培养，帮助学生树立安全风险意识，让其从理论分析和具体实现两个维度掌握基本的密码分析手段。

目前，国内外已经出版了许多优秀的密码学教材，很多学者都融入了自己对密码教学的思考和见解，或者介绍了团队在密码理论与应用研究中的先进成果，这些宝贵的资源都非常值得学习和借鉴。然而，密码技术在不断发展，后量子密码、同态加密、安全多方计算等密码学新技术不断涌现，密码侧信道、故障注入分析、密码安全验证等方面的前沿研究成果日新月异。基于以上诸多因素，我们还是决定编著一本密码算法及其应用安全方面的教材。本书旨在系统介绍密码学理论、应用及安全分析知识，培养学生坚实的密码理论基础、应用和分析能力，提升学生专业素养和核心竞争力。

在前人的基础上，我们结合自身在密码学相关课程教学、人才培养、科学研究实践方面所积累的经验和取得的成果编写本书。它包含了我们在密码教学及应用方面的思考和理解。本书主要涵盖密码学背景基础、密码算法及其应用、密码分析、密码学新方向四大主题，其主要特点包括：①不仅介绍密码理论和算法，还注重介绍密码工程应用知识；②注重介绍国密算法体系，包含SM2、SM3、SM4、ZUC等国密算法；③注重介绍密码实现安全性分析相关方法，包含能量侧信道、时间侧信道和故障注入攻击；④介绍后量子密码、同态加密和安全多方计算等密码学新技术；⑤具有配套密码实验教材及实验教学资源。本书相关算法代码已在开源平台（https://gitee.com/npu_hssrg）上发布。

本书共 10 章，第 1 章主要介绍网络空间安全和密码学的相关概念，并概述了密码学的发展历程。第 2 章至第 8 章注重对密码算法应用以及国密算法标准体系进行介绍，包含古典密码、分组密码、序列密码、哈希函数、公钥密码、数字签名、密钥建立与管理。第 9 章重点关注密码应用安全和密码分析手段，主要介绍了常用的侧信道攻击和其防御措施、密码设计安全验证。第 10 章详细介绍了同态加密、安全多方计算、隐私集合求交和联邦学习、区块链与数字货币、后量子密码等密码学新技术。

本书由胡伟、戚明平、朱丹共同编著。其中，胡伟主要负责概论、古典密码、分组密码、序列密码和侧信道攻击分析等章节的编写，戚明平主要负责哈希函数、公钥密码、数字签名、密钥建立与管理等章节的编写，朱丹主要负责密码学新方向章节的编写。

期望本书能够起到抛砖引玉的作用，促进相关学科教师和研究者的教学和科研工作，提升未来信息安全从业者在密码算法、应用及分析方面的理论素养和实践能力。

本书的出版得益于国家重点研发计划项目"密码芯片信息泄漏深度分析与可靠防护关键技术"（2022YFB3103800）资助下取得的创新研究成果和西北工业大学出版基金的资助，在此深表谢意。感谢西安电子科技大学马建峰教授和西北工业大学慕德俊教授，他们为我们的研究工作和本书的撰写提出了许多宝贵的指导意见。感谢西北工业大学的王省欣、高亦菲、袁超绚、李一玮、王斌斌、范伟豪等研究生，他们为本书的撰写承担了大量辅助工作。

鉴于编者能力和水平有限，书中难免存在错漏之处，敬请读者批评指正。

编　者

目 录

前言

第1章 概论 … 1
1.1 网络空间安全 … 1
1.2 典型网络安全案例 … 3
1.2.1 Qualcomm 可信区间攻击事件 … 4
1.2.2 Crypto AG 公司事件 … 4
1.2.3 勒索病毒 … 4
1.2.4 特斯拉数据泄露事件 … 5
1.2.5 StarBleed 漏洞 … 5
1.2.6 "骑士"漏洞 … 5
1.2.7 "剑桥分析"事件 … 6
1.3 密码学 … 6
1.4 密码学与网络空间安全 … 8

第2章 古典密码 … 10
2.1 密码学简介 … 10
2.1.1 密码的作用 … 10
2.1.2 密码体制的组成 … 11
2.1.3 密码体制的分类 … 11
2.2 密码体制的安全性 … 13
2.2.1 穷举攻击法 … 13
2.2.2 统计分析攻击法 … 13
2.2.3 数学分析攻击法 … 13
2.2.4 密码体制设计原则 … 14
2.2.5 安全评估标准 … 15
2.2.6 密钥的管理和分发 … 16
2.3 古典密码算法 … 18
2.3.1 置换密码 … 18
2.3.2 移位密码 … 21
2.3.3 替代密码 … 22
2.3.4 代数密码 … 28
2.4 古典密码的安全性 … 29
习题 … 33

第3章 分组密码 … 34
3.1 分组密码简介 … 34
3.1.1 分组密码原理 … 34
3.1.2 分组密码设计原则 … 35
3.1.3 分组密码组件 … 35
3.1.4 分组密码结构 … 36
3.1.5 分组密码工作模式 … 37
3.2 数据加密标准 … 41
3.2.1 加密算法 … 41
3.2.2 解密算法 … 45
3.2.3 密钥扩展 … 46
3.2.4 可逆性和对合性 … 47
3.2.5 安全性 … 48
3.2.6 双重数据加密标准 … 48
3.2.7 三重数据加密标准 … 49
3.3 高级加密标准 … 50
3.3.1 数学基础 … 50
3.3.2 加密算法 … 51
3.3.3 解密算法 … 54
3.3.4 密钥扩展 … 55
3.3.5 安全性 … 56
3.4 国际数据加密算法 … 58
3.4.1 加密 … 58
3.4.2 轮结构 … 59
3.4.3 子密钥生成 … 60
3.4.4 解密 … 61
3.4.5 安全性 … 61
3.5 SM4 分组密码算法 … 62
3.5.1 概述 … 62
3.5.2 加密算法 … 62
3.5.3 解密算法 … 64
3.5.4 密钥扩展算法 … 65

3.5.5 安全性 …………………… 65
3.6 Kasumi 算法 …………………… 66
　3.6.1 算法结构 …………………… 66
　3.6.2 安全性 …………………… 71
　3.6.3 应用 …………………… 72
　3.6.4 其他 Feistel 结构密码
　　　　算法 …………………… 73
3.7 轻量级分组密码算法 …………… 75
　3.7.1 Midori 算法 ……………… 77
　3.7.2 LBlock 算法 ……………… 78
　3.7.3 Present 密码算法 ………… 80
3.8 分组密码应用示例 ……………… 81
　3.8.1 DES 加解密过程示例 ……… 81
　3.8.2 IDEA 加解密过程示例 …… 91
　3.8.3 AES 加解密过程示例 …… 92
　3.8.4 SM4 加解密过程示例 …… 95
习题 …………………………………… 96

第 4 章 序列密码 …………………… 98
4.1 序列密码简介 …………………… 98
　4.1.1 序列密码的设计思路 ……… 98
　4.1.2 同步/自同步序列密码 …… 99
4.2 线性反馈序列密码 …………… 100
　4.2.1 线性反馈移位寄存器 …… 101
　4.2.2 线性反馈序列密码 ……… 101
　4.2.3 线性反馈序列密码的
　　　　安全性分析 ……………… 104
4.3 非线性反馈序列密码 ………… 105
4.4 A5 序列密码 …………………… 107
　4.4.1 加密与解密 ……………… 107
　4.4.2 流密钥生成 ……………… 108
　4.4.3 安全性 …………………… 109
4.5 RC4 序列密码 ………………… 109
　4.5.1 流密钥生成 ……………… 109
　4.5.2 安全性 …………………… 111
4.6 祖冲之序列密码 ……………… 111
　4.6.1 算法结构 ………………… 111
　4.6.2 机密性算法 128-EEA3 … 115
　4.6.3 安全性 …………………… 117
4.7 轻量级序列密码 ……………… 117
　4.7.1 轻量级序列密码算法 …… 117

4.7.2 Grain v1 序列密码 ……… 118
4.7.3 MICKEY v2 序列密码 …… 120
4.7.4 Trivium 序列密码 ……… 123
4.8 序列密码应用示例 …………… 125
　4.8.1 A5 加解密过程示例 …… 125
　4.8.2 RC4 加解密过程示例 …… 126
　4.8.3 祖冲之加解密过程
　　　　示例 ……………………… 128
习题 ………………………………… 132

第 5 章 哈希函数 …………………… 134
5.1 哈希函数基础 ………………… 134
5.2 SHA-256 哈希算法 …………… 136
　5.2.1 算法基础 ………………… 136
　5.2.2 算法描述 ………………… 137
5.3 SM3 密码哈希算法 …………… 140
　5.3.1 算法基础 ………………… 140
　5.3.2 算法描述 ………………… 140
　5.3.3 安全性分析 ……………… 143
5.4 消息认证码与 HMAC
　　算法 …………………………… 144
　5.4.1 消息认证码 ……………… 144
　5.4.2 HMAC 算法 ……………… 145
5.5 哈希函数应用示例 …………… 146
　5.5.1 SHA-256 运算过程
　　　　示例 ……………………… 146
　5.5.2 SM3 运算过程示例 …… 148
　5.5.3 HMAC 运算过程示例 …… 151
习题 ………………………………… 152

第 6 章 公钥密码 …………………… 153
6.1 公钥密码设计思想 …………… 153
6.2 RSA 密码算法 ………………… 155
　6.2.1 加解密算法 ……………… 155
　6.2.2 安全性 …………………… 156
6.3 ElGamal 密码算法 …………… 157
　6.3.1 离散对数问题 …………… 157
　6.3.2 加解密算法 ……………… 158
　6.3.3 安全性 …………………… 158
6.4 ECC 密码算法 ………………… 159
　6.4.1 椭圆曲线 ………………… 159
　6.4.2 椭圆曲线密码 …………… 161

6.5 SM2 公钥密码算法 ………… 163
6.6 公钥密码应用示例 …………… 166
 6.6.1 RSA 加解密过程示例 …… 166
 6.6.2 SM2 加解密过程示例 …… 167
习题 …………………………………… 169

第 7 章 数字签名 …………………… 170
7.1 数字签名概述 ………………… 170
7.2 RSA 数字签名 ………………… 171
7.3 ElGamal 数字签名 …………… 172
7.4 数字签名标准 ………………… 174
 7.4.1 数字签名算法 …………… 174
 7.4.2 椭圆曲线数字签名
    算法 ……………………… 175
7.5 SM2 椭圆曲线公钥密码数字
   签名算法 ……………………… 176
7.6 数字签名应用示例 …………… 179
 7.6.1 ECDSA 签名及验证过程
    示例 ……………………… 179
 7.6.2 SM2 签名及验证过程
    示例 ……………………… 180
习题 …………………………………… 180

第 8 章 密钥建立与管理 …………… 182
8.1 对称密钥的建立及分配 ……… 182
 8.1.1 密钥分类 ………………… 182
 8.1.2 密钥建立方式 …………… 183
 8.1.3 基于对称密码体制的认证
    密钥分配协议——
    Kerberos 方案 …………… 183
 8.1.4 公钥密码系统的密钥传送
    方案 ……………………… 186
8.2 公钥密码体制的密钥管理 …… 186
 8.2.1 公钥基础设施的概念 …… 186
 8.2.2 公钥数字证书 …………… 187
 8.2.3 证书撤销列表 …………… 189
 8.2.4 认证机构 ………………… 190
 8.2.5 PKI 相关标准 …………… 192
 8.2.6 基于 PKI 的 MQV 认证密钥
    交换 ……………………… 193
 8.2.7 基于 PKI 的 TLS 协议 …… 194
习题 …………………………………… 196

第 9 章 侧信道攻击与分析 ………… 197
9.1 侧信道攻击概述 ……………… 197
 9.1.1 侧信道攻击种类 ………… 197
 9.1.2 侧信道攻击方法 ………… 198
9.2 能量侧信道攻击 ……………… 198
 9.2.1 能量泄漏原理与模型 …… 198
 9.2.2 能量侧信道攻击方法 …… 200
 9.2.3 DES 算法的差分能量
    攻击 ……………………… 201
 9.2.4 AES 算法的相关能量
    攻击 ……………………… 203
 9.2.5 模板攻击 ………………… 203
 9.2.6 基于机器学习的能量侧信道
    攻击 ……………………… 205
9.3 RSA 时间侧信道攻击 ………… 205
9.4 针对基于格的后量子密码
   Kyber 的侧信道攻击 ………… 206
 9.4.1 后量子密码 Kyber 算法
    简介 ……………………… 206
 9.4.2 基于格的后量子密码 Kyber
    的侧信道攻击 …………… 207
9.5 故障注入攻击 ………………… 208
 9.5.1 故障注入攻击流程 ……… 209
 9.5.2 故障注入方式 …………… 209
 9.5.3 故障分析 ………………… 211
9.6 AES 相关故障注入攻击 ……… 213
 9.6.1 AES 故障效应传播
    分析 ……………………… 213
 9.6.2 AES 相关故障分析 ……… 216
 9.6.3 针对 128 位 AES 的故障
    注入攻击 ………………… 219
 9.6.4 针对 192 位和 256 位 AES
    的故障注入攻击 ………… 221
 9.6.5 AES 相关故障注入攻击
    实验结果 ………………… 221
9.7 侧信道攻击防御方法 ………… 223
 9.7.1 能量侧信道防护 ………… 223
 9.7.2 时间侧信道防护 ………… 224
 9.7.3 故障注入攻击防御 ……… 225
9.8 密码设计安全验证 …………… 226
 9.8.1 信息流安全模型 ………… 226

9.8.2　时间侧信道安全验证……227
　　9.8.3　能量侧信道安全验证……229
　　9.8.4　密码设计属性安全
　　　　　验证……229
习题……231

第10章　密码学新方向……232

10.1　同态加密……232
　　10.1.1　同态加密简介……232
　　10.1.2　部分同态加密……234
　　10.1.3　些许同态加密……235
　　10.1.4　全同态加密……236
10.2　安全多方计算……239
　　10.2.1　安全多方计算概述……239
　　10.2.2　安全多方计算构造
　　　　　基础……240
　　10.2.3　安全多方计算协议的
　　　　　构造方法……244
10.3　隐私集合求交与联邦学习……247
　　10.3.1　隐私集合求交概述……247
　　10.3.2　隐私集合求交的基础
　　　　　协议……248
　　10.3.3　联邦学习概述……251
　　10.3.4　联邦学习典型算法……254
10.4　区块链与数字货币……255
　　10.4.1　区块链与数字货币
　　　　　概述……255
　　10.4.2　区块链的建立过程……259
　　10.4.3　零币协议——Zerocoin……261
　　10.4.4　零钞协议——Zerocash……262
10.5　后量子密码……265
　　10.5.1　震动密码学界的量子
　　　　　计算机……265
　　10.5.2　基于格的密码算法……268
习题……272

参考文献……273

第 1 章 概 论

网络空间已成为"第五疆域",网络空间安全也上升至国家安全高度。随着网络空间安全由传统的信息域延伸至物理域和认知域,出现了一些新型的网络安全风险,对敏感信息、个人隐私和关键基础设施等造成了严重的安全威胁。密码学是保障网络空间安全的核心支撑技术,在保障诸多关键安全属性中发挥着无法替代的作用。

本章要点:
- 网络空间与网络空间安全的概念及内涵
- 典型的网络安全案例
- 密码学的概念及发展历程
- 密码学对网络空间安全的支撑作用

1.1 网络空间安全

1982年,作家威廉·吉布森创造了"网络空间"(Cyberspace)这个术语,用来描述包含大量可带来财富和权力信息的虚拟计算机网络。在他所谓的网络空间里,现实物质世界和数字世界交融在一起,让使用它的人感知到一个由计算机产生的而现实中并不存在的虚拟世界,并且这个充满情感的虚拟世界也在影响着现实物质世界。网络空间包括互联网、通信网、计算机系统、自动化控制系统、数字设备及其承载的应用、服务和数据,是与陆地、海洋、天空、太空同等重要的人类活动新领域。

2008年,美国第54号总统令对网络空间进行了定义:"网络空间是信息环境中的一个全球域,由独立且互相依存的IT基础设施和网络组成,包括互联网、电信网、计算机系统,以及嵌入式处理器和控制器。"

Cyberspace一词有多种翻译,如信息空间、网络空间、网电空间、数字世界等。有时甚至直接音译为赛博空间。可以说在信息化时代,人们生活和工作于物理世界、人类社会和网络空间组成的三元世界中。

网络空间具有以下代表性特征。

1)信息化特征:网络空间是信息时代人类赖以生存的信息环境,是所有信息系统的集合。它以计算机和网络系统实现的信息化为特征。

2)网络互联特征:信息空间突出了信息化的特征和核心内涵是信息,网络空间则突出了网络互联的特征。

3)复杂系统特征:从信息论角度来看,系统是载体,信息是内涵。网络空间是所有信息系统的集合,是一种高度复杂的系统。

4)信息安全特征:网络空间安全的核心内涵仍是信息安全。没有信息安全,就没有网络空间安全。信息安全的三大要素(CIA)分别是机密性(Confidentiality)、完整性(Integrity）和可用性（Availability）。

机密性是指只有授权用户才可以获取敏感信息，即敏感信息不应泄露给非授权用户。完整性是指信息在存储和传输过程中，不被非法修改和破坏，要保证数据的一致性。可用性是指保证合法用户对信息和资源的使用不会被不正当地拒绝。

虽然信息安全是网络空间安全的核心，但是随着人类社会从信息时代步入万物互联的网络化、智能化时代，网络空间安全的概念范畴已经延伸至物理安全、信息安全和认知安全三大领域。

物理安全主要是指关键基础设施和硬件设备的安全，工业控制、物联网和信息物理系统等领域的兴起，使得更多的终端节点面临安全威胁或者成为入侵核心网络的切入点。例如，传统隔离的芯片随着万物互联被暴露给攻击者。物理安全方面，有代表性的例子是伊朗核电站被攻击事件，攻击者利用"震网"病毒对离心机转子造成了物理上的损伤。黑客攻击导致电网和输油管道瘫痪，以及"熔断"和"幽灵"等针对处理器这一关键硬件的攻击，也都属于物理安全的范畴。在 Mirai 僵尸网络攻击事件中，攻击者利用 Mirai 恶意软件感染了数十万台物联网设备，将它们形成僵尸网络并发动了大规模的分布式拒绝服务（DDoS）攻击，导致了一系列互联网服务中断事件。要保证物理安全，还需要关注物联网设备的互联性与风险扩散、数据隐私与保护、网络攻击与防御、恶意软件与入侵检测等问题。

信息安全包括但不限于传统网络安全，病毒、蠕虫、木马、后门、逻辑炸弹等一些大家熟知的概念大多属于信息安全范畴。大数据领域的兴起引入了新的关键数据和个人隐私方面的安全问题，例如，数据的跨境共享安全问题。

认知安全已经涉及人和社会领域。典型的认证安全问题包括网络舆情和广告定向投放等。此外，针对人工智能大模型的欺骗和投毒、智能对智能的认知对抗攻击等也属于认知安全的范畴。

以上代表性案例表明：网络空间安全形势依然严峻，新型安全攻击层出不穷，特别是网络空间已成为"第五疆域"，网络空间安全攻击背后甚至可能隐藏着国家层面的意志。

为应对日趋严峻的网络安全态势，2014 年 2 月中央网络安全和信息化领导小组第一次会议召开，会议指出："没有网络安全就没有国家安全。" 2014 年 4 月 15 日，中央国家安全委员会第一次会议上首次提出总体国家安全观。总体国家安全观构建了囊括政治、国土、军事等传统安全和经济、文化、社会、网络、生态等非传统安全的安全体系。2015 年 10 月，党的十八届五中全会通过的《中共中央关于制定国民经济和社会发展第十三个五年规划的建议》，明确提出实施网络强国战略。2016 年 12 月，国家网信办发布《国家网络空间安全战略》，网络安全已经成为经济发展和社会稳定的重要保障。网络安全已经上升到国家安全的高度。

为了更加有效地开展网络空间安全治理，国家也连续出台了一系列网络安全相关法律法规，包括《中华人民共和国网络安全法》《中华人民共和国密码法》《中华人民共和国数据安全法》《中华人民共和国个人信息保护法》《关键信息基础设施安全保护条例》等。

2016 年 11 月 7 日，中华人民共和国第十二届全国人民代表大会常务委员会第二十四次会议通过《中华人民共和国网络安全法》，自 2017 年 6 月 1 日起施行。《中华人民共和国网络安全法》是为了保障网络安全，维护网络空间主权和国家安全、社会公共利益，保护公民、法人和其他组织的合法权益，促进经济社会信息化健康发展制定的法律，对我国网络空间法治化建设具有重要意义，是我国第一部全面规范网络空间安全管理方面问题的基础性法律。

《中华人民共和国密码法》由中华人民共和国第十三届全国人民代表大会常务委员会第十四次会议于 2019 年 10 月 26 日通过，自 2020 年 1 月 1 日起施行。《中华人民共和国密码法》是为了规范密码应用和管理，促进密码事业发展，保障网络与信息安全，维护国家安全和社会公共利益，保护公民、法人和其他组织的合法权益制定的法律。它是我国密码领域的综合性、基础性法律，旨在通过立法提升密码管理科学化、规范化、法治化水平，促进我国密码事业稳步健康发展。

　　《中华人民共和国数据安全法》由中华人民共和国第十三届全国人民代表大会常务委员会第二十九次会议于 2021 年 6 月 10 日通过，自 2021 年 9 月 1 日起施行。为了规范数据处理活动，保障数据安全，促进数据开发利用，保护个人、组织的合法权益，维护国家主权、安全和发展利益而制定。它标志着我国在数据安全领域有法可依，为各行业数据安全提供了监管依据。

　　2021 年 8 月 20 日，中华人民共和国十三届全国人民代表大会常委会第三十次会议表决通过《中华人民共和国个人信息保护法》，自 2021 年 11 月 1 日起施行。《中华人民共和国个人信息保护法》是为了保护个人信息权益，规范个人信息处理活动，促进个人信息合理利用，根据宪法而制定的法律。该法进一步细化、完善个人信息保护应遵循的原则和个人信息处理规则，明确个人信息处理活动中的权利义务边界，健全个人信息保护工作体制机制。

　　2021 年 4 月 27 日，国务院第 133 次常务会议通过《关键信息基础设施安全保护条例》，该条例自 2021 年 9 月 1 日起施行。《关键信息基础设施安全保护条例》旨在建立专门保护制度，明确各方责任，提出保障促进措施，保障关键信息基础设施安全及维护网络安全。该条例详细阐明了关键信息基础设施的范围及认定、运营者责任义务，对政府机构、行业主管及监管部门，以及公共通信和信息服务、能源、交通、水利、金融、公共服务、电子政务、国防科技工业等重要行业和领域的关键信息基础设施运营者的责权利进行了规定，并对建立关键信息基础设施网络安全监测预警制度、信息共享机制以及网络安全人才培养等提出了要求。

　　这一系列安全相关法律法规的颁布，体现了国家对网络空间安全领域的高度重视，也表明网络空间面临诸多安全风险。法律法规主要是从管理层面加强网络空间安全治理，并提高人民的法律和风险意识，与此同时，网络空间安全还需要关键技术作为支撑。本书重点介绍的密码技术就是保障网络空间安全的核心支撑技术。此外，人也是网络空间安全中的一个关键要素，人既是网络安全风险的主要来源，也是网络安全核心技术的创造者和使用者。"网络空间的竞争归根结底是人才的竞争"，目前网络空间安全人才培养的数量远远满足不了社会需求。《2024 年网络安全产业人才发展报告》显示，全球网络安全领域正面临人才与技能双重缺口扩大的挑战。网络空间安全和信息安全等相关专业的学生，需要学习好专业知识，掌握好维护网络安全的本领，努力成长为国家和行业急需的专门人才。

1.2　典型网络安全案例

　　本节主要介绍一些典型网络安全案例，以揭示我们目前所面临的新型网络安全风险。这些案例覆盖了网络空间中的物理域、信息域和认知域，其中大部分案例与密码安全有直接的联系，也有案例涉及了认知安全这一备受关注的新兴领域。

1.2.1　Qualcomm 可信区间攻击事件

2016 年 6 月，芯片制造商 Qualcomm 的移动处理器中暴露出一个安全漏洞，攻击者可以利用它来破解设备中的全磁盘加密功能。Duo 实验室的研究员们表示，这种漏洞和 Android 的媒体服务器组件有关。该组件在 Qualcomm 的安全执行环境（Qualcomm Secure Execution Environment，QSEE）中存在一个安全隐患。总的来说，攻击者可以利用这些漏洞通过物理途径绕过全磁盘加密（Full Disk Encryption，FDE）来访问手机。

Android 手机和 iPhone 一样，都会限制解锁设备密码的输入次数。谷歌设置了解锁尝试之间的延迟，而且在频繁的密码尝试失败之后，会出现一个选项来删除用户信息。在 Android 内部，设备的加密密钥是由 Hardware-Backed Keystroke 组件（也叫作密钥大师模块）生成的。

密钥大师模块依赖于 Qualcomm 的安全执行环境。攻击者可以对受损设备中安全执行环境所使用的代码和操作系统中的密钥大师模块进行逆向工程。在这种情况下，攻击者可以对可信区间（TrustZone）实行不受限的密码攻击，却不必担心会因为尝试太多次而导致硬件自动删除数据信息。

1.2.2　Crypto AG 公司事件

Crypto AG 是瑞士的一家公司，专门从事通信和信息安全行业，是一家历史悠久的加密机和各种密码设备制造商。根据德国电视二台（ZDF）和《华盛顿邮报》发布的联合报道，Crypto AG 数十年来一直为美国中央情报局（CIA）和德国联邦情报局（BND）提供关于 120 多个国家和地区的情报信息。

早在 1920 年，Crypto AG 公司由 Boris Hagelin 在瑞士创立，公司最初名为 AB Cryptoteknik。随后，该公司生产了 C-36 机械密码机。第二次世界大战期间，早期投资者 Boris Hagelin 拥有该公司实际控制权，主要将设备销售给美军。自 20 世纪 60 年代和 70 年代，CIA 和 BND 设法出资成为 Crypto AG 背后真正的秘密操控者，之后该公司为它们收集情报。

据情报专家称，在 20 世纪 80 年代，美国情报官员处理的大约 40% 的外国通信是通过 Crypto AG 的密码系统进入的。直到 2018 年左右，CIA 都是 Crypto AG 公司的所有者之一。

1.2.3　勒索病毒

勒索病毒是一种新型计算机病毒，主要以邮件、程序木马、网页挂马的形式传播。该病毒性质恶劣、危害极大，一旦感染就会给用户带来无法估量的损失。这种病毒利用各种加密算法对文件进行加密，被感染者一般无法解密，必须拿到解密的私钥才有可能破解。

该类型病毒的目标性强，主要以邮件为传播方式。勒索病毒文件一旦被用户打开，就会利用连接至黑客的 C&C（命令和控制）服务器，进而上传本机信息并下载加密公钥。然后，将加密公钥写入到注册表中，遍历本地所有磁盘中的 Office 文档、图片等文件，对这些文件进行格式篡改和加密。加密完成后，还会在桌面等明显位置生成勒索提示文件，指导用户去缴纳赎金。该类型病毒可以导致重要文件无法读取、关键数据被损坏，给用户的正常工作带来极为严重的影响。

2021 年 5 月 9 日，美国宣布进入国家紧急状态，其原因是美国最大的燃油管道运营商 Colonial Pipeline 受到勒索软件攻击，被迫关闭其美国东部沿海各州供油的关键燃油网络。

多方消息源表示，此次勒索软件攻击是由一个名为"黑暗面"（Dark Side）的网络犯罪团伙发起的。"黑暗面"入侵 Colonial Pipeline 的网络后，获取了大量数据，并以此威胁要求支付赎金。

1.2.4 特斯拉数据泄露事件

特斯拉汽车像是一台装了四个轮子的计算机，并配备麦克风（传声器）、摄像头和 GPS（全球定位系统）等传感器，无时无刻不在收集各种信息。据称，特斯拉已经收集了超过 200 亿千米的车辆数据，其中超过 10%都使用了自动辅助驾驶系统。这些数据不仅涉及个人隐私，还涉及地形、路段、小区等详细信息，特斯拉汽车更像是一台行走的摄像机。目前特斯拉公司只在美国建设数据中心，我国特斯拉用户的数据隐私安全很难得到保障。

1.2.5 StarBleed 漏洞

2020 年 4 月，来自德国的研究者披露了一个名为 StarBleed 的漏洞，引起了业内一片轰动。这种漏洞存在于赛灵思（Xilinux）的 7 系列 FPGA（现场可编程门阵列）芯片中。通过这个漏洞，攻击者可以同时攻破 FPGA 配置文件的加密（Confidentiality）和鉴权（Authenticity）机制，并由此可以随意修改 FPGA 中实现的逻辑功能。攻击者通过篡改比特流修改 FPGA 加载关键配置的寄存器，通过蚂蚁搬家的形式，从 JTAG（联合测试工作组）接口获取配置比特流明文。更严重的是，这个漏洞并不能通过软件补丁的方式修复，一旦某个芯片被攻破，就只能通过更换芯片的方式修复。

漏洞的发现者于 2019 年 9 月将这个漏洞知会了赛灵思，并在第二天就获得了赛灵思的承认。这些 FPGA 芯片被广泛用于通信设备、医疗、军工、宇航等多个领域，而这些领域对芯片系统有着很高的稳定性与安全性要求。

StarBleed 漏洞主要是将芯片自身作为解密的工具，利用设计实现上的安全脆弱性突破了包括 AES-CBC-256 和 SHA-2-256 等在内的现行主流密码算法，也印证了安全领域中的"木桶效应"。

1.2.6 "骑士"漏洞

2019 年 9 月，清华大学研究团队发现了 ARM 和 Intel 等处理器电源管理机制存在严重安全漏洞——"骑士"（VoltJockey）。这意味着普通人的支付密码等存在随时被泄露的风险。

现代处理器正朝着高性能、低功耗和智能化方向发展，然而，追求这三大趋势往往会引起处理器硬件安全等问题。2018 年引起轰动的"熔断"（Meltdown）和"幽灵"（Spectre）漏洞就出现在处理器高性能处理模块上，"骑士"漏洞则隐藏在普遍使用的低功耗动态电源管理单元中，通过恶意调节处理器供电电压，使得采用了强安全隔离机制的 TEE（可信执行环境）模块中的密码算法模块出错，从而失去保护作用和直接泄露密钥。

ARM 和 Intel 等处理器芯片目前被广泛应用于手机等消费类电子以及数据中心和云端等关键设备上。这些芯片提供的 TEE 等硬件安全技术为保密操作（如指纹识别、密码处理、数据加解密、安全认证等）的安全执行提供了有力保障。然而，这些所谓的安全处理器也存在严重的安全隐患。如果说此前的硬件漏洞攻击是打开了房间的防盗门，那么"骑士"漏洞攻击则是打开了房间内的保险柜。

通过"骑士"漏洞，黑客可以突破原有的安全区限制，获取智能设备核心密钥，直接运行非法程序。清华大学研究团队介绍，与其他漏洞必须借助外部链接或者其他软件才能够攻击电子设备不同，通过"骑士"漏洞，从本质上讲，黑客不需要借助任何外部程序或者链接，就可以直接获取用户的安全密钥。

1.2.7 "剑桥分析"事件

2019年7月24日，美国联邦贸易委员会对社交网络巨头Facebook（现已更名为Meta）开出高达56亿美元的罚单，并对剑桥分析公司提出了行政诉讼，指控其采用欺骗手段从Facebook数千万用户那里收集个人信息并进行选民分析。

剑桥分析公司开发、经营和使用Facebook平台上的应用程序——"这是你的数字化生活"（GSR App），收集了25万~27万条直接使用该应用的用户个人资料，但是，由于同意授权中包含其"好友"的个人信息，因此最终该软件成功获取了这些用户社交网络中的5000万~6500万条关系链中的"好友"个人资料。这意味着，如果以27万人为基数，以6500万人为总量计算，每个人平均贡献的"好友"数量高达约240个，也就是扩大了约240倍，数据获取方面的杠杆效应非常惊人。

剑桥分析公司及其母公司干预过世界各地200多场选举，涉及美国大选和英国的脱欧公投，墨西哥、马来西亚、巴西等多个国家的选举等。以2016年美国大选为例，该公司影响选民偏好的具体路径主要包括对Facebook用户分类、精准投放广告、定向发布新闻和使用违法手段制造假新闻，旨在影响选民的认知。

该事件充分印证了我国《国家网络空间安全战略》关于"网络渗透危害政治安全"的判断："政治稳定是国家发展、人民幸福的基本前提。利用网络干涉他国内政、攻击他国政治制度、煽动社会动乱、颠覆他国政权，以及大规模网络监控、网络窃密等活动严重危害国家政治安全和用户信息安全。"这也提醒我们需要有效的网络安全技术来保护敏感信息，以防被泄露和被恶意利用。

1.3 密码学

密码学（Cryptology）一词源自希腊文krypto's及logos两字，直译为"隐藏"及"讯息"。通常，密码被认为是一种混淆技术，其目的是将正常的、可识别的信息转化成无法识别的信息。密码学历史久远，它的起源可以追溯到几千年前的中国、古埃及、古罗马和古希腊。迄今为止，它的发展大致可分为四个阶段：古典密码学阶段、近代密码学阶段、现代密码学阶段和后量子密码学阶段。

（1）古典密码学阶段 古典密码学阶段是指从密码的产生到19世纪末。中国古代兵书《六韬》（见图1-1）中的《龙韬·阴符》篇和《龙韬·阴书》篇讲述了君主如何在战争中与在外的将领进行保密通信。书中对"阴符"的描写如下：阴符共有八种：一种长一尺，表示大获全胜，摧毁敌人；一种长九寸，表示攻破敌军，杀敌主将；一种长八寸，表示守城的敌人已投降，我军已占领该城；一种长七寸，表示敌军已败退，远传捷报；一种长六寸，表示我军将誓死坚守城邑；一种长五寸，表示请拨运军粮，增派援军；一种长四寸，表示军队战败，主将阵亡；一种长三寸，表示战事失利，全军伤亡惨重。对于"阴书"，书中介绍：如果有军机大事需要联络，应该用书信而不用符。君主通过书信向主将指示，主将则通过书信向君主请示。书信都要拆分成三部分，并分派三人发出，每人拿一部分。只有将这三部分合在一起才能读懂信的内容。由此可见，当只有君主和将领知道"阴符"和"阴书"的含义时，它们就成为一种敌人难以识破的"密码"。

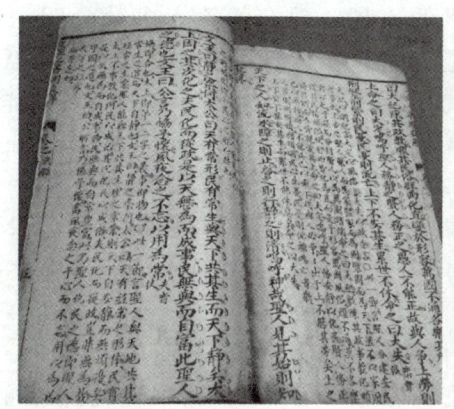 

图 1-1 《六韬》

此外，大约在公元前 700 年，古希腊斯巴达人用一种叫作 Scytale 的圆木棍（斯巴达棒）传递信息。发信人在缠绕在斯巴达棒上的羊皮纸上写下信息，当取下羊皮纸后，只能看到杂乱无章的字符；收信人以同样的方式将羊皮纸缠绕到同样粗细的斯巴达棒上，就能解读传递的信息。斯巴达棒通过改变文本中字母的阅读顺序来达到加密的目的，其加密原理属于密码学中的"换位法"（Transition）加密。目前几种典型的古典密码算法主要包括恺撒（Caesar）密码、波利比奥斯方阵（Polybius Square）密码、多表代替密码和"不可破译"的维吉尼亚（Vigenere）密码，以及最早体现"一次一密"思想的二进制维纳姆（Vernam）密码等。

（2）近代密码学阶段　近代密码学阶段是指 20 世纪初到 20 世纪 50 年代，工业革命为复杂密码的实现提供了先决条件，而战争对于保密通信的需求加速了密码技术的发展。20 世纪初，在第一次世界大战的关键时刻，英国破译密码的专门机构"40 号房间"利用缴获的德国密码本破译了著名的"齐默尔曼电报"，促使美国放弃中立参战，改变了战争进程。德国的恩尼格玛密码机（Enigma，也称"隐匿之王""谜"）于 1919 年问世，它的设计结合了机械系统与电子系统，被证明是有史以来最为可靠的加密系统之一。从某种意义而言，密码学的发展影响了第二次世界大战的进程。这段时期，由于工业革命的发展，加解密技术进步巨大，但未形成新的理论体系，加密依旧依赖于替代和置换这两种核心方式。

（3）现代密码学阶段　现代密码学的发展离不开计算机技术、电子通信技术的进步。1949 年，香农（Shannon）发表论文《保密系统的通信理论》（"Communication Theory of Secrecy System"），标志着现代密码学的开端。香农利用信息论中概率统计的观点和熵的概念对信息源、密钥源、密文和密码系统的安全性进行了数学描述和定量分析，并提出了对称密码体制的模型，这是密码学的第一次飞跃。

1976 年，迪菲（Diffie）和赫尔曼（Hellman）在《密码学的新方向》（"New Directions in Cryptography"）中提出了著名的公钥密码体制。与对称密码体制不同，公钥密码体制中的加密密钥与解密密钥不是同一个，且其公钥可公开。公钥密码体制的诞生为现代密码学的发展开辟了一个崭新的方向，带来了密码学的第二次飞跃。在这一阶段，密码理论得到了蓬勃发展，密码算法的设计与分析互相促进，出现了我们熟知的 DES（数据加密标准）算法、

AES（高级加密标准）算法、RSA 算法、ElGamal 算法、ECC（椭圆曲线加密）算法和 SM（国密）系列算法。

（4）后量子密码学阶段　随着量子计算机的出现，现有的绝大多数公钥密码算法（RSA、Diffie-Hellman、ECC 等）能被足够大和稳定的量子计算机攻破，因此可以抵抗这种攻击的密码算法才可以在量子计算和其之后时代存活下来，被称为后量子密码或抗量子密码，英文表述是 Post-Quantum Cryptography（PQC）或者 Quantum-Resistant Cryptography。后量子密码是能够抵抗量子计算机对现有密码算法攻击的新一代密码算法。

2023 年 8 月 24 日，美国国家标准与技术研究院（NIST）正式公布三种后量子密码（PQC）算法标准草案，并表示其将于 2024 年投入使用，第四种算法的标准草案也将在 2024 年向公众发布。

1）FIPS⊖ 203：基于格密码的密钥封装机制标准。该标准源自 CRYSTALS-Kyber 算法提案，密钥封装机制（KEM）是一种特殊类型的密钥建立方案，可用于在通过公共通道通信的双方之间建立共享密钥，专为一般加密目的（例如创建安全网站）而设计。

2）FIPS 204：基于格密码的数字签名标准。该标准源自 CRYSTALS-Dilithium 算法提案，旨在保护用户在远程签署文档时使用的数字签名。

3）FIPS 205：基于哈希算法的无状态数字签名标准。该标准源自 SPHINCS+算法提案，也是为数字签名而设计的。

近年来，密码学已发展成为一门与数学、通信、电子、计算机、物理等多个领域紧密关联、相互交融的跨学科领域。DNA 密码、混沌密码和同态密码等新的密码技术应运而生。回顾密码学的发展历程，我们不难发现其呈现出由简单到复杂、由初步到成熟、由单一功能向多功能演变的趋势。如今，我们身处一个数据爆炸、技术革新的时代，密码技术作为信息安全的关键保障，发挥着举足轻重的作用。

2019 年 10 月 26 日，中华人民共和国第十三届全国人民代表大会常务委员会第十四次会议通过《中华人民共和国密码法》。该法作为我国密码领域的第一部法律，旨在规范密码应用与管理，促进密码事业发展，保障网络与信息安全，维护国家安全和社会公共利益，保护公民、法人和其他组织的合法权益。该法的颁布，进一步突显了密码技术在当今社会中不可或缺的作用与重要性。

1.4　密码学与网络空间安全

提到"密码"这个词，可能很多人首先联想到的是登录计算机操作系统、解锁手机或者进行电子支付时需要输入的一组字符。这些场景下所使用的密码（Password）更多是一种身份认证技术，以确定用户是否具有合法身份或访问权限。本书所讨论的密码学（Cryptography）是一个更大的范畴，包括加密、认证和校验等多种技术。以下介绍几个典型的密码应用场景：

1）现代操作系统的文件系统，例如 Windows 的 NTFS（新技术文件系统），它是支持文件加密的。在这种场景下，使用了密码技术解决数据的安全存储问题。

2）现代移动通信系统，例如 5G，在语音和流量服务中都是有加密保护的。在这种场景

⊖　FIPS 即（美国）联邦信息处理标准。

下,使用了密码技术解决数据的安全传输问题。

3)在下载一个驱动程序时,操作系统通常会在安装之前验证该驱动程序的完整性,以防止恶意修改,还会检查程序是否经过供应商签名。在这种场景下,使用了密码技术解决真实性保护和身份认证的问题。

4)我们在登录智能手机和个人计算机等设备的操作系统时,通常要输入一个口令。为了防止口令被窃取,对该口令通常采用具有良好单向特性的散列函数(也称哈希函数)进行处理后再存储,用户登录时则采用同样的散列函数对口令进行处理,之后与存储的散列记录比对。此时,密码技术主要用于口令安全存储和用户身份认证。

5)在物联网环境中,数据可能会被存储在设备本地或传输到云服务器进行处理。使用密码技术对数据进行加密和解密,可以有效保护数据的隐私和完整性。例如,医疗设备可以使用对称加密算法对传输的医疗数据加密,智能汽车通过数字证书进行车辆到车辆(Vehicle-to-Vehicle)通信,防止恶意车辆干扰交通系统。

6)加密货币和云计算等新兴领域也离不开密码技术的支撑。顾名思义,加密货币应用了多种密码技术,如加密、签名、认证等,云计算依靠密码技术来解决数据在传输、存储乃至计算中的安全问题。

网络空间安全的核心内涵仍是信息安全,信息安全又包含三大要素,即机密性、完整性和可用性。那么,本书重点讨论的密码学与网络空间安全是什么样的关系?一般而言,凡是具有机密性、真实性、完整性、不可否认性安全需求的网络空间安全问题,都可以用以密码学为基础的密码技术来解决。

密码技术可以保障信息的机密性,防止敏感信息被泄露;密码技术可以保障信息的完整性,防止关键信息被篡改;密码技术可以保障真实性,防止数据或身份假冒;密码技术可以保障不可否认性,防止对攻击行为的抵赖。

但是,密码技术无法满足信息安全三大要素中的可用性需求,例如,它无法防御典型的可用性攻击,如拒绝服务类攻击。

即便如此,密码技术依然是网络与信息安全的核心支撑技术,是网络与信息系统上层建筑的安全根基,是保障诸多关键安全属性的重要途径,在信息加密存储、安全传输、身份认证和安全审计等领域发挥着不可替代的作用。

第 2 章　古　典　密　码

古典密码学作为密码学的序幕，涵盖了从古代至 19 世纪末的加密方法。它不仅反映了人类对信息保密的实际需求，也体现了数学、语言学和逻辑学在信息安全领域的早期应用。这些加密方法，如恺撒密码、维吉尼亚密码和波利比奥斯方阵密码，虽然在现代看来较为简单，但在当时是保护敏感信息的重要手段。随着现代密码学的发展，古典密码学的方法已经逐渐被更加复杂和安全的密码算法所取代，然而，其原理和方法仍然对现代密码学的研究具有重要的参考价值。

本章要点：
- 密码体制的基本模型
- 密码体制设计原则
- 古典密码算法分类及原理
- 基于统计分析的古典密码破译方法

2.1　密码学简介

密码作为信息安全的关键支撑技术，具有保护数据安全的重要作用。密码学主要包含密码编码学、密码分析学、密钥管理学三大领域。其中，密码编码学主要研究如何对信息进行变换，以保护信息在存储和传递过程中不被窃取、解读和利用；密码分析学主要研究如何分析密码安全性和破译密码；密钥管理学主要研究密码应用中的密钥生成及安全性相关问题。本节将简要介绍密码的作用以及密码体制的组成和分类。

2.1.1　密码的作用

密码起源于军事和政治人物之间敏感信息的传递要求，可以对消息进行加密变换，使其在除预期接收人之外的任何第三方看来都像是随机文本。如今，传统的加密技术已逐渐淡出历史舞台，只出现在一些益智题和文学作品中。现代密码学使用的算法依赖严格的数学理论来保证其安全性。随着人们对安全性要求的不断提升，密码学领域已经扩展到更广泛的范畴，例如消息和身份验证、数据完整性、安全多方计算等。目前，密码学主要为敏感数据的存储和传输提供以下四个方面的安全防护。

1) 机密性：密码学通过加密算法将敏感数据转换成密文，使得未授权者无法获取原始数据内容。这可以防止数据在存储或传输过程中被窃取或泄露。

2) 完整性：密码学通过哈希函数和数字签名等技术，确保数据在传输或存储过程中没有发生篡改、删除、插入和重放等。这些技术可以检测到未经授权的数据修改，并发出警告。

3) 真实性：密码学通过数字签名和数字证书等技术来验证消息来源是否真实可靠。对于一次通信，必须确认通信的对方是预期的实体，这就涉及身份认证。对于数据，仍然希望每一个数据单元发送到或来源于预期的实体，这就涉及数据源认证。通过认证可以防止假冒身份或伪造信息等情况发生。

4）不可否认性：密码学通过数字签名和时间戳等技术来防止通信实体否认先前的通信行为及相关内容，并借助可信机构或证书机构来提供这种安全保障。

2.1.2 密码体制的组成

密码体制由五部分组成：$<M, C, K, E_{k_e}, D_{k_d}>$。

明文空间（Message，M）：全体明文的集合。

密文空间（Ciphertext，C）：全体密文的集合。

密钥空间（Key，K）：全体密钥的集合，包括加密密钥 k_e 和解密密钥 k_d。

加密算法（Encryption，E_{k_e}）：由明文到密文的加密变换。

解密算法（Decryption，D_{k_d}）：由密文到明文的解密变换。

对于 $\forall m \in M, \forall k \in K$，都有 $\begin{cases} c = E_{k_e}(m) \\ m = D_{k_d}(c) \end{cases}$。密码体制的基本模型如图 2-1 所示。

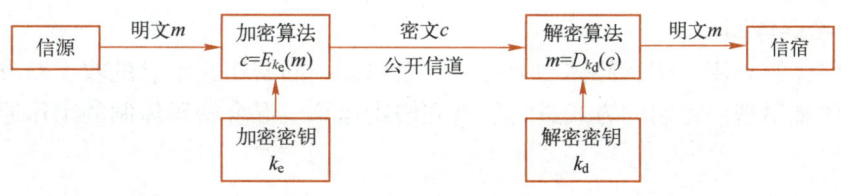

图 2-1 密码体制的基本模型

在密码系统中，加密算法将确定一个具体的加密变换，解密算法将确定一个具体的解密变换。在实际传输过程中，还可能存在一个密码分析者或破译者，他可以从公开信道上拦截到密文，在不知道密钥的情况下，试图从密文恢复出明文或密钥。如果密码分析者可以仅由密文推出明文或密钥，或者由明文和密文推出密钥，那么就称该密码系统是可破译的，相反则称该密码系统是不可破译的。

2.1.3 密码体制的分类

根据密钥算法的特点，密码体制主要分为私钥密码体制、公钥密码体制和混合密码体制。混合密码体制是结合了私钥和公钥两种密码体制的优势而衍生出的一种密码体制。

1. 私钥密码体制

私钥密码体制又称为对称密码体制、单钥密码体制，其特点是加密和解密使用相同的密钥，系统的保密性取决于密钥的安全性，与算法的保密性无关，即由密文和加密算法不能得到明文。换句话说，算法无须保密，须保密的仅是密钥。私钥密码体制的加密和解密过程通常只需要进行简单的位操作和逻辑运算，且密钥长度较短，不需要大量的计算资源，可以使用成本较低的芯片来实现。密钥可由发方产生，然后经一个安全可靠的途径送至收方，或由第三方产生后安全可靠地分配给通信双方。如何产生满足保密要求的密钥以及如何将密钥安全可靠地分配给通信双方是这类体制设计和实现面临的关键问题。

私钥密码体制对明文消息的加密有两种方式：一是明文消息按字符逐位地加密，称为流密码；另一种是将明文消息分组，逐组地进行加密，称为分组密码。私钥密码算法加解密简单，处理速度快，通常将其用作批量数据加密处理，也可用于消息的认证。典型算法包括 DES、IDEA、AES、SM4 等。

2. 公钥密码体制

1976 年，迪菲和赫尔曼发表了题为《密码学的新方向》的论文，提出公钥密码体制思想。公钥密码体制又称为非对称密码体制、双钥密码体制。其基本原理是：发送方甲和接收方乙都分别拥有各自的公钥和私钥，且甲乙两方的公钥加密只能由各自的私钥解密。双方的公钥是可以共享的，但是私钥只能自己保管。如果甲要传输数据给乙，应该使用乙的公钥来加密，这样，只有使用乙的私钥才能解密，而乙的私钥只有乙才有，从而保证了只有乙才能获悉信息的内容，既保证了数据的机密性，也不用分发解密的密钥。

双钥密码体制的主要特点是将加密和解密过程分开，因而可以实现由多个用户加密的消息只能由一个用户解读，或由一个用户加密的消息能被多个用户解读。前者可用于实现公共网络中的保密通信，而后者可用于实现对用户身份的认证。公钥密码体制的密钥分发方便，密钥保管量少，支持数字签名，但密钥位数多，计算量大，加密速度慢，不适合用于加密大批量数据。目前有三种代表性的公钥密码体制类型仍然是安全和有效的，即 RSA 体制、ElGamal 体制及 ECC 体制。

3. 混合密码体制

混合密码体制利用公钥密码体制分配私钥密码体制的密钥，消息的收发双方共用这个密钥，然后按照私钥密码体制的方式进行加密和解密运算。混合密码体制的工作原理如图 2-2 所示。

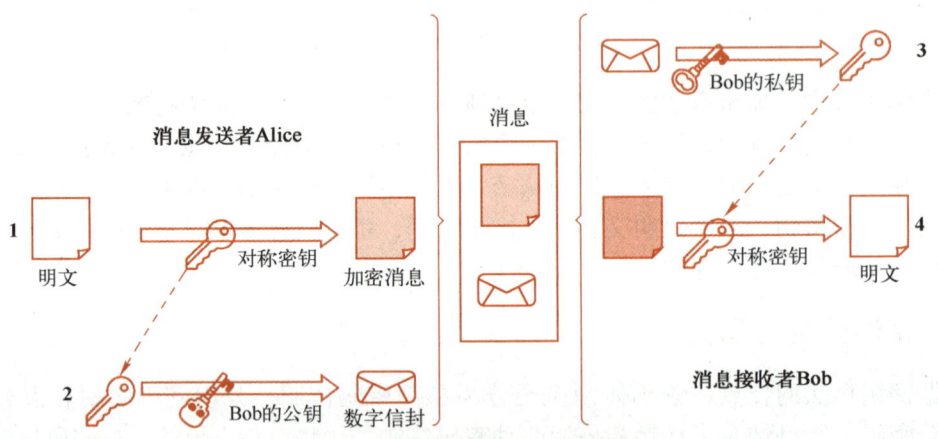

图 2-2 混合密码体制的工作原理

混合密码体制的工作流程分为四步：第一步，消息发送者 Alice 用对称密钥把需要发送的消息加密；第二步，Alice 用 Bob 的公钥将对称密钥加密，形成数字信封，然后把加密消息和数字信封一起传送给 Bob；第三步，Bob 收到 Alice 的加密消息和数字信封后，用自己的私钥将数字信封解密，获取 Alice 加密消息时的对称密钥；第四步，Bob 使用对称密钥把收到的加密消息解开。

混合密码系统结合了对称密码和公钥密码的优势，解决了公钥密码加密速度慢的问题，并通过公钥密码解决了对称密码的密钥分发问题。网络上的密码通信所用的 SSL/TLS（安全套接字层/传输层安全协议）都属于混合密码系统。

2.2 密码体制的安全性

密码体制的安全性在计算机科学和信息安全领域中是至关重要的，密码体制的安全性直接关系到信息系统和通信网络的整体安全性。在密码体制的安全性讨论中，不可忽视的是密码学攻击与防御的对抗。

密码学攻击主要分为被动攻击和主动攻击两大类。被动攻击试图通过监听和分析传输的信息来获取明文数据；主动攻击则涉及对加密系统的主动干预，例如修改消息、伪造身份等。密码学的发展不仅需要不断提升密码算法的强度，也需要对各种攻击手段进行深入研究，以提高密码体制的整体安全性。根据攻击手段，密码分析者破译或攻击密码的方法可以分为三类：穷举攻击法、统计分析攻击法和数学分析攻击法。

2.2.1 穷举攻击法

穷举攻击法是指对截获到的密文尝试遍历所有可能密钥的方法。穷举密钥时，对截获到的密文尝试遍历所有可能的密钥，直到获得有意义的明文，从而确定出正确的密钥和明文；穷举明文时，使用不变的密钥（例如，利用已得到的、对手已注入密钥的加密机）对所有可能的明文依次加密，直到得出与截获到的密文一致的密文为止。从理论上讲，只要拥有足够多的资源（例如，拥有足够多的计算时间和存储空间），任何实际应用的密码都可能使用穷举攻击法破译。但在实际情况下，穷举攻击并不是一种高效的方法。对抗穷举攻击最有效的策略是设法将密钥空间、明文空间和密文空间设计得足够大，通过增加密钥长度以及在明文、密文中增加随机冗余信息等方式实现。

2.2.2 统计分析攻击法

统计分析攻击法是指密码分析者根据明文、密文和密钥的统计规律来破译密码的方法。密码分析者对截获的密文进行统计分析，找出其统计规律或特征，并与明文空间的统计特征进行对照比较，从中提取出密文与明文间的对应关系，最终确定密钥或明文。例如，大多数古典密码都可以通过分析字符和字符组合的频率分布特征以及其他统计规律来破译。对抗统计分析攻击最有效的策略是设法使明文和密文不具有统计相关性，即将密文和明文的统计特性扩散到整个密文，这样使得密文不呈现任何明文的统计特性，反而呈现出极大的随机性，从而使统计分析攻击无法达到目的。能够对抗统计分析攻击已成为对近代密码的基本要求。

2.2.3 数学分析攻击法

密码分析者针对加解密算法的数学基础和某些密码学特性，使用数学求解的方法来破译密码。数学分析攻击是对基于数学难题的各种密码算法的重大威胁，利用一个或几个已知量（例如，利用密文或者"明文-密文对"等信息）以数学关系式表示出所求未知量（如密钥等），然后求解。通常，密码分析者掌握的关于密码系统的知识越多，密码分析成功的可能性就越大。为了对抗这种攻击，应当选用具有坚实数学基础和足够复杂的加密算法。

在 Kerckhoffs 假设密码分析者已知所用加密算法全部细节的前提下，根据密码分析者对明文、密文等数据资源的掌握程度，可以将针对加密系统的密码分析攻击分为以下五种类型：

（1）唯密文攻击　密码分析者知道密码的具体算法，但仅能根据截获的、数量有限的密文进行分析、破译，以得出明文或密钥。密码分析者所能利用的数据资源仅为密文，这是对密码分析者最不利的情况，同时也是密码分析者在利用最少数据资源的情况下进行的难度最大的密码攻击。在唯密文攻击中，密码分析者的任务目标是恢复尽可能多的明文，最好能推算出加密消息的密钥，以便可以采用相同的密钥解密出其他被加密的消息。

（2）已知明文攻击　密码分析者除了截获的密文外，还掌握一些已知的"明文-密文对"来帮助破译分析，目的是破译出使用的密钥或其他密文对应的明文。

（3）选择明文攻击　密码分析者不仅可得到一些"明文-密文对"，还有机会使用注入了未知密钥的加密机，通过自由选择待加密的明文来获取所期望的"明文-密文对"。这种情况对密码分析者十分有利，这时密码分析者能够选择特定的明文数据块进行加密，并比较明文和对应的密文，以分析和发现更多与密钥相关的信息。

（4）选择密文攻击　密码分析者具有已知密文攻击的条件，还可任意选择对密码破译有利的足够多的密文，并得到相应的明文。目的是破译出使用的密钥或其他密文对应的明文，主要适用于公钥分析体系，尤其是用于攻击数字签名。因而，能够抵抗选择密文攻击是公钥分析体系安全的必要条件。

（5）选择文本攻击　选择文本攻击是选择明文攻击和选择密文攻击的结合。密码分析者能够得知选择的明文和对应的密文，以及选择的猜测性密文和对应的已被破译的明文。

上述五种攻击的目的都是确定密码系统所使用的密钥或者破译出密文，密码分析者掌握的信息和攻击强度按次序递增。唯密文攻击情况下，密码分析者可以利用的信息最少，因此，唯密文攻击也是最弱的攻击；选择文本攻击是最强的一种攻击。如果一个密码系统能抵抗较高一级攻击强度的攻击，那么它肯定能抵抗其余几种较低强度的攻击。现代密码学要求，一个密码体制仅当它能经得起已知明文攻击时才是可行的，也就是说，该密码体制至少要能够经受住唯密文攻击和已知明文攻击的考验。

此外，衡量密码体制的攻击复杂性主要考虑三个方面的因素：数据复杂性，密码攻击所需要输入的数据量；处理复杂性，完成攻击所需要花费的时间；存储需求，进行攻击所需要的数据存储空间大小。攻击的复杂性取决于以上三个因素的最大复杂度，在实际实施攻击时往往要折中考虑这三种复杂性，如存储需求越大，攻击可能越快。

2.2.4　密码体制设计原则

1. 柯克霍夫原则

柯克霍夫（Kerckhoffs）曾提出："一切秘密寓于密钥之中。"也就是说，密码体制的安全性仅应依赖于对密钥的保密，而不依赖于对算法的保密。即使密码系统中的算法为密码分析者所知，他们也难以从截获的密文推导出明文或密钥。只有在假设密码分析者对密码算法有充分的研究并且拥有足够计算资源的情况下，仍然安全的密码系统才是安全的。在此之前，密码界的主流理念是"隐晦式安全"（Security through Obscurity）。隐晦式安全理念主张对全部系统实行保密，即从设计到执行的每个环节都保密。这种传统加密理念最大的问题在于操作的难度很大，随着系统复杂程度的提高和技术的发展，对每个环节都加密或保密越来越难实现。另外，一旦系统链条中任何环节的秘密被泄露，整个系统的弱点就会完全暴露。

按照柯克霍夫原则，一个保密系统中最重要的是密钥，只要保护好密钥，其他环节都不怕泄密。例如，算法可以公开，系统设计原理可以公开，只要系统的密钥得到严格保密，就能实现安全加密。这一原则推动了密码学的开放性和透明性，促使设计者更加注重密钥管理的合理性和可靠性。

2. 混淆和扩散

1949 年，香农提出了密码体制的两大设计原则：混淆（Confusion）和扩散（Diffusion）。在分组密码的设计中，充分利用混淆和扩散，可以有效地抵抗密码分析者从密文的统计特性推测明文或密钥。混淆和扩散是现代分组密码的设计基础。

混淆：将密文与密钥之间的统计关系变得尽量复杂，使得密码分析者即使获取了关于密文的一些统计特性，也无法推测密钥。实现混淆常用的一个方法是替换，该方法在 AES 和 DES 中都有应用。

扩散：让明文中的每一位影响密文中的许多位，或者让密文中的每一位都受明文中许多位的影响，从而隐蔽明文的统计特性。最简单的扩散方法是置换，它常用于 DES 中，AES 则使用更高级的 MixColumn 操作（即对列进行混合变换）。

现代密码设计常使用乘积和迭代的操作，其中乘积是指联合应用多种密码变换，迭代是指设计一个轮函数对数据进行多重操作，这两种方法都是为了取得较好的混淆和扩散的效果。

2.2.5 安全评估标准

1. 无条件安全

即使密码分析者拥有无限的计算资源和密文，也无法恢复出明文，那么这个算法就具有无条件安全性（Unconditional Security）。无条件安全与信息论有关，可以通过信息论来证明传递过程中无信息泄露。

最简单的例子就是"一次一密"的加密算法。密码科学奠基者香农在《保密系统的通信理论》中就证明了一次一密密码是无法破译的。此种情形下，密钥流是完全随机的、与明文长度相同的比特串，即使给出无限多的资源仍然无法破译。理论上讲，有且仅有一次一密的密码本，才是绝对安全、永不可破译的。然而，一次一密的密码本虽然具有理论上的绝对安全性，但考虑到密钥传输的代价，它又是不实用的。如果能够安全地传输同等长度的密钥，何不直接安全地传输明文？所以，实际上不存在不可破译的密码。目前也有观点提出，采用量子保密通信来传输密钥，可以实现绝对安全的、一次一密的密码系统，但这仅仅是理论上的可能性，投入使用还需时间。在生活中，典型的一次一密思想的运用是验证码。

2. 可证明安全

可证明安全使用了一种规约的思想，即密码算法的安全性可被规约为某个经过深入研究的数学难题，例如 RSA 基于大数因子分解困难问题，ECC 基于有限域上的离散对数困难问题。当一个密码所利用的数学问题被证明求解困难时，该密码算法也会存在破解方面的困难性。

3. 计算安全

在实际中，如果当前计算条件无法满足密码破译的需求，破译密码需要 N 步，N 非常大（如 $N=2^n, n=128$），或破译密码需要海量的存储空间，则可以认为这个密码体制是安全的。我们可以用三种方式来衡量密码算法的计算安全性。

1）数据复杂性：攻击算法所需要输入的数据量。

2）时间复杂性：以执行某特定的基本步骤所需时间为单元，完成攻击过程所需要的总时间单元数。

3）空间复杂性：以特定的基本存储空间为单元，完成攻击过程所需要的总存储单元数。

很多时候，这三种复杂性是相关联的。比如，存储空间越大时，完成攻击所需的时间可能就越少；当破译某个密码算法所需的计算时间或经济的成本，远远超过信息有用的生命周期或者信息本身的价值时，那么破译该算法就没有意义了，可以认为该算法具有计算安全性。目前实际使用的多数对称和非对称密码方案都是计算安全的，因此计算安全又称为实际安全。

此外，密码体制的安全性还会受到一系列评估标准的约束，例如对称加密算法的密钥长度、公钥加密算法依赖的数学难题、哈希函数的抗碰撞性等。这些标准为密码体制的设计和评估提供了基本框架，确保密码系统在满足一定数学和计算复杂性要求时才能够抵御各种潜在的攻击。

2.2.6 密钥的管理和分发

为了保障密码体制的安全性，密钥的管理和分发成为关键问题。合理的密钥生成和分发机制能够防范许多潜在的攻击，确保密钥在传输和存储过程中不被泄露。此外，密码体制的安全性也与密钥的更新和轮换策略密切相关，及时更新密钥有助于抵御一些已知攻击手段。

密钥生命周期是指密钥从生成到销毁的时间跨度。不同的密钥有不同的生命周期，例如：签名密钥的生命周期可能为数年，具体取决于安全策略和应用程序的需求，以确保相关签名的验证性能；临时密钥通常用于单次会话，可能在会话结束后被销毁，这种短周期有助于降低密钥被滥用的风险。一般来说，对使用频率越高的密钥，要求其生命周期尽量短。密钥的生命周期通常包括生成、分发、使用、存储、轮换、回收和销毁。

1）生成。密钥的生命周期始于使用安全的伪随机数生成算法，确保生成的密钥具有足够的随机性和复杂性，以提高其安全性。生成的密钥将成为后续加密、签名或其他安全操作的基础。

2）分发。密钥分发涉及将生成的密钥安全地传递给参与通信的各方。通过使用安全通道或其他加密手段，密钥可以在通信各方之间安全地传输，确保其在传递过程中不被泄露或篡改，维护其机密性和完整性。

3）使用。密钥被用于实际的加密、解密、签名或验证过程，需要受到监控和审计，以便及时检测和响应任何潜在的安全问题，确保密钥的合法使用。

4）存储。存储涉及使用硬件安全模块等设备，以提供额外的物理和逻辑安全性，防止未经授权的访问，保护密钥的机密性。

5）轮换。通过定期生成新密钥，将旧密钥废弃，确保系统使用的是最新的密钥。这有助于应对密钥被泄露或破解的风险。

6）回收。通过吊销证书、更新密钥对等操作，确保不允许使用已失效的密钥，应对密钥被泄露或不再需要密钥的情况。

7）销毁。在这个阶段，密钥被安全地销毁，即完全删除密钥材料，确保无法恢复或使用已销毁的密钥。这有助于防止废弃的密钥被滥用或恢复。

在密钥生命周期的各个环节中，都有可能发生不良设计导致的安全问题，见表2-1。

表 2-1　密钥生命周期中的安全问题

生命周期的环节	安全问题
生成	生成算法随机性差,导致密钥可被预测,或者攻击者可以自己生成密钥
分发	密钥明文分发,导致密钥存在被攻击者截获的风险
使用	一个密钥可能被用于多个用途,增加了密钥泄露的风险
存储	密钥和明文存储在不安全的数据库中,攻击者能够轻易获取密钥和敏感数据的明文
轮换	密钥如果不更新,导致攻击者更容易获取密钥,从而能够轻易获取敏感数据的明文
回收	如果重要密钥从不备份,一旦密钥丢失,就会导致原有加密的数据不能解密,降低系统可靠性
销毁	密钥仅被普通删除,导致攻击者有可能恢复出密钥

为了确保密钥在整个生命周期中都得到有效的保护,可以从安全性、合规性和操作效率等多个方面制定相应的密钥管理原则。具体的密钥管理原则包括:

1)区分密钥管理的策略和机制。策略是密钥管理系统的高级指导,着重于原则指导,而不着重于具体实现。密钥管理机制是实现和执行策略的技术和方法。

2)全程安全原则。必须在密钥的生成、分发、使用、存储、轮换、回收和销毁全过程中对密钥采取妥善的安全管理。

3)最小权力原则。应当只给用户分发进行某一事务处理所需的最小的密钥集合。

4)责任分离原则。一个密钥应当专门用于一种功能,不要让一个密钥兼具几种功能。

5)密钥分级原则。为了减少受保护密钥的数量,同时简化密钥管理工作,现有的密码系统设计一般将密钥划分为三级:主密钥,二级密钥,初级密钥。三级密钥结构模型如图 2-3 所示。主密钥对应于层次化密钥结构中的最高层次,它是用于对加密密钥进行加密的密钥。二级密钥一般是用来对传送的会话密钥或文件加密密钥进行加密的密钥,也称为密钥加密密钥。初级密钥是最底层的密钥,直接对数据进行加密和解密,分为初级文件密钥和会话密钥。

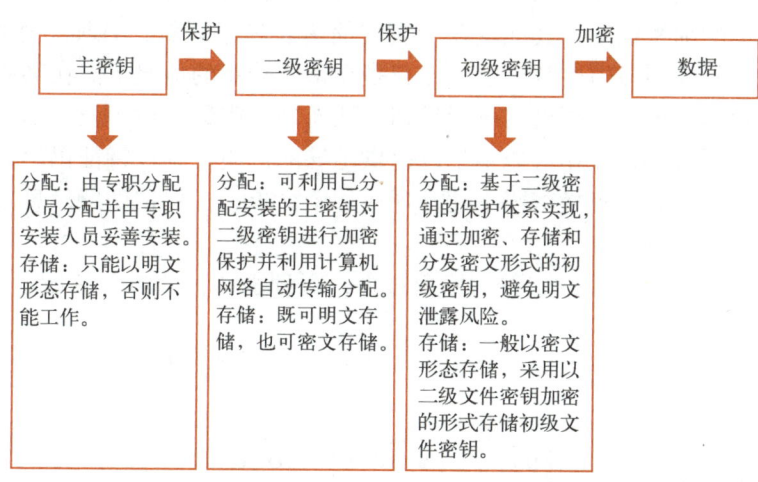

图 2-3　三级密钥结构模型

层次化的密钥结构大大提高了密码系统的安全性,下层的密钥被破译不会影响到上层密钥的安全。下层的密钥可以按照某种方式通过高层的密钥或者随机数来生成,例如可以通过使用安全算法以及高层密钥动态地产生下层密钥,从而实现动态的密码系统。层次化的密钥结构也为密钥管理的自动化带来了便利,除了主密钥需要由人工安装以外,其他各层的密钥均可以由密钥管理系统按照某种协议自动地分配、更换、销毁等。

密钥必须按时更新,否则,即使采用了很强的密码算法,随着使用时间变长,敌手截获的密文越来越多,破译密码的可能性也会越来越大。一般初级密钥采用一次一密,二级密钥更新的频率低一些,主密钥更新的频率最低。

密钥应当有足够的长度。密码安全的一个必要条件是密钥有足够的长度。密钥越长,密钥空间就越大,攻击就越困难,因而也就越安全。例如,较长的 RSA 密钥可以增加攻击者进行因子分解大整数的难度,提高系统的安全性。

密码体制不同,密钥管理也不相同。由于对称密码体制与非对称密码体制使用性质不同的两种密码,因此在密钥管理上有很大的不同。在对称密钥加密中,同一密钥用于加密和解密信息,密钥的共享性使得关键问题在于如何安全地分发密钥。非对称密码体制使用一对密钥:公钥和私钥。公钥可以公开分享,而私钥必须保密。通过使用公钥加密、私钥解密或私钥签名、公钥验证,密钥的分发变得相对容易。公钥可以在不牺牲安全性的情况下公开传播。其密钥管理的挑战在于确保私钥的安全存储和使用,以及处理大量密钥对可能引起的性能问题。

遵循以上密钥管理原则,可以有效预防未经授权的访问和数据泄露,降低滥用风险,及时检测安全问题,提高系统整体安全性,从而建立可信、稳定和高效的信息安全体系。

2.3 古典密码算法

2.3.1 置换密码

置换密码算法的原理是不改变明文字符,只改变字符在明文中的排列顺序,使有意义的明文信息变换为无意义的密文乱码,从而实现对明文信息的加密,又称为换位密码。置换密码是一种相对简单的加密技术,其优点在于实现简单、易于理解,且加密速度较快。然而,其安全性较低,容易受到暴力破解攻击,尤其是在密钥较短的情况下。在某些情况下,通过对密文的分析,攻击者可能会猜测出排列规则,从而破解密码。对于长文本,置换密码的效果可能较差,这是因为排列操作可能不足以提供足够的混淆,统计特征仍然显著。由于其低安全性和易受攻击的特点,置换密码不适合现代加密需求,在保护敏感信息方面不够可靠。

以下是几种置换方法。

(1) 逆序选出　把明文中的字符顺序反过来,得到密文,如图 2-4 所示。

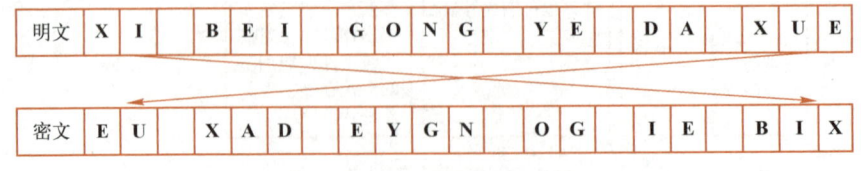

图 2-4　逆序选出

(2) 按行重写,按列选出　把明文按照某一顺序排列成矩阵,然后以列为顺序选出矩阵中的字符作为密文,改变矩阵大小和取出顺序,可得到不同的密文,如图 2-5 所示。

X	I	B	E	I	G
O	N	G	Y	E	D
A	X	U	E		

明文	X	I		B	E	I		G	O	N	G		Y	E		D	A		X	U	E

密文	X	O		A	I	N		X	B	G	U		E	Y		E	I		E	G	D

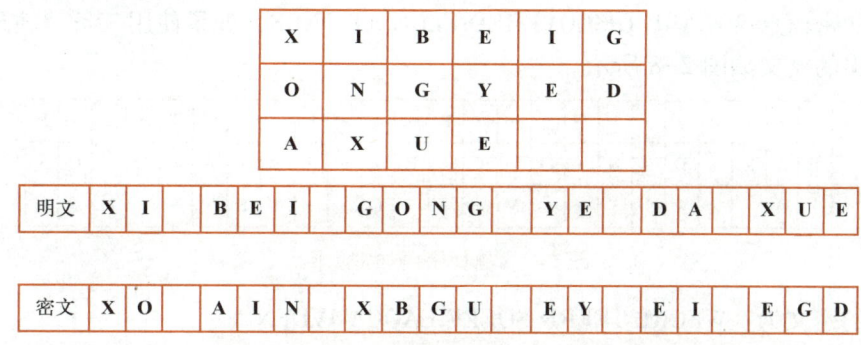

图 2-5　以 3×6 的矩阵排列明文并以列为顺序置换

（3）以密钥字符顺序按列选出　把明文按照某一顺序排列成矩阵，然后按照密钥字符顺序选出矩阵中的字符作为密文，如图 2-6 所示。

7	1	4	2	3	6	5
X	I	B	E	I	G	O
N	G	Y	E	D	A	X
U	E					

明文	X	I		B	E	I		G	O	N	G		Y	E		D	A		X	U	E

1234567

密钥：WANG LUO → AGLNOUW → 7142365

密文	I	G		E	E	E		I	D	B	Y		O	X		G	A		X	N	U

图 2-6　以 3×7 的矩阵排列明文并按密钥字符顺序置换

置换密码打乱了明文字符之间的跟随关系，使得明文自身的结构规律也被破坏。然而，置换密码的缺点是：明文字符的形态不变，密文字符出现的频次与对应的明文字符出现的频次相同，简单的唯密文攻击或已知明文攻击即可破译置换密码。

【例 2-1】 栅栏密码

栅栏密码是置换密码的一种形式，因其编码方式而得名。在栅栏密码中，明文向斜下方写入假想的栅栏和连续的“轨道”上，触底时向斜上方继续书写，如此反复。最后按行读取，形成密文。栅栏密码原理如图 2-7 所示。

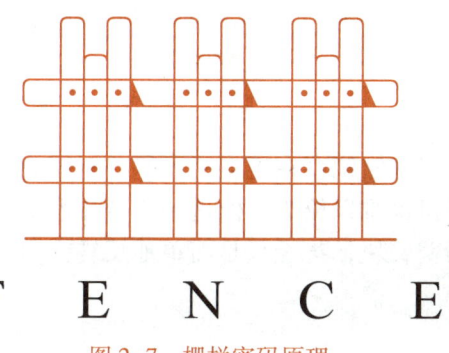

图 2-7　栅栏密码原理

例如，加密信息 WE ARE DISCOVERED FLEE AT ONCE，如果使用三条"轨道"加密，则密码器写出的密文如图 2-8 所示。

W	·	·	E	·	·	C	·	·	R	·	·	L	·	·	T	·	·	E
·	E	·	R	·	D	·	S	·	O	·	E	·	E	·	F	·	E	·	A	·	O	·	C	·
·	·	A	·	·	I	·	·	V	·	·	D	·	·	E	·	·	N

图 2-8　栅栏密码加密示例

加密后的密文为：WECRL TEERD SOEEF EAOCA IVDEN。

【例 2-2】曲路密码

曲路密码的发明者和发明时间不详，由于需要按照曲路路径进行加密、解密，而得名"曲路密码"。它和栅栏密码类似，都是一种移位密码，通过特殊的曲路，打乱明文字母的位置，使有意义的明文信息变换为无意义的密文乱码。

首先，通信双方需要约定好"密钥"（也就是曲路路径）及密表规格，比如密表规格为 3×6，曲路路径如图 2-9 所示。

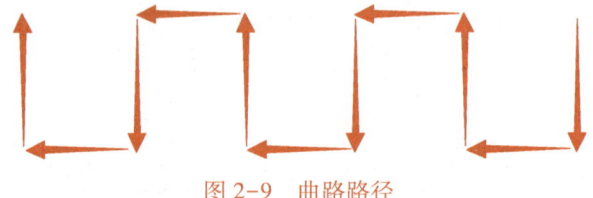

图 2-9　曲路路径

假设需要传递的信息为 Welcome to the Museum，将其按照顺序填入 3×6 的列表中，见表 2-2。

表 2-2　将需要传递的信息填入表

W	e	l	c	o	m
e	t	o	t	h	e
M	u	s	e	u	m

随后按照约定的曲路路径，将明文加密为 memuhoctesoletuMeW，如图 2-10 所示。

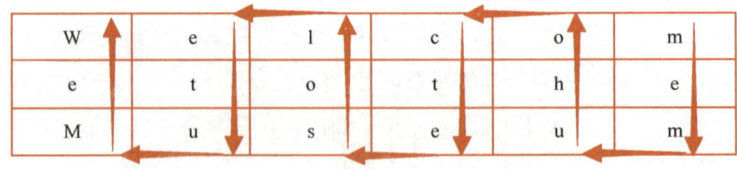

图 2-10　曲路密码加密示例

比起栅栏密码，曲路密码的密钥存在更多的可能。对于有一定长度的消息，密钥数量可能非常大，即使是现代计算机也难以枚举。但这并不意味着加密者可以高枕无忧。如果密钥的路径使密文中留下过多的明文块，甚至只是简单地反转文本，那么密码分析者就可能很快地理解路径，从而破解密文。

【例 2-3】列位移密码

列位移密码中，消息按行写下，然后按列读取。其中，行的宽度和列的读取顺序都由一个关键词决定。例如，关键词 ZEBRAS 由 6 个字母组成，因此行的长度为 6；关键词中各字母的字母顺序为"6、3、2、4、1、5"，说明按列读取时最先从左起第 5 列开始。

在按行写下消息时，有可能出现最后一行长度不同于其他行的情况。一般来说，列位移密码中任何空白都应以空值填充；在不规则的列位移密码中，空白部分留空。用作空值的字母可以由加密方随意选择，它们只用于填满不完整的行（或列），本身并不是消息的一部分。

例如，假设使用关键词 ZEBRAS 加密明文 WE ARE DISCOVERED FLEE AT ONCE，并添上五个空值（QKJEU）。在常规的列位移密码中，加密过程见表 2-3。

表 2-3 列位移密码加密表（常规）

Z	E	B	R	A	S	密钥
6	3	2	4	1	5	顺序
W	E	A	R	E	D	
I	S	C	O	V	E	
R	E	D	F	L	E	明文
E	A	T	O	N	C	
E	Q	K	J	E	U	

密文读出为：EVLNE ACDTK ESEAQ ROFOJ DEECU WIREE。

若为不规则的列位移密码，加密过程见表 2-4。

表 2-4 列位移密码加密表（非规则）

Z	E	B	R	A	S	密钥
6	3	2	4	1	5	顺序
W	E	A	R	E	D	
I	S	C	O	V	E	
R	E	D	F	L	E	明文
E	A	T	O	N	C	
E						

密文读出为：EVLN ACDT ESEA ROFO DEEC WIREE。

破译列位移密码时，接收者必须通过将密文长度除以密钥长度来计算出列长度，将密文按列写进方格中，然后通过密钥给出的顺序来重新排序列。

2.3.2 移位密码

移位密码的工作原理非常简单，通过对字符表中的每个字符进行固定偏移来实现。移位密码的关键在于选择一个固定的移位数，通常用于指定字符表中每个字符向左或向右移动的位置。这个移位数称为密钥，是加密和解密的关键参数，用于将字符表中的每个字符与移位后的相应字符建立映射关系。

以右移为例，加密时，对于每个明文字符，找到它在字符表中的位置，将该位置向右移动密钥指定的移位数（循环移动，如果到达字符表的末尾则回到开头），将移动后的字符作为密文中对应位置的字符。解密过程与加密过程相反，即将密文中的每个字母根据字符表的映射关系进行逆操作。对于每个密文字符，找到它在字符表中的位置，将该位置向左移动密钥指定的移位数（循环移动，如果到达字符表的开头则回到末尾），将移动后的字符作为明文中对应位置的字符。

移位密码的优点是简单易懂，只涉及字母的平移操作，不需要复杂的密钥管理系统或算法，实现非常容易，加密和解密的计算过程也十分快速。但由于密钥的选择受到字符表大小的限制，移位密码的密钥空间相对较小，容易受到暴力破解攻击，而且字符的替代是简单的平移，频率分析等传统密码分析技术可以很容易地破解移位密码。攻击者可以通过分析密文中字符的出现频率来推断可能的解密结果，安全性极低。

【例2-4】恺撒密码

恺撒密码是一种最典型的移位密码，通过把字母移动一定的位数来实现加解密，即明文中的所有字母从字符表向后（或向前）按照一个固定步长进行偏移后形成密文。根据苏维托尼乌斯的记载，恺撒曾用此方法加密重要的军事信息："如须保密，信中便用暗号，改变字母顺序，使局外人无法组成一个单词。如果想要读懂和理解它们的意思，得用第4个字母置换第一个字母，即以D代A，以此类推。"恺撒密码原理如图2-11所示。

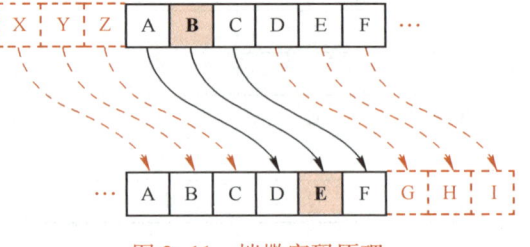

图2-11 恺撒密码原理

如图2-12所示，当步长为3时，A被替换成D，B被替换成E，依此类推，X替换成A。在恺撒密码中，密钥即字母位移数。

明文	X I	B E I	G O N G	Y E	D A	X U E

密文	A L	E H L	J R Q J	B H	G D	A X H

图2-12 恺撒密码加密示例

加密算法：密文=（明文+位移数）Mod 26。
解密算法：明文=（密文-位移数）Mod 26。

【例2-5】斯巴达棒

大约在公元前700年，古希腊军队使用一种叫作"斯巴达棒"的圆木棍来进行保密通信。斯巴达棒的加密原理利用了移位的思想，它的使用方法是：把长带子状羊皮纸缠绕在如图2-13所示的圆木棍上，然后在上面写字；解下羊皮纸后，上面只有杂乱无章的字符，只有再次以同样的方式缠绕到同样粗细的棍子上，才

图2-13 斯巴达棒

能看出所写的内容。快速且不容易解读错误的优点，使它在战场上大受欢迎，但此方法会将容易引发"联想"的字或"提示"留在密文中，所以在将原文编成密文时，需要将一些敏感字除去或替换，以防被破解。

2.3.3 替代密码

替代密码算法的原理是使用替代法加密，构造一个或多个密文字符表，然后用密文字符表中的字母或字母组来代替明文字母或字母组，各字母或字母组的相对位置不变，但其形态

会发生变化。替代密码可分为单表替代密码和多表替代密码。

1. 单表替代密码

单表替代密码又称单替代密码，只使用一个密文字符表，用密文字符表中的一个字母对应替代明文的一个字符。设 A 和 B 分别为含 n 个字符的明文字符表和密文字符表：

$$A=\{a_0,a_1,a_2,\cdots,a_{n-1}\}, \quad B=\{b_0,b_1,b_2,\cdots,b_{n-1}\}$$

定义一个由 A 到 B 的一一映射 $f:A \to B$，其中 $f(a_i)=b_i$。

设明文 $M=\{m_0,m_1,m_2,\cdots,m_{n-1}\}$，则密文 $C=\{f(m_0),f(m_1),f(m_2),\cdots,f(m_{n-1})\}$，单表替代密码的密钥就是映射函数 f 或密文字符表 B。

【例 2-6】 ADFGX 密码

ADFGX 密码将置换和替代两种加密手段组合在一起使用，以密文中所用的字母 A、D、F、G、X 命名。假设我们需要发送明文信息 Attack at once，用一套经过加密处理的字符表填满波利比奥斯方阵，如图 2-14 所示。

因为英文字母的数量有 26 个，但方格的数量却只有 25 个，因此该加密方法将 i 和 j 视为同一个字母，使字母数量符合 5×5 格。之所以选择 A、D、F、G、X 这五个字母，是因为它们译成摩斯（Morse）密码时不容易混淆，可以降低传输错误的概率。使用这个方格，找出明文字母在这个方格的位置，再以那个字母所在的栏名称和列名称代替这个字母，从而将该信息加密成处理过的分解形式。方格替换结果如图 2-15 所示。

	A	D	F	G	X
A	b	t	a	l	p
D	d	h	o	z	k
F	q	f	v	s	n
G	g	j	c	u	x
X	m	r	e	w	y

图 2-14 波利比奥斯方阵

明文	A	T	T	A	C	K	A	T	O	N	C	E
密文	AF	AD	AD	AF	GF	DX	AF	AD	DF	FX	GF	XF

图 2-15 方格替换结果

下一步，利用一个置换钥匙加密。假设钥匙字是 CARGO，将其写在新格子的第一行。再将上一阶段的密码文一行一行写进新方格里。置换钥匙加密结果如图 2-16 所示。

最后，按照钥匙字的字母顺序 ACGOR 依次抄下该字下整列信息，形成新密文：FAXDF ADDDG DGFFF AFAX AFAFX。1918 年 6 月，该方法中加入了一个字母 V，扩充得到 ADFGVX 密码，新的 ADFGVX 密码变成以 6×6 格共 36 个字母加密。这使得所有英文字母（不再将 i 和 j 视为同一个字母）以及数字 0 到 9 都可混合使用，解决了原加密方法不便于发送含有大量数字的简短信息的问题。

C	A	R	G	O
A	F	A	D	A
D	A	F	G	F
D	X	A	F	A
D	D	F	F	X
G	F	X	F	

图 2-16 置换钥匙加密结果

【例 2-7】 猪圈密码

替代密码不仅可以使用字母进行替代，还可以使用图形进行替代，猪圈密码为后者的典型案例。早在 17 世纪初，它就被用来保护一些私密记录和信息。它是一种以格子为基础的简单替代式密码，将字符表中的每个字母分配给特定形状的方括号或"猪圈"，在写秘密信息时，不书写字母，而是画出每个字母所在的方括号。

猪圈密码的加密原理简单，仅需一个特定的密表，然后用密表中指定的符号替换明文中的字母，最后得到的结果即密文。首先绘制 26 个不同的猪圈，并且每个都配有一个字母。要确保每个猪圈看上去都和其他的不同。最常见的猪圈密码密表如图 2-17 所示。

比如，要传输一条信息 ANT，就要找到每个字母，并注意猪圈的形状，然后绘制图案，如图 2-18 所示。

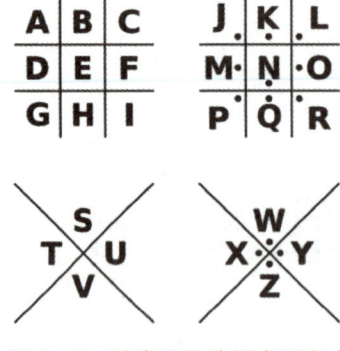

图 2-17　最常见的猪圈密码密表

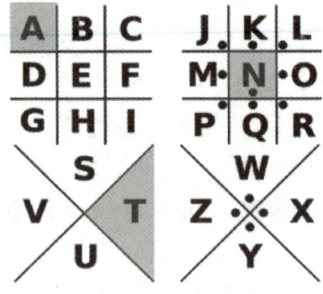

图 2-18　寻找 ANT 对应密文

加密后 ANT 书写成如图 2-19 所示的图案。

在接收方收到密文之后，再对照密表图，就可以知晓图案所代表的意思了。猪圈密码简单、方便，容易书写，并且便于记忆，可以自定义创建密码表，因此可以有很多变体。但是猪圈密码的密表必须安全，密表一旦泄露，加密就没有意义了，因此密表的安全存储和传递是一大难题。

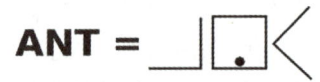

图 2-19　ANT 加密结果

【例 2-8】培根密码

培根密码是由弗朗西斯·培根所发明的一种隐写术。培根密码本质上是将二进制信息通过样式的区别，加在了正常书写之上。培根密码所包含的信息可以和用于承载其的文章完全无关。培根密码实际上就是一种替换密码，根据所给字母对应表一一对应转换即可加密、解密。培根密码的特殊之处在于，可以通过不明显的特征来隐藏密码信息，比如大小写、正斜体等，只要两个不同的属性即可使密码隐藏。

第一步：明文中的每个字母都会转换成一组字母（包含五个英文字母）。其字母对应表见表 2-5。

表 2-5　培根密码字母对应表

A/a	aaaaa	J/j	abaab	S/s	baaba
B/b	aaaab	K/k	ababa	T/t	baabb
C/c	aaaba	L/l	ababb	U/u	babaa
D/d	aaabb	M/m	abbaa	V/v	babab
E/e	aabaa	N/n	abbab	W/w	babba
F/f	aabab	O/o	abbba	X/x	babbb
G/g	aabba	P/p	abbbb	Y/y	bbaaa
H/h	aabbb	Q/q	baaaa	Z/z	bbaab
I/i	abaaa	R/r	baaab		

例如明文 I LOVE YOU，可以转换成 ABAAAABABBABBBABABABAABAABBAAAA BBBABABAA，如图 2-20 所示。这一步只是一个简单替换密码。

明文	I	L	O	V	E	Y	O	U
密文	ABAAA	ABABB	ABBBA	BABAB	AABAA	BBAAA	ABBBA	BABAA

图 2-20 第一步的替换结果

第二步：准备一条假信息，其长度与密文长度相同。例如第一步的密文一共有 40 个字母，准备一条长度为 40（不包含空格）的假信息：Behind the mountain there are people to be found。

第三步：用两种不同的字体，进行假信息重写。比如正常字体表示 A，加粗表示 B，如图 2-21 所示。

明文	I	L	O	V	E	Y	O	U
密文	ABAAA	ABABB	ABBBA	BABAB	AABAA	BBAAA	ABBBA	BABAA
假信息	Behin	dthem	ounta	inthe	reare	peopl	etobe	found
重写假信息	Behin	**dth**e**m**	**o**un**ta**	in**the**	**r**e**a**re	**pe**op**l**	e**to**be	found

图 2-21 假信息重写结果

解密时，将上述过程倒转：首先将假信息以五个字母一组重新排列，字体一转成 A，字体二转成 B，然后再按照字母对应表翻译回明文。

破译培根密码得到明文示例如图 2-22 所示。

收到的假信息	bAcon iS a MEaT prodUcT prePared frOm a pig and UsuALLy cUReD								
分组	bAcon	iSaME	aTpro	dUcTp	rePar	edfrO	mapig	andUs	uALLy	cUReD
转换 AB	abaaa	ababb	abaaa	ababa	aabaa	aaaab	aaaaa	aaaba	abbba	abbab
明文	i	l	i	k	e	b	a	c	o	n

图 2-22 破译培根密码得到明文示例

【例 2-9】四方密码

四方密码是一种对称式加密法，是法国人 Felix Delastelle 发明的，它将字母分为两个一组，然后采用多字母替换密码进行加密。四方密码同样需要密码表，采用 4 个 5×5 的矩阵，每个矩阵都有 25 个字母，通常会取消 Q 或将 I、J 视作同一个，或改进为 6×6 的矩阵，在矩阵中加入 10 个数字。

首先需要选择两个英文单词作为密钥，如 example 和 keyword，将其中重复的字母去除，example 就变成了 exampl，然后将其顺序放入矩阵，再将密钥中没有用到的字母按顺序放入余下矩阵。另外一个单词 keyword 也是如此。然后将这两个矩阵放在右上角和左下角，而左上角和右下角则使用 a 到 z 的顺序组成矩阵。将四个矩阵组合在一起，就形成了一个四方矩阵，如图 2-23 所示。

随后就可以加密信息了，将信息的两个字母为一组分开，如 hello world，分组后为“he ll ow or ld”。找出第一个字母在左上角矩阵的位置和第二个字母在右下角矩阵的位置。在右上角矩阵中，找到和第一个字母同行、第二个字母同列的字母，在左下角矩阵中，找到和第一个字母同列、第二个字母同行的字母，即得到需要的密文，如图 2-24 所示。

a	b	c	d	e		E	X	A	M	P
f	g	h	i	k		L	B	C	D	F
l	m	n	o	p		G	H	I	K	N
q	r	s	t	u		O	Q	R	S	T
v	w	x	y	z		U	V	W	Y	Z
K	E	Y	W	O		a	b	c	d	e
R	D	A	B	C		f	g	h	i	k
F	G	H	I	L		l	m	n	o	p
M	N	P	Q	S		q	r	s	t	u
T	U	V	X	Z		v	w	x	y	z

图 2-23　四方矩阵

a	b	c	d	e		E	X	A	M	P
f	g	h	i	k		L	B	C	D	F
l	m	n	o	p		G	H	I	K	N
q	r	s	t	u		O	Q	R	S	Y
v	w	x	y	z		U	V	W	Y	Z
K	E	Y	W	O		a	b	c	d	e
R	D	A	B	C		f	g	h	i	k
F	G	H	I	L		l	m	n	o	p
M	N	P	Q	S		q	r	s	t	u
T	U	V	X	Z		v	w	x	y	z

图 2-24　寻找密文

以此类推，明文“he ll ow or ld”在经过加密之后，就变成了“FY GF HX HQ KK”。

四方密码的解密过程就是将上述过程反推，先在右上角找到第一个字母，然后在左下角找到第二个字母，最后在左上角和右下角的矩阵中找到对应字母即可。

四方密码的优点就是简单，然而作为加密算法，这也是它最大的缺点，任何人在得到密文和密钥或者密码矩阵表时，都可以轻松获得明文。在使用中，四方密码也很容易被记录比对而使密码矩阵表被破解掉。此外，四方密码只能加密偶数的明文，如果是奇数明文，最后余下的一个字符将无法加密。

2. 多表替代密码

单表替代密码的信息泄露本质上都是由于一个明文字符总是被一个固定的密文字符替代，如果一个明文字符可能被多个密文字符替代，即定义多个映射，那么由密文字符组成的密文字符串的统计规律就可能变得均匀，从而更加安全。

多表替代密码的特点如下：

1）多表替代密码的密钥就是这组映射函数或密文字符表。

2）明文中相同的字符不再总是被映射成相同的字符。

3）明文的统计规律不再反映在密文中。

如果密钥序列是随机的，即它们相互独立且服从均匀分布，那么在未知密钥序列的条件下，即使知道加密变换，该密码也是不可破译的。

【例 2-10】 维吉尼亚密码

16 世纪法国密码学者维吉尼亚（Vigenere）使用过的维吉尼亚密码是一种著名的多表替代密码，有 26 个密文字符表，如图 2-25 所示。明文字符表循环移位 1~25 位。选用一个短语作为密钥，密钥字符用于选择密文字符表。

在凯撒密码中，一次加密只会用到一个密钥，导致相同密文对应的明文总相同。维吉尼亚密码不同位置的明文用不同的密钥进行加密，相同字母由于使用不同的密钥而被替换成不同的密文，不同字母也可能因为使用不同的密钥而被替换成相同的密文。

	A	B	C	D	E	F	G	H	I	J	K	L	M	N	O	P	Q	R	S	T	U	V	W	X	Y	Z
A	A	B	C	D	E	F	G	H	I	J	K	L	M	N	O	P	Q	R	S	T	U	V	W	X	Y	Z
B	B	C	D	E	F	G	H	I	J	K	L	M	N	O	P	Q	R	S	T	U	V	W	X	Y	Z	A
C	C	D	E	F	G	H	I	J	K	L	M	N	O	P	Q	R	S	T	U	V	W	X	Y	Z	A	B
D	D	E	F	G	H	I	J	K	L	M	N	O	P	Q	R	S	T	U	V	W	X	Y	Z	A	B	C
E	E	F	G	H	I	J	K	L	M	N	O	P	Q	R	S	T	U	V	W	X	Y	Z	A	B	C	D
F	F	G	H	I	J	K	L	M	N	O	P	Q	R	S	T	U	V	W	X	Y	Z	A	B	C	D	E
G	G	H	I	J	K	L	M	N	O	P	Q	R	S	T	U	V	W	X	Y	Z	A	B	C	D	E	F
H	H	I	J	K	L	M	N	O	P	Q	R	S	T	U	V	W	X	Y	Z	A	B	C	D	E	F	G
I	I	J	K	L	M	N	O	P	Q	R	S	T	U	V	W	X	Y	Z	A	B	C	D	E	F	G	H
J	J	K	L	M	N	O	P	Q	R	S	T	U	V	W	X	Y	Z	A	B	C	D	E	F	G	H	I
K	K	L	M	N	O	P	Q	R	S	T	U	V	W	X	Y	Z	A	B	C	D	E	F	G	H	I	J
L	L	M	N	O	P	Q	R	S	T	U	V	W	X	Y	Z	A	B	C	D	E	F	G	H	I	J	K
M	M	N	O	P	Q	R	S	T	U	V	W	X	Y	Z	A	B	C	D	E	F	G	H	I	J	K	L
N	N	O	P	Q	R	S	T	U	V	W	X	Y	Z	A	B	C	D	E	F	G	H	I	J	K	L	M
O	O	P	Q	R	S	T	U	V	W	X	Y	Z	A	B	C	D	E	F	G	H	I	J	K	L	M	N
P	P	Q	R	S	T	U	V	W	X	Y	Z	A	B	C	D	E	F	G	H	I	J	K	L	M	N	O
Q	Q	R	S	T	U	V	W	X	Y	Z	A	B	C	D	E	F	G	H	I	J	K	L	M	N	O	P
R	R	S	T	U	V	W	X	Y	Z	A	B	C	D	E	F	G	H	I	J	K	L	M	N	O	P	Q
S	S	T	U	V	W	X	Y	Z	A	B	C	D	E	F	G	H	I	J	K	L	M	N	O	P	Q	R
T	T	U	V	W	X	Y	Z	A	B	C	D	E	F	G	H	I	J	K	L	M	N	O	P	Q	R	S
U	U	V	W	X	Y	Z	A	B	C	D	E	F	G	H	I	J	K	L	M	N	O	P	Q	R	S	T
V	V	W	X	Y	Z	A	B	C	D	E	F	G	H	I	J	K	L	M	N	O	P	Q	R	S	T	U
W	W	X	Y	Z	A	B	C	D	E	F	G	H	I	J	K	L	M	N	O	P	Q	R	S	T	U	V
X	X	Y	Z	A	B	C	D	E	F	G	H	I	J	K	L	M	N	O	P	Q	R	S	T	U	V	W
Y	Y	Z	A	B	C	D	E	F	G	H	I	J	K	L	M	N	O	P	Q	R	S	T	U	V	W	X
Z	Z	A	B	C	D	E	F	G	H	I	J	K	L	M	N	O	P	Q	R	S	T	U	V	W	X	Y

图 2-25　维吉尼亚密文字符表

选用一个短语作为密钥，密钥字符用于选择使用哪一行密文字符表。例如，明文字符为 B，密钥字符为 N，密文字符为 O。加密结果如图 2-26 所示。

明文	X	I		B	E	I		G	O	N	G		Y	E		D	A		X	U	E
密钥	W	A		N	G	L		U	O	A	N		Q	U		A	N		Z	A	O
密文	T	I		O	K	T		A	C	N	T		O	Y		D	N		W	U	S

图 2-26　维吉尼亚密码加密结果

【例 2-11】 维纳姆密码

维纳姆密码也称一次性密码本（One-Time-Pad），是 Gillbert Vernam 于 1917 年为电报通信设计的一种加密算法，其加密所用的密钥是一次性的，因此即使密钥被泄露了，也只会影响一次通信过程，不会导致之前的加密内容被解密。

维纳姆密码加密的对象是编码后的内容，采用二进制形式的明文、密钥和密文，加密方式很简单：首先将明文编码，转换为二进制，其次生成和二进制位数相同的密钥，最后对明文和密钥执行异或操作，得到密文。由于异或操作是可逆的，因此对密文和密钥执行异或操作，可得到相应明文。

明文：$M=\{m_0,m_1,m_2,\cdots,m_{n-1}\}$。
密钥：$K=\{k_0,k_1,k_2,\cdots,k_{n-1}\}$。
密文：$C=\{c_0,c_1,c_2,\cdots,c_{n-1}\}$。
加密过程：$c_i=m_i\oplus k_i$，$i=0,1,\cdots,n-1$。
解密过程：$m_i=c_i\oplus k_i$，$i=0,1,\cdots,n-1$。
维纳姆密码加密示例如图 2-27 所示。

明文	1000100	1000001	1010100	1000001
密钥	1001100	1000001	1001101	1000010
密文	0001000	0000000	0011001	0000011

图 2-27 维纳姆密码加密示例

维纳姆密码的安全性体现在：假设已经拿到了密文，穷举与密文等长的密钥，并生成原文，试图寻找有意义的原文，从而确定密钥，但该操作在实际中不可行。假设原文是 128 位的序列，密钥空间是 2^{128}，以现有的计算资源很难实现破译，且下次密钥会更新，因此一次性密码本是安全的。

在实际使用时，由于一次性密码本是用与原文等长的密钥执行异或操作得到的，如果原文很大，那么相应的密钥也会很大，再加上一次一密的原则，密钥无法实现重用，因此庞大密钥空间的保存和传递问题限制了维纳姆密码的应用。

2.3.4 代数密码

【例 2-12】加法密码

加法密码的映射函数为

$$f(a_i)=b_i=a_j$$
$$j=(i+k)\bmod n$$

式中，$a_i\in A$；k 是满足 $0<k<n$ 的正整数；$0\leq i,j<n$。

恺撒密码即著名的加法密码，恺撒密码取 $k=3$。

加法密码的缺点是密钥空间太小，$k=1,2,\cdots,n-1$，表明共 $n-1$ 种可能，以英文为例，只有 25 种密钥，无法抵抗穷举攻击。

【例 2-13】乘法密码

乘法密码的映射函数为

$$f(a_i)=b_i=a_j$$
$$j=(i\cdot k)\bmod n$$

式中，$0\leq i,j<n$；$(n,k)=1$。

当用英文字符表作为明文字符表时（$n=26$），若取 $k=13$，则密文无法实现解密。

$$f(A)=f(C)=f(E)=\cdots=f(Y)=A$$
$$f(B)=f(D)=f(F)=\cdots=f(Z)=N$$

k 与 n 互素（也称为互质）时，才存在两个整数 x、y 使得 $xk+yn=1$，才有 $xk\equiv 1(\bmod n)$，进而有 $xj\bmod n=x((i\cdot k)\bmod n)\bmod n=i((x\cdot k)\bmod n)\bmod n=i$。若取 $k=5$，$n=26$，由

$j=(i\cdot 5) \bmod 26$,可得到如下的密文字符对应表

$A=\{A,B,C,D,E,F,G,H,I,J,K,L,M,N,O,P,Q,R,S,T,U,V,W,X,Y,Z\}$

$B=\{A,F,K,P,U,Z,E,J,O,T,Y,D,I,N,S,X,C,H,M,R,W,B,G,L,Q,V\}$

乘法密码加密结果如图 2-28 所示。

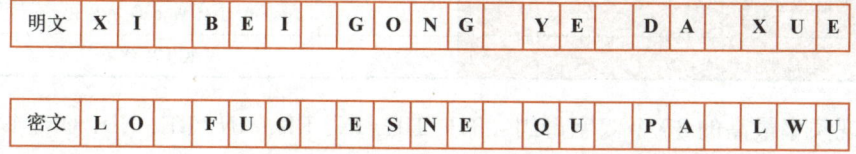

图 2-28　乘法密码加密结果示例

乘法密码对于英文字符表($n=26$)时,$k=1,3,5,7,9,11,15,17,19,21,23,25$,去掉 1 后共 11 种取值,比加法密码更弱,同样无法抵抗穷举攻击。

【例 2-14】仿射密码

加法密码和乘法密码相结合便构成仿射密码,仿射密码的映射函数为

$$f(a_i)=b_i=a_j$$
$$j=(i\cdot k_1+k_0) \bmod n$$

式中,$0\leq i,j<n$;$0<k_0<n$;$(n,k_1)=1$。

明文为英文字符表时,$n=26$,可能的密钥只有 $m=26\times(12-1)=286$ 种。

进一步可构造更复杂的多项式密码

$$f(a_i)=b_i=a_j$$
$$j=(i^t\cdot k_t+i^{t-1}\cdot k_{t-1}+\cdots+i\cdot k_1+k_0) \bmod n$$

式中,k_i 与 n 互素,即 $(n,k_i)=1$,$i=1,2,\cdots,t$,且 $0<k_0<n$。

2.4　古典密码的安全性

1. 单表替代密码的统计分析

阿拉伯科学家早在公元 9 世纪就发现了在密文中会保留明文的统计特性,单表替代密码只使用一个密文字母表,一个明文字母固定用一个密文字母来代替,所以密文的统计规律与明文相同。使用统计分析方法破译时,需要首先统计出密文字母出现的频次,结合英文字符频率分布规律进行猜测。

1) 出现频率最高的单个字母统计情况见表 2-6 和表 2-7。

表 2-6　字母频率分布表

字母	A	B	C	D	E	F	G
频率(%)	8.167	1.492	2.782	4.253	12.702	2.228	2.015
字母	H	I	J	K	L	M	N
频率(%)	6.094	6.966	0.153	0.722	4.025	2.406	6.749
字母	O	P	Q	R	S	T	U
频率(%)	7.507	1.929	0.095	5.987	6.327	9.056	2.758
字母	V	W	X	Y	Z		
频率(%)	0.978	2.360	0.150	1.974	0.074		

表 2-7 单字母频率表

极高频率字母	E
次高频率字母组	T A O I N S H R
中等频率字母组	D L
低频率字母组	C U M W F G Y P B
甚低频率字母组	V K J X Q Z

2）出现频率最高的 30 个双字母组：TH、HE、IN、ER、AN、RE、ED、ON、ES、ST、EN、AT、TO、NT、HA、ND、OU、EA、NG、AS、OR、TI、IS、ET、IT、AR、TE、SE、HI、OF。

3）出现频率最高的 20 个三字母组：THE、ING、AND、ENT、ION、HER、ERE、THA、NTH、TIO、FOR、HAT、TER、ETH、VER、SHE、HIS、ITH、ERS、ALL。

4）其他规律：英文单词以 E、S、D、T 为结尾的约占一半；英文单词以 T、A、S、W 为起始的约占一半；密码分析者的文学、历史、地理等方面的知识对于密码破译也是十分重要的因素。

将密文字母频率与英文字母频率分布对应，并进行加密猜测，例如将密文中出现频率最高的字母猜测为 E 的密文，对猜测得到的信息进行替代解密并验证其可读性。

案例： 假设对一段密文进行字母频率统计，得到的单字母频率分布表见表 2-8，且 DJE 三字母组在密文出现了多次。

表 2-8 案例单字母频率分布表

字母	A	B	C	D	E	F	G
频率（%）	2.39	0.24	7.88	**9.39**	**12.22**	1.94	7.67
字母	H	I	J	K	L	M	N
频率（%）	3.96	1.58	**4.09**	6.09	3.48	7.81	0.14
字母	O	P	Q	R	S	T	U
频率（%）	0.78	1.00	1.82	6.67	4.41	7.49	2.00
字母	V	W	X	Y	Z		
频率（%）	0.05	3.07	2.24	0.07	1.53		

乘法密码和加法密码都是仿射密码的特殊情况，先尝试用仿射密码加密的方式破解。由案例单字母频率分布表可知，出现频率最高的字母 E 是 e，又因为 DJE 三字母组在密文出现了多次，而且 D 出现频率很高，符合 t 的统计规律，所以 D、J、E 对应明文应该为 t、h、e。高频字母明文密文对应情况见表 2-9。

表 2-9 高频字母明文密文对应情况

密文 j	3（D）	4（E）	9（J）
明文 i	19（t）	4（e）	7（h）

仿射密码的加密函数是

$$j=(i \cdot k_1 + k_0) \bmod n$$

式中，$n=26$，k_1 与 26 互素，$0 \leq k_0 < 26$，k_1 只可能是 3、5、7、9、11、15、17、19、21、23、25。根据表 2-9 编程，得到 $k_1=19$，$k_0=6$。

仿射密码的解密函数是

$$i = k_1^{-1} \cdot (j - k_0) \bmod n$$

式中，k_1^{-1} 是 k_1 在 Z_n 群的乘法逆元，即 $(k_1^{-1} \cdot k_1) \bmod n = 1$。19 的模 26 乘法逆元为 11，故解密函数为 $i = 11 \cdot (j-6) \bmod 26$。由解密函数可得各字母密文对应的明文字母，见表 2-10。

表 2-10 明文密文对应表

密文	A	B	C	D	E	F	G
明文	m	x	i	t	e	p	a
密文	H	I	J	K	L	M	N
明文	l	w	h	s	d	o	z
密文	O	P	Q	R	S	T	U
明文	k	v	g	r	c	n	y
密文	V	W	X	Y	Z		
明文	j	u	f	q	b		

2. 多表替代密码的统计分析

多表替代密码的密文字符与明文字符相比，其频率分布更趋于平均，因此直接统计密文中的字符频率便失去了作用。破解多表替代密码的关键是它的密钥是循环重复的，相隔一个密钥长度的明文都使用同一个密钥进行加密，只要攻击者找到了密钥的长度，那么密文就可以被看作是多个单表替代密码的组合，而其中每一个单表替代密码都可以单独破解。为了通过分析得到密钥长度，引入了粗糙度和重合指数的概念。

（1）粗糙度　粗糙度（Measure of Roughness，M.R）定义为每个密文字母出现的频率与均匀分布时每个字母出现频率之差的平方和。设各密文字母出现的频率为 $p_i (i = 0, 1, 2, \cdots, 25)$，则有 $\sum_{i=0}^{25} p_i = 1$。对于英文报文，则 $n = 26$。均匀分布下，每个字母出现的概率为 $1/26$。

$$\text{M.R} = \sum_{i=0}^{25} \left(p_i - \frac{1}{26}\right)^2$$

$$= \sum_{i=0}^{25} p_i^2 - \frac{1}{26} \approx \sum_{i=0}^{25} p_i^2 - 0.0385$$

$$\sum_{i=0}^{25} p_i^2 - 0.0385 \approx 0.0655 - 0.0385 = 0.027$$

由此，单表替代或明文的粗糙度约为 0.027，若字符均匀分布，则报文的粗糙度为 0。因此，粗糙度一般在 0~0.027 之间变化，如计算出密文段的粗糙度为 0.006366，则可断定，该密文段是采用多表替代密码加密得到的。例如，计算出密文段的粗糙度接近 0.027，则表明该段密文采用单表替代加密得到。

（2）重合指数　重合指数（Index of Coincidence，IC）的概念由 Friedman 于 1918 年提出。其发表的《重合指数及其在密码学中的应用》（"The Index of Coincidence and Its Applications in Cryptography"）是 1949 年以前最有影响的密码学文献之一。作为一种统计技术，IC 可指示一段文本与英语的相似程度，如果文本与英语相似，则 IC 约为 0.06，如果字符均匀分布，则 IC 在 0.03~0.04 范围内。

定义：设某种语言由 n 个字母组成（类比英语 $n=26$），设 $x=x_1x_2x_3x_4x_5\cdots x_k$ 是含有 k 个字母的字母串。从 x 中随机选择两个元素，两个元素都是字母 i 的概率为

$$p_i = \frac{x[i](x[i]-1)}{k(k-1)}, \quad 0 \leqslant i < n$$

式中，$x[i]$ 表示字母 i 在 x 中的个数。

重合指数是指 n 个字母重复次数的和，即

$$IC = \sum_{i=0}^{n-1} p_i$$

单表替代情况下，明文和密文的 IC 是相同的（对于英文，均约为 0.0655），即单表替代不改变频率分布。多表替代情况下，密文的 IC 值较小，密文趋向均匀分布。因此可假设密钥长度，选取同一密钥字符的加密结果计算 IC 值，若 IC 值约为 0.0655，则证明密钥长度假设正确。

案例：假设某一段明文经过维尼吉亚密码加密后密文为 vptnvffuntshtarptymjwzirappljm hhqvsubwlzzygvtyitarptyiougxiuydtgzhhvvmumshwkzgstfmekvmpkswdgbilvjljmglmjfqwioiivknulvvfemioi emojtywdsajtwmtcgluysdsumfbieugmvalvxkjduetukatymvkqzhvqvgvptytjwwldyeevquhlulwpkt。

假设密钥长度是 3，按使用相同的密钥进行划分，可得到 3 个子序列及其对应的 IC 值：

序列 1 为 vnfttpmzalh……其 IC 值为 0.049。

序列 2 为 pvusatjipjhs……其 IC 值为 0.046。

序列 3 为 tfnhrywrpm……其 IC 值为 0.046。

三个 IC 值求平均，可得到总平均 IC 值 0.047。

按照此方法，计算不同密钥长度及其平均 IC 值见表 2-11：有两个平均 IC 值非常高，这表明密钥的长度可能为 7，但也可能为 14。分别将密文划分为 7 和 14 个子序列，对这 7 或 14 个子序列分别实现单表替代密码分析，可获得明文。

表 2-11　不同密钥长度及其平均 IC 值

密钥长度	平均 IC 值	密钥长度	平均 IC 值
1	0.0449443523561	9	0.0407804755631
2	0.0457833618884	10	0.0361152882206
3	0.0435885364312	11	0.0491603339901
4	0.0474962292609	12	0.0512663398693
5	0.0393612078978	13	0.0446886446886
6	0.0471437059672	**14**	**0.0988487702773**
7	**0.0909922589726**	15	0.0334554334554
8	0.0461858974359		

密码体制的安全性是一个复杂而关键的领域，涉及密码学的理论研究、算法设计、攻击与防御等多个方面。随着计算机技术的不断发展和威胁的不断演变，密码体制的安全性受到了量子计算等新兴技术的挑战。尽管古典密码体制受到当时历史条件的限制并已逐渐被破解，但其在漫长的发展过程中，充分体现了现代密码学的两大基本思想——"置换"和"替代"，而且将数学方法引入密码分析和研究，为后来密码学成为系统化学科以及相关学科的发展奠定了坚实的基础。在密码体制的研究和应用中，持续关注安全性的最新进展，采

取全面而综合的手段来确保信息的安全，是当前和未来的重要任务。

习题

扫码看视频

1. 请比较古典密码的置换密码与替代密码之间的区别。
2. 一次一密的密码在实际应用中存在什么问题？
3. 香农提出的密码设计的思想主要包含哪两个重要的设计原则，其内涵是什么？
4. 密码体制从原理上可分为哪两大类？在密钥的使用上有何不同？
5. 随着新技术的发展，密码学面临哪些新的挑战？
6. 密码分析学是研究分析破译规律的科学，它有哪些常见方法？
7. 假设仿射变换的加密是 $E_{11,23}(m) \equiv 11m+23 \pmod{26}$，对明文 THE NATIONAL SECURITY AGENCY 加密，并使用解密变换 $D_{11,23}(c) = 11^{-1}(c-23) \pmod{26}$ 验证加密结果。
8. 假设由仿射变换对一条明文加密得到的密文为 edsgickxhuklzveqzvkxwkzukvcuh，又已知明文的前两个字符是 if，对该密文解密。
9. 假设多表替代密码 $C_i \equiv AM_i+B \pmod{26}$ 中，A 是 2×2 矩阵，B 是零矩阵，又知明文 dont 被加密为 elni，求矩阵 A。

第3章 分组密码

分组密码具有速度快、易于标准化和便于硬件实现等特点,在计算机通信和信息系统安全领域有着重要应用。分组密码研究始于20世纪70年代,美国数据加密标准(DES)的颁布揭开了商用密码研究的序幕,也是现代密码学诞生的标志之一,随后的30多年时间里人们在分组密码的设计理论、分组密码的安全性分析及统计测试方面取得了丰硕的研究成果。近年来,随着无线传感器网络和物联网的应用普及,轻量级分组密码的研究得以飞速发展,如LBlock、LED、Piccolo、KLEIN、MIBS等在射频识别(Radio Frequency Identification,RFID)中应用广泛。

本章要点:
- 分组密码原理介绍
- DES、AES、SM4等分组密码介绍及安全性分析
- 轻量级分组密码算法介绍
- 分组密码加解密过程

3.1 分组密码简介

分组密码是现代密码学中广泛应用的重要体制之一,主要提供数据保密性,也可用于构造伪随机数生成器、流密码、认证码和哈希函数等方面。分组密码分为对称分组密码和非对称分组密码(公钥密码),在很多场景中的分组密码是指对称分组密码。

3.1.1 分组密码原理

分组密码是先将明文按照某一规定的长度分组(最后一组长度不够时要用规定的值填充),然后使用相同的密钥对每个分组分别进行加密。分组密码加解密原理如图3-1所示。因此,分组密码算法实质上是一个较复杂的单表替代密码。分组密码和序列密码的不同之处在于:分组密码输出块中的每一位不仅与相应时刻输入明文块中对应位和密钥 K 有关,而且与整组明文有关。

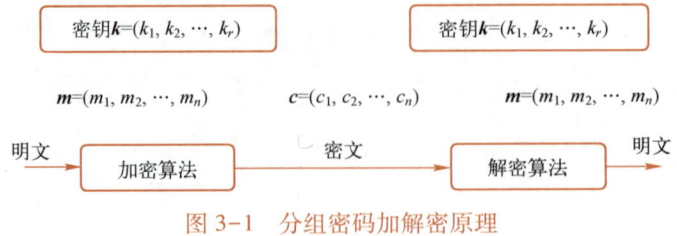

图3-1 分组密码加解密原理

分组密码在设计时要求:
1) 分组长度要足够大,以对抗报文的穷举攻击。

2）密钥空间要足够大，以对抗密钥的穷举攻击。

3）由密钥确定置换的算法足够复杂，以对抗报文的统计分析。

3.1.2 分组密码设计原则

分组密码在设计时要遵循安全性原则和实现原则。安全性原则包括混淆原则、扩散原则、抗已知攻击原则，以保证密码算法有一定的安全强度。

混淆原则：要求所设计的密码应该使密钥和密文之间的依赖关系尽可能复杂，以至于无法被攻击者利用。

扩散原则：明文的每位影响密文尽可能多的位，输入微小的变化导致输出多位变化。

抗已知攻击原则：密码算法应能抵抗各种已知密码分析的攻击，如频率分析、差分密码分析、线性密码分析等。通常，通过设计复杂的轮函数和密钥扩展算法来实现，确保即使攻击者拥有大量的密文样本，也无法有效破解密码。

香农在1945年的《密码学的数学理论》中的定义：混淆主要是用来使密文和对称式加密方法中密钥的关系变得尽可能复杂；扩散则主要是用来使明文和密文的关系变得尽可能复杂，明文中任何一点小变动都会使得密文有很大的差异。混淆可以掩盖密钥与密文之间的关系，常见的方法是替代。扩散是将明文冗余度分散到密文中，即将单个明文位的影响尽可能扩大到更多的密文位中去。产生扩散最简单的方法是置换。

密码的实现原则包括软件实现原则和硬件实现原则，以保证密码算法易于实现。

软件实现原则：密码算法应尽可能使用子块和简单运算。例如，模加运算、移位运算或异或运算。基本运算易于在8位、16位和32位计算平台上实现。

硬件实现原则：密码算法应尽量保证加密和解密的相似性，加密和解密的过程应该仅在密钥的使用方式方面不同。同样的组件，既可用于加密又可用于解密。

3.1.3 分组密码组件

分组密码函数的实现通常包含轮函数和密钥扩展算法两个部分，而轮函数和密钥扩展算法的实现要使用到S盒、P置换、异或运算、模加运算、模乘运算、移位运算等密码组件，如图3-2所示。

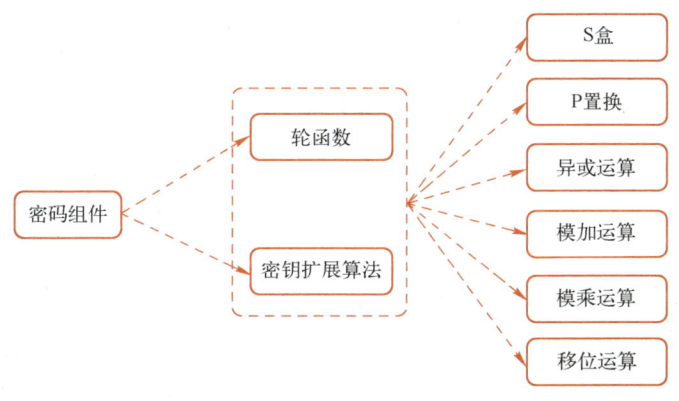

图3-2 分组密码组件

轮函数是指迭代分组密码中单轮加密算法的函数，主要依靠S盒、P置换、异或运算、模加运算、模乘运算和移位运算等实现密钥与明文的混淆与扩散。轮函数设计要在确保安全性和灵活性的同时保证速度。安全性要求轮函数的设计应保证相应密码算法能抵抗现有所有攻击；灵活性则要求保证密码算法能够在多种平台和多处理器上得到有效实现。轮函数的速度和轮数决定了算法的加解密速度。

密钥扩展算法负责从种子密钥（初始密钥）派生出迭代分组密码各轮所需的轮密钥（子密钥），而轮函数的功能则是在这些由种子密钥扩展生成的轮密钥的控制下实现的。轮密钥生成包含五个原则：密钥与密文独立；轮密钥位之间的统计关系是难以计算的；没有弱密钥；结构尽量简单，便于实现；种子密钥对轮密钥每位的影响要均衡。

S 盒作为分组密码算法中提供混淆作用的非线性组件，对整个密码算法的安全性起着关键作用。为了保证密码算法的实现效率，目前所采用的 S 盒通常规模都不大，如 DES 算法采用的是 6 进 4 出的 S 盒，Rijndael 算法采用的是 8 进 8 出的 S 盒。目前分组密码算法中采用的 S 盒均基于预定义查找表实现，通过查找表完成运算。

代替-置换结构分组密码中，P 置换一般位于 S 盒之后，通过将 S 盒的混淆效应扩散，进一步提高算法的混淆程度。P 置换一般设计为线性置换。

3.1.4 分组密码结构

对一个分组密码算法，安全性要求其实现足够的混淆和扩散，有效性要求其易于软硬件实现。那么，人们应如何设计分组密码算法，才能同时满足安全性和有效性呢？香农提出利用乘积密码的思想解决这一问题。乘积密码的思想是通过将简单密码复合来组合密码体制。常见的乘积密码是迭代密码，其基本思想是通过将一个易于实现且具有一定混淆和扩散结构的较弱的密码函数进行多次迭代，来产生一个强的密码函数。一般来说，先将简单的替代变换和移位变换做乘积，复合成一个具有一定混淆和扩散结构的较弱的密码函数，再将这个较弱的密码函数与它自身进行多次迭代，复合成一个强的密码函数。

常见的密码算法结构模型有 S-P 网络、Feistel 结构和 Lai-Massey 结构。S-P 网络是用非线性代替 S 层实现分组小块的混淆和扩散，置换 P 层实现整体扩散。Feistel 模型在 DES 等分组密码中得到广泛应用。Lai-Massey 结构是由 IDEA（国际数据加密算法）发展而来的一个分组密码结构。

1. S-P 网络

实现迭代密码思想的最简单模型 S-P 网络是在子密钥参与下将非线性代替 S 层和置换 P 层复合组成的圈函数进行多次迭代构成的密码结构。S-P 网络的结构非常简单，非线性代替 S 层被称为混淆层，它采用代替原理设计，主要起混淆的作用；置换 P 层被称为扩散层，它采用移位原理设计，主要起扩散的作用。

S-P 网络如图 3-3 所示，利用非线性代替 S 层得到分组小块的混淆、扩散，再利用位置换 P 层错乱非线性代替后的各个输出位，以实现整体扩散的效果，这样经过若干次的局部混淆和整体扩散之后，输入的明文和密钥就可得到足够的混淆和扩散，这是 S-P 网络实现混淆和扩散的基本思想。S-P 网络中的位置换 P 层还可以基于加减密码设计线性变换，从而达到更好的扩散效果。S-P 网络的特点有结构简单、扩散速度快、加解密结构不同。

2. Feistel 结构

Feistel 结构如图 3-4 所示，输入是一个长度为 $2w$ 位的数据分组和密钥 K，输出是长度为 $2w$ 位的数据。首先长度为 $2w$ 位的输入数据被分为左半部分 L 和右半部分 R，各 w 位，接着进行 n 次迭代，在每一次迭代中，右半部分数据在子密钥 K 的作用下进行 f 变换，得到的

w 位数据再与左半部分数据按位异或,产生的 w 位数据作为下一次迭代的右半部分,原右半部分数据直接作为下一次迭代的左半部分数据,最后一次迭代不进行左右对换。迭代计算公式为

$$\begin{cases} R_i = f(R_{i-1}, K_i) \oplus L_{i-1} \\ L_i = R_{i-1} \end{cases}, \quad i = 1, 2, \cdots, n \tag{3-1}$$

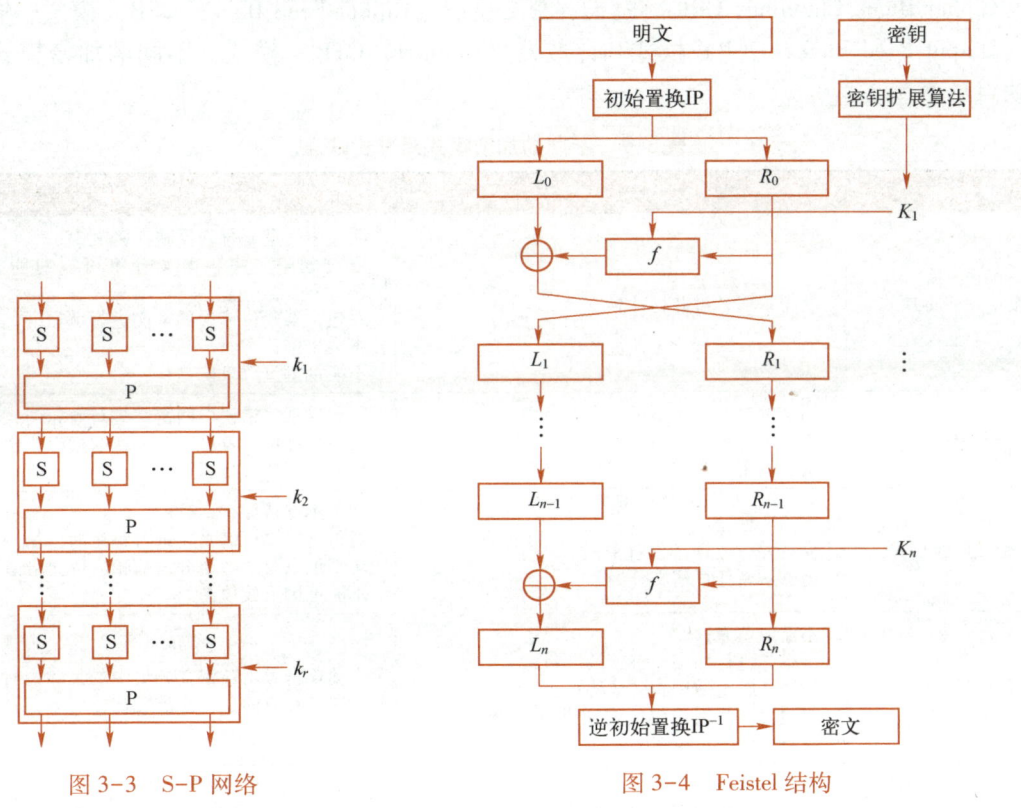

图 3-3 S-P 网络　　　　　　图 3-4 Feistel 结构

Feistel 模型每次迭代只对输入的一半进行变换,与 S-P 网络相比,Feistel 模型加解密速度更慢,但 Feistel 模型的加密、解密运算具有同样的结构,二者唯一不同之处在于子密钥的使用次序相反。密码算法设计者对这一特点非常感兴趣,因为这意味着在利用 Feistel 模型设计算法时,可以使用同一个算法进行加解密运算,并且可以自由地选择 f 函数而不要求 f 函数自身可逆。

3. Lai-Massey 结构

Lai-Massey 结构采用三个代数群:16 位按位异或群,16 位 mod $2^{16}+1$ 乘法群($2^{16}+1$ 为素数),16 位 mod 2^{16} 乘法群。混合运用这三种运算,可以获得很好的非线性和混淆的特性,确保密码的安全性。

Lai-Massey 结构的优点是容易得到对合的密码算法。缺点是结构扩展不方便,因为 $2^{16}+1$ 为素数,mod $2^{16}+1$ 构成乘法群,所以可构成 IDEA,但 $2^{32}+1$ 不为素数,mod $2^{32}+1$ 不构成乘法群,所以不能构成 32 位的 IDEA。目前只有 IDEA 采用这种结构。

3.1.5　分组密码工作模式

分组密码的工作模式允许使用同一个分组密码密钥对多于一块的数据进行加密,并保证

其安全性。分组密码自身只能加密长度等于密码分组长度的单块数据，若要加密变长数据，则数据必须先被划分为一些单独的密码块。通常，最后一块数据也需要使用合适的填充方式将数据扩展到匹配密码块大小的长度。分组密码工作模式描述了加密每一数据块的过程，并常常使用附加输入值来进行随机化，以保证安全，这个附加输入值通常被称为初始化向量。

常见分组密码工作模式有电子密码本（Electronic Code Book，ECB）模式、密码分组链接（Cipher Block Chaining，CBC）模式、密文反馈（Cipher Feed Back，CFB）模式、输出反馈（Output Feed Back，OFB）模式和计数器（Counter，CTR）模式。不同的加密模式及其优缺点见表3-1。

表3-1 不同的加密模式及其优缺点

加密模式	优 点	缺 点
电子密码本模式	简单快速，可并行计算	明文中的重复排列反映在密文中； 通过删除、替换密文分组可以对明文进行操作； 对包含某些位错误的密文进行解密时，对应的分组会出错； 不能抵御重放攻击
密码分组链接模式	明文的排列顺序不反映在密文中； 支持并行运算（仅解密）； 能够解密任意密文分组	对包含某些错误位的密文进行解密时，第一个分组的全部位以及后一个分组的相应位会出错； 加密不支持并行运算
密文反馈模式	不需要填充； 支持并行运算（仅解密）； 能够解密任意密文分组	加密不支持并行运算； 对包含错误位的密文进行解密时，第一个分组的全部位以及后一个分组的相应位会出错； 不能抵御重放攻击
输出反馈模式	不需要填充； 可事先进行加密、解密的准备； 加密、解密使用相同结构； 对包含某些错误位的密文进行解密时，明文中只有相应的位出错	主动攻击者反转密文分组中的某些位时，明文分组中相对应的位也会被反转
计数器模式	不需要填充； 可事先进行加密、解密的准备； 加密、解密使用相同结构； 对包含某些错误位密文进行解密时，明文中只有相对应的位出错； 支持并行运算（加密及解密）	主动攻击者反转密文分组中的某些位时，明文分组中相对应的位也会被反转

1. 电子密码本（ECB）模式

ECB模式将明文分成若干组，然后每组都用相同的密钥进行加密。相同的明文会产生相同的密文，具体加密过程如图3-5所示。

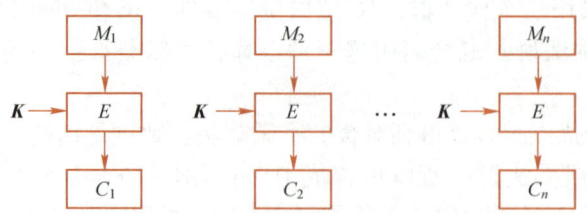

图3-5 ECB模式的具体加密过程

ECB模式主要用于内容较短且随机的报文的加密传递；相同明文在相同密钥下获得相同密文，即明文中的重复内容将在密文中表现出来，对其容易实现统计分析攻击、分组重放攻击和代换攻击；每组加密相互独立，可实现并行处理；单个密文分组中有一个或多个位错误只会影响该分组的解密结果。

设明文为 $M=(M_1,M_2,\cdots,M_n)$，相对应的密文为 $C=(C_1,C_2,\cdots,C_n)$，则 ECB 模式的加密算法为

$$C_i = E(M_i, K) \tag{3-2}$$

ECB 模式对各明文分组独立处理，实现较为简单，尤其是硬件实现时速度快，且一个密文分组的丢失或传输错误不影响其他分组的正确解密，即传输中的差错不会传播。但是由于相同的明文分组对应于相同的密文分组，因此有可能暴露明文数据的格式规律及统计特性，这使得密码分析者可按组进行重放、嵌入和删除等攻击。所以，ECB 模式对少量数据（如一个加密密钥）的加密而言是较理想的，但对于长报文而言并不安全。

2. 密码分组链接（CBC）模式

为克服 ECB 模式存在的不足，CBC 模式可以让同一明文分组产生不同的密文分组，CBC 模式一次对一个明文分组加密，每次加密使用同一密钥，加密算法的输入是当前明文和前一次密文分组的异或。在产生第一个密文分组时，需要有一个初始向量 **IV** 与第一个明文分组异或。解密时，**IV** 和解密算法第一个密文分组的输出进行异或以恢复第一个明文分组，**IV** 的值一般无须保密，当然也可将 **IV** 作为一个秘密参数。**IV** 须随消息更换，这样完全相同的消息可以被加密成不同的密文消息。CBC 模式分为明密文链接模式和密文链接模式。

明密文链接模式的工作原理如图 3-6 所示。其中明文 $M=(M_1,M_2,\cdots,M_n)$，相对应的密文为 $C=(C_1,C_2,\cdots,C_n)$。当 M_i 或 C_i 发生一位错误时，此后的密文或明文都会发生错误，错误传播无界。

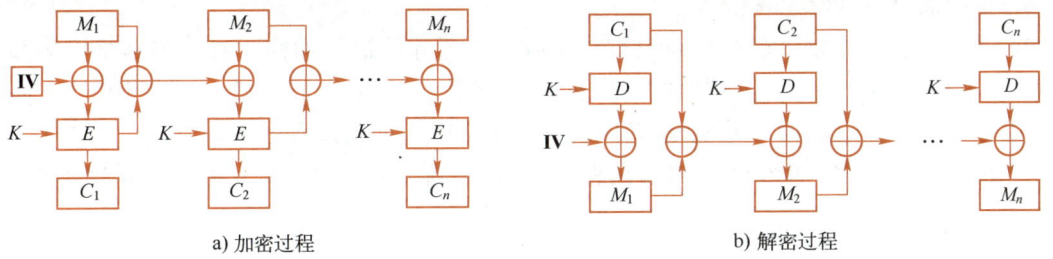

a) 加密过程　　　　　　　　　　　　　b) 解密过程

图 3-6　明密文链接模式的工作原理

明密文链接模式的加密算法为

$$C_i = \begin{cases} E(M_i \oplus \mathbf{IV}, K), & i=1 \\ E(M_i \oplus M_{i-1} \oplus C_{i-1}, K), & i=2,\cdots,n \end{cases} \tag{3-3}$$

明密文链接模式的解密算法为

$$M_i = \begin{cases} D(C_i, K) \oplus \mathbf{IV}, & i=1 \\ D(C_i, K) \oplus M_{i-1} \oplus C_{i-1}, & i=2,\cdots,n \end{cases} \tag{3-4}$$

密文链接模式的工作原理如图 3-7 所示。

当 M_i 或 C_i 发生一位错误时，此后的密文都会发生错误，错误传播无界。其加密算法为

$$C_i = \begin{cases} E(M_i \oplus \mathbf{IV}, K), & i=1 \\ E(M_i \oplus C_{i-1}, K), & i=2,\cdots,n \end{cases} \tag{3-5}$$

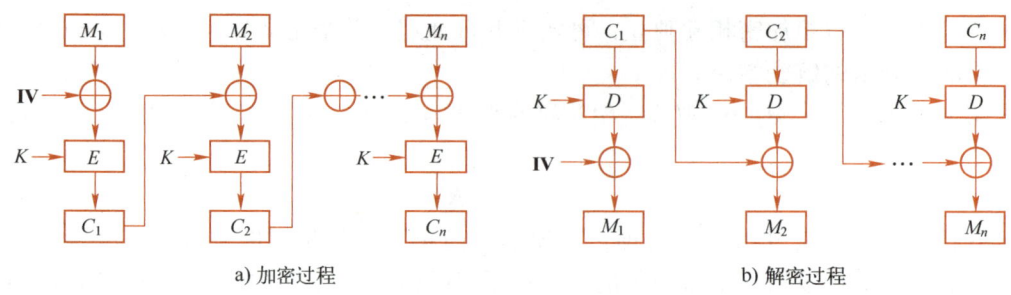

a) 加密过程　　　　　　　　　　　b) 解密过程

图 3-7　密文链接模式的工作原理

解密时错误传播有界限，C_{i-1} 发生了错误，只会影响 M_{i-1} 和 M_i。CBC 模式也要求数据的长度是密码分组长度的整数倍，如果不是整数倍，最后一个短块需要特殊处理。其解密算法为

$$M_i = \begin{cases} D(C_i, K) \oplus \mathbf{IV}, & i = 1 \\ D(C_i, K) \oplus C_{i-1}, & i = 2, \cdots, n \end{cases} \tag{3-6}$$

3. 密文反馈（CFB）模式

如图 3-8 所示，在 CFB 模式中，初始化向量 **IV** 加密生成初始化密文。初始化密文与明文进行异或运算，产生密文 C，向量 **IV** 左移 n 位，最右侧填入密文 C 的最高 n 位。

在 CFB 模式中，若加密时明文 M_i 错了一位，则密文 C_i 也错一位，错误反馈到移位寄存器后将会使后续的密文序列都发生错误。若解密时密文 C_i 错了一位，则密文 M_i 也错一位，同样，该错误也会影响后续密文序列的正确性，即 CFB 模式的加解密的错误传播是无界的。这种错误传播无界的特性使得 CFB 模式可以应用于数据完整性认证。

4. 输出反馈（OFB）模式

在 CBC 模式下，整个数据分组只有在接收完之后才能进行加密。对许多网络应用而言，这是一个问题。事实上，若待加密的消息须按字符、位或字节处理，可采用 CFB 模式。OFB 模式与 CFB 模式相似，差别是 CFB 模式下密文填入加密过程的下一阶段，而在 OFB 模式中，初始化向量 **IV** 加密过程的输出密文 C 的最高 n 位填入 **IV**。其工作原理如图 3-9 所示。

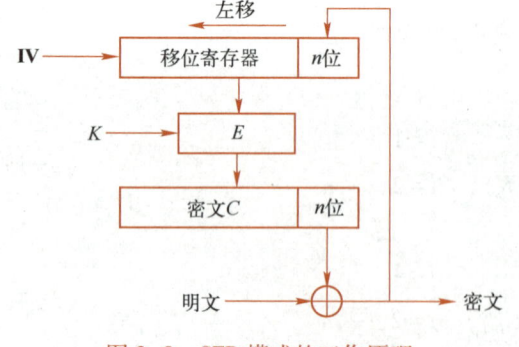

图 3-8　CFB 模式的工作原理

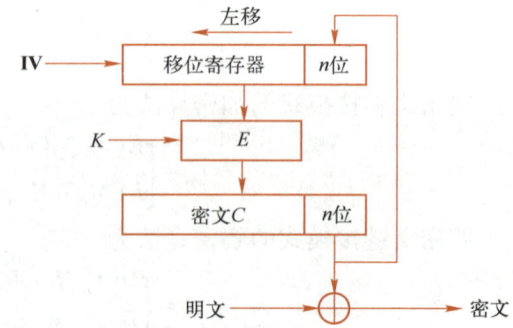

图 3-9　OFB 模式的工作原理

OFB 模式不同于 CFB 模式，无错误传播。若加密时明文 M_i 错了一位，则只影响密文中对应的一位，不会对其他位造成影响；解密时也是一样，若密文 C_i 错了一位，则只会影响明文中对应的一位，不会对其他位造成影响。

OFB 模式的优点在于克服了 CBC 和 CFB 模式中存在的错误传播现象,但其难以检测密文是否被篡改,因此无法实现完整性认证。

上述四种工作模式具有各自的特点,实际应用中须根据不同的应用需求灵活选取。一般而言,ECB 模式适用于少量数据的加密保护,例如,加密密钥的传输加密等;CBC 模式适用于长报文加密或认证系统;CFB 模式常用于对数据格式有特殊要求的应用环境,如字符加密或认证系统;OFB 模式适用于信道质量不好且易丢失信号的通信环境,如卫星通信加密。

5. 计数器(CTR)模式

CTR 模式的工作原理如图 3-10 所示。有一个自增的算子,该算子用密钥 K 加密之后和明文异或得到密文,相当于一次一密。

设 $T_1, T_2, \cdots, T_n$ 是一个给定的计数序列,$M_1, M_2, \cdots, M_n$ 是明文,相对应的密文为 $C_1, C_2, \cdots, C_n$。其中 $M_1, M_2, \cdots, M_n$ 是标准块,M_n 的长度等于 u,u 小于等于分组长度。CTR 模式的加密算法为

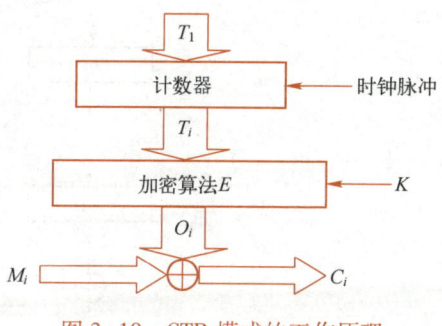

图 3-10　CTR 模式的工作原理

$$\begin{cases} O_i = E(T_i, K), & i = 1, 2, \cdots, n \\ C_i = M_i \oplus O_i, & i = 1, 2, \cdots, n-1 \\ C_n = M_n \oplus \text{MSB}_u(O_n) \end{cases} \quad (3\text{-}7)$$

式中,MSB_u 表示 O_n 中的高 u 位。

CTR 模式的解密算法为

$$\begin{cases} O_i = E(T_i, K), & i = 1, 2, \cdots, n \\ M_i = C_i \oplus O_i, & i = 1, 2, \cdots, n-1 \\ M_n = C_n \oplus \text{MSB}_u(O_n) \end{cases} \quad (3\text{-}8)$$

分组密码工作模式的研究始终伴随着分组密码的研究,新分组密码标准的推出,都会伴随着相应工作模式研究的推进。自 AES 推出之后,国外对分组密码工作模式的研究成果有很多,工作模式也已不再局限于传统意义上的加密模式、认证模式、认证加密模式,还有可变长度的分组密码、可调工作模式,以及如何利用分组密码实现杂凑技术等。

3.2　数据加密标准

数据加密标准(DES)属于 Feistel 结构的分组密码,采用对合运算,加解密共用同一算法,轮函数运用了置换、代替、代数等基本函数。DES 曾在全世界范围得到广泛应用,被许多国际组织采用为标准,其设计精巧、实现容易、使用方便,堪称典范,为保障国际信息安全发挥了重要作用。

3.2.1　加密算法

DES 共 16 次迭代,分组长度为 64 位,轮密钥为 64 位,但其中 56 位用来加密数据,另 8 比特用作奇偶校验。加密的过程是先对 64 位明文分组进行初始置换,然后分左右两部分分别经过 16 次迭代,然后再进行循环移位与变换,最后进行逆变换得出密文。加密与解密使用相同的密钥,因而它属于对称密码体制。DES 整体结构如图 3-11 所示。

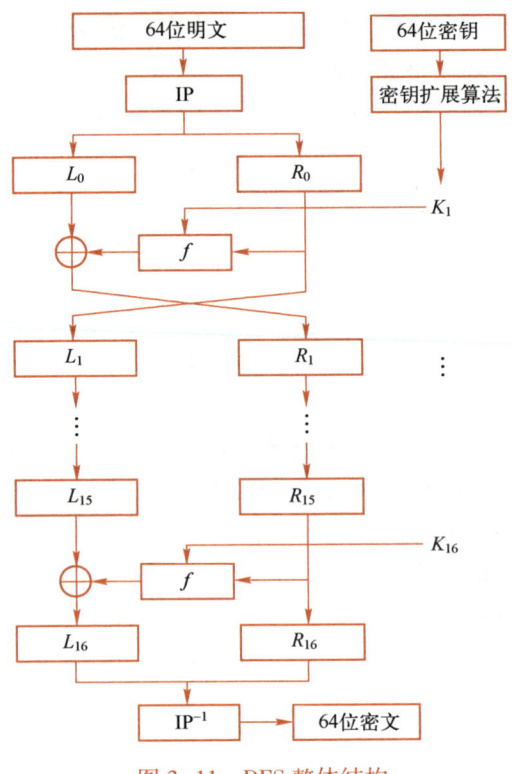

图 3-11 DES 整体结构

密钥经子密钥产生算法产生 16 个子密钥 $K_1, K_2, \cdots, K_{16}$ 分别供 16 次加密迭代使用。64 位明文经初始置换 IP，将数据打乱重排并分成左右两半。左边为 L_0，右边为 R_0。第 1 次加密迭代时，在子密钥 K_1 的控制下，由加密函数 f 对 R_0 加密，即

$$R_1 = L_0 \oplus f(R_0, K_1) \tag{3-9}$$

以此作为第 2 次加密迭代的 R_1，以 R_0 作为第 2 次加密迭代的 L_1。第 2 次加密迭代至第 16 次加密迭代分别用子密钥 $K_2, K_3, \cdots, K_{16}$ 进行，其过程与第 1 次加密迭代相同。第 16 次加密迭代结束后，产生一个 64 位的数据组。以其左边 32 位作为 L_{16}，以其右边 32 位作为 R_{16}。将 R_{16} 与 L_{16} 合并，再经过逆初始置换 IP^{-1}，将数据重新排列，便得到 64 位密文。

DES 的加密算法为

$$\begin{cases} L_i = R_{i-1} \\ R_i = L_{i-1} \oplus f(R_{i-1}, K_i) \end{cases}, \quad i = 1, 2, \cdots, 16 \tag{3-10}$$

（1）初始置换 IP　DES 算法加密的第一步是使用初始置换 IP 对 64 位明文做变换。初始置换 IP（见表 3-2）的作用是把 64 位明文打乱重排。该置换矩阵表示置换后的 64 位数据的第 $1, 2, \cdots, 64$ 位依次是原文数据的第 $58, 50, \cdots, 7$ 位。置换选择后，将打乱的 64 位明文分成左右两半，左 32 位为 L_0，右 32 位为 R_0。

表 3-2　初始置换 IP

58	50	42	34	26	18	10	2
60	52	44	36	28	20	12	4
62	54	46	38	30	22	14	6

（续）

64	56	48	40	32	24	16	8
57	49	41	33	25	17	9	1
59	51	43	35	27	19	11	3
61	53	45	37	29	21	13	5
63	55	47	39	31	23	15	7

（2）逆初始置换 IP^{-1}　逆初始置换 IP^{-1}（见表 3-3）是初始置换 IP 的逆运算，其在解密过程中执行，作用是通过相同的置换表将密文块恢复至初始顺序，以还原出原始明文。这种互逆关系确保了通过初始置换和逆初始置换处理的数据在加密和解密过程中的一致性和完整性。

表 3-3　逆初始置换 IP^{-1}

40	8	48	16	56	24	64	32
39	7	47	15	55	23	63	31
38	6	46	14	54	22	62	30
37	5	45	13	53	21	61	29
36	4	44	12	52	20	60	28
35	3	43	11	51	19	59	27
34	2	42	10	50	18	58	26
33	1	41	9	49	17	57	25

（3）加密函数　加密函数 f 是 DES 算法的核心，加密函数 f 的实现如图 3-12 所示。加密函数 f 在第 i 次加密迭代中用子密钥 K_i 对 R_{i-1} 进行加密。首先使用选择运算 E 对 32 位的输入进行选择排列，产生一个 48 位的中间结果，将该中间结果与 48 位的子密钥 K_i 进行异或。再将异或后的结果送入 8 个 S 盒 $S_1, \cdots, S_8$，进行 S 盒置换运算，每个 S 盒均为 6 位输入和 4 位输出。将所有 S 盒的输出合并得到一个 32 位的数据，最后使用置换运算 P 将该 32 位数据打乱重排。

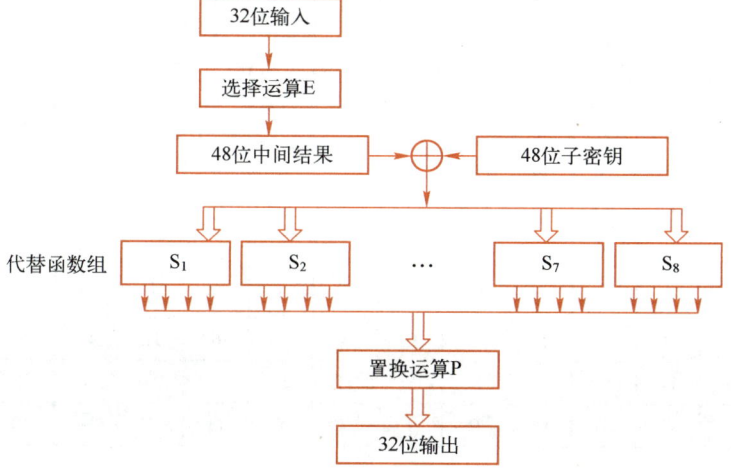

图 3-12　加密函数 f 的实现

选择运算 E 把 32 位输入扩展为 48 位中间数据，具体来说，扩展操作是将 32 位的数据通过某种算法映射到更高维度的 48 位。这一过程中通常会涉及对原始数据的某些位进行重复使用或重新排列，从而确保输出的数据在形式上与输入有所不同，同时保持某种内在的相关性。这一过程的关键在于利用表 3-4 所示的矩阵，实现对数据的扩展和复杂化。

表 3-4 选择运算 E

32	1	2	3	4	5	4	5	6	7	8	9
8	9	10	11	12	13	12	13	14	15	16	17
16	17	18	19	20	21	20	21	22	23	24	25
24	25	26	27	28	29	28	29	30	31	32	1

S 盒是 DES 中唯一的非线性变换，是保证 DES 安全性的关键运算，同时起混淆作用，见表 3-5。

表 3-5 DES 算法 S 盒

S_1	14	4	13	1	2	15	11	8	3	10	6	12	5	9	0	7
	0	15	7	4	14	2	13	1	10	6	12	11	9	5	3	8
	4	1	14	8	13	6	2	11	15	12	9	7	3	10	5	0
	15	12	8	2	4	9	1	7	5	11	3	14	10	0	6	13
S_2	14	4	13	1	2	15	11	8	3	10	6	12	5	9	0	7
	0	15	7	4	14	2	13	1	10	6	12	11	9	5	3	8
	4	1	14	8	13	6	2	11	15	12	9	7	3	10	5	0
	15	12	8	2	4	9	1	7	5	11	3	14	10	0	6	13
S_3	14	4	13	1	2	15	11	8	3	10	6	12	5	9	0	7
	0	15	7	4	14	2	13	1	10	6	12	11	9	5	3	8
	4	1	14	8	13	6	2	11	15	12	9	7	3	10	5	0
	15	12	8	2	4	9	1	7	5	11	3	14	10	0	6	13
S_4	14	4	13	1	2	15	11	8	3	10	6	12	5	9	0	7
	0	15	7	4	14	2	13	1	10	6	12	11	9	5	3	8
	4	1	14	8	13	6	2	11	15	12	9	7	3	10	5	0
	15	12	8	2	4	9	1	7	5	11	3	14	10	0	6	13
S_5	14	4	13	1	2	15	11	8	3	10	6	12	5	9	0	7
	0	15	7	4	14	2	13	1	10	6	12	11	9	5	3	8
	4	1	14	8	13	6	2	11	15	12	9	7	3	10	5	0
	15	12	8	2	4	9	1	7	5	11	3	14	10	0	6	13
S_6	14	4	13	1	2	15	11	8	3	10	6	12	5	9	0	7
	0	15	7	4	14	2	13	1	10	6	12	11	9	5	3	8
	4	1	14	8	13	6	2	11	15	12	9	7	3	10	5	0
	15	12	8	2	4	9	1	7	5	11	3	14	10	0	6	13

(续)

S_7	14	4	13	1	2	15	11	8	3	10	6	12	5	9	0	7
	0	15	7	4	14	2	13	1	10	6	12	11	9	5	3	8
	4	1	14	8	13	6	2	11	15	12	9	7	3	10	5	0
	15	12	8	2	4	9	1	7	5	11	3	14	10	0	6	13
S_8	14	4	13	1	2	15	11	8	3	10	6	12	5	9	0	7
	0	15	7	4	14	2	13	1	10	6	12	11	9	5	3	8
	4	1	14	8	13	6	2	11	15	12	9	7	3	10	5	0
	15	12	8	2	4	9	1	7	5	11	3	14	10	0	6	13

DES 共有 8 个 S 盒，并行工作，每个 S 盒有 6 个输入，4 个输出。设输入为 $b_1b_2b_3b_4b_5b_6$，则以 b_1b_6 组成的二进制数为行号，$b_2b_3b_4b_5$ 组成的二进制数为列号，行列交点处的数为输出。

置换运算 P 在确保密钥的扩散性方面起到了重要作用。在加密过程中，数据的置换使得信息更加复杂，从而增强了加密的安全性。

由于 S 盒的输入为 6 位，而输出为 4 位，因此 S 盒的非线性操作仅在局部进行，这意味着其对数据的混淆作用相对有限。因此，必须通过将 S 盒的输出与置换运算 P 结合起来，进一步扩展和分散数据，以确保加密结果的随机性和不可预测性。

在 DES 中，S 盒和置换运算 P 的相互配合是确保加密过程安全性的重要机制。S 盒负责将输入的位进行替换，使得数据经过每一轮的加密后都变得更加复杂和难以预测；置换运算 P 则将这些替换后的数据进行重新排列，以进一步增强数据的混淆性。

这种结合通过复杂的数据转换和分散操作，有效地增加了破解加密的难度。具体来说，S 盒提供了非线性的映射，将输入的 6 位替换成 4 位输出，从而打破了输入与输出之间的简单关系。随后，置换运算 P 将这些输出的 4 位按照预定义的顺序重新排列，使得数据分布得更加均匀，从而增强了加密过程中的扩散性。这种设计的目的在于确保即使是微小的输入变化也能引起输出的大幅变化，极大地提高了加密算法的安全性。

具体的置换运算 P 见表 3-6。通过这些置换运算，DES 确保了密文的复杂性，使得攻击者即使能够推测出加密过程中的部分信息，也难以还原原始的明文数据。

表 3-6 置换运算 P

16	7	20	21	29	12	28	17
1	15	23	26	5	18	31	10
2	8	24	14	32	27	3	9
19	13	30	6	22	11	4	25

3.2.2 解密算法

DES 的加密算法是对合运算，DES 的解密过程与加密迭代过程相同，只是解密时子密钥 K_i 的使用顺序与加密时相反。如果加密的子密钥顺序为 $K_1, K_2, \cdots, K_{16}$ 那么，解密时子密钥的使用顺序为 $K_{16}, K_{15}, \cdots, K_1$。以 64 位密文作为输入，密钥按逆顺序使用，其他运算与加密时一样，最后输出的便是 64 位明文。DES 解密算法为

$$\begin{cases} R_{i-1} = L_i \\ L_{i-1} = R_i \oplus f(L_i, K_i) \end{cases}, \quad i = 16, 15, \cdots, 1 \tag{3-11}$$

3.2.3 密钥扩展

DES 密钥扩展过程如图 3-13 所示。64 位密钥经过置换选择 1、循环左移、置换选择 2 等变换产生 16 个子密钥 $K_1, K_2, \cdots, K_{16}$，分别供 16 次加密迭代使用。

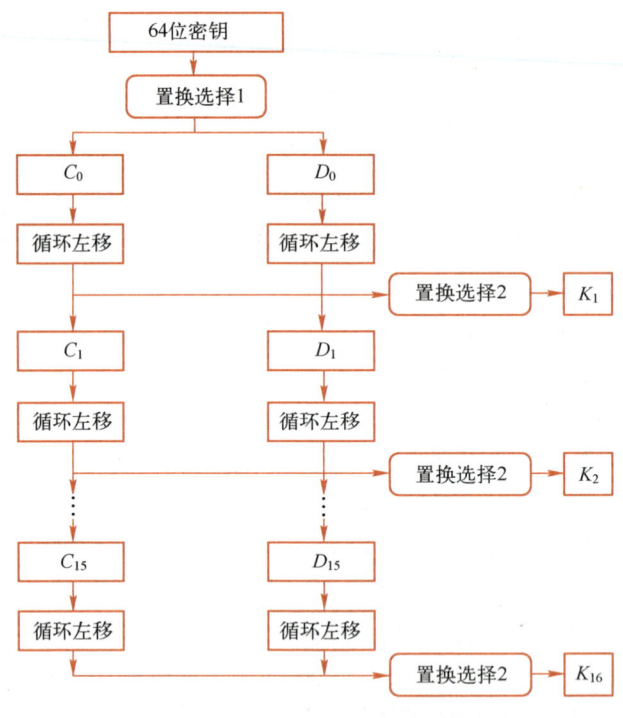

图 3-13 DES 密钥扩展过程

（1）置换选择 1　64 位密钥一共有 8 个奇偶校验位，每个字节的前 7 位是真正的密钥位，第 8 位是奇偶校验位。奇偶校验位用于检测密钥中是否有错误。置换选择 1 去掉密钥中的 8 个奇偶校验位得到长度为 56 位的有效密钥，将有效密钥打乱重排，将前 28 位作为 C_0，后 28 位作为 D_0。置换选择 1 的置换矩阵见表 3-7。

表 3-7　置换选择 1 的置换矩阵

C_0							D_0					
57	49	41	33	25	17	9	63	55	47	39	31	23	15
1	58	50	42	34	26	18	7	62	54	46	38	30	22
10	2	59	51	43	35	27	14	6	61	53	45	37	29
19	11	3	60	52	44	36	21	13	5	28	20	12	4

（2）循环左移　对 C_i 和 D_i 分别进行循环左移，迭代次数不同，移位次数也不同。循环左移位数见表 3-8。

表 3-8 循环左移位数

迭代次数	1	2	3	4	5	6	7	8	9	10	11	12	13	14	15	16
左移位数	1	1	2	2	2	2	2	2	1	2	2	2	2	2	2	1

（3）置换选择 2 将 C_i 和 D_i 合并成一个 56 位的矩阵，使用置换选择 2 从中选出 48 位的子密钥 K_i。置换选择 2 的置换矩阵见表 3-9。

表 3-9 置换选择 2 的置换矩阵

14	17	11	24	1	5
3	28	15	6	21	10
23	19	12	4	26	8
16	7	27	20	13	2
41	52	31	37	47	55
30	40	51	45	33	48
44	49	39	56	34	53
46	42	50	36	29	32

可逆性是对密码算法的基本要求，对合性可使密码算法实现的工作量减半。接下来，证明 DES 的可逆性和对合性。设 L 和 R 分别为 64 位数据的左右两半，将变换 T 定义为把 L 和 R 左右交换位置，即

$$T(L,R)=(R,L) \tag{3-12}$$

3.2.4 可逆性和对合性

记 DES 第 i 轮中的一步主要运算为

$$F_i(L_{i-1},R_{i-1})=(L_{i-1}\oplus f(R_{i-1},K_i),R_{i-1}) \tag{3-13}$$

将两式结合起来，构成了 DES 轮运算，即

$$H_i=F_iT \tag{3-14}$$

因为 $T^2(L,R)=(L,R)=I$，其中 I 为恒等变换。于是 $T=T^{-1}$，所以 T 变换为对合运算，同样满足式（3-15）。于是 $F_i=F_i^{-1}$，所以 F 变换也是对合运算。

$$\begin{aligned}F_i^2(L_{i-1},R_{i-1})&=F_i(L_{i-1}\oplus f(R_{i-1},K_i),R_{i-1})\\&=(L_{i-1}\oplus f(R_{i-1},K_i)\oplus f(R_{i-1},K_i),R_{i-1})\\&=(L_{i-1},R_{i-1})=I\end{aligned} \tag{3-15}$$

因此，可以推导获得式（3-16）和式（3-17）。

$$(F_iT)(TF_i)=F_iF_i=F_i^2=I \tag{3-16}$$

$$(F_iT)^{-1}=(TF_i) \tag{3-17}$$

可把 DES 的加密和解密过程写成如下变换形式，见式（3-18）和式（3-19）。

$$\text{DES}=\text{IP}(F_1T)(F_2T)(F_3T)\cdots(F_{14}T)(F_{15}T)(F_{16})\text{IP}^{-1} \tag{3-18}$$

式中，IP 是初始置换；IP^{-1} 是逆初始置换。

$$\text{DES}^{-1}=\text{IP}(F_{16}T)(F_{15}T)(F_{14}T)\cdots(F_3T)(F_2T)(F_1)\text{IP}^{-1} \tag{3-19}$$

第 16 次迭代的输出没有进行左右交换。可以把 DES 先加密后解密的过程表示为式（3-20）

和式（3-21）。

$$(DES)(DES^{-1}) = IP(F_1 T)(F_2 T)(F_3 T)\cdots \tag{3-20}$$

$$(F_{14} T)(F_{15} T)(F_{16}) IP^{-1} IP(F_{16})(F_{15})\cdots(F_3)(F_2)(F_1) IP^{-1} \tag{3-21}$$

容易证明式（3-22）和式（3-23），DES 满足对合运算。

$$(DES)(DES^{-1}) = I \tag{3-22}$$

$$(DES^{-1})(DES) = I \tag{3-23}$$

3.2.5 安全性

DES 综合运用了置换、代替和代数等多种密码技术，是一种乘积密码。非线性 S 盒变换增强了 DES 的混淆性，使明文、密钥、密文之间的关系错综复杂，保证了 DES 的安全性。例如 S 盒的输入中任意改变一位，其输出至少变化两位。因为算法中使用了 16 次迭代，所以即使改变输入明文或密钥中的一位，密文都会发生大约 32 位的变化。置换 P 将 S 盒的混淆作用充分扩散开来。S 盒和置换 P 相配，形成了很强的抗差分攻击和抗线性攻击。但 DES 也存在一些弱点和不足，针对 DES 的攻击类型主要有穷举攻击、侧信道攻击（包括能量分析、故障注入分析等）、差分攻击（E. Biham 和 A. Shamir 提出）、线性攻击（M. Matsui 提出）。其中最有效的攻击是穷举攻击，这是 DES 的密钥太短所导致的。DES 算法的弱点包含以下三个：

（1）密钥太短 DES 的有效密钥长度只有 56 位（64 位密钥含 8 位奇偶校验位）。

（2）存在弱密钥和半弱密钥 在 DES 的 16 次迭代中使用不同的轮密钥，可以很好地保证算法的安全性，但由密钥扩展产生的 16 个子密钥有时并不完全不同。如果由密钥 K 所产生的 16 个子密钥完全相同，则

$$K_1 = K_2 = \cdots = K_{16} \tag{3-24}$$

此时就将 K 称为弱密钥，按照式（3-25）经过两次加密和解密就可以恢复出明文 M。

$$\begin{cases} M = DES(DES(M,K),K) \\ M = DES^{-1}(DES^{-1}(M,K),K) \end{cases} \tag{3-25}$$

DES 还存在半弱密钥，设 K 是给定的密钥，如果由密钥 K 所产生的 16 个子密钥存在重复但是不完全相同，则将 K 称为半弱密钥。

（3）存在互补对称性 DES 中的两次异或运算使得若有 $C = DES(M,K)$，则有 $\overline{C} = DES(\overline{M},\overline{K})$。这两次异或运算分别存在于 f 函数的 S 盒之前和 f 函数输出之后。DES 的互补对称性使得针对 DES 的选择明文攻击的工作量将会减半。

3.2.6 双重数据加密标准

数据加密标准（DES）算法的唯一缺陷是密钥过短。加密算法的安全性与密钥长度有很大关系。双重数据加密标准（双重 DES）是使用一个密钥 K_1 加密明文，接着用另一个密钥 K_2 再次加密。双重 DES 的密钥长度是单 DES 的两倍。

令 F 为一个分组密码，F 定义为

$$F'_{K_1,K_2}(x) = F_{K_2}(F_{K_1}(x)) \tag{3-26}$$

式中，K_1 和 K_2 是相互独立的密钥。

假定给定明文 P 及密钥 K_1 和 K_2，则密文 C 为

$$C = F_{K_2}(F_{K_1}(x)) \tag{3-27}$$

明文为

$$P = F_{K_1}^{-1}(F_{K_2}^{-1}(C)) \qquad (3\text{-}28)$$

双重 DES 的密钥长度为 112 位。需要的攻击时间为 2^{112}，强度大大增加，在理论上是足够安全的。双重 DES 算法加密如图 3-14 所示。

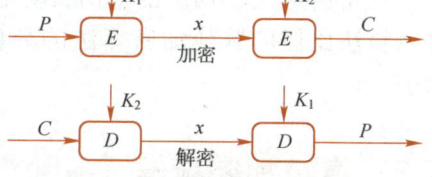

图 3-14　双重 DES 算法加密

3.2.7　三重数据加密标准

双重 DES 虽然在理论上是足够安全的，但实际上也存在重复密钥、弱密钥、中间相遇攻击等缺陷，密钥长度并没有真正达到 112 位，抗攻击能力依然不强。为了更好地加强 DES 算法的抗攻击能力，提出了三重数据加密标准（三重 DES）算法（3-DES）。3-DES 密钥足够长（112 位或 168 位），但加解密速度缓慢，分为双密钥的三重 DES 和三密钥的三重 DES。

（1）双密钥的三重 DES　双密钥的三重 DES 算法包含两个独立密钥 K_1 和 K_2，并定义为

$$F'_{K_1,K_2}(x) = F_{K_1}(F_{K_2}^{-1}(F_{K_1}(x))) \qquad (3\text{-}29)$$

假定给定明文 P 及密钥 K_1 和 K_2，则密文 C 为

$$C = F_{K_1}(F_{K_2}^{-1}(F_{K_1}(P))) \qquad (3\text{-}30)$$

解密时逆序使用这两个密钥，即

$$P = F_{K_1}^{-1}(F_{K_2}(F_{K_1}^{-1}(C))) \qquad (3\text{-}31)$$

这种情况下，密钥的长度是 $2n$，安全性可以经得起运行时间为 2^{2n} 的攻击。为防止中间相遇攻击，采用双密钥的三重 DES 算法加解密方式（见图 3-15），加密与解密在安全性上来说是等价的。其中，A 是使用密钥 K_1 对明文 P 进行第一次 DES 加密后的输出，B 是使用密钥 K_2 对 A 进行第二次 DES 解密后的输出。

双密钥的三重 DES 算法加密方案穷举攻击代价是 2^{112}，三密钥的三重 DES 算法加密方案穷举攻击代价是 2^{168}。虽然目前还没有针对双密钥的三重 DES 的实际攻击方法，但是感觉它依然不太可靠，所以提出了三密钥的三重 DES 算法。

（2）三密钥的三重 DES　三密钥的三重 DES 算法包含三个独立密钥 K_1、K_2 和 K_3，并定义为

$$F'_{K_1,K_2,K_3}(x) = F_{K_3}(F_{K_2}^{-1}(F_{K_1}(x))) \qquad (3\text{-}32)$$

假定给定明文 P 及密钥 K_1、K_2 和 K_3，则密文 C 为

$$C = F_{K_3}(F_{K_2}^{-1}(F_{K_1}(x))) \qquad (3\text{-}33)$$

解密时逆序使用这三个密钥，即

$$P = F_{K_1}^{-1}(F_{K_2}(F_{K_3}^{-1}(C))) \qquad (3\text{-}34)$$

这种情况下，密钥的长度是 $3n$，安全性可以经得起运行时间为 2^{3n} 的攻击。三密钥的三重 DES 算法加解密过程如图 3-16 所示。

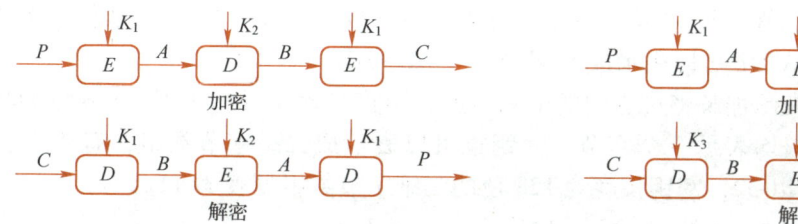

图 3-15　双密钥的三重 DES 算法加解密过程　　图 3-16　三密钥的三重 DES 算法加解密过程

三密钥的三重 DES 的密钥长度是 168 位，其底层加密算法与 DES 的加密算法相同，该加密算法比任何其他加密算法的分析时间都要长得多，强度进一步增加，足以抵抗穷举攻击。

3.3 高级加密标准

2001 美国政府正式颁布高级加密标准（Advanced Encryption Standard，AES）。明文和密文分组长度为 128 位，密钥长度可为 128、192、256 位。其加密轮数分别为 10、12 和 14。AES 的整体结构为 S-P 网络结构，综合运用置换、替代、代数等多种密码技术。AES 不是对合运算，加解密算法存在差异。

3.3.1 数学基础

AES 基于有限域 $GF(2^8)$，有限域 $GF(2^8)$ 上的元素有几种不同的表示法，为了更好地实现，AES 采用多项式表示法。可以把一个字节看作有限域 $GF(2^8)$ 上的一个元素，把一个四字节的字看作系数取自于有限域 $GF(2^8)$ 并且次数小于 4 次的多项式。

(1) 有限域 $GF(2^8)$ 上元素的 $GF(2)$ 多项式表示 字节 $B=b_7b_6b_5b_4b_3b_2b_1b_0$ 可表示成 $GF(2)$ 上的多项式：$b_7x^7+b_6x^6+b_5x^5+b_4x^4+b_3x^3+b_2x^2+b_1x^1+b_0$。

例如，0x57 对应的二进制数为 01010111，相应的多项式为 $x^6+x^4+x^2+x+1$。

(2) 有限域 $GF(2^8)$ 上的加法 对应多项式系数的模 2 加（异或），结果仍为 $GF(2^8)$ 上的元素（次数不超过 7 的多项式）。例如：$(x^5+x^3+x)+(x^7+x^6+x^4+x^2+x+1)=x^7+x^6+x^5+x^4+x^3+x^2+1$。对应的二进制字节加为 $00101010 \oplus 11010111 = 11111101$。

(3) 有限域 $GF(2^8)$ 上的乘法 AES 选择 $m(x)=x^8+x^4+x^3+x+1$ 为不可约多项式，其十六进制表示为 0x11B。多项式乘法对 $m(x)$ 取模，结果仍为 $GF(2^8)$ 上的元素。例如：$(x^6+x^4+x^2+x+1) \cdot (x^7+x+1) \equiv x^7+x^6+1 \pmod{m(x)}$。

(4) 乘法逆元 设 $a(x)$ 的逆元为 $b(x)$，则 $a(x)b(x) \equiv 1 \pmod{m(x)}$，并记为 $b(x)=a^{-1}(x)$，可根据广义 Euclid（欧几里得）算法求出 $b(x)$。

(5) 有限域 $GF(2^8)$ 上的 x 乘法（xtime） 倍乘函数 xtime($b(x)$)，定义为 $x \cdot b(x) \bmod m(x)$。计算时，将 $B=b_7b_6b_5b_4b_3b_2b_1b_0$ 左移一位，最低位补 0（乘 2）。若 $b_7=1$，与 0x11B 异或。xtime(57)=$x(x^6+x^4+x^2+x+1) \equiv (x^7+x^5+x^3+x^2+x)(\bmod(x^8+x^4+x^3+x+1))=x^7+x^5+x^3+x^2+x=10101110=$ 0xAE。又如 xtime(AE)=$x(x^7+x^5+x^3+x^2+x) \equiv (x^8+x^6+x^4+x^3+x^2)(\bmod(x^8+x^4+x^3+x+1))=x^6+x^2+x+1=47$。

(6) AES 数据处理的单位 AES 数据处理的单位是字节（byte）、字（word）和状态（state），一个字为四个字节，共 32 位。一个字可表示为系数取自 $GF(2^8)$ 上次数低于 4 的多项式。例如，字 57 83 4A D1 可以表示成 $57x^3+83x^2+4Ax+D1$。

通常用状态矩阵来表示加解密过程中的中间数据，矩阵包含 4 行和 4 列。128 位的状态矩阵见表 3-10，a_{00} 到 a_{33} 均表示一个字节。密钥也可以表示成二维字节数组，有 4 行、Nk 列。Nk 等于密钥长度除以 32，密钥长度为 128 位的二维字节数组见表 3-11。

AES 算法的迭代轮数 Nr 由 Nb 和 Nk 共同决定，见表 3-12。

表 3-10 128 位状态矩阵

a_{00}	a_{01}	a_{02}	a_{03}
a_{10}	a_{11}	a_{12}	a_{13}
a_{20}	a_{21}	a_{22}	a_{23}
a_{30}	a_{31}	a_{32}	a_{33}

表 3-11 128 位密钥二维字节数组

k_{00}	k_{01}	k_{02}	k_{03}
k_{10}	k_{11}	k_{12}	k_{13}
k_{20}	k_{21}	k_{22}	k_{23}
k_{30}	k_{31}	k_{32}	k_{33}

表 3-12 算法迭代轮数

Nr	Nb = 4	Nb = 6	Nb = 8
Nk = 4	10	12	14
Nk = 6	12	12	14
Nk = 8	14	14	14

(7) 字加法 字加法为两个多项式系数按位模 2 加。例如：$(57x^3+83x^2+4Ax+D1)+(Ax^3+B3x^2+EF)=5Dx^3+30x^2+4Ax+3E$。

(8) 字乘法 设 a 和 c 是两个字，$a(x)$ 和 $c(x)$ 为对应的字多项式，AES 定义 a 和 c 的乘积 b 为 $b(x)=a(x)c(x) \mod (x^4+1)$，假设 $a(x)=a_3x^3+a_2x^2+a_1x+a_0$，$c(x)=c_3x^3+c_2x^2+c_1x+c_0$，$b(x)=b_3x^3+b_2x^2+b_1x+b_0$，则 $b(x)=a(x)c(x) \mod (x^4+1)$，其中

$$\begin{cases} b_0=a_0c_0+a_3c_1+a_2c_2+a_1c_3 \\ b_1=a_1c_0+a_0c_1+a_3c_2+a_2c_3 \\ b_2=a_2c_0+a_1c_1+a_0c_2+a_3c_3 \\ b_3=a_3c_0+a_2c_1+a_1c_2+a_0c_3 \end{cases} \tag{3-35}$$

(9) 字的 x 乘法 设 $b(x)$ 是一个字，$p(x)=xb(x) \mod (x^4+1)$。因为模 x^4+1，字的 x 乘法相当于按字节循环移位，矩阵形式为

$$\begin{pmatrix} p_0 \\ p_1 \\ p_2 \\ p_3 \end{pmatrix} = \begin{pmatrix} 0 & 0 & 0 & 1 \\ 1 & 0 & 0 & 0 \\ 0 & 1 & 0 & 0 \\ 0 & 0 & 1 & 0 \end{pmatrix} \begin{pmatrix} b_0 \\ b_1 \\ b_2 \\ b_3 \end{pmatrix} \tag{3-36}$$

3.3.2 加密算法

AES 算法的数据块长度为 128 位，密钥长度可为 128 位、192 位或 256 位，AES 算法结构如图 3-17 所示。

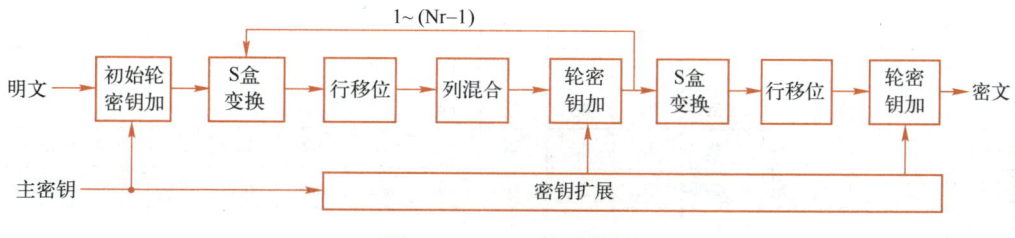

图 3-17 AES 算法结构

AES 是一种分组密码，通过对轮函数迭代进行加密，轮函数采用 S-P 网络结构，其包含轮密钥加（AddRoundKey）、S 盒变换（ByteSubs）、行移位（ShiftRows）和列混合（MixColumns）。

（1）轮函数　如图 3-17 所示，AES 轮迭代对数据进行加密。AES 前（Nr-1）轮的轮函数包括 S 盒、行移位、列混合和轮密钥加变换，最后一轮不含列混合变换。

（2）S 盒变换　AES 的 S 盒变换以字节为单位，由 16 个 S 盒并置，每个 S 盒都是 8 输入 8 输出，起到混淆的作用。S 盒变换是 AES 的唯一非线性变换，是 AES 安全的关键。S 盒的第一步把输入字节看成 $GF(2^8)$ 上的元素，求出其在 $GF(2^8)$ 上的逆元素，是一种非线性变换。第二步对乘法逆做如下仿射变换

$$\begin{pmatrix} y_0 \\ y_1 \\ y_2 \\ y_3 \\ y_4 \\ y_5 \\ y_6 \\ y_7 \end{pmatrix} = \begin{pmatrix} 1 & 0 & 0 & 0 & 1 & 1 & 1 & 1 \\ 1 & 1 & 0 & 0 & 0 & 1 & 1 & 1 \\ 1 & 1 & 1 & 1 & 1 & 0 & 0 & 0 \\ 1 & 1 & 1 & 1 & 0 & 0 & 0 & 1 \\ 1 & 1 & 1 & 1 & 1 & 0 & 0 & 0 \\ 0 & 1 & 1 & 1 & 1 & 1 & 0 & 0 \\ 0 & 0 & 1 & 1 & 1 & 1 & 1 & 0 \\ 0 & 0 & 0 & 1 & 1 & 1 & 1 & 1 \end{pmatrix} \begin{pmatrix} x_0 \\ x_1 \\ x_2 \\ x_3 \\ x_4 \\ x_5 \\ x_6 \\ x_7 \end{pmatrix} \oplus \begin{pmatrix} 1 \\ 1 \\ 0 \\ 0 \\ 0 \\ 1 \\ 1 \\ 0 \end{pmatrix} \quad (3-37)$$

通过 S 盒的设计，AES 实现了非线性和线性变换的有机结合，确保了密文的高度复杂性和安全性。这种设计不仅有效地防止了许多已知的攻击手段，如差分密码分析和线性密码分析，还使得 AES 能够在多种硬件和软件环境中高效运行。AES 的 S 盒因此成为其安全性的基石，这也是 AES 在全球范围内得到广泛应用的主要原因之一。

实际应用中通常使用查找表实现 S 盒运算，在查表时输入字节的高 4 位表示行，低 4 位表示列，查找表使用的不可约多项式为 $m(x) = x^8 + x^4 + x^3 + x + 1 = 0x11B$。S 盒和逆 S 盒的查找表分别见表 3-13 和表 3-14。

表 3-13　S 盒查找表

	0	1	2	3	4	5	6	7	8	9	A	B	C	D	E	F
0	63	7c	77	7b	f2	6b	6f	c5	30	01	67	2b	fe	d7	ab	76
1	ca	82	c9	7d	fa	59	47	f0	ad	d4	a2	af	9c	a4	72	c0
2	b7	fd	93	26	36	3f	f7	cc	34	a5	e5	f1	71	d8	31	15
3	04	c7	23	c3	18	96	05	9a	07	12	80	e2	eb	27	b2	75
4	09	83	2c	1a	1b	6e	5a	a0	52	3b	d6	b3	29	e3	2f	84
5	53	d1	00	ed	20	fc	b1	5b	6a	cb	be	39	4a	4c	58	cf
6	d0	ef	aa	fb	43	4d	33	85	45	f9	02	7f	50	3c	9f	a8
7	51	a3	40	8f	92	9d	38	f5	bc	b6	da	21	10	ff	f3	d2
8	cd	0c	13	ec	5f	97	44	17	c4	a7	7e	3d	64	5d	19	73
9	60	81	4f	dc	22	2a	90	88	46	ee	b8	14	de	5e	0b	db
A	e0	32	3a	0a	49	06	24	5c	c2	d3	ac	62	91	95	e4	79
B	e7	c8	37	6d	8d	d5	4e	a9	6c	56	f4	ea	65	7a	ae	08
C	ba	78	25	2e	1c	a6	b4	c6	e8	dd	74	1f	4b	bd	8b	8a

(续)

	0	1	2	3	4	5	6	7	8	9	A	B	C	D	E	F
D	70	3e	b5	66	48	03	f6	0e	61	35	57	b9	86	c1	1d	9e
E	e1	f8	98	11	69	d9	8e	94	9b	1e	87	e9	ce	55	28	df
F	8c	a1	89	0d	bf	e6	42	68	41	99	2d	0f	b0	54	bb	16

表 3-14 逆 S 盒查找表

	0	1	2	3	4	5	6	7	8	9	A	B	C	D	E	F
0	52	09	6a	d5	30	36	a5	38	bf	40	a3	9e	81	f3	d7	fb
1	7c	e3	39	82	9b	2f	ff	87	34	8e	43	44	c4	de	e9	cb
2	54	7b	94	32	a6	c2	23	3d	ee	4c	95	0b	42	fa	c3	4e
3	08	2e	a1	66	28	d9	24	b2	76	5b	a2	49	6d	8b	d1	25
4	72	f8	f6	64	86	68	98	16	d4	a4	5c	cc	5d	65	b6	92
5	6c	70	48	50	fd	ed	b9	da	5e	15	46	57	a7	8d	9d	84
6	90	d8	ab	00	8c	bc	d3	0a	f7	e4	58	05	b8	b3	45	06
7	d0	2c	1e	8f	ca	3f	0f	02	c1	af	bd	03	01	13	8a	6b
8	3a	91	11	41	4f	67	dc	ea	97	f2	cf	ce	f0	b4	e6	73
9	96	ac	74	22	e7	ad	35	85	e2	f9	37	e8	1c	75	df	6e
A	47	f1	1a	71	1d	29	c5	89	6f	b7	62	0e	aa	18	be	1b
B	fc	56	3e	4b	c6	d2	79	20	9a	db	c0	fe	78	cd	5a	f4
C	1f	dd	a8	33	88	07	c7	31	b1	12	10	59	27	80	ec	5f
D	60	51	7f	a9	19	b5	4a	0d	2d	e5	7a	9f	93	c9	9c	ef
E	a0	e0	3b	4d	ae	2a	f5	b0	c8	eb	bb	3c	83	53	99	61
F	17	2b	04	7e	ba	77	d6	26	e1	69	14	63	55	21	0c	7d

(3) 行移位 移位值见表 3-15。

表 3-15 移位值

	$i=0$	$i=1$	$i=2$	$i=3$
循环左移数	0	1	2	3

(4) 列混合变换 列混合变换属于线性变换，起扩散作用。把状态的列视为 GF(2^8) 上的多项式 $a(x)$，乘以一个固定的多项式 $c(x)$，然后模 x^4+1，即

$$b(x) = a(x)c(x) \mod (x^4+1) \tag{3-38}$$

式中，$c(x) = 03x^3 + 01x^2 + 01x + 02$，$c(x)$ 与 x^4+1 互素，从而保证 $c(x)$ 存在逆多项式 $d(x)$，使得 $c(x)d(x) \equiv 1 (\mod (x^4+1))$。只有逆多项式 $d(x)$ 存在，才能正确进行解密。在具体实现时将状态中的每一列看成 GF(2^8) 上的多项式，设 $a(x) = a_3x^3 + a_2x^2 + a_1x + a_0$，$b(x) = b_3x^3 + b_2x^2 + b_1x + b_0$，则

$$\begin{cases} b_0 = 02a_0 + 03a_1 + 01a_2 + 01a_3 \\ b_1 = 01a_0 + 02a_1 + 03a_2 + 01a_3 \\ b_2 = 01a_0 + 01a_1 + 02a_2 + 03a_3 \\ b_3 = 03a_0 + 01a_1 + 01a_2 + 02a_3 \end{cases} \tag{3-39}$$

写成矩阵乘积形式为

$$\begin{pmatrix} b_0 \\ b_1 \\ b_2 \\ b_3 \end{pmatrix} = \begin{pmatrix} 02 & 03 & 01 & 01 \\ 01 & 02 & 03 & 01 \\ 01 & 01 & 02 & 03 \\ 03 & 01 & 01 & 02 \end{pmatrix} \begin{pmatrix} a_0 \\ a_1 \\ a_2 \\ a_3 \end{pmatrix} \tag{3-40}$$

（5）轮密钥加 轮密钥加变换是将轮密钥与状态进行模 2 加，轮密钥根据密钥产生算法产生，轮密钥长度等于数据分组长度，如图 3-18 所示。

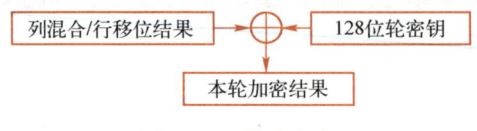

图 3-18 轮密钥加

3.3.3 解密算法

AES 不是对合运算，解密算法与加密算法不同，但是解密算法与加密算法的结构相同。把加密算法的基本变换换成逆变换即解密算法。

（1）逆变换 轮密钥加变换的逆就是其本身，即

$$(\text{AddRoundKey})^{-1} = \text{AddRoundKey} \tag{3-41}$$

三行分别循环左移 Nb-C1、Nb-C2 和 Nb-C3 个字节。列混合变换把状态的每一列都乘以一个多项式 $c(x)$，列混合变换的逆就是状态的每列都乘以 $c(x)$ 的逆多项式 $d(x)$，即

$$d(x) = (c(x))^{-1} \mod (x^4+1) \tag{3-42}$$

式中，$d(x) = 0Bx^3 + 0Dx^2 + 09x + 0E$。逆列混合变换写成矩阵乘积形式，即

$$\begin{pmatrix} a_0 \\ a_1 \\ a_2 \\ a_3 \end{pmatrix} = \begin{pmatrix} 0E & 0B & 0D & 09 \\ 09 & 0E & 0B & 0D \\ 0D & 09 & 0E & 0B \\ 0B & 0D & 09 & 0E \end{pmatrix} \begin{pmatrix} b_0 \\ b_1 \\ b_2 \\ b_3 \end{pmatrix} \tag{3-43}$$

逆 S 盒变换首先对输入字节进行如下逆仿射变换，然后再用其在 $GF(2^8)$ 中的逆来代替，即

$$\begin{pmatrix} x_0 \\ x_1 \\ x_2 \\ x_3 \\ x_4 \\ x_5 \\ x_6 \\ x_7 \end{pmatrix} = \begin{pmatrix} 0 & 0 & 1 & 0 & 0 & 1 & 0 & 1 \\ 1 & 0 & 0 & 1 & 0 & 0 & 1 & 0 \\ 0 & 1 & 0 & 0 & 1 & 0 & 0 & 1 \\ 1 & 0 & 1 & 0 & 0 & 1 & 0 & 0 \\ 0 & 1 & 0 & 1 & 0 & 0 & 1 & 0 \\ 0 & 0 & 1 & 0 & 1 & 0 & 0 & 1 \\ 1 & 0 & 0 & 1 & 0 & 1 & 0 & 0 \\ 0 & 1 & 0 & 0 & 1 & 0 & 1 & 0 \end{pmatrix} \begin{pmatrix} y_0 \\ y_1 \\ y_2 \\ y_3 \\ y_4 \\ y_5 \\ y_6 \\ y_7 \end{pmatrix} \oplus \begin{pmatrix} 1 \\ 0 \\ 1 \\ 0 \\ 0 \\ 0 \\ 0 \\ 0 \end{pmatrix} \tag{3-44}$$

（2）轮函数 如图 3-19 所示，AES 解密算法前 Nr-1 轮的轮函数包括逆 S 盒变换、逆行移位变换、逆列混合变换、逆轮密钥加变换，最后一轮不包含逆列混合变换。

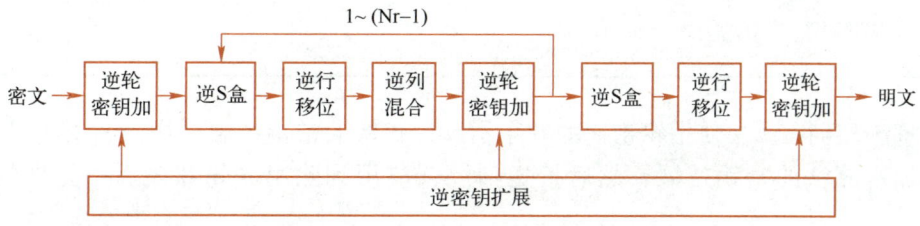

图 3-19 AES 解密算法

3.3.4 密钥扩展

密钥扩展分为 Nk≤6 和 Nk>6 两种情况。

（1）Nk≤6 的密钥扩展 最前面的 Nk 个字由用户密钥填充，之后每个字 $w[j]$ 等于 $w[j-1]$ 与 Nk 个位置之前的字 $w[j-Nk]$ 的异或。对于 Nk 的整数倍位置处的字，在异或之前，对 $w[j-1]$ 进行循环左移（Rotl）变换和字节替换（ByteSubs），再异或一个轮常数 Rcon。Rotl 是一个字里的字节循环左移函数，设 $w=(A,B,C,D)$，则 $Rotl(w)=(B,C,D,A)$。

算法 3-1：AES 密钥扩展 1

```
1    for(i=0;i<Nk;i++);
2        w[i]=CipherKey[i]
3            for(i=Nk;i<Nb*(Nr+1);i++)
4                Temp=w[i-1];
5                if(i%Nk==0)
6                    Temp=ByteSub(Rotl(Temp))⊕Rcon[i/Nk];
7                w[i]=w[i-Nk]⊕Temp;
8            end for
9    end for
```

轮常数 Rcon 与 Nk 无关，且定义为

$$Rcon[i]=(RC[i],00,00,00)$$
$$RC[0]=01$$
$$RC[i]=xtime(RC[i-1]) \tag{3-45}$$

（2）Nk>6 的密钥扩展 Nk>6 的密钥扩展与 Nk≤6 的密钥扩展，两者的不同之处在于：如果 j 被 Nk 除的余数为 4，则在异或之前，对 $w[j-1]$ 进行 S 盒变换。

算法 3-2：AES 密钥扩展 2

```
1    for(i=0;i<Nk;i++);
2        w[i]=CipherKey[i]
3            for(i=Nk;i<Nb*(Nr+1);i++)
4                Temp=w[i-1];
5                if(i%Nk==0)
6                    Temp=ByteSub(Rotl(Temp))⊕Rcon[i/Nk];
7                else if(i%Nk==4)
8                    Temp=ByteSub(Temp);
```

9		w[i]=w[i-Nk] ⊕Temp;
10		end for
11	end for	

解密算法和加密算法使用轮密钥的顺序相反，解密的密钥扩展与加密的密钥扩展不同，首先进行加密算法的密钥扩展，然后把逆列混合应用到除第一轮和最后一轮外的所有轮密钥。

3.3.5 安全性

与 DES 算法相比，尽管 AES 的加密算法能够体现出更加安全的性能，但要想更好地保障 AES 算法应用的安全性，还需要对 AES 算法的破解方法进行仔细的研究和分析。结合 AES 算法的应用原理和实践经验，在破解 AES 算法时，AES 算法的安全性是通过对其抵抗各种密码攻击的能力来评估的。针对 AES 算法提出的攻击方法主要有：强力攻击、差分密码分析、线性密码分析、Square 攻击、代数攻击以及功耗分析。本节将对这些攻击方法展开具体分析，从安全性的角度提出 AES 算法目前存在的问题。

（1）强力攻击　强力攻击主要包括穷尽密钥搜索攻击、字典查找攻击、查表攻击以及时间-存储权衡攻击。这些攻击的共同点是可以作用于任何分组密码算法，攻击的复杂度取决于算法的分组长度和密钥长度。强力攻击实际上是将密钥空间中的所有取值都穷举一遍，直到找到算法的密钥。攻击一般分为两种类型：第一种是唯密文攻击，攻击者穷举所有的密钥直到能正确解密；第二种是已知明文攻击，攻击者穷举所有的密钥来加密明文，加密结果跟密文能匹配的密钥就是破解的密钥。在 AES 密钥扩展算法中，针对轮密钥间相关性较强的问题，攻击者就用穷尽密钥搜索攻击来尝试破解密钥。对于 AES-128 来说，尝试所有密钥空间的运算量达到 2^{128} 次，此方法一定能成功破解，但工作量与时间开销过于巨大，时间复杂度呈指数级。虽然用强力攻击破解 56 位 DES 算法只用了不到 24 h，但是对于 AES 算法最高 256 位密钥的情况，高达 2^{256} 次的运算量使得在未来相当长的一段时间内都不会有计算机能够破解。可以说本文研究的 AES-128 算法对于强力攻击是免疫的。

（2）差分密码分析　差分密码分析又被称为差分攻击，它最早是由 E. Biham 和 A. Shamir 在 1990 年提出的一种针对分组密码算法的选择明文攻击方法。攻击的基本思路是：利用分组密码算法的差分信息泄露规律，分析明文对和相应密文对之间差值的统计关系。利用差分统计量不均衡这一缺陷，寻找满足一定概率出现的特征，然后研究在最后一轮可能得到的部分密钥，最后使用穷尽密钥搜索攻击来尝试所有密钥。差分密码分析是针对迭代型分组密码算法最有效的攻击方法之一。

差分密码分析首先规定一个分组长度为 n、迭代轮数为 r 的密码算法，定义两个 n 位串 x_i 和 x_i^* 的差分，即

$$\Delta x_i = x_i \otimes x_i^{*-1} \tag{3-46}$$

式中，$\otimes$ 表示位串集合上一个特定的群运算。现在差分攻击多数定义为异或运算，x_i^{*-1} 表示 x_i^* 在此群中的逆元。

如果迭代轮数为 r 的任何差分轨迹可预测概率都小于 2^{1-n}，则说明可以有效地抵抗差分密码分析。有研究证明，4 轮 AES 算法的最大差分概率为 2^{-150} 以及 8 轮 AES 算法的最大差分概率为 2^{-300}，此时算法所需明文对的数量为 2^{128}。所以经过 4 轮变换之后的 AES 算法就能

对差分密码分析免疫。目前也出现了不可能差分分析、截断差分分析以及高阶差分分析等改进型的差分分析方法,这也为今后提升 AES 算法的安全性提供了更多的思路。

(3) 线性密码分析　线性密码分析又被称为线性攻击,它最早是由 Matsui 在 1993 年提出的一种针对 DES 算法的已知明文攻击方法。攻击的基本思路是:找到明文、密文和密钥之间若干位异或的最大概率的线性表达式,利用其中的不平衡线性逼近来破解密钥的若干位。目前的研究发现,通过 221 个已知明文可以破解 8 轮的 DES 算法,247 个已知明文可以破解 16 轮的 DES 算法。所以线性密码分析同样是针对迭代型分组密码算法最有效的攻击方法之一。线性密码分析具体过程如下:

定义明文表达式: $P(1),P(2),\cdots,P(n)$;密文表达式: $C(1),C(2),\cdots,C(n)$;密钥表达式: $K(1),K(2),\cdots,K(n)$。单次线性逼近记作 $K[x_k]=P[x_p]\oplus C[x_c]$,该式成立的概率值 $p=1/2+\varepsilon$, $\varepsilon>0$,即

$$P[x_p]=P(i_1)\oplus P(i_2)\oplus\cdots\oplus P(i_a)$$
$$C[x_c]=C(j_1)\oplus C(j_2)\oplus\cdots\oplus C(j_b) \quad (3-47)$$
$$K[x_k]=K(k_1)\oplus K(k_2)\oplus\cdots\oplus K(k_c)$$

式中, $1\leq a\leq n$; $1\leq b\leq n$; $1\leq c\leq m$。

假设 $K[x_k]=P[x_p]C[x_c]$ 正好具有概率 $p=1/2+\varepsilon$,令 T 是能够使 $K[x_k]=P[x_p]\oplus C[x_c]$ 的等式右边等于 0 的明文数量,令 N 是明文的总量。

通过最大似然方法可推测出以下两种关系:

若 $T>N/2$,则推测 $K[x_k]=0(p>1/2)$,否则推测 $K[x_k]=1(p<1/2)$。

若 $T<N/2$,则推测 $K[x_k]=0(p<1/2)$,否则推测 $K[x_k]=1(p>1/2)$。

从上述的关系可以看出,猜测的成功率依赖于明文总量 N 和概率 p 的值。将概率 $p=1/2+\varepsilon$ 成立的表达式称为最佳逼近式,相应的概率 p 称为最佳线性偏差。线性密码分析实际上就是分析位之间存在的特定线性关系,通过穷举大量数据推导出密钥。AES 算法为了抵抗线性密码分析采用了 S 盒的非线性变换。不存在可预测扩散率大于 2^{-75} 的 4 轮线性逼近偏差,所以经过 4 轮变换之后的 AES 算法就能对线性密码分析免疫。

实际上,在 AES 算法被确认为高级加密标准之前,研究人员就针对数据加密标准(DES)提出了差分密码分析和线性密码分析,之后的所有密码算法在设计时都考虑了抵抗这两种分析的能力。AES 算法的主要设计准则也包含了抵抗差分分析和线性密码分析,采用了一种宽轨迹策略方法来实现。

(4) Square 攻击　Square 攻击是由 Rijndael 算法的设计者 J. Daemen 和 V. Rijmen 提出的一种基于 Square 算法理论的分析方法。Rijndael 算法的设计原型就是 Square 算法,所以 Square 攻击可以有效地攻击 AES 算法。攻击的基本思路是:利用第 4 轮字节代替变换前后平衡性的改变来猜测密钥字节,主要针对的是算法结构。研究表明,Square 攻击是一种选择明文攻击,攻击 4 轮 AES 算法只需要 29 次的运算量就能破解密钥,攻击 5 轮 AES 的运算次数是 232,攻击 6 轮 AES 的运算次数是 246,所以可以对 AES-128 的 4~6 轮简化算法有效攻击。基于这点考虑,安全的 AES 算法的轮数必须大于 7。因此,Square 攻击还无法对完整的 AES-128 算法 10 轮加密过程进行完全破解。但是已经有研究人员指出,可以对 AES-192 攻击到 8 轮,对 AES-256 攻击到 9 轮,可以说,Square 攻击是目前针对 AES 算法最有效的一种攻击方法。由密钥扩展算法的定义可知,轮密钥之间相关性较强,只要知道某轮的轮密钥就可以向前和向后推导出另外两轮的轮密钥。Square 攻击就是利用这个 AES 算法的缺陷,

在获得某轮的轮密钥情况下就可以推导出全部的密钥，AES算法的安全性受到了极大的威胁。所以改进密钥扩展算法，调整每轮的轮密钥的生成方式，降低轮密钥之间的相关性，增强算法的复杂度，便能更加安全可靠地抵抗Square攻击。

（5）代数攻击　代数攻击是Jakobsen和Knudsen提出的一种针对分组密码的攻击方法。代数攻击就是利用密码的输入/输出对来构造一些多项式，如果分组密码中的代数表达式过于简单，通过重复组合元素就能合成表达式。通常构造一个简单的代数表达式就能描述整个算法。代数攻击的基本原理是首先攻击得到足够多的明文-密文对，然后利用拉格朗日插值法得到密码算法的一个近似多项式逼近。对于AES-128算法来说，S盒代数表达式项数只有9项，结构过于简单，攻击者只需要将代数表达式用多项式展开求解就能破解密钥。S盒代数表达式的复杂度直接决定了算法的安全性，代数表达式越多，破解算法需要的常数计算量就越大。在AES算法中，S盒代数表达式只有9项，存在一定的安全隐患。因此，本文提出了S盒的改进方案，构造的新S盒代数表达式有255项，最高次数为254，能够很好地抵抗代数攻击。

（6）功耗分析　功耗分析是Kocher在1997年提出的一种针对AES算法的物理攻击方法，主要分为简单功耗分析和差分功耗分析。其基本思路是：先利用特殊仪器测量硬件加密过程中泄露的电磁辐射，绘出功耗曲线，接着进行相关统计学分析，并最终推算出密钥值。功耗分析对电磁易于泄露的硬件（例如加密芯片和IC卡等）的小型系统具有最佳的分析效果。在实现AES算法的过程中，轮函数中不同的计算步骤会导致处理器的能量消耗产生变化。功耗分析就是通过仪器分析加密过程中能量的变化，获取对破解算法有利的信息，最终完全破解密码算法。AES算法的功耗主要集中在密钥表上，功耗分析可以根据产生密钥过程的能量变化分析出特定规律，进而推测出全部的轮密钥。AES算法的S盒非线性度越高，算法抵抗功耗分析的能力就越弱，这说明不可能设计出能够同时完美抵抗功耗分析、差分密码和线性密码分析的S盒。目前，通常采用掩码和隐藏对策来抵抗功耗分析。

3.4　国际数据加密算法

国际数据加密算法（IDEA）由来学嘉和James Masseey于1990年第一次提出，1992年，他们在"Advances in Cryptology Eurocrypt'92"（"密码学进展——欧洲密码"年会）上，对其进行改进，使得算法能更有效地抵抗差分密码分析。

3.4.1　加密

IDEA是块加密，与DES一样，IDEA也处理64位明文块。但是，其密钥更长，共128位。和DES一样，IDEA是可逆的，即可以用相同的算法加密和解密。IDEA也用扩散与混淆进行加密。IDEA加密过程如图3-20所示。

64位输入明文块分成4个部分（各16位）：$P_1 \sim P_4$。$P_1 \sim P_4$是算法的第1轮输入，共8轮。密钥为128位，每一轮都从原先的密钥产生6个子密钥，各为16位。这6个子密钥作用于4个输入块$P_1 \sim P_4$。第1轮，有6个子密钥$K_1 \sim K_6$；第2轮，有6个子密钥$K_7 \sim K_{12}$；最后的第8轮，有6个子密钥$K_{43} \sim K_{48}$；最后一步是输出变换，只用4个子密钥（$K_{49} \sim K_{52}$）。产生的最后输出是输出变换的输出，为4个密文块$C_1 \sim C_4$（各为16位），从而构成64位密文块。

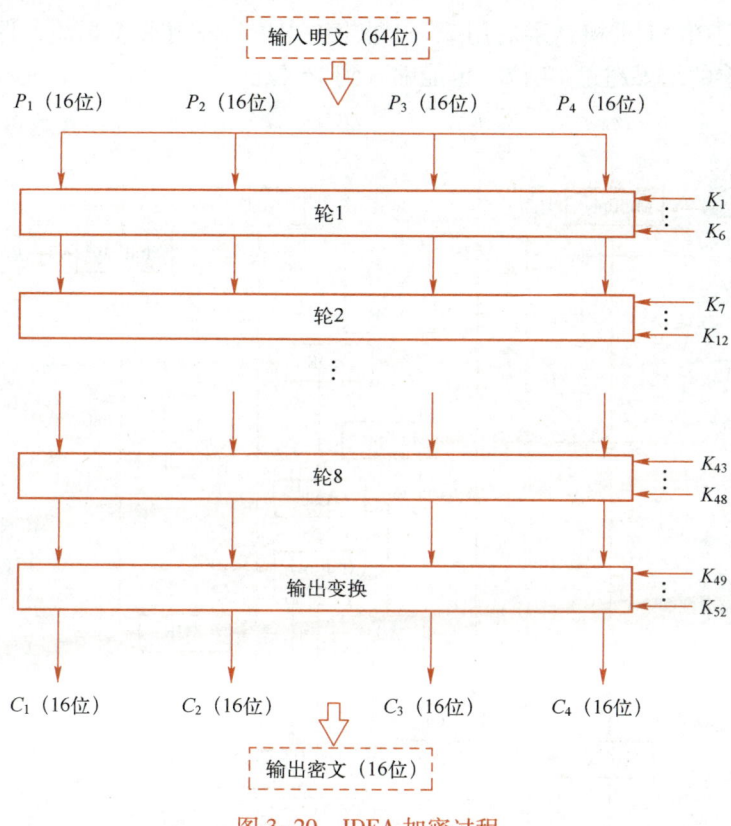

图 3-20 IDEA 加密过程

3.4.2 轮结构

IDEA 中有 8 轮,每一轮都是 6 个子密钥对 4 个数据块的一系列操作。广义的 IDEA 轮结构如图 3-21 所示。

第 1 步:P_1 与 K_1 相乘;

第 2 步:P_2 与 K_2 相加;

第 3 步:P_3 与 K_3 相加;

第 4 步:P_4 与 K_4 相乘;

第 5 步:第 1 步与第 3 步的结果进行异或运算;

第 6 步:第 2 步与第 4 步的结果进行异或运算;

第 7 步:第 5 步结果与 K_5 相乘;

第 8 步:第 6 步与第 7 步的结果相加;

第 9 步:第 8 步的结果与 K_6 相乘;

第 10 步:第 7 步与第 9 步的结果相加;

第 11 步:第 1 步与第 9 步的结果进行异或运算;

第 12 步:第 3 步与第 9 步的结果进行异或运算;

第 13 步:第 2 步与第 10 步的结果进行异或运算;

第 14 步:第 4 步与第 10 步的结果进行异或运算。

注意,在 Add 和 Multiply 后面加上星号,使其变成 Add* 和 Multiply*,因为这不只是加和乘,而是加后用 $2^{16}+1$ 求模,乘后用 $2^{16}+1$ 求模。IDEA 采用求模算法,保证即使两个 16 位数相加或者相乘的结果超过 17 位,也能缩减到 16 位。

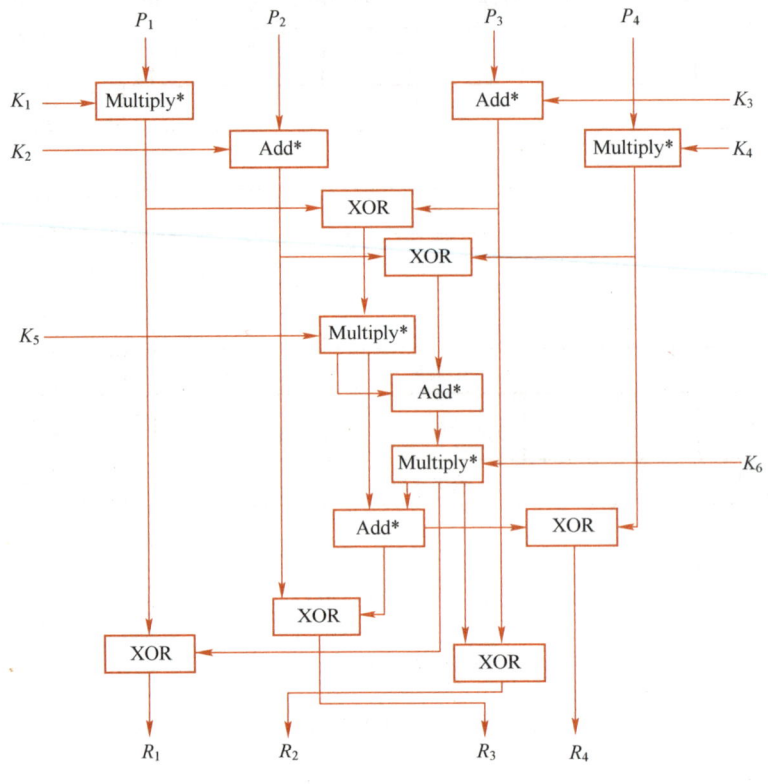

图 3-21 广义的 IDEA 轮结构

IDEA 采用了 Add*、Multiply*、XOR 三个基本运算,它们分别构成代数群:

1) 16 位按位异或。在此运算下,全体 16 位二进制量构成加法(异或)群: $G_{XOR} = \{0000, 0001, 0002, \cdots, FFFE, FFFF\}$。

2) 16 位整数做 mod $(2^{16}+1)$ 相乘。因为 $2^{16}+1$ 是素数,所以在 mod $(2^{16}+1)$ 的整数乘运算下,全体小于 $2^{16}+1$ 的正整数构成乘法群: $G_{Multiply*} = \{1, 2, \cdots, 2^{16}-1, 2^{16}\}$。

3) 16 位整数做模 2 相加。在此运算下,全体小于 2 的非负整数构成加法群: $G_{Add*} = \{0, 1, 2, \cdots, 2^{16}-1\}$。

注意,乘法群 $G_{Multiply*}$ 中不包含元素 0,但包含元素 2^{16}。因此,乘法群 $G_{Multiply*}$ 与按位异或群 G_{XOR} 和 G_{Add*} 的元素不一致。为了能够把这三种运算统一到一个集合中,我们把整数与它们的二进制表示视作等同,于是就有 $G_{XOR} = G_{Add*}$。再把乘法群 $G_{Multiply*}$ 中的元素 2^{16} 与加法群 G_{Add*} 中的 0 元素相对应。这样,上述三种运算就可看作同一集合上的运算而交替复合进行。

3.4.3 子密钥生成

IDEA 的密钥长度为 128 位,其子密钥就是通过这 128 位的密钥产生的 52 个 16 位子密钥。子密钥产生的过程:首先将 128 位的用户密钥以 16 位为单位分为 8 组,其中前 6 组作为第一轮迭代运算的子密钥,后两组用于第二轮迭代运算的其中两组子密钥;然后将 128 位密钥向左循环移位 25 位,再分为 8 组子密钥,其中前 4 组在第二轮迭代运算,后 4 组作为第三轮迭代运算的子密钥；如此进行，直至产生全部 52 组子密钥。IDEA 密钥扩展算法见表 3-16。

表 3-16　IDEA 密钥扩展算法

轮数 i	K_{1i}	K_{2i}	K_{3i}	K_{4i}	K_{5i}	K_{6i}
$i=1$	0～15	16～31	32～47	48～63	64～79	80～95
$i=2$	96～111	112～127	25～40	41～56	57～72	73～88
$i=3$	89～104	105～120	121～8	9～24	50～65	66～81
$i=4$	82～97	98～113	114～1	2～17	18～33	34～49
$i=5$	75～90	91～106	107～122	123～10	11～26	27～42
$i=6$	43～58	59～74	100～115	116～3	4～19	20～35
$i=7$	36～51	52～67	68～83	84～99	125～12	13～28
$i=8$	29～44	45～60	61～76	77～92	93～108	109～124
输出变换	22～37	38～53	54～69	70～85		

3.4.4　解密

IDEA 的算法是对合运算，所以 IDEA 的解密过程与加密过程一样，只是所使用的子密钥不同，具体使用情况如表 3-17 所示。

表 3-17　IDEA 解密密钥使用

轮数 r	$(K_{1r})'$	$(K_{2r})'$	$(K_{3r})'$	$(K_{4r})'$	$(K_{5r})'$	$(K_{6r})'$
$r=1$	$(K_{1(10-r)})^{-1}$	$-(K_{2(10-r)})$	$-(K_{3(10-r)})$	$(K_{4(10-r)})^{-1}$	$K_{5(9-r)}$	$K_{6(9-r)}$
$2\leq r\leq 8$	$(K_{1(10-r)})^{-1}$	$-(K_{3(10-r)})$	$-(K_{2(10-r)})$	$(K_{4(10-r)})^{-1}$	$K_{5(9-r)}$	$K_{6(9-r)}$
$r=9$	$(K_{1(10-r)})^{-1}$	$-(K_{2(10-r)})$	$-(K_{2(10-r)})$	$(K_{4(10-r)})^{-1}$		

注：$-K_i$ 指 $K_i \pmod{2^{16}}$ 的加法逆元，K_i^{-1} 指 $K_i \pmod{2^{16}+1}$ 的乘法逆元。

IDEA 的解密算法过程同加密过程基本一样，它们使用了相同的运算逻辑，只是在每一轮迭代时所使用的子密钥方面有很大差别。

IDEA 的解密子密钥是加密子密钥的乘法逆或加法逆。可以证明：IDEA 算法的加密变换与解密变换是互逆的。

3.4.5　安全性

IDEA 从 20 世纪 90 年代提出至今，已历经了各种攻击的考验，不过还没有一种分析方法能对完整的 IDEA 攻击成功。

首先，穷举攻击对 IDEA 是无效的，IDEA 的密钥是 128 位的，那么它就有 2^{128} 种可能的密钥。假定穷举攻击有效的话，那么即使设计一种每秒钟可以试验 10 亿个密钥的专用芯片，并将 10 亿片这样的芯片用于此项工作，仍需 10^{15} 年才能解决问题，所以穷举攻击方法对 IDEA 是无效的。

针对 IDEA 的分析方法主要有差分密码分析、线性密码分析、差分-线性密码分析、不可能差分密码分析、碰撞攻击、相关密钥-线性分析、相关密钥-回轮（Boomerang）攻击、相关密钥-矩形攻击、Square 攻击等。差分密码分析是指通过分析明文对的差值对密文对差值的影响来恢复某些密钥位。线性密码分析即相关分析，是指利用密码算法中明文、密文和密钥的不平衡（有效）的线性逼近来恢复某些密钥比特。

IDEA 算法重复交替使用异或、模 2^{16} 加、模 $2^{16}+1$ 乘等运算，既有扩散效果又有混淆效果：扩散为一种线性变换，扩展了输出对输入的依赖性；混淆则是一种非线性变换，使输出成为输入的非线性函数。因此差分分析以及线性分析对 IDEA 来说都是安全的。迄今为止，已经有许多专家使用不同的分析方法针对几轮 IDEA 分别进行了分析，但是还没有任何一种分析方法能对完整的 IDEA 有具体的攻击效果。IDEA 也有大量的弱密钥，这些弱密钥是否会威胁它的安全性还是一个谜。

3.5 SM4 分组密码算法

2006 年，我国国家密码管理局公布的用于无线局域网产品使用的 SM4 分组密码算法，是我国第一次公布自己的商用密码算法。这一举措使得商用密码管理更加科学化，与国际接轨，这将促进我国商用密码的发展。

3.5.1 概述

SM4 是一种分组密码算法，数据分组（明文,密文）长度为 128 位，密钥长度为 128 位。SM4 通过轮密钥的迭代进行加密。其迭代轮数为 32 轮。在加密时以字节（8 位）和字（32 位）为数据处理单位。SM4 是对合运算，解密算法与加密算法相同。密钥生成算法与加密算法结构类似，SM4 不是 S-P 结构，也不是 Feistel 结构，属于滑动窗口结构。

SM4 是我国国家密码管理局提出的国家商用密码算法项目。SM4 算法的设计目标是提供高安全性、高效率和易于实现的分组密码方案。它采用 128 位密钥和 128 位分组长度，通过 32 轮的迭代结构和一系列的置换、代换和异或等基本运算来实现加密和解密操作。SM4 具有较高的安全性，已通过了多种密码学安全性分析和评估，被广泛认可和接受。SM4 算法的发布标志着我国在商用密码算法领域的自主研发和国际化进程。它已成为我国政府和企事业单位的标准加密算法，并在各个领域得到广泛应用，包括金融、电子支付、电子政务、物联网等。目前，SM4 已成为国际标准。总的来说，SM4 密码算法是我国自主研发的分组密码算法，具有高安全性、高效率和易于实现的特点，被广泛应用于各个领域。SM4 算法结构如图 3-22 所示。

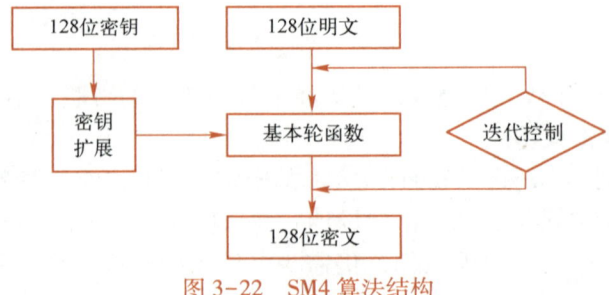

图 3-22 SM4 算法结构

3.5.2 加密算法

SM4 加密算法既属于非平衡 Feistel 结构的加密算法，也属于滑动窗口结构。SM4 加密算法结构如图 3-23 所示。

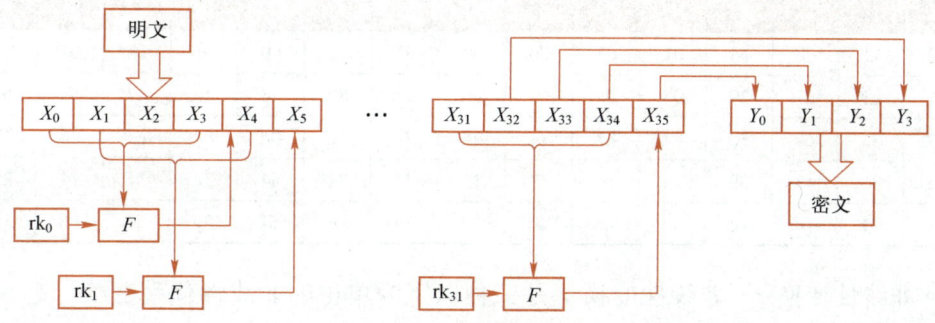

图 3-23　SM4 加密算法结构

　　轮函数有 32 轮迭代，每轮使用一个轮密钥，最终产生四个字的密文，整个加密过程像是一个宽度为四个字的窗口在滑动，加密一轮，窗口滑动一个字。在最后一轮迭代之后，要对输出的四个字进行反序处理，然后得到最终密文。输入 128 位明文：(X_0,X_1,X_2,X_3)，X_i 为一个字。输入轮密钥 $\text{rk}_i (i=0,1,\cdots,31)$ 为 32 位的字。输出 128 位密文 (Y_0,Y_1,Y_2,Y_3)。计算过程为

$$\begin{aligned}
X_{i+4} &= F(X_i,X_{i+1},X_{i+2},X_{i+3},\text{rk}_i) \\
&= X_i \oplus T(X_{i+1} \oplus X_{i+2} \oplus X_{i+3} \oplus \text{rk}_i) \\
&= X_i \oplus L(\tau(X_{i+1} \oplus X_{i+2} \oplus X_{i+3} \oplus \text{rk}_i)) \\
(Y_0,Y_1,Y_2,Y_3) &= (X_{35},X_{34},X_{33},X_{32})
\end{aligned} \quad (3-48)$$

（1）基本运算　SM4 的基本运算为模 2 加和循环移位。

模 2 加：$\oplus$，32 位异或运算。

循环移位：$<<<i$，把 32 位字循环左移 i 位。

（2）密码组件 S 盒　SM4 的 S 盒查找表见表 3-18，它有 8 位输入和 8 位输出，本质上是 8 位的非线性置换。同 AES 一样，SM4 的 S 盒以查找表的方式实现，以输入的前半字节为行号，后半字节为列号，行列交叉点处的数据即 S 盒输出。

表 3-18　SM4 的 S 盒查找表

	0	1	2	3	4	5	6	7	8	9	A	B	C	D	E	F
0	90	fe	cc	3d	01	16	a0	14	c2	28	fb	05	05	99	42	05
1	9a	0c	2a	be	c3	44	aa	0a	42	49	31	99	9f	4c	32	99
2	42	50	91	98	d8	54	0b	33	05	c7	c6	45	d7	29	04	62
3	b3	0a	1c	08	68	80	04	8c	71	80	fa	75	7f	6e	7d	a6
4	07	a7	7f	60	6e	36	73	01	0a	f3	83	06	e4	01	c3	a8
5	47	b4	b1	7e	91	58	2f	0f	25	e3	36	9e	f8	29	35
6	1b	a1	40	c7	4a	3d	7c	96	d9	a2	50	65	48	63	8a	87
7	5d	9f	0f	9f	40	0e	cc	16	92	c1	69	ad	10	1b	2a	9e
8	1b	2a	a7	f8	63	8a	1a	2d	36	17	c9	02	6d	3a	3e	a1
9	3a	3e	36	47	5f	e7	25	c9	3c	f9	61	9d	34	9b	4c	e3
A	9b	4c	32	39	22	3c	5d	6e	88	e2	d1	e4	7d	7d	f3	6f

	0	1	2	3	4	5	6	7	8	9	A	B	C	D	E	F
B	7d	f3	d8	e4	01	c7	d0	c0	e3	ef	b0	0f	18	01	c3	51
C	01	c3	d7	29	04	da	0e	e6	a3	89	c8	1c	47	3a	6a	d8
D	47	3a	6a	30	57	b7	fa	2b	7e	7e	0d	dd	c5	36	43	b0
E	c5	36	43	39	2a	c6	f7	15	1f	34	a4	3e	4f	11	25	84
F	18	f0	7d	ec	3a	dc	4d	20	79	ee	5f	3e	d7	cb	39	48

（3）非线性变换 τ　非线性变换 τ 是一种以字为单位的非线性代替变换，起到混淆作用，使用 4 个 S 盒并行置换。$A=(a_0,a_1,a_2,a_3)$，输出字 $B=(b_0,b_1,b_2,b_3)$ 为

$$B=\tau(A)=(S_1(a_0),S_1(a_1),S_1(a_2),S_1(a_3)) \tag{3-49}$$

（4）线性变换部件 L　线性变换 L 是一个线性变换部件，起到扩散作用。它有 32 位输入和 32 位输出，设输入为 B，则输出 C 为

$$C=L(B)=B\oplus(B<<2)\oplus(B<<10)\oplus(B<<18)\oplus(B<<24) \tag{3-50}$$

（5）合成变换 T　合成变换 T 由非线性变换 τ 和线性变换 L 复合而成，综合起到混淆和扩散作用，以字为处理单位，即

$$T(A)=L(\tau(A)) \tag{3-51}$$

（6）轮函数　SM4 使用轮函数进行迭代加密，轮函数 F 可由上述基本密码组件组成，如图 3-24 所示。

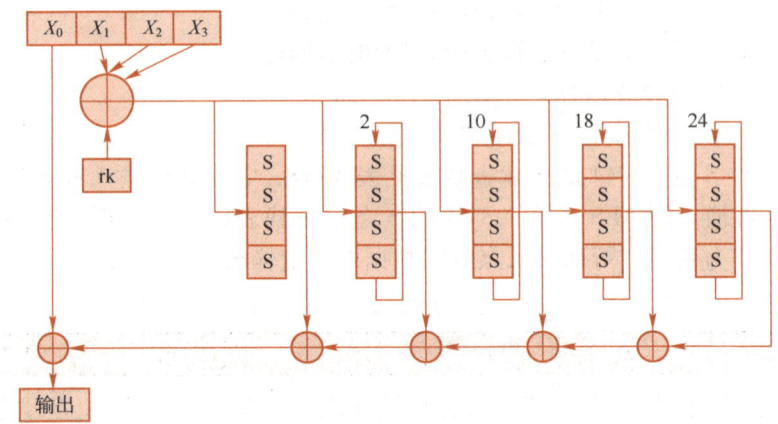

图 3-24　轮函数 F

设轮函数 F 的输入为 (X_0,X_1,X_2,X_3)，共 128 位（四个 32 位字）。轮密钥为 rk，是一个 32 位的字。轮函数的输出也是一个 32 位的字，轮函数 F 的定义为

$$\begin{aligned}F(X_0,X_1,X_2,X_3,\mathrm{rk})&=X_0\oplus T(X_1\oplus X_2\oplus X_3\oplus\mathrm{rk})\\&=X_0\oplus L(\tau(X_1\oplus X_2\oplus X_3\oplus\mathrm{rk}))\end{aligned} \tag{3-52}$$

3.5.3　解密算法

SM4 密码算法是对合的，因此解密算法与加密算法相同，只是轮密钥的使用顺序相反。
输入密文：(Y_0,Y_1,Y_2,Y_3)，128 位，四个 32 位字。
输入轮密钥：$\mathrm{rk}_i(i=31,30,\cdots,1,0)$，32 位字，共 32 个轮密钥。

输出明文：(X_0, X_1, X_2, X_3)，128 位，四个 32 位字。

SM4 加密算法过程为

$$\begin{cases} X_i = F(X_{i+4}, X_{i+3}, X_{i+2}, X_{i+1}, \mathrm{rk}_i) \\ \quad = X_{i+4} \oplus T(X_{i+3} \oplus X_{i+2} \oplus X_{i+1} \oplus \mathrm{rk}_i) \\ \quad = X_{i+4} \oplus L(\tau(X_{i+3} \oplus X_{i+2} \oplus X_{i+1} \oplus \mathrm{rk}_i)) \\ (M_0, M_1, M_2, M_3) = (X_3, X_2, X_1, X_0) \end{cases} \quad (3-53)$$

3.5.4 密钥扩展算法

SM4 算法的加密密钥为 128 位，32 轮迭代一共需要 32 个轮密钥，每个轮密钥为 32 位。需要使用到密钥扩展算法对加密密钥进行扩展，以得到所需的 32 个轮密钥。在密钥扩展算法中需要使用常数 FK 和固定参数 CK。

（1）常数 FK　密钥扩展中使用的一些常量包括：$FK_0 = (A3B1BAC6)$，$FK_1 = (56AA3350)$，$FK_2 = (677D9197)$，$FK_3 = (B27022DC)$。

（2）固定参数 CK　32 个固定参数 CK_i（十六进制）见表 3-19。每个参数都有 32 位，$i = 0, 1, \cdots, 31$。若 ck_{ij} 是 CK_i 的第 j 字节（$i = 0, 1, \cdots, 31; j = 0, 1, 2, 3$），即 $CK_i = (ck_{i0}, ck_{i1}, ck_{i2}, ck_{i3})$，即

$$ck_{ij} = (4i+j) \times 7 \bmod 256 \quad (3-54)$$

表 3-19　固定参数 CK_i

$i=[0,3]$	$i=[4,7]$	$i=[8,11]$	$i=[12,15]$	$i=[16,19]$	$i=[20,23]$	$i=[24,27]$	$i=[28,31]$
00070e15	70777e85	e0e7eef5	50575e65	c0c7ced5	30373e45	a0a7aeb5	10171e25
1c232a31	8c939aa1	fc030a11	6c737a81	dce3eaf1	4c535a61	bcc3cad1	2c333a41
383f464d	a8afb6bd	181f262d	888f969d	f8ff060d	686f767d	d8dfe6ed	484f565d
545b6269	c4cbd2d9	343b4249	a4abb2b9	141b2229	848b9299	f4fb0209	646b7279

在 SM4 密钥扩展算法中，设：

输入加密密钥：$MK = (MK_0, MK_1, MK_2, MK_3)$。

输出轮密钥：$rk_i (i = 0, 1, 2, \cdots, 30, 31)$。

中间数据：$K_i (i = 0, 1, 2, \cdots, 34, 35)$。

$K = (K_0, K_1, K_2, K_3)$ 扩展算法流程如式（3-55）：

$$\begin{cases} K = F(MK_0 \oplus FK_0, MK_1 \oplus FK_1, MK_2 \oplus FK_2, MK_3 \oplus FK_3) \\ rk_i = K_{i+1} = K_i \oplus T'(K_{i+1} \oplus K_{i+2} \oplus K_{i+3} \oplus CK_i), \quad i = 0, 1, \cdots, 31 \end{cases} \quad (3-55)$$

变换与加密轮函数中的 T 相似，只将其中的变换 L 变为 L'，即

$$L'(B) = B \oplus (B <\!<\!< 13) \oplus (B <\!<\!< 23) \quad (3-56)$$

3.5.5 安全性

目前针对 SM4 的评估方法几乎涵盖了已知的所有分组密码分析方法，如差分密码分析、线性密码分析、不可能差分分析等。公开的评估结果表明，SM4 分组密码算法能够抵抗目前已知的所有攻击，拥有足够的安全冗余度。

据分析，SM4 算法的 S 盒设计得十分好，在非线性度、自相关性、差分均匀性、代数免

疫性等主要密码学指标方面都达到相当高的水平。目前已有23轮SM4的差分密码分析和20轮SM4的线性密码分析。

目前还没有一种分析方法能够在理论上攻破24轮的SM4算法，因此从传统的分析方法来看，SM4算法具有较强的安全冗余度。尤其是对比MISTY1、AES等已有全轮攻击方案的分组密码算法，SM4算法具备一定的安全性优势。

SM4已经得到广泛的应用，但SM4也有其弱点，如SM4抵御差分故障注入攻击的能力较弱，平均需要47个错误即可恢复128位密钥。

3.6 Kasumi算法

Kasumi算法是一个8轮的Feistel结构分组密码算法，并作为核心部件来构造GSM（全球移动通信系统）中的A5/3加密算法、GPRS（通用分组无线服务）系统中的GEA3加密算法和WCDMA（宽带码分多路访问）系统中的机密性算法（f8算法）和完整性算法（f9算法）。因此，Kasumi算法的研究对于进一步研究A5/3、GEA3、f8和f9等算法具有重要意义。

3.6.1 算法结构

Kasumi密码是一种分组密码，明文和密文的分组长度都是64位，密码的长度为128位。在结构上，Kasumi密码算法采用Feistel结构对基本轮函数进行8轮迭代运算。算法结构如图3-25所示。64位的明文M被分为左右两半，各32位，左一半记为L_0，右一半记为R_0。

$$\begin{cases} L_i = R_{i-1} \oplus f_i(L_{i-1}, RK_i) \\ R_i = L_{i-1} \end{cases}, \quad i=1,2,\cdots,8 \quad (3\text{-}57)$$

式中，RK_i是第i轮迭代的轮密钥。将第$i-1$轮的左一半L_{i-1}，直接作为第i轮迭代输出的右一半；第$i-1$轮的左一半L_{i-1}在第i轮的轮密钥RK_i的控制下经过密码轮函数f_i的变换，其输出再与第$i-1$轮的右一半R_{i-1}模2相加，结果作为第i轮迭代输出的左一半。经过8轮迭代后得到64位密文$C = L_8 \| R_8$。

（1）轮函数 Kasumi密码算法采用Feistel结构，其基本轮函数进行8轮迭代。Kasumi密码算法的轮函数f在128位的轮密钥RK_i的控制下，对32位的数据进行处理，得到一个32位的输出。i为奇数和i为偶数时，轮函数f的函数形式是不一样的，即

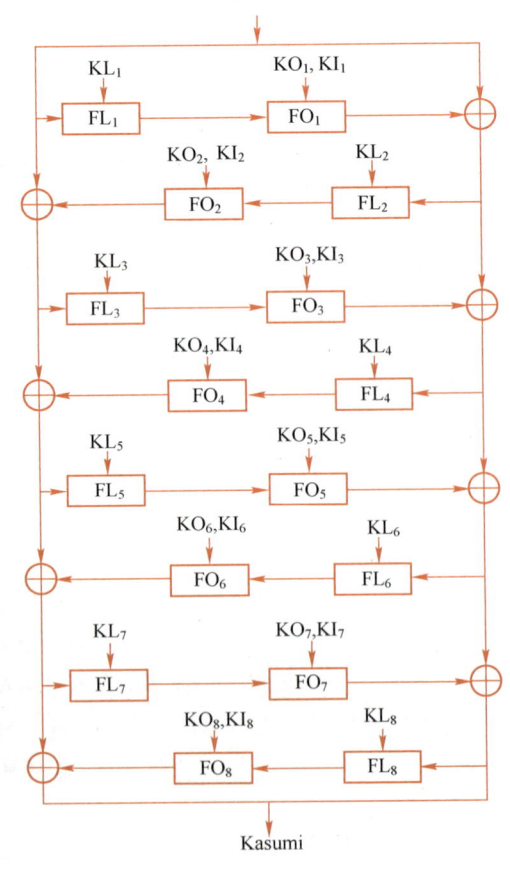

图3-25 Kasumi算法结构

$$\begin{cases} f_i(L_{i-1}, RK_i) = FO_i(FL_i(L_{i-1}, KL_i), KO_i, KI_i), i=1,3,5,7 \\ f_i(L_{i-1}, RK_i) = FL_i(FO_i(L_{i-1}, KO_i, KI_i), KL_i), i=2,4,6,8 \end{cases} \quad (3\text{-}58)$$

式中，FO 是非线性混合函数；FL 是线性混合函数；轮函数由 FO 和 FL 组成。

（2）非线性混合函数 FO 非线性混合函数 FO 在两个 48 位的密钥 KO_i 和 KI_i 的控制下，对 32 位的输入数据进行非线性密码变换，输出仍为 32 位数据。非线性混合函数 FO 的结构如图 3-26 所示。

输入到非线性混合函数 FO 的 32 位数据，分成左右两半，各 16 位，左一半记为 L_0，右一半记为 R_0。两个 48 位的密钥 KO_i 和 KI_i，都被分成三个 16 位的子密钥，即

$$\begin{cases} KO_i = KO_{i1} \| KO_{i2} \| KO_{i3} \\ KI_i = KI_{i1} \| KI_{i2} \| KI_{i3} \end{cases} \tag{3-59}$$

对于 $j=1,2,3$，FI 为非线性子函数。非线性混合函数 FO 的非线性体现在非线性子函数 FI 中，因此非线性子函数 FI 就成为 Kasumi 密码算法安全的核心，即

$$\begin{cases} R_j = FI_j((L_{j-1} \oplus KO_{ij}), KI_{ij}) \oplus R_{j-1} \\ L_j = R_{j-1} \end{cases}, \quad j=1,2,3 \tag{3-60}$$

（3）非线性子函数 FI 非线性子函数 FI 在 16 位的子密钥 KI_i 的控制下，对 16 位的输入数据进行非线性密码变换，输出仍为 16 位数据。非线性子函数 FI 的结构如图 3-27 所示。输入到非线性子函数 FI 的 16 位数据，分成左右两部分：左部分 9 位，记为 L_0；右部分 7 位，记为 R_0。同样，子密钥 $KI_{ij}(j=1,2,3)$ 分成左右两部分：左部分 7 位，记为 KI_{ij1}；右部分 9 位，记为 KI_{ij2}。

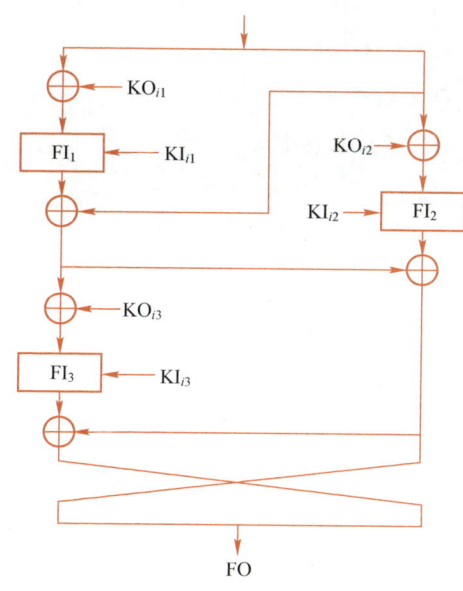

图 3-26 非线性混合函数 FO 的结构

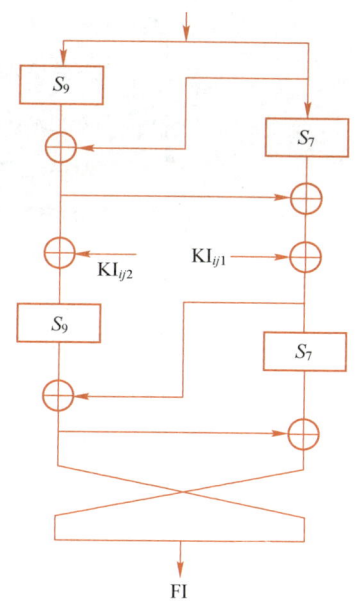

图 3-27 非线性子函数 FI 的结构

非线性子函数 FI 的处理过程为

$$\begin{cases} Input = L_0 \| R_0 \\ L_1 = R_0, \quad R_1 = S_9(L_0) \oplus ZE(R_0) \\ L_2 = R_1 \oplus KI_{ij2}, \quad R_1 = S_9(L_0) \oplus ZE(R_0) \\ L_3 = R_2, \quad R_3 = S_9(L_2) \oplus ZE(R_2) \\ L_4 = S_7(L_3) \oplus TR(R_3) \quad R_4 = R_3 \\ Output = L_4 \| R_4 \end{cases} \tag{3-61}$$

式中，Input 为输入，Output 为输出，ZE 为扩展，TR 为置换。非线性子函数 FI 使用了 S_9 和 S_7 两个 S 盒。其中 S_7 的逻辑方程见式（3-62），S_7 的代替矩阵见表 3-20，S_9 的逻辑方程见式（3-63），代替矩阵见表 3-21。

$$\begin{cases} y_0 = x_0x_2 \oplus x_3 \oplus x_2x_5 \oplus x_5x_6 \oplus x_0x_7 \\ \quad\oplus x_1x_7 \oplus x_2x_7 \oplus x_4x_8 \oplus x_5x_8 \oplus x_7x_8 \oplus 1 \\ y_1 = x_1 \oplus x_0x_1 \oplus x_2x_3 \oplus x_0x_4 \oplus x_1x_4 \\ \quad\oplus x_0x_5 \oplus x_3x_5 \oplus x_6 \oplus x_1x_7 \oplus x_2x_7 \oplus x_5x_8 \oplus 1 \\ y_2 = x_1 \oplus x_0x_3 \oplus x_3x_4 \oplus x_0x_5 \oplus x_2x_6 \oplus x_3x_6 \\ \quad\oplus x_5x_6 \oplus x_4x_7 \oplus x_5x_7 \oplus x_6x_7 \oplus x_8 \oplus x_0x_8 \oplus 1 \\ y_3 = x_0 \oplus x_1x_2 \oplus x_0x_3 \oplus x_2x_4 \oplus x_5 \oplus x_0x_6 \\ \quad\oplus x_1x_6 \oplus x_4x_7 \oplus x_0x_8 \oplus x_1x_8 \oplus x_7x_8 \\ y_4 = x_0x_1 \oplus x_1x_3 \oplus x_4 \oplus x_0x_5 \oplus x_3x_6 \\ \quad\oplus x_0x_7 \oplus x_6x_7 \oplus x_1x_8 \oplus x_2x_8 \oplus x_3x_8 \\ y_5 = x_2 \oplus x_1x_4 \oplus x_4x_5 \oplus x_0x_6 \oplus x_1x_6 \oplus x_3x_7 \\ \quad\oplus x_4x_7 \oplus x_6x_7 \oplus x_5x_8 \oplus x_6x_8 \oplus x_7x_8 \oplus 1 \\ y_6 = x_1x_2 \oplus x_0x_1x_3 \oplus x_0x_4 \oplus x_1x_5 \oplus x_3x_5 \oplus x_6 \\ \quad\oplus x_0x_1x_6 \oplus x_2x_3x_6 \oplus x_1x_4x_6 \oplus x_0x_5x_6 \end{cases} \quad (3-62)$$

$$\begin{cases} y_0 = x_0x_2 \oplus x_3 \oplus x_2x_5 \oplus x_5x_6 \oplus x_0x_7 \\ \quad\oplus x_1x_7 \oplus x_2x_7 \oplus x_4x_8 \oplus x_5x_8 \oplus x_7x_8 \oplus 1 \\ y_1 = x_1 \oplus x_0x_1 \oplus x_2x_3 \oplus x_0x_4 \oplus x_1x_4 \\ \quad\oplus x_0x_5 \oplus x_3x_5 \oplus x_6 \oplus x_1x_7 \oplus x_2x_7 \oplus x_5x_8 \oplus 1 \\ y_2 = x_1 \oplus x_0x_3 \oplus x_3x_4 \oplus x_0x_5 \oplus x_2x_6 \oplus x_3x_6 \\ \quad\oplus x_5x_6 \oplus x_4x_7 \oplus x_5x_7 \oplus x_6x_7 \oplus x_8 \oplus x_0x_8 \oplus 1 \\ y_3 = x_0 \oplus x_1x_2 \oplus x_0x_3 \oplus x_2x_4 \oplus x_5 \oplus x_0x_6 \\ \quad\oplus x_1x_6 \oplus x_4x_7 \oplus x_0x_8 \oplus x_1x_8 \oplus x_7x_8 \\ y_4 = x_0x_1 \oplus x_1x_3 \oplus x_4 \oplus x_0x_5 \oplus x_3x_6 \\ \quad\oplus x_0x_7 \oplus x_6x_7 \oplus x_1x_8 \oplus x_2x_8 \oplus x_3x_8 \\ y_5 = x_2 \oplus x_1x_4 \oplus x_4x_5 \oplus x_0x_6 \oplus x_1x_6 \oplus x_3x_7 \\ \quad\oplus x_4x_7 \oplus x_6x_7 \oplus x_5x_8 \oplus x_6x_8 \oplus x_7x_8 \oplus 1 \\ y_6 = x_0 \oplus x_2x_3 \oplus x_1x_5 \oplus x_2x_5 \oplus x_4x_5 \oplus x_3x_6 \\ \quad\oplus x_4x_6 \oplus x_5x_6 \oplus x_7 \oplus x_1x_8 \oplus x_3x_8 \oplus x_5x_8 \oplus x_7x_8 \\ y_7 = x_0x_1 \oplus x_0x_2 \oplus x_1x_2 \oplus x_3 \oplus x_0x_3 \oplus x_2x_3 \\ \quad\oplus x_4x_5 \oplus x_2x_6 \oplus x_3x_6 \oplus x_2x_7 \oplus x_5x_7 \oplus x_8 \oplus 1 \\ y_8 = x_0x_1 \oplus x_2 \oplus x_1x_2 \oplus x_3x_4 \oplus x_1x_5 \\ \quad\oplus x_2x_5 \oplus x_1x_6 \oplus x_4x_6 \oplus x_7 \oplus x_2x_8 \oplus x_3x_8 \end{cases} \quad (3-63)$$

表 3-20 S_7 的代替矩阵

54	50	62	56	22	34	94	96	38	6	63	93	2	18	123	33
55	113	39	114	21	67	65	12	47	73	46	27	25	111	124	81
53	9	121	79	52	60	58	48	101	127	40	120	104	70	71	43
20	122	72	61	23	109	13	100	77	1	16	7	82	10	105	98
117	116	76	11	89	106	0	125	118	99	86	69	30	57	126	87
112	51	17	5	95	14	90	84	91	8	35	103	32	97	28	66
102	31	26	45	75	4	85	92	37	74	80	49	68	29	115	44
64	107	108	24	110	83	36	78	42	19	15	41	88	119	59	3

表 3-21 S_9 的代替矩阵

167	239	161	379	391	334	9	338	38	226	48	358	452	385	90	397
183	253	147	331	415	340	51	362	306	500	262	82	216	159	356	177
175	241	489	37	206	17	0	333	44	254	378	58	143	220	81	400
95	3	315	245	54	235	218	405	472	264	172	494	371	290	399	76
165	197	395	121	257	480	423	212	240	28	462	176	406	507	288	223
501	407	249	265	89	186	221	428	164	74	440	196	458	421	350	163
232	158	134	354	13	250	491	142	191	69	193	425	152	227	366	135
344	300	276	242	437	320	113	278	11	243	87	317	36	93	496	27
487	446	482	41	68	156	457	131	326	403	339	20	39	115	442	124
475	384	508	53	112	170	479	151	126	169	73	268	279	321	168	364
363	292	46	499	393	327	324	24	456	267	157	460	488	426	309	229
439	506	208	271	349	401	434	236	16	209	359	52	56	120	199	277
465	416	252	287	246	6	83	305	420	345	153	502	65	61	244	282
173	222	418	67	386	368	261	101	476	291	195	430	49	79	166	330
280	383	373	128	382	408	155	495	367	388	274	107	459	417	62	454
132	225	203	316	234	14	301	91	503	286	424	211	347	307	140	374
35	103	125	427	19	214	453	146	498	314	444	230	256	329	198	285
50	116	78	410	10	205	510	171	231	45	139	467	29	86	505	32
72	26	342	150	313	490	431	238	411	325	149	473	40	119	174	355
185	233	389	71	448	273	372	55	110	178	322	12	469	392	369	190
1	109	375	137	181	88	75	308	260	484	98	272	370	275	412	111
336	318	4	504	492	259	304	77	337	435	21	357	303	332	483	18
47	85	25	497	474	289	100	269	296	478	270	106	31	104	433	84
414	486	394	96	99	154	511	148	413	361	409	255	162	215	302	201
266	351	343	144	441	365	108	298	251	34	182	509	138	210	335	133
311	352	328	141	396	346	123	319	450	281	429	228	443	481	92	404
485	422	248	297	23	213	130	466	22	217	283	70	294	360	419	127
312	377	7	468	194	2	117	295	463	258	224	447	247	187	80	398

（续）

284	353	105	390	299	471	470	184	57	200	348	63	204	188	33	451
97	30	310	219	94	160	129	493	64	179	263	102	189	207	114	402
438	477	387	122	192	42	381	5	145	118	180	449	293	323	136	380
43	66	60	455	341	445	202	432	8	237	15	376	436	464	59	461

（4）线性混合函数 线性混合函数 FL 在 32 位的子密钥 KL_i 的控制下，对 32 位的输入数据进行密码变换。32 位的子密钥 KL_i 被分成左右两半，各 16 位，左一半记为 KL_{i1}，右一半记为 KL_{i2}。32 位的输入数据也分成左右两半，各 16 位，左一半记为 L，右一半记为 R。在子密钥 KL_{i1} 和 KL_{i2} 的控制下对 L_0 和 R_0 进行密码处理，得到 L_1 和 R_1。将 L_1 和 R_1 合并得到线性混合函数 FL 的输出。AND 表示按位与，OR 表示按位或，ROL 表示循环左移一位，Input 为输入，Output 为输出，即

$$\begin{cases} \text{Input} = L_0 \| R_0 \\ R_1 = R_0 \oplus \text{ROL}(L_0 \text{ AND } KL_{i1}) \\ L_1 = L_0 \oplus \text{ROL}(R_1 \text{ OR } KL_{i2}) \\ \text{Output} = L_0 \| R_0 \end{cases} \quad (3\text{-}64)$$

（5）子密钥产生 Kasumi 密码算法使用 128 位的用户密钥，而在每一轮的迭代加密过程中分别使用一个轮密钥 RK_i，8 轮迭代共使用 8 个轮密钥。每个轮密钥 RK_i 又被划分为三个部分 KL_i、KO_i 和 KI_i，分别供加密函数 FL、FO 和 FI 使用。其中 KL_i 为 32 位，KO_i 为 48 位，KI_i 为 48 位。KL_i 又划分为两个 16 位的子密钥 KI_{i1} 和 KI_{i2}；KO_i 又划分为三个 16 位的子密钥 KO_{i1}、KO_{i2} 和 KO_{i3}；KI_i 又划分为三个 16 位的子密钥 KI_{i1}、KI_{i2} 和 KI_{i3}。于是

$$RK_i = KL_{i4} \| KL_{i2} \| KO_{i4} \| KO_{i2} \| KO_{i2} \| KI_{i4} \| KI_{i2} \| KI_{i2}, \quad i = 1, 2, \cdots, 8 \quad (3\text{-}65)$$

128 位的用户密钥 K 划分为八个 16 位的中间子密钥，即

$$K = K_4 \| K_9 \| K_8 \| K_4 \| K_9 \| K_6 \| K_3 \| K_8 \quad (3\text{-}66)$$

由中间子密钥 K_i 构造出另一组中间子密钥 K'_i，即

$$K' = K'_1 \| K'_2 \| K'_3 \| K'_4 \| K'_5 \| K'_6 \| K'_7 \| K'_8 \quad (3\text{-}67)$$

其中，$K'_i = K_i \oplus C_i$，$i \in [1, 8]$。常数 C_i 的值见表 3-22。轮密钥 RK 按照表 3-23 的规则产生。

表 3-22 常数 C_i 的值

C_1	C_2	C_3	C_4	C_5	C_6	C_7	C_8
0x0123	0x4567	0x89AB	0xCDEF	0xFEDC	0xBA98	0x7654	0x3210

表 3-23 轮密钥 RK 产生规则

轮密钥	RK_1	RK_2	RK_3	RK_4
KL_{i1}	ROL(K_1,1)	ROL(K_2,1)	ROL(K_3,1)	ROL(K_4,1)
KL_{i2}	K'_3	K'_1	K'_8	K'_6
KO_{i1}	ROL(K_2,5)	ROL(K_1,5)	ROL(K_4,5)	ROL(K_8,5)
KO_{i2}	ROL(K_6,8)	ROL(K_1,8)	ROL(K_8,8)	ROL(K_1,8)
KO_{i3}	ROL(K_7,13)	ROL(K_8,13)	ROL(K_1,13)	ROL(K_2,13)

(续)

轮密钥	RK_1	RK_2	RK_3	RK_4
KI_{i1}	K'_5	K'_6	K'_7	K'_8
KI_{i2}	K'_4	K'_5	K'_6	K'_7
KI_{i3}	K'_8	K'_1	K'_2	K'_3
轮密钥	RK_5	RK_6	RK_7	RK_8
KI_{i1}	$ROL(K_5,1)$	$ROL(K_6,1)$	$ROL(K_7,1)$	$ROL(K_8,1)$
KI_{i2}	K_7	K_8	K_1	K_2
KO_{i1}	$ROL(K_6,5)$	$ROL(K_7,5)$	$ROL(K_8,5)$	$ROL(K_1,5)$
KO_{i2}	$ROL(K_2,8)$	$ROL(K_3,8)$	$ROL(K_4,8)$	$ROL(K_5,8)$
KO_{i3}	$ROL(K_3,13)$	$ROL(K_4,13)$	$ROL(K_5,13)$	$ROL(K_6,13)$
KI_{i1}	K'_1	K'_2	K'_3	K'_4
KI_{i2}	K'_8	K'_1	K'_2	K'_3
KI_{i3}	K'_4	K'_5	K'_6	K'_7

3.6.2 安全性

关于 Kasumi 分组算法的攻击，目前主要有相关密钥差分攻击、相关密钥矩形攻击、相关密钥三明治（Sandwich）攻击、不可能差分攻击、高阶差分攻击、中间相遇攻击等。

首先，Kasumi 算法对于差分攻击与线性攻击被证明是安全的。在最初的很长一段时间里，针对 Kasumi 算法的攻击只有相关密钥攻击，有的针对减轮，有的针对全轮。相关密钥攻击中最好的结果是相关密钥 Sandwich 攻击，它所需的数据复杂度是 2^{26} 对明密文对，时间复杂度是 2^{32} 次 8 轮 Kasumi 计算，这两个条件在实际中是现实可行的。但有研究人员分析了在没有针对 8 轮 Kasumi 算法十分有效的相关密钥攻击的前提下，数据加密算法（f8 算法）和完整性算法（f9 算法）在实际的 3GPP（第三代合作伙伴项目）的应用中可以被认为是安全的。由于相关密钥 Sandwich 攻击对已知条件的要求比较高，因此这个结果仅限于对 Kasumi 算法的理论分析，对 Kasumi 算法在 WCDMA 系统中的应用没有致命的影响。针对 Kasumi 算法的相关密钥攻击的结果见表 3-24。

表 3-24 针对 Kasumi 算法的相关密钥攻击的结果

轮 数	数据复杂度	时间复杂度	方 法	恢复密钥量
5	2^{19}	2^{33} 次 5 轮 Kasumi 计算	相关密钥攻击	128 位
6	2^{18}	2^{112} 次 6 轮 Kasumi 计算	相关密钥差分攻击	128 位
8	2^{55}	2^{76} 次 8 轮 Kasumi 计算	相关密钥矩形攻击	128 位
8	2^{26}	2^{32} 次 8 轮 Kasumi 计算	相关密钥 Sandwich 攻击	128 位

其次，对于 Kasumi 算法的单密钥攻击方法目前主要有三种：

一是采用高阶差分攻击的方法，对 5 轮 Kasumi 算法进行了攻击，数据复杂度是 2^{28} 个明密文对，计算复杂度是 2^{32} 次 5 轮 Kasumi 算法计算。依据数据复杂度和时间复杂度，对于 5 轮 Kasumi 算法的单密钥攻击在实际中是可行的。

二是采用高阶差分攻击的方法，对 6 轮（2～7 轮）Kasumi 算法进行了攻击，数据复杂度与计算复杂度分别是 2^{61} 和 2^{65}。

三是中间相遇攻击，对 8 轮 Kasumi 算法的攻击，所需的数据复杂度是 2^{32}，计算复杂度是 2^{25}。虽然计算复杂度还是太大，实际中不可能实现，但是这个结果是目前公开的唯一对 8 轮 Kasumi 算法进行单密钥攻击的方法。

针对 Kasumi 算法的单密钥攻击结果见表 3-25。

表 3-25　Kasumi 算法的单密钥攻击结果

轮　数	数据复杂度	时间复杂度	方　法	结果（恢复密钥量）
5	2^{28}	2^{32} 次 5 轮 Kasumi 计算	高阶差分攻击	128 位
6	2^{61}	2^{65} 次 6 轮 Kasumi 计算	高阶差分攻击	128 位
8	2^{32}	2^{25} 次 8 轮 Kasumi 计算	中间相遇攻击	128 位

3.6.3　应用

1. Kasumi 算法在 GSM 系统和 GPRS 中的应用

GSM 系统的 A5/3 算法共产生两个 114 位的乱数序列，一个用于上行链路的加解密，另一个用于下行链路的加解密。算法的输入参数包括：22 位的 COUNT 和 64 位的密钥 K_c。输出包括：两个 114 位的乱数序列。3GPP TS 55.216 对 A5/3 算法的定义是：将 A5/3 算法的输入映射给 KGCORE（关键序列生成核心）算法；将 KGCORE 算法的输出映射给 A5/3 算法。A5/3 算法结构如图 3-28 所示。

GPRS 的 GEA3 算法共产生 M 个字节的乱数序列，M 为一个小于 65536 的整数。算法的输入参数包括：32 位 INPUT、1 位 DIRECTION、64 位密钥 K_c 和整数 M。输出是 $8M$ 位的乱数序列。

3GPP TS 55.216 对 GEA3 算法的定义是：将 GEA3 算法的输入映射给 KGCORE 算法；将 KGCORE 算法的输出映射给 GEA3 算法。GEA3 算法结构如图 3-29 所示。

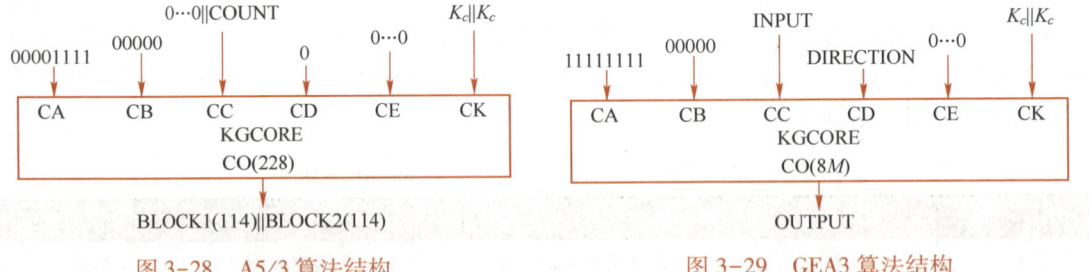

图 3-28　A5/3 算法结构　　　　　　　　图 3-29　GEA3 算法结构

2. Kasumi 算法在 WCDMA 系统的应用

WCDMA 系统的 f8 算法在 ME（移动网络）和 RNC（无线网络控制器）之间的专用信道上使用。在应用加密过程时，加密和解密操作在 ME 和 RNC 中执行。图 3-30 所示为无线链路上传输的用户和信令数据的加解密过程。

算法的输入参数包括：加密密钥 CK（128 位）、帧号 COUNT_C（32 位）、承载标识 BEARER（5 位）、传输方向 DIRECTION（1 位）和要求的密钥流长度 LENGTH（16 位）。基于这些输入参数，算法产生输出密钥流块。

在 3GPP TS 35.201 和 3GPP TS 35.202 中，f8 算法将 f8 的输入映射给 KGCORE，将 KG-

CORE 的输出映射给 f8。f8 算法结构如图 3-31 所示。

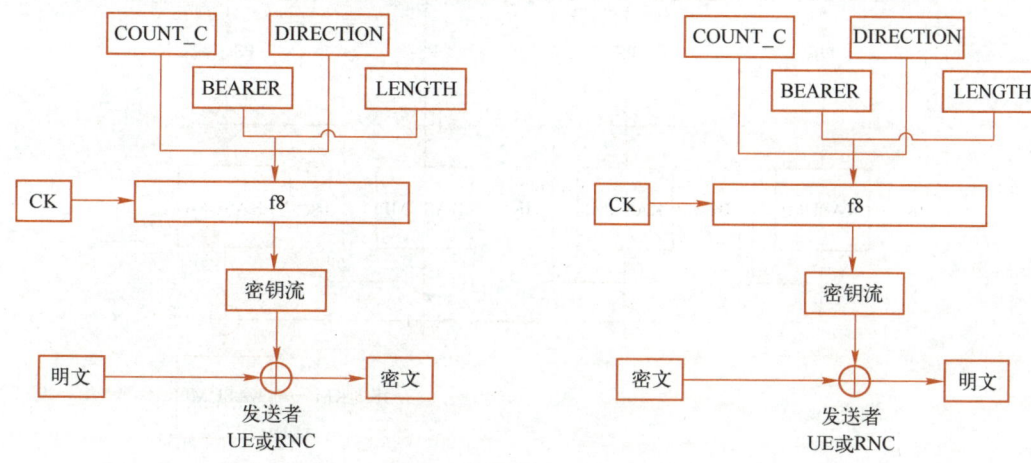

图 3-30　无线链路上传输的用户和信令数据的加解密过程

WCDMA 系统的 f9 算法对 ME 和 RNC 之间传输的信令信息元素进行完整性保护。在 ME 和网络之间发送的大多数控制信令信息元素须进行完整性保护；GSM 系统在空中接口传输的信令消息也须进行完整性保护。f9 算法用于无线链路上的数据完整性保护如图 3-32 所示。

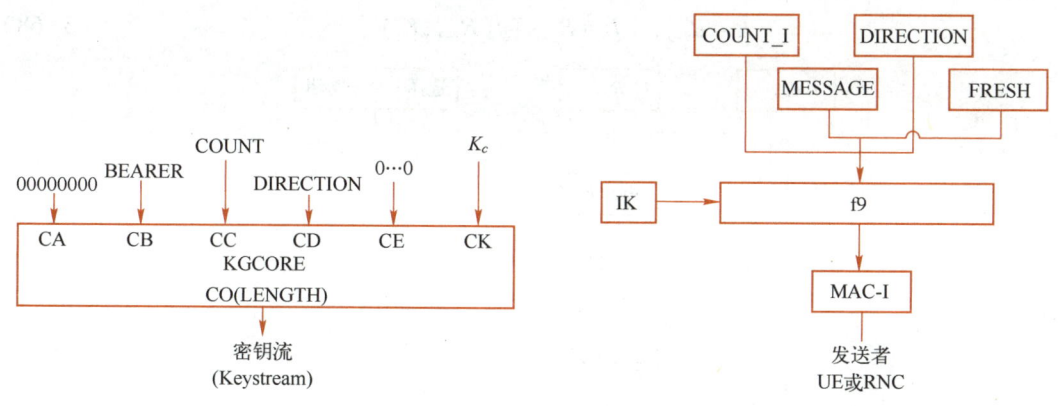

图 3-31　f8 算法结构　　　　　图 3-32　f9 算法用于无线链路上的数据完整性保护

算法的输入参数包含：完整性密钥 IK（128 位）、完整性序列号 COUNT_I（32 位）、由网络侧产生的随机值 FRESH（32 位）、传输方向 DIRECTION（1 位）和无线承载身份的信令数据 MESSAGE。

基于这些输入参数，用户使用完整性算法 f9 计算用于数据完整性保护的消息认证码 MAC-I（32 位），在无线链路发送时将 MAC-I 附加到消息上。接收者用与发送者计算 MAC-I 的相同方法对所接收的消息进行计算，得到一个新的 XMAC-I，并将它与所收到的 MAC-I 进行比较来检验数据完整性。3GPP TS 35.201 和 3GPP TS 35.202 定义了以 Kasumi 算法为加密模块的 f9 算法。f9 算法流程如图 3-33 所示。

3.6.4　其他 Feistel 结构密码算法

Feistel 结构密码中除 DES 外，GOST 和 CAST 密码也得到广泛应用。

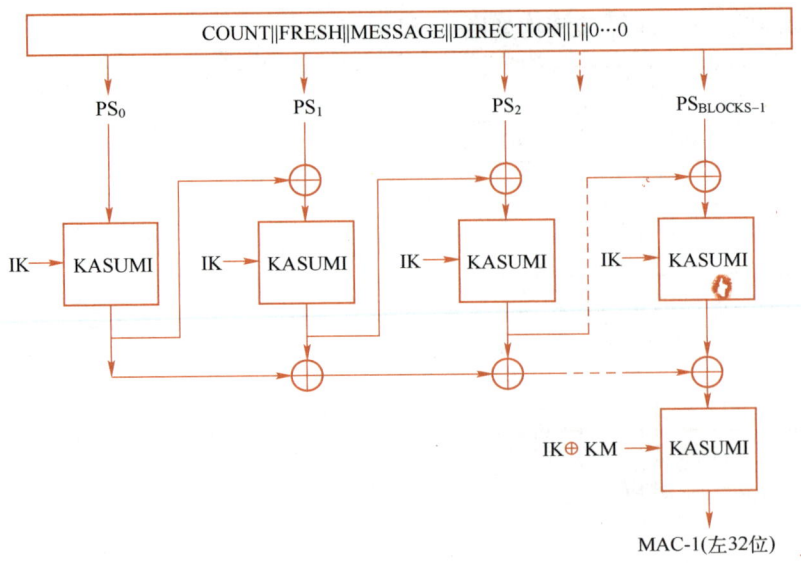

图 3-33　f9 算法流程

（1）GOST　GOST 是苏联设计的分组密码算法，分组长度为 64 位，密钥长度为 2^{56} 位，含 32 轮的简单迭代。GOST 算法结构如图 3-34 所示。加密时的输入部分被分成左半部分 L 和右半部分 R，第 i 轮的子密钥为 K_i，GOST 的第 i 轮为

$$L_i = R_{i-1}, \quad L_i = R_{i-1} \oplus f(R_{i-1}, K_i) \tag{3-68}$$

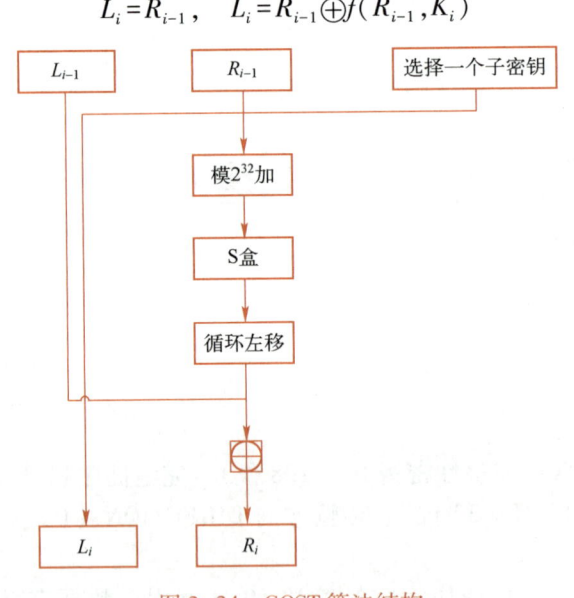

图 3-34　GOST 算法结构

函数 f 的过程是：将右半部分 R 与第 i 轮的子密钥进行模 2^{32} 加，该结果分成 8 个 4 位分组，第一个 4 位分组当成第一个 S 盒，第二个分组当成第二个 S 盒，依次类推。8 个 S 盒的输出重组成 32 位字，然后整个字循环左移 11 位。GOST 的设计者打算在有效性和安全性之间达到平衡，他们修改了 DES 的基本设计以便产生一个更适宜于软件实现的算法。他们似乎对算法的安全性没有信心，因此通过增大密钥长度、对 S 盒保密、增加加密轮数来尽量去掉这个弱点。我们已经看到了比 DES 更安全的算法。

(2) CAST CAST 是以它的设计者——北电网络（Nortel）的 Carlisle Adams 和 Stafford Tavares 命名的。它是一个 64 位的 Feistel 密码，使用 16 个循环并允许密钥大小最大可达 128 位。其中变体 CAST-256 使用 128 位的分组大小，而且允许使用最大 256 位的密钥。

CAST 密码算法设计过程类似于 DES 的分组密码算法，轮函数的基本结构为 S-P 网络。用 CAST 密码算法设计过程设计的密码算法被称作 CAST 算法族，CAST 算法族中的密码算法虽与 DES 结构相似，但比 DES 拥有更多轮数和更复杂的密钥生成算法。CAST 算法族中的密码算法能够很好地抵抗差分分析、线性分析、相关密钥分析等密码分析技术，并且因采用 CAST 密码算法设计过程而拥有了很多优秀的密码学性质，如严格雪崩准则、位独立准则等。

CAST-128 是 CAST 算法族中的一个典型代表，由 Carlisle Adams 等人在 1997 年设计发布。CAST 算法设计过程中轮函数使用的 S 盒是少进多出的，为了不产生数据的扩张，轮函数先将输入分成几部分，分别经过 S 盒变换之后，再用异或运算（或其他二进制运算）将它们连接起来。整个 CAST 密码算法设计过程的轮函数如图 3-35 所示。

CAST-256 同样采用 CAST 密码算法设计过程，它是 Carlisle Adams 和 Stafford Tavares 等人在 1998 年 6 月公布的，可以看作 CAST-128 的扩展版本。CAST-256 的设计者曾说："CAST-256 算法可以在全球范围内用于商业和非商业的领域，并且免版权税和许可证。"CAST-256 曾被提交为 AES 的候选密码算法，虽然它并未成为最终选中的五个候选算法之一，但它仍受到了广泛的关注。

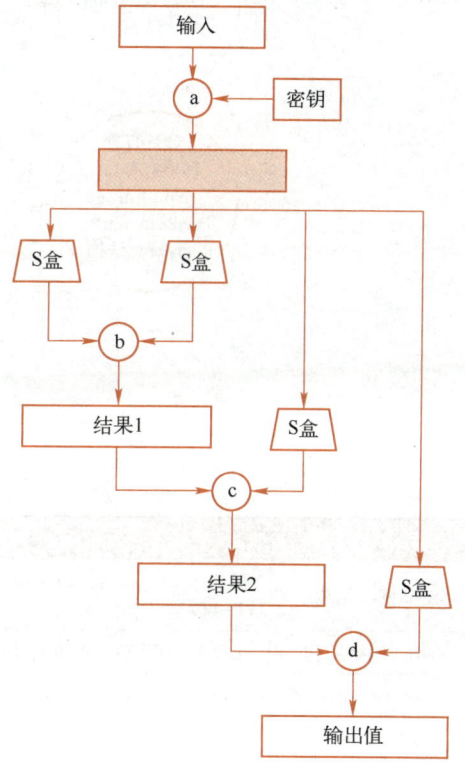

图 3-35 整个 CAST 密码算法设计过程的轮函数

3.7 轻量级分组密码算法

随着"普适计算"（Ubiquitous Compute）时代的到来，大量物联网设备被广泛应用于人们的生产和生活，因此，如何降低延迟和能耗成为设计分组密码算法的热点问题。RECTANGLE、ITU bee 和 SIMON 等低能耗、低延迟的轻量级分组密码算法相继被提出，以适应无线传感器网络、射频识别等资源受限的环境。此外，轻量级分组密码算法作为众多信息安全协议的核心，也适用于与资源受限设备直接或间接交互的其他资源丰富设备（如智能手机、服务器等）。

主流轻量级分组密码算法种类如图 3-36 所示。依据其内部迭代结构特点，轻量级分组密码算法可分为 6 种结构：S-P 网络结构、Feistel 网络结构、广义 Feistel 网络结构（GFN）、ARX 结构、非线性反馈移位寄存器结构（NLFSR）以及混合（Hybrid）结构。表 3-26 展示了基于结构分类的轻量级分组密码算法。

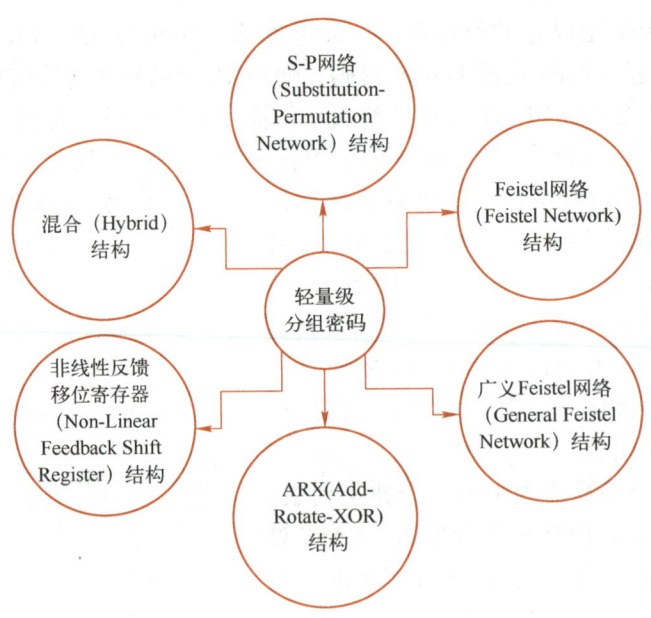

图 3-36　主流轻量级分组密码算法种类

表 3-26　基于结构分类的轻量级分组密码算法

算法结构	算　　法
S-P 网络结构	AES、mCrypton、Present、PUFFIN-2、KLEIN、PRINCE、RECTANGLE、PRIDE、SKINNY、IVL-BC
Feistel 网络结构	DESL、DESXL、MIBS、LBlock、SIMON、ITUbee、SLIM、LBC-IoT、SCENERY、LBCCs
广义 Feistel 网络结构	CLEFIA、TWIS、Piccolo、TWINE、HISEC、WARP、DBST
ARX 结构	HIGHT、SPECK、LEA、CHAM、SAND、GFRX
NLFSR 结构	KATAN、KTANTAN、HalKa
混合结构	Hummingbird、Hummingbird-2、PRESENT-GRP

　　近年来，分组密码设计的研究进展主要体现在轻量级分组密码上。国际标准化组织发布了轻量级分组密码标准 ISO/IEC 29192-2:2019。该标准包含了两个分组密码算法：Present 和 CLEFIA。此外，我国学者设计了 KLEIN 和 LBlock 轻量级分组密码算法，受到国际学者的广泛关注。国际上公开发表了十几个轻量级分组密码算法，如 LED、Piccolo 和 PRINCE 等。由于轻量级分组密码是针对资源受限环境的，其最初的设计理念首先考虑硬件实现代价。近几年的一些应用需求，对轻量级分组密码提出了新的设计指标，如低延迟、低功耗、易于掩码等；除了硬件性能，对于 8 位处理器上的软件实现性能也有要求。

　　由于特殊的应用需求，轻量级分组密码的分组长度不仅有 64 位的版本，而且还出现了 32 位、48 位、80 位和 96 位的特殊版本。已发布的轻量级分组密码的整体结构仍然以传统的分组密码结构为主，如 S-P 网络结构、Feistel 网络结构和广义 Feistel 网络结构。轮函数一般比较简单，S 盒多采用 4×4 等规模较小的 S 盒，扩散层一般使用换位等适宜硬件实现的操作。因为在整体结构方面没有突破，轻量级分组密码算法设计的创新主要体现在组件的设计上，在 4×4 的 S 盒以及适宜硬件实现的线性模块的设计上都取得了一定进展。

　　轻量级分组密码的轮函数一般比较简单，为了达到安全性的设计目标，迭代轮数都比较多,此外,很多轻量级分组密码算法都不再使用密钥扩展算法,而是将主密钥直接作为轮密钥,省去了实现密钥扩展算法的代价。此类算法在一定程度上抵抗了相关密钥分析,但这种密钥使用方式使其安全性有待进一步分析和评估。

3.7.1 Midori 算法

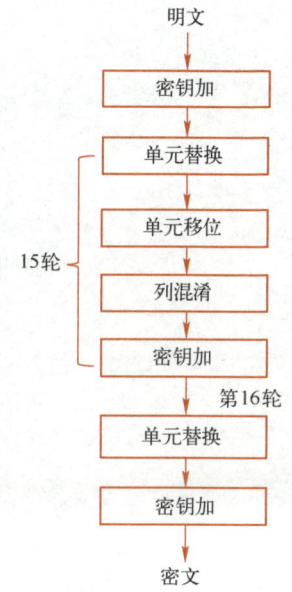

图 3-37 Midori64 加密算法的操作过程

Midori 是在第 21 届亚洲密码学年会(Asiacrypt 2015)上提出的一种基于 S-P 网络结构的分组密码算法,具有低功耗的特点,是一种轻量级分组密码算法。其分组长度包括 64 位和 128 位两种,分别记为 Midori64 和 Midori128。Midori64 加密算法的操作过程如图 3-37 所示,其加密操作包括密钥加变换(AddKey)、单元替换(SubCell)、单元移位变换(ShuffleCell)以及列混淆变换(MixColumn)。

(1)密钥加变换 密钥加变换包括白化密钥加变换和轮密钥加变换。在 Midori64 算法中,128 位的主密钥由两个 64 位密钥 K_0 和 K_1 组成,即主密钥 $K=K_0 \| K_1$。白化密钥 WK 是密钥 K_0 和 K_1 异或的结果。轮密钥 RK 是根据轮数的奇偶性来动态获取的:当轮数为奇数时,RK 是 K_0 与轮常量 a_i 异或的结果;当轮数为偶数时,RK 为 K_1 与轮常量 a_i 异或的结果。其中 $0 \leq i \leq 14$。

(2)单元替换 Midori64 状态以 4 位为一个单元,同 S 盒 Sb_0 进行替换,Sb_0 见表 3-27。

表 3-27 Midori64 算法 Sb_0

x	0	1	2	3	4	5	6	7	8	9	a	b	c	d	e	f
$Sb_0[x]$	c	a	d	3	e	b	f	7	8	9	1	5	0	2	4	6

(3)单元移位变换 将单元替换结果分为 16 个长度为 4 位的块,以块为单位进行变换,即

$$\begin{pmatrix} s_0 & s_{14} & s_9 & s_7 \\ s_{10} & s_4 & s_3 & s_{13} \\ s_5 & s_{11} & s_{12} & s_2 \\ s_{15} & s_1 & s_6 & s_8 \end{pmatrix} \leftarrow \begin{pmatrix} s_0 & s_4 & s_8 & s_{12} \\ s_1 & s_5 & s_9 & s_{13} \\ s_2 & s_6 & s_{10} & s_{14} \\ s_3 & s_7 & s_{11} & s_{15} \end{pmatrix} \quad (3-69)$$

(4)列混淆变换 单元移位的结果与矩阵 M 进行矩阵乘法运算,实现以列为单位的混淆变换,即

$$M = \begin{pmatrix} 0 & 1 & 1 & 1 \\ 1 & 0 & 1 & 1 \\ 1 & 1 & 0 & 1 \\ 1 & 1 & 1 & 0 \end{pmatrix} \begin{pmatrix} s_0 & s_4 & s_8 & s_{12} \\ s_1 & s_5 & s_9 & s_{13} \\ s_2 & s_6 & s_{10} & s_{14} \\ s_3 & s_7 & s_{11} & s_{15} \end{pmatrix} \leftarrow \begin{pmatrix} 0 & 1 & 1 & 1 \\ 1 & 0 & 1 & 1 \\ 1 & 1 & 0 & 1 \\ 1 & 1 & 1 & 0 \end{pmatrix} \begin{pmatrix} s_0 & s_{14} & s_9 & s_7 \\ s_{10} & s_4 & s_3 & s_{13} \\ s_5 & s_{11} & s_{12} & s_2 \\ s_{15} & s_1 & s_6 & s_8 \end{pmatrix} \quad (3-70)$$

Midori64 算法的密钥长度为 128 位,将密钥的高 64 位记为 Key_0,低 64 位记为 Key_1。定义白化密钥 WK=$Key_0 \oplus Key_1$,轮密钥 $RK_i = Key_{i \bmod 2} \oplus q_i (i=0,1,\cdots,14)$,其中,$q_i$ 为 4×4 矩阵形式的轮密钥常数。

Midori64 解密算法的操作过程如图 3-38 所示,在第 1 轮之前添加使用白化密钥的密钥加,第 1 轮~第 15 轮使用 ShuffleCell^{-1}MixColumn(RK$_i$)($i=14,\cdots,0$)进行密钥加,第 16 轮使用白化密钥进行密钥加。

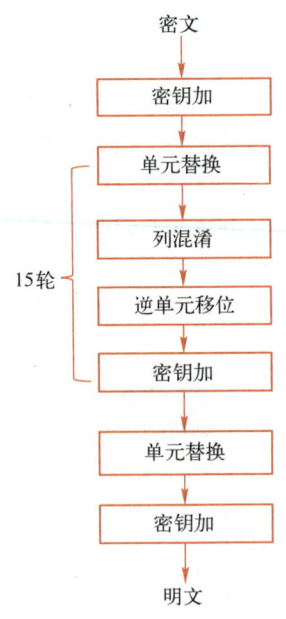

图 3-38 Midori64 解密算法的操作过程

3.7.2 LBlock 算法

LBlock 密码是吴文玲等人在 2011 年 ANCS(网络和通信系统的体系结构)会议上提出来的一种轻量级分组密码算法。该算法分组长度为 64 位,密钥长度为 80 位。它使用了变形的 Feistel 结构,设计轮数为 32 轮。LBlock 分组密码算法由三部分构成,即加密算法、解密算法和密钥扩展算法。LBlock 加密过程结构如图 3-39 所示。其硬件实现性能为 1320 个等效逻辑门(GE),在 100 kHz 的频率下吞吐量为 200 kbit/s。

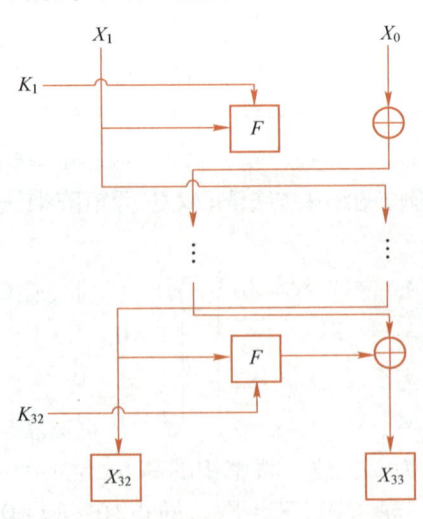

图 3-39 LBlock 加密过程结构

明文 P 为 64 位，$P=X_1\|X_0$，X_1 等于明文左边的 32 位，X_0 等于明文右边的 32 位；密钥 Key 输入为 80 位，K_1 是 Key 的最左边 32 位，K_{i+1} 等于第 i 轮密钥更新的左边 32 位；最后的密文 C 输出为 64 位，即 $C=X_{32}\|X_{33}$。

轮函数 F 包括轮密钥加（AddKey）、S 盒变换（SubCell，即单元替换）和 P 混合（Permutation）。LBlock 加密算法中，混淆函数 S 是轮函数 F 的重要部分，它由 8 个 4×4 的 S 盒构成。S 盒的设计也遵照非线性的原则，所以 S 盒的强度在很大程度上决定了整个算法的安全强度。

算法 3-3：LBlock 加密算法

1　　for i = 1 to 33 do
2　　　$X_i = F(X_{i-1}, K_{i-1}) \oplus (X_{i-2} <<< 8)$
3　　输出 $C = X_{32} \| X_{33}$ 作为对应的 64 位密文

（1）LBlock 算法的轮函数 F　图 3-40 展示了轮函数 F 的结构图，F 由混淆函数 S 和扩散函数 P 组成，组成方式为

$$F\{0,1\}^{32*}\{0,1\}^{32} \to \{0,1\}^{32} \quad (3\text{-}71)$$
$$(X, K_i) = P(S(X \oplus K_i))$$

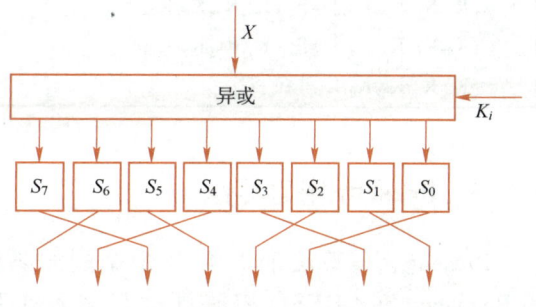

图 3-40　LBlock 轮函数 F 的结构图

（2）LBlock 算法的混淆函数 S　混淆函数 S 是非线性层，是轮函数 F 的重要部分，它由 8 个 S 盒组成，每个 S 盒都为 4×4 的，即

$$S\{0,1\}^{32} \to \{0,1\}^{32} \quad (3\text{-}72)$$

将轮函数 F 输出的 32 位中间状态划分为 8 个 4 位，即 $Y_7, Y_6, \cdots, Y_0$，作为 S 盒的输入，Z 作为 S 盒的输出。

$$Y = Y_7 \| Y_6 \| Y_5 \| Y_4 \| Y_3 \| Y_2 \| Y_1 \| Y_0 \to Z = Z_7 \| Z_6 \| Z_5 \| Z_4 \| Z_3 \| Z_2 \| Z_1 \| Z_0$$
$$Z_7 = S_7(Y_7), Z_6 = S_6(Y_6), Z_5 = S_5(Y_5), Z_4 = S_4(Y_4),$$
$$Z_3 = S_3(Y_3), Z_2 = S_2(Y_2), Z_1 = S_1(Y_1), Z_0 = S_0(Y_0)$$

LBlock 算法的 S 盒见表 3-28。

表 3-28　LBlock 算法的 S 盒

S_0	14	9	15	0	13	4	10	11	1	2	8	3	7	6	12	5
S_1	4	11	14	9	15	13	0	10	7	12	5	6	2	8	1	3
S_2	1	14	7	12	15	13	0	6	11	5	9	3	2	4	8	10
S_3	7	6	8	11	0	15	3	13	14	9	10	12	5	1	2	4
S_4	14	5	15	0	7	2	12	13	1	8	4	9	11	10	6	3
S_5	2	13	11	12	15	14	0	9	7	10	6	3	1	8	4	5
S_6	11	9	4	14	0	15	10	13	16	12	5	7	3	8	1	2
S_7	13	10	15	0	14	4	9	11	2	1	8	3	7	5	12	6
S_8	8	7	14	5	15	13	0	6	11	12	9	10	2	4	1	3
S_9	11	5	15	0	7	2	9	13	4	8	1	12	14	10	3	6

(3) LBlock 算法的扩散函数 P 扩散函数 P 是 8 个 4 位字组成的置换，即

$$S\{0,1\}^{32} \to \{0,1\}^{32} \tag{3-73}$$

$$Z_6\|Z_5\|Z_4\|Z_3\|Z_2\|Z_1\|Z_0 \to U = U_6\|U_5\|U_4\|U_3\|U_2\|U_1\|U_0$$

$$U_7 = Z_6, U_6 = Z_4, U_5 = Z_7, U_4 = Z_5$$

(4) LBlock 算法的密钥扩展算法 LBlock 算法的密钥扩展算法将 80 位主密钥 K 存入密钥寄存器中，定义密钥寄存器 $K = K_{79}K_{78}K_{77}K_{76}\cdots K_1K_0$，输出密钥寄存器 K 中的最左边的 32 位作为轮密钥 K_i。LBlock 算法的密钥扩展算法如算法 3-4 所示，其中 $\{i\}_2$ 是轮数 i 的二进制表示。

算法 3-4：LBlock 算法的密钥扩展算法
1   for i = 1 to 31 do
2   K<<<29
3     $\{K_{79}K_{78}K_{77}K_{76}\} = S_9\{K_{79}K_{78}K_{77}K_{76}\}$
4     $\{K_{75}K_{74}K_{73}K_{72}\} = S_8\{K_{75}K_{74}K_{73}K_{72}\}$
5     $\{K_{50}K_{49}K_{48}K_{47}K_{46}\} \oplus \{i\}_2$

3.7.3 Present 密码算法

Present 密码算法于 2007 年由德国波鸿鲁尔大学的 Bogdanov 在 CHES（密码硬件与嵌入式系统）会议中发表。Present 加密算法为一种轻量级分组密码算法，采用了 S-P 网络结构，一共迭代 31 轮，分组长度为 64 位，密钥长度为 80 位或 128 位。Present 密码算法在硬件实现上具有极高的效率且需要较少的逻辑单元，非常适合于物联网、RFID 系统、无线传感网络、智能卡等资源受限的环境。在实际使用中，密钥长度通常采用 80 位。本节也以 80 位密钥来实现 Present。

(1) Present 加密算法 Present 加密一共有 31 轮，每轮有三个操作：轮密钥加、字节代换、P 置换。在最后输出时再进行一次白化操作，得到最后的密文。Present 加密算法结构如图 3-41 所示。

Present 加密算法使用了一个简单的 4 位 S 盒，64 位的状态划分为 16 个分组，分别进行 S 盒变换。Present 加密算法使用的 S 盒查找表见表 3-29。

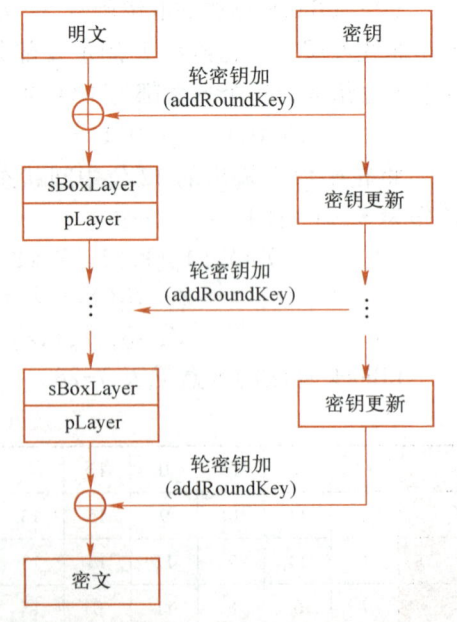

图 3-41   Present 加密算法结构
注：sBoxLayer 即 S 盒层；pLayer 即 P 置换层。

算法 3-5：Present 加密算法
1   for i = 1 to 31 do
2   addRoundKey(State, K_i)
3   sBoxLayer(State)

```
4    pLayer(State)
5    end for
6    addRoundKey(State, K_32)
```

表 3-29 Present 加密算法使用的 S 盒查找表

x	0	1	2	3	4	5	6	7	8	9	a	b	c	d	e	f
$S[x]$	C	5	6	B	9	0	A	D	3	E	F	8	4	7	1	2

P 置换层（pLayer）重新排列 S 盒变换的 64 位输出。Present 算法的 P 置换见表 3-30。

表 3-30 Present 算法的 P 置换

i	0	1	2	3	4	5	6	7	8	9	a	b	c	d	e	f
$P(i)$	0	10	20	30	1	11	21	31	2	12	22	32	3	13	23	33
i	10	11	12	13	14	15	16	17	18	19	1A	1B	1C	1D	1E	1F
$P(i)$	4	14	24	34	5	15	25	35	6	16	26	36	7	17	27	37
i	20	21	22	23	24	25	26	27	28	29	2A	2B	2C	2D	2E	2F
$P(i)$	8	18	28	38	9	19	29	39	A	1A	2A	3A	B	1B	2B	3B
i	30	31	32	33	34	35	36	37	38	39	3A	3B	3C	3D	3E	3F
$P(i)$	C	1C	2C	3C	D	1D	2D	3D	E	1E	2E	3E	F	1F	2F	3F

（2）Present 密钥扩展算法 Present 支持 80 位和 128 位两种密钥长度。以 80 位的密钥为例，维持一个寄存器 K，存储 80 位的输入密钥，第 i 轮子密钥由寄存器的最左 64 位组成，即 $(K_{79}, K_{78}, \cdots, K_{16})$。

密钥扩展流程如下：

1）上一轮的密钥为 $(K_{79}K_{78}\cdots K_1K_0)$，循环左移 61 位，即向高位方向循环移动 61 位，即 $(K_{79}K_{78}\cdots K_1K_0) = (K_{18}K_{17}\cdots K_0K_{79}K_{78}\cdots K_{19})$。

2）循环左移结束后对最高位的半字节即 4 位进行字节代换，即 $(K_{79}K_{78}\cdots K_1K_0) = S(K_{79}K_{78}\cdots K_1K_0)$。

3）将当前加密轮数与 $(K_{19}K_{18}K_{17}K_{16}K_{15})$ 进行异或操作，即 $(K_{19}K_{18}K_{17}K_{16}K_{15}) = (K_{19}K_{18}K_{17}K_{16}K_{15}) \oplus \text{round}$，round $= 1, \cdots, 31$。

3.8 分组密码应用示例

本小节主要给出 DES、AES、IDEA 以及 SM4 分组密码算法在实际应用场景中的具体加解密过程示例。

3.8.1 DES 加解密过程示例

（1）密钥扩展

密钥：00110001 00110010 00110011 00110100 00110101 00110110 00110111 00111000。

置换选择 1：00000000 00000000 11111111 11110110 01100111 10001000 00001111。

C_0：0000000000000000111111111111。

D_0: 0110011001111000100000001111。

1) $N=1$。

C_1: 00000000000000111111111110。

D_1: 1100110011100010000000111110。

子密钥 K_1: 01010000 00101100 10101100 01010111 00101010 11000010。

2) $N=2$。

C_2: 00000000000001111111111100。

D_2: 1001100111000100000000111101。

子密钥 K_2: 01010000 10101100 10100100 01010000 10100011 01000111。

3) $N=3$。

C_3: 00000000000111111111110000。

D_3: 0110011100010000001111 0110。

子密钥 K_3: 11010000 10101100 00100110 11110110 10000100 10001100。

4) $N=4$。

C_4: 0000000001111111111000000。

D_4: 1001110001000000001111011001。

子密钥 K_4: 11100000 10100110 00100110 01001000 00110111 11001011。

5) $N=5$。

C_5: 00000000111111111100000000。

D_5: 01111000100000011101100110。

子密钥 K_5: 11100000 10010110 00100110 00111110 11110000 00101001。

6) $N=6$。

C_6: 00000011111111111000000000。

D_6: 11100010000001110110011001。

子密钥 K_6: 11100000 10010010 01110010 01100010 01011101 01100010。

7) $N=7$。

C_7: 00001111111111100000000000。

D_7: 10001000000111011001100111。

子密钥 K_7: 10100100 11010010 01110010 10001100 10101001 00111010。

8) $N=8$。

C_8: 00111111111110000000000000。

D_8: 0010000000111101100110 01110。

子密钥 K_8: 10100110 01010011 01010010 11100101 01011110 01010000。

9) $N=9$。

C_9: 01111111111100000000000000。

D_9: 010000001110110011001100。

子密钥 K_9: 00100110 01010011 01010011 11001011 10011010 01000000。

10) $N=10$。

C_{10}: 11111111110000000000000001。

D_{10}: 00000001110110011001110001。

子密钥 K_{10}：00101111 01010001 01010001 11010000 11000111 00111100。

11）$N=11$。

C_{11}：11111111100000000000000000111。

D_{11}：00000111011001100111100010 0。

子密钥 K_{11}：00001111 01000001 11011001 00011001 00011110 10001100。

12）$N=12$。

C_{12}：11111110000000000000000011111。

D_{12}：00011110110011001111000100 00。

子密钥 K_{12}：00011111 01000001 10011001 11011000 01110000 10110001。

13）$N=13$。

C_{13}：11111000000000000000001111111。

D_{13}：01111011001100111000100000 0。

子密钥 K_{13}：00011111 00001001 10001001 00100011 01101010 00101101。

14）$N=14$。

C_{14}：11100000000000000000111111111。

D_{14}：11101100110011100010000000 1。

子密钥 K_{14}：00011011 00101000 10001101 10110010 00111001 10010010。

15）$N=15$。

C_{15}：10000000000000000011111111111。

D_{15}：10110011001111000100000001 11。

子密钥 K_{15}：00011001 00101100 10001100 10100101 00000011 00110111。

16）$N=16$。

C_{16}：00000000000000000111111111111。

D_{16}：01100110011110001000000011 11。

子密钥 K_{16}：01010001 00101100 10001100 10100111 01000011 11000000。

（2）加密过程

明文：00110000 00110001 00110010 00110011 00110100 00110101 00110110 00110111。

初始置换：00000000 11111111 11110000 10101010 00000000 11111111 00000000 11001100。

L_0：00000000 11111111 11110000 10101010。

R_0：00000000 11111111 00000000 11001100。

1）$N=1$。f 函数相关内容如下：

32 位输入：00000000 11111111 00000000 11001100。

选择运算：00000000 00010111 11111110 10000000 00010110 01011000。

子密钥 K_1：01010000 00101100 10101100 01010111 00101010 11000010。

子密钥加：01010000 00111011 01010010 11010111 00111100 10011010。

S 盒：01101101 10000010 00001110 11110000。

P 置换：00010010 01111000 11000111 00011001。

L_1：00000000 11111111 00000000 11001100。

R_1：00010010 10000111 00110111 10110011。

2) $N=2$。f 函数相关内容如下：

32 位输入：00010010 10000111 00110111 10110011。

选择运算：10001010 01010100 00001110 10011010 11111101 10100110。

子密钥 K_2：01010000 10101100 10100100 01010000 10100011 01000111。

子密钥加：11011010 11111000 10101010 11001010 01011110 11100001。

S 盒：01110010 01101011 10010010 00100010。

P 置换：11100001 01100011 10000110 01000110。

L_2：00010010 10000111 00110111 10110011。

R_2：11100001 10011100 10000110 10001010。

3) $N=3$。f 函数相关内容如下：

32 位输入：11100001 10011100 10000110 10001010。

选择运算：01110000 00111100 11111001 01000000 11010100 01010101。

子密钥 K_3：11010000 10101100 00100110 11110110 10000100 10001100。

子密钥加：10100000 10010000 11011111 10110110 01010000 11011001。

S 盒：11011111 01111001 00100010 00000000。

P 置换：11000100 10101001 11000000 11010110。

L_3：11100001 10011100 10000110 10001010。

R_3：11010110 00101110 11110111 01100101。

4) $N=4$。f 函数相关内容如下：

32 位输入：11010110 00101110 11110111 01100101。

选择运算：11101010 11000001 01011101 01111010 11101011 00001011。

子密钥 K_4：11100000 10010110 00100110 01001000 00110111 11001011。

子密钥加：00001010 01100111 01111011 00110010 11011100 11000000。

S 盒：01001011 11110111 10111111 01011101。

P 置换：11111111 01111001 11111001 10101100。

L_4：11010110 00101110 11110111 01100101。

R_4：00011110 11100101 01111111 00100110。

5) $N=5$。f 函数相关内容如下：

32 位输入：00011110 11100101 01111111 00100110。

选择运算：00001111 11010111 00001010 10111111 11101001 00001100。

子密钥 K_5：11100000 10010110 00100110 00111110 11110000 00101001。

子密钥加：11101111 01000001 00101100 10000001 00011001 00100101。

S 盒：00001100 10010111 01000110 10111110。

P 置换：10001110 01101110 00010101 00111001。

L_5：00011110 11100101 01111111 00100110。

R_5：01011000 01000000 11100010 01011100。

6) $N=6$。f 函数相关内容如下：

32 位输入：01011000 01000000 11100010 01011100。

选择运算：00101111 00000010 00000001 01110000 01000010 11111000。

子密钥 K_6：11100000 10010010 01110010 01100010 01011101 01100010。

子密钥加：11001111 10010000 01110011 00010010 00011111 10011010。

S 盒：10110000 11010100 01000100 00100000。

P 置换：00000100 10000101 00010111 00001010。

L_6：01011000 01000000 11100010 01011100。

R_6：00011010 01100000 01101000 00101100。

7）$N=7$。f 函数相关内容如下：

32 位输入：00011010 01100000 01101000 00101100。

选择运算：00001111 01000011 00000000 00110101 00000001 01011000。

子密钥 K_7：10100100 11010010 01110010 10001100 10101001 00111010。

子密钥加：10101011 10010001 01110010 10111001 10101000 01100010。

S 盒：01100000 00000001 10000111 01101011。

P 置换：10001001 00110010 10101110 00001000。

L_7：00011010 01100000 01101000 00101100。

R_7：11010001 01110010 01001100 01010100。

8）$N=8$。f 函数相关内容如下：

32 位输入：11010001 01110010 01001100 01010100。

选择运算：01101010 00101011 10100100 00100101 10000010 10101001。

子密钥 K_8：10100110 01010011 01010010 11100101 01011110 01010000。

子密钥加：11001100 01111000 11110110 11000000 11011100 11111001。

S 盒：10110111 10101110 11111001 01010011。

P 置换：01110011 11010110 01111011 11010110。

L_8：11010001 01110010 01001100 01010100。

R_8：01101001 10110110 00010011 11111010。

9）$N=9$。f 函数相关内容如下：

32 位输入：01101001 10110110 00010011 11111010。

选择运算：00110101 00111101 10101100 00001010 01111111 11110100。

子密钥 K_9：00100110 01010011 01010011 11001011 10011010 01000000。

子密钥加：00010011 01101110 11111111 11000001 11100101 10110100。

S 盒：11010110 01011110 11111011 01111010。

P 置换：01111111 11110111 10110100 11010010。

L_9：01101001 10110110 00010011 11111010。

R_9：10101110 10000101 11111000 10000110。

10）$N=10$。f 函数相关内容如下：

32 位输入：10101110 10000101 11111000 10000110。

选择运算：01010101 11010100 00001011 11111111 00010100 00001101。

子密钥 K_{10}：00101111 01010001 01010001 11010000 11000111 00111100。

子密钥加：01111010 10000101 01011010 00101111 11010011 00110001。

S 盒：01111010 01011100 01111000 10001111。

P 置换：01111100 00001111 10011010 11100011。

L_{10}：10101110 10000101 11111000 10000110。

R_{10}：00010101 10111001 10001001 00011001。

11）$N=11$。f 函数相关内容如下：

32 位输入：00010101 10111001 10001001 00011001。

选择运算：10001010 10111101 11110011 11000101 00101000 11110010。

子密钥 K_{11}：00001111 01000001 11011001 00011001 00011110 10001100。

子密钥加：10000101 11111100 00101010 11011100 00110110 01111110。

S 盒：11110101 10111011 10011111 00101000。

P 置换：10111101 11100000 11100111 01011110。

L_{11}：00010101 10111001 100010o1 00011001。

R_{11}：00010011 01100101 00011111 11011000。

12）$N=12$。f 函数相关内容如下：

32 位输入：00010011 01100101 00011111 11011000。

选择运算：00001010 01101011 00001010 10001111 11111110 11110000。

子密钥 K_{12}：00011111 01000001 10011001 11011000 01110000 10110001。

子密钥加：00010101 00101010 10010011 01010111 10001110。

S 盒：11100101 01010101 11111111 10010111。

P 置换：01000001 01110111 11110111 11110001 11100001。

L_{12}：00010011 01100101 00011111 11011000。

R_{12}：11110000 11101100 01110110 10001110。

13）$N=13$。f 函数相关内容如下：

32 位输入：11110000 11101100 01110110 10001110。

选择运算：01111010 00010111 01011000 00111010 11010100 01011101。

子密钥 K_{13}：00011111 00001001 10001001 00100011 01101010 00101101。

子密钥加：01100101 00011110 11010001 00011001 10111110 01110000。

S 盒：10011100 01010100 00011011 11100000。

P 置换：00110100 10111001 00110100 00010011。

L_{13}：11110000 11101100 01110110 10001110。

R_{13}：00100111 11011100 00101011 11001011。

14）$N=14$。f 函数相关内容如下：

32 位输入：00100111 11011100 00101011 11001011。

选择运算：10010000 11111110 11111000 00010101 01111110 01010110。

子密钥 K_{14}：00011011 00101000 10001101 10110010 00111001 10010010。

子密钥加：10001011 11010110 01110101 10100111 01000111 11000100。

S 盒：00011110 11000101 00010100 01101000。

P 置换：11101000 00011001 00010101 00011010。

L_{14}：00100111 11011100 00101011 11001011。

R_{14}：00011000 11110101 01100011 10010100。

15）$N=15$。f 函数相关内容如下：

32 位输入：00011000 11110101 01100011 10010100。

选择运算：00001111 00010111 10101010 10110000 01111100 10101000。
子密钥 K_{15}：00011001 00101100 10001100 10100101 00000011 00110111。
子密钥加：00010110 00111011 00100110 00010101 01111111 10011111。
S 盒：01111000 00110000 00101110 00100010。
P 置换：00010100 00101010 10000110 10001110。
L_{15}：00011000 11110101 01100011 10010100。
R_{15}：00110011 11110110 10101101 01000101。

16）$N=16$。f 函数相关内容如下：
32 位输入：00110011 11110110 10101101 01000101。
选择运算：10011010 01111111 10101101 01010101 10101010 00001010。
子密钥 K_{16}：01010001 00101100 10001100 10100111 01000011 11000000。
子密钥加：11001011 01010011 00100001 11110010 11101001 11001010。
S 盒：11000111 11110011 00000011 10001111。
P 置换：11001100 11100011 11101001 00110101。
L_{16}：11010100 00010110 10001010 10100001。
R_{16}：00110011 11110110 10101101 01000101。

（3）解密过程
密文：10001011 10110100 01111010 00001100 11110000 10101001 01100010 01101101。
初始置换：11010100 00010110 10001010 10100001 00110011 11110110 10101101 01000101。
L_0：11010100 00010110 10001010 10100001。
R_0：00110011 111011010101101 01000101。

1）$N=1$。f 函数相关内容如下：
32 位输入：00110011 11110110 10101101 01000101。
选择运算：10011010 01111111 10101101 01010101 10101010 00001010。
子密钥 K_{16}：01010001 00101100 10001100 10100111 01000011 11000000。
子密钥加：11001011 01010011 00100001 11110010 11101001 11001010。
S 盒：11000111 11110011 00000011 10001111。
P 置换：11001100 11100011 11101001 00110101。
L_1：00110011 11110110 10101101 01000101。
R_1：00011000 11110101 01100011 10010100。

2）$N=2$。f 函数相关内容如下：
32 位输入：00011000 11110101 01100011 10010100。
选择运算：00001111 00010111 10101010 10110000 01111100 10101000。
子密钥 K_{15}：00011001 00101100 10001100 10100101 00000011 00110111。
子密钥加：00010110 00111011 00100110 00010101 01111111 10011111。
S 盒：01111000 00110000 00101110 00100010。
P 置换：00010100 00101010 10000110 10001110。
L_2：00011000 11110101 01100011 10010100。
R_2：00100111 11011100 00101011 11001011。

3) $N=3$。f 函数相关内容如下：

32 位输入：00100111 11011100 00101011 11001011。

选择运算：10010000 11111110 11111000 00010101 01111110 01010110。

子密钥 K_{14}：00011011 00101000 10001101 10110010 00111001 10010010。

子密钥加：10001011 11010110 01110101 10100111 01000111 11000100。

S 盒：00011110 11000101 00010100 01101000。

P 置换：11101000 00011001 00010101 00011010。

L_3：00100111 11011100 00101011 11001011。

R_3：11110000 11101100 01110110 10001110。

4) $N=4$。f 函数相关内容如下：

32 位输入：11110000 11101100 01110110 10001110。

选择运算：01111010 00010111 01011000 00111010 11010100 01011101。

子密钥 K_{13}：00011111 00001001 10001001 00100011 01101010 00101101。

子密钥加：01100101 00011110 11010001 00011001 10111110 01110000。

S 盒：10011100 01010100 00011011 11100000。

P 置换：00110100 10111001 00110100 00010011。

L_4：11110000 11101100 01110110 10001110。

R_4：00010011 01100101 00011111 11011000。

5) $N=5$。f 函数相关内容如下：

32 位输入：00010011 01100101 00011111 11011000。

选择运算：00001010 01101011 00001010 10001111 11111110 11110000。

子密钥 K_{12}：00011111 01000001 10011001 11011000 01110000 10110001。

子密钥加：00010101 00101010 10010011 01010111 10001110 01000001。

S 盒：01110111 11110111 11110001 11100001。

P 置换：11100101 01010101 11111111 10010111。

L_5：00010011 01100101 00011111 11011000。

R_5：00010101 10111001 10001001 00011001。

6) $N=6$。f 函数相关内容如下：

32 位输入：00010101 10111001 10001001 00011001。

选择运算：10001010 10111101 11110011 11000101 00101000 11110010。

子密钥 K_{11}：00001111 01000001 11011001 00011001 00011110 10001100。

子密钥加：10000101 11111100 00101010 11011100 00110110 01111110。

S 盒：11110101 10111011 10011111 00101000。

P 置换：10111101 11100000 11100111 01011110。

L_6：00010101 10111001 10001001 00011001。

R_6：10101110 10000101 11111000 10000110。

7) $N=7$。f 函数相关内容如下：

32 位输入：10101110 10000101 11111000 10000110。

选择运算：01010101 11010100 0001011 11111111 00010100 00001101。

子密钥 K_{10}：00101111 01010001 01010001 11010000 11000111 00111100。

子密钥加：01111010 10000101 01011010 00101111 11010011 00110001。

S 盒：01111010 01011100 01111000 10001111。

P 置换：01111100 00001111 10011010 11100011。

L_7：10101110 10000101 11111000 10000110。

R_7：01101001 10110110 00010011 11111010。

8) $N=8$。f 函数相关内容如下：

32 位输入：01101001 10110110 00010011 11111010。

选择运算：00110101 00111101 10101100 00001010 01111111 11110100。

子密钥 K_9：00100110 01010011 01010011 11001011 10011010 01000000。

子密钥加：00010011 01101110 11111111 11000001 11100101 10110100。

S 盒：11010110 01011110 11111011 01111010。

P 置换：01111111 11110111 10110100 11010010。

L_8：01101001 10110110 00010011 11111010。

R_8：11010001 01110010 01001100 01010100。

9) $N=9$。f 函数相关内容如下：

32 位输入：11010001 01110010 01001100 01010100。

选择运算：01101010 00101011 10100100 00100101 10000010 10101001。

子密钥 K_8：10100110 01010011 01010010 11100101 01011110 01010000。

子密钥加：11001100 01111000 11110110 11000000 11011100 11111001。

S 盒：10110111 10101110 11111001 01010011。

P 置换：01110011 11010110 01111011 11010110。

L_9：11010001 01110010 01001100 01010100。

R_9：00011010 01100000 01101000 00101100。

10) $N=10$。f 函数相关内容如下：

32 位输入：00011010 01100000 01101000 00101100。

选择运算：00001111 01000011 00000000 00110101 00000001 01011000。

子密钥 K_7：10100100 11010010 01110010 10001100 10101001 00111010。

子密钥加：10101011 10010001 01110010 10111001 10101000 01100010。

S 盒：01100000 00000001 10000111 01101011。

P 置换：10001001 00110010 10101110 00001000。

L_{10}：00011010 01100000 01101000 0010110。

R_{10}：001011000 01000000 11100010 01011100。

11) $N=11$。f 函数相关内容如下：

32 位输入：01011000 01000000 11100010 01011100。

选择运算：00101111 00000010 00000001 01110000 01000010 11111000。

子密钥 K_6：11100000 10010010 01110010 01100010 01011101 01100010。

子密钥加：11001111 10010000 01110011 00010010 00011111 10011010。

S 盒：10110000 11010100 01000100 00100000。

P 置换：00000100 10000101 00010111 00001010。

89

L_{11}：01011000 01000000 11100010 01011100。

R_{11}：00011110 11100101 01111111 00100110。

12）$N=12$。f 函数相关内容如下：

32 位输入：00011110 11100101 01111111 00100110。

选择运算：00001111 11010111 00001010 10111111 11101001 00001100。

子密钥 K_5：11100000 10010110 00100110 00111110 11110000 00101001。

子密钥加：11101111 01000001 00101100 10000001 00011001 00100101。

S 盒：00001100 10010111 01000110 10111110。

P 置换：10001110 01101110 00010101 00111001。

L_{12}：00011110 11100101 01111111 00100110。

R_{12}：11010110 00101110 11110111 01100101。

13）$N=13$。f 函数相关内容如下：

32 位输入：11010110 00101110 11110111 01100101。

选择运算：11101010 11000001 01011101 01111010 11101011 00001011。

子密钥 K_4：11100000 10100110 00100110 01001000 00110111 11001011。

子密钥加：00001010 01100111 01111011 00110010 11011100 11000000。

S 盒：01001011 11110111 10111111 01011101。

P 置换：11111111 01111001 11111001 10101100。

L_{13}：11010110 00101110 11110111 01100101。

R_{13}：11100001 10011100 10000110 10001010。

14）$N=14$。f 函数相关内容如下：

32 位输入：11100001 10011100 10000110 10001010。

选择运算：01110000 00111100 11111001 01000000 11010100 01010101。

子密钥 K_3：11010000 10101100 00100110 11110110 10000100 10001100。

子密钥加：10100000 10010000 11011111 10110110 01010000 11011001。

S 盒：11011111 01111001 00100010 00000000。

P 置换：11000100 10101001 11000000 11010110。

L_{14}：11100001 10011100 10000110 10001010。

R_{14}：00010010 10000111 00110111 10110011。

15）$N=15$。f 函数相关内容如下：

32 位输入：00010010 10000111 00110111 10110011。

选择运算：10001010 01010100 00001110 10011010 11111101 10100110。

子密钥 K_2：01010000 10101100 10100100 01010000 10100011 01000111。

子密钥加：11011010 11111000 10101010 11001010 01011110 11100001。

S 盒：01110010 01101011 10010010 00100010。

P 置换：11100001 01100011 10000110 01000110。

L_{15}：00010010 10000111 00110111 10110011。

R_{15}：00000000 11111111 00000000 11001100。

16）$N=16$。f 函数相关内容如下：

32 位输入：00000000 11111111 00000000 11001100。

选择运算：00000000 00010111 11111110 10000000 00010110 01011000。
子密钥 K_1：01010000 00101100 10101100 01010111 00101010 11000010。
子密钥加：01010000 00111011 01010010 11010111 00111100 10011010。
S 盒：01101101 10000010 00001110 11110000。
P 置换：00010010 01111000 11000111 00011001。
L_{16}：00000000 11111111 11110000 10101010。
R_{16}：00000000 11111111 00000000 11001100。
逆初始置换：00110000 00110001 00110010 00110011 00110100 00110101 00110110 00110111。
明文：00110000 00110001 00110010 00110011 00110100 00110101 00110110 00110111。

3.8.2 IDEA 加解密过程示例

（1）加密过程　加密过程见表 3-31。

表 3-31　加密过程

r	128 位密钥 $K=(1,2,3,4,5,6,7,8)$						64 位明文 $M=(0,1,2,3)$			
	K_{1r}	K_{2r}	K_{3r}	K_{4r}	K_{5r}	K_{6r}	X_1	X_2	X_3	X_4
1	0001	0002	0003	0004	0005	0006	00f0	00f5	010a	0105
2	0007	0008	0400	0600	0800	0a00	222f	21b5	f45e	e959
3	0c00	0e00	1000	0200	0010	0014	0f86	39be	8ee8	1173
4	0018	001c	0020	0004	0008	000c	57df	ac58	c65b	ba4d
5	2800	3000	3800	4000	0800	1000	8e81	ba9c	f77f	3a4a
6	1800	2000	0070	0080	0010	0020	6942	9409	e21b	1c64
7	0030	0040	0050	0060	0000	2000	99d0	c7f6	5331	620e
8	4000	6000	8000	a000	c000	e001	0a24	0098	ec6b	4925
9	0080	00c0	0100	0140	0005	000c	11fb	Ed2b	0198	6de5

（2）解密过程　解密过程见表 3-32。

表 3-32　解密过程

r	128 位密钥 $K=(1,2,3,4,5,6,7,8)$						64 位密文 $C=(0,1,2,3)$			
	$(K_{1r})'$	$(K_{2r})'$	$(K_{3r})'$	$(K_{4r})'$	$(K_{5r})'$	$(K_{6r})'$	X_1	X_2	X_3	X_4
1	fe01	ff40	ffoo	659a	C000	e001	d98d	d331	27f6	82b8
2	fffd	8000	a000	cccc	0000	2000	bc4d	e26b	9449	a576
3	a556	ffbo	ffc0	52ab	0010	0020	0aa4	f7ef	da9c	24e3
4	554b	ff90	E000	fe01	0800	1000	ca46	fesb	de58	116d
5	332d	c800	d000	fffd	0008	000c	748f	8108	39da	45cc
6	4aab	ffe0	ffe4	c001	0010	0014	3266	045e	2fb5	b02e
7	aa96	1000	f200	ff8 1	0800	0a00	0690	050a	00fd	1dfa
8	4925	fc00	fff8	552b	C000	0006	0000	0005	0003	000c
9	0001	fffe	fffd	c001	0005	e001	0000	0001	0002	0003

3.8.3 AES 加解密过程示例

（1）加密过程

密钥长度=128。

明文：0001000101a198afda78173486153566。

密钥：00012001710198aeda79171460153594。

加密扩展密钥：

00012001710198aeda79171460153594；

589702d129969a7ff3ef8d6b93fab8ff；

77fb140d5e6d8e72ad8203193e78bbe6；

cf119abf917c14cd3cfe17d40286ac32；

8380b9c812fcad052e02bad12c8416e3；

ccc7a8b9de305bcf039bf6ddcbda98e；

9614b13f482fb483b8160bee64aba260；

b42e617cfc01d5ff4417de1120bc7c71；

513ec2cbad3f1734e928c925c994b554；

68ebe216c5d4f5222cfc3c07e5688953；

1b4c0fcfde98faedf264c6ea170c4fb9。

明文初始状态：0001000101a198afda78173486153566。

密钥：00012001710198aeda79171460153594。

轮密钥加：0000200070a0000100010020e60000f2。

1）$N=1$。

S 盒变换：6363b76351e0637c637c63b78e636389。

行移位：63e06389517c63636363b77c8e6363b7。

列混合：1794c52f266f4e2aa81bf189765ae9fc。

轮密钥：589702d129969a7ff3ef8d6b93fab8ff。

轮密钥加：4f03c7fe0ff9d4555bf47ce2e5a05103。

2）$N=2$。

S 盒变换：847bc6bb769948fc39bf1098d9e0d17b。

行移位：8499107676bfd1bb39c0c6fcd97b4898。

列混合：c8e6h0e85cc0a6997341518-468168。

轮密钥：77b140d5e6d8e72ad8203193e78hhe6。

轮密钥加：bf1da4e502ad28ebdecd5297ca173a8e。

3）$N=3$。

S 盒变换：08a449d9779534e91dbd00887408019。

行移位：0895001977bd80d91df049e974a43488。

列混合：ad20b6b6654al0d91d45f57a333b07。

轮密钥：cf119ab917c14cd3cfe17d40286ac32。

轮密钥加：62312c00fa28b5c0ad2a4883a1759735。

4) $N=4$。

S 盒变换: aac771632d34d5ba95e552ec329d8896。

行移位: ag3452962de58863959d71ba32c7d5ec。

列混合: d7a29bb4851c66d469d3f2702f6b87。

轮密钥: 8380b9c812fcad052c02bad12-8416e3。

轮密钥加: 5422227c97e0cbd96891858623ab7d64。

5) $N=5$。

S 盒变换: 2093931088e113545dh97422662f43。

行移位: 20e1974388db10456293352693142。

列混合: ac18319092286878a1a4554bf784d62。

轮密钥: ccc7a8b9de3b05bcf039bf6ddcbda98c。

轮密钥加: 60d99294c1483367a23fa3963c5e4ec。

6) $N=6$。

S 盒变换: d09eeea529faece2da262d12fba669ce。

行移位: d0fa2dce292669a5daa6eee2fb9eec12。

列混合: 4d86393bf47b2965524686e2aae19040。

轮密钥: 9614h131482648368160bec64ah260。

轮密钥加: dh928804bc549de6ea508d0cce4a3220。

7) $N=7$。

S 盒变换: b94fc41265205e8e87535dfe8bd623b7。

行移位: h9205db7655323f287d6c48e8b4f5efe。

列混合: e3a9e1d8ee547d203ee94b877c096170。

轮密钥: b42e617cfc01d5f4417de1120bc7c71。

轮密钥加: 578780a41255a8df7afe95965cb51d0l。

8) $N=8$。

S 盒变换: 517cd49c9fcc29edabb2a904ad5a47c。

行移位: 5bfc2a7cc9bba449dad5cd9e4a17c290。

列混合: fba77c3b21afacd98b9374affa96930。

轮密钥: 513ec2cbad3f1734e928925e994b554。

轮密钥加: ae84b508125edf97191fe6363ddc64。

9) $N=9$。

S 盒变换: e45fd530c0315599a381bba805278643e43。

行移位: hhb43c0818630a327d59905555a8。

列混合: 6a0f7335b578063c7810852516ec134e。

轮密钥: 68ebe216c5d415222cfc3c07e5688953。

轮密钥加: 02e4912370acf31e54ecb9223849a1d。

10) $N=10$。

S 盒变换: 7769812651910d7220e56930d5fb8a4。

行移位: 779156a451ceb826205181720d690d93。

轮密钥: 1b4c0fcfde98faedf264c6ea1704b9。

轮密钥加：6cdd596b8f5642cbd23b47981a65422a。

11）得到密文为6cdd596b8f5642cbd23b47981a65422a。

（2）解密过程

密文：6cdd596b815642cbd23b47981a65422a。

密钥：00012001710198aeda79171460153594。

密文初始状态：6cdd596b8f5642cbd23b47981a65422a。

密钥：1b4c0fcfde98faedf264c6ea170c4fb9。

轮密钥加：779156a451ceb826205f81720d690d93。

1）$N = 10$。

逆S盒变换：02acb91d70ec9a235484911ef3e4f322。

逆行移位：02e4912370acf31e54ecb922f3849ald。

逆列混合：6dfd56924b4eaa9e86732dfb93db01b9。

轮密钥：89c2edd18bcf2cae2554186296845411。

轮密钥加：e43fb43c0818630a327d599055f55a8。

2）$N = 9$。

逆S盒变换：ae25fe641f91dc08713db5f93684ed6f。

逆行移位：ae84b5081f25edf97191fe6f363ddc64。

逆列混合：d5a3fblacbb66536744e195219c76ee3。

轮密钥：8e5fd166020dc17fae9bd4ccb3d0ac73。

轮密钥加：5bfc2a7cc9bba449dad5cd9e4al7c290。

3）$N = 8$。

逆S盒变换：5755950112felda47ab580df5c87a896。

逆行移位：578780a41255a8df7afe95965cb51d01。

逆列混合：8810acce90133eb2b40d13d96042641。

轮密钥：3130f1778c521019ac9615b31d4b78bf。

轮密钥加：b9205db7655323f287d6c48e8b4f5efe。

4）$N = 7$。

逆S盒变换：db548d20bc503204ea4a88e6ce929d0c。

逆行移位：db928804bc549de6ea508docce4a3220。

逆列混合：a97f6b78944488cbfa62eb484a43811e。

轮密钥：798546b6bd62e16e20c405aabldd6d0c。

轮密钥加：d0fa2dce292669a5daa6eee2fb9cec12。

5）$N = 6$。

逆S盒变换：6014faec4c23e4297ac5993b63df8339。

逆行移位：60d199294c14833b7a23fa3963c5e4ec。

逆列混合：bbd15c394c3c58c8d8c477flb78a77e4。

轮密钥：9b30cb7ac4e7a7d89da6e4c4911968a6。

轮密钥加：20e1974388dbff104562933526931f42。

6）$N = 5$。

逆S盒变换：54e08564979f7d7c68ab22d92322cbf6。

逆行移位：5422227c97e0cbd9689185f623ab7d64。
逆列混合：08322e3c7232e4c1ccdc32a63e78598e。
轮密钥：a2067caa5fd76ca25941431c0cbf8c62。
轮密钥加：aa3452962de58863959d71ba32c7d5ec。

7) $N = 4$。
逆 S 盒变换：62284835fa2a9700ad752cc0a131b583。
逆行移位：62312c00fa28b5c0ad2a4883a1759735。
逆列混合：4d65fdaa8a6c90d11b666657215afbf6。
轮密钥：45f0fdb3fdd1100806962fbe55fecf7e。
轮密钥加：0895001977bd80d91df049e974a43488。

8) $N = 3$。
逆 S 盒变换：bfad528e02cd3ae5de17a4ebcald2897。
逆行移位：bf1da4e502ad28ebdecd5297ca173a8e。
逆列混合：3603f026ce9e3c00c2a794a8al3a858。
轮密钥：8499107b76bfd1bb39e0c6fcd97b4898。
轮密钥加：b29ae05db82ledbbfb473fb65368e0c0。

9) $N = 2$。
逆 S 盒变换：4ff97c030ff451fe5ba0c755e503d4e2。
逆行移位：4f03c7fe0ff9d4555bf47ce2e5a05103。
逆列混合：31b953ae5bc76e8520056571264cbccl。
轮密钥：525930270abb0de64366d20da82fdf76。
轮密钥加：63e06389517c6363636377c8e6363b7。

10) $N = 1$。
逆 S 盒变换：00a000f27001000000002001e6000020。
逆行移位：0000200070a0000100010020e60000f2。
轮密钥：00012001710198aeda79171460153594。
轮密钥加：0001000101a198afda78173486153566。

11) 解密得到明文 0001000101a198afda78173486153566。

3.8.4 SM4 加解密过程示例

以下为 SMS4 算法在 ECB 工作模式下的运算示例，用以验证密码算法实现的正确性。其中数据采用十六进制表示。

明文：012345 67 89 ab cd ef fe dc ba98 76 54 3210。

加密密钥：0123 4567 89 ab cd ef e dc ba98 76 54 3210。

轮密钥与每轮输出状态如下：

rk_0 = f12186f9 X_0 = 27fad345
rk_1 = 41662b61 X_1 = a18b4cb2
rk_2 = 5a6ab19a X_2 = 11cle22a
rk_3 = 7ba92077 X_3 = cc13e2ee
rk_4 = 367360f4 X_4 = f87c5bd5

rk₅ = 776a0c61 X_5 = 33220757
rk₆ = b6bb89b3 X_6 = 77f4c297
rk₇ = 24763151 X_7 = 7a96f2eb
rk₈ = a520307c X_8 = 27dac07f
rk₉ = b7584dbd X_9 = 42dd0f19
rk₁₀ = c30753ed X_{10} = b8a5da02
rk₁₁ = 7ee55b57 X_{11} = 907127fa
rk₁₂ = 6988608c X_{12} = 8b952b83
rk₁₃ = 30d895b7 X_{13} = d42b7c59
rk₁₄ = 44ba14af X_{14} = 2ffc5831
rk₁₅ = 104495a1 X_{15} = f69e6888
rk₁₆ = d120b428 X_{16} = af2432c4
rk₁₇ = 73b55fa3 X_{17} = ed1ec85e
rk₁₈ = cc874966 X_{18} = 55a3ba22
rk₁₉ = 92244439 X_{19} = 124b18aa
rk₂₀ = e89e641f X_{20} = 6ae7725f
rk₂₁ = 98ca015a X_{21} = f4cba1f9
rk₂₂ = c7159060 X_{22} = 1dcdfa10
rk₂₃ = 99e1fd2e X_{23} = 2f60603
rk₂₄ = b79bd80c X_{24} = eff24fdc
rk₂₅ = 1d2115b0 X_{25} = 6fe46b75
rk₂₆ = 0e228aeb X_{26} = 893450ad
rk₂₇ = f1780c81 X_{27} = 7b938f4c
rk₂₈ = 428d3654 X_{28} = 536e4246
rk₂₉ = 62293496 X_{29} = 86b3e94f
rk₃₀ = 01cf72e5 X_{30} = d206965e
rk₃₁ = 9124a012 X_{31} = 681edf34

最后得到密文为 68 1e df 34 d2 06 96 5e86 3 e9 4f 53 6e 42 46。

习题

扫码看视频

1. 说明 DES 中 S 盒的安全作用。
2. 说明 DES 中 P 置换的安全作用。
3. 证明 DES 的可逆性和对合性。
4. 分析 DES 的弱密钥和半弱密钥。
5. 分析 DES 的互补对称性。
6. 画出双重 DES 的框图，试分析其安全性（提示：考虑中间相遇攻击）。
7. 分析 IDEA 的弱密钥。
8. 在 AES 加密算法中，明文和密钥的处理是在有限域 $GF(2^8)$ 上进行的。已知元素 a = 0x57 和元素 b = 0x83，请在有限域 $GF(2^8)$ 上计算以下倍乘结果，使用有限域 $GF(2^8)$ 上的不

可约多项式 $m(x)=x^8+x^4+x^3+x+1$ 进行模运算。

(1) 计算 a 与 2 的乘积，即 $a\times 2$。

(2) 计算 b 与 3 的乘积，即 $b\times 3$。

9. 比较 AES、DES 和 SM4，说明它们各有什么特点。
10. 编程实现 IDEA 密码算法。
11. AES 的解密算法与加密算法有什么不同？
12. 在 $GF(2^8)$ 中，01 的逆元素是什么？
13. 利用 AES 的对数表或反对数表计算 ByteSub(25)。
14. 编程实现 Kasumi 密码算法。
15. Kasumi 密码算法是对合运算吗？试证明。
16. 计算机数据加密有哪些特殊问题？它对加密的安全性有什么影响？
17. 分析 ECB、CBC、CFB、OFB 和 CTR 工作模式的加解密错误传播情况。
18. 画出 CFB 工作模式的加解密框图。
19. 为什么说填充法不适合计算机文件和数据库加密应用？

第4章 序列密码

序列密码是一类重要的对称密码，又被称为流密码（Stream Cipher），结构简单，工程易实现，加解密效率高。1949年，香农证明了绝对安全的密码体制需要做到"一次一密"，这为序列密码的研究提供了动力，基于伪随机序列的序列密码算法得以长足发展与应用。目前主流的序列密码包含A5、RC4和祖冲之（ZUC）等密码算法。

本章要点：
- 序列密码的原理
- A5、RC4、ZUC及轻量级序列密码算法

4.1 序列密码简介

序列密码源于1917年Gilbert Vernam提出的"一次一密"密码体制，即密钥序列为随机序列。当时，由于随机密钥序列的生成与管理算法所需的微电子技术与数学理论仍不完善，因此Vernam体制并未广泛应用。序列密码对明文信息进行加解密变换的基本单位是单个字符（通常是二进制位），具有工程易实现、效率高等优点，因此成为无线通信、军事外交等重要领域的主流密码算法。

4.1.1 序列密码的设计思路

序列密码设计方案的发展其实就是对"一次一密"系统的尝试，如果序列密码能够真正地做到随机产生与消息流长度相同的密钥流并用于加密，就做到了"一次一密"。真随机意味着在密码系统破解方面没有比穷举搜索更好的方法。

图4-1为序列密码的加密与解密流程，将一串较短的种子密钥K通过密钥发生器扩展成足够长的伪随机密钥序列$k=k_0k_1k_2\cdots$，按照图4-1所示的方法加密明文序列$m=m_0m_1m_2\cdots$，得到密文序列$c=c_0c_1c_2\cdots$，加密变换为

$$c_i = m_i \oplus k_i, \quad i=0,1,2,\cdots \quad (4-1)$$

解密变换为

$$m_i = c_i \oplus k_i, \quad i=0,1,2,\cdots \quad (4-2)$$

式中，$m_i, k_i, c_i \in \{0,1\}$；$\oplus$表示异或运算，即模2加法。

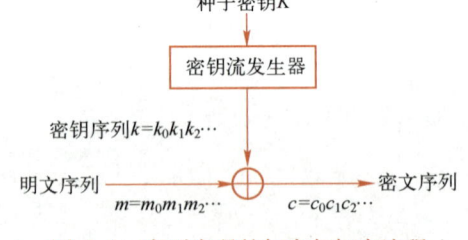

图4-1 序列密码的加密与解密流程

实际应用中，密钥序列是种子密钥经由密钥流发生器通过一定的密钥流生成算法生成的，不可能做到完全随机，因此序列密码的安全性与密钥流发生器的设计特性紧密相关，生成的密钥流需要具有尽可能大的周期性和均匀的统计分布特性，以及较高的线性复杂度。

4.1.2 同步/自同步序列密码

按照工作方式的不同，可以将序列密码分为同步序列密码（Synchronous Stream Cipher）与自同步序列密码（Self-Synchronous Stream Cipher）。同步序列密码的密钥序列生成算法只与种子密钥和密钥序列生成算法相关，与明文（密文）无关，通信双方必须保持精确的同步，失步将导致无法解密。自同步序列密码算法的密钥序列生成算法与明文（密文）相关，加解密出错会造成错误的有界传播。

1. 同步序列密码

将同步序列密码的种子密钥 K 通过安全信道发送给发送端和接收端，二者使用同样的密钥序列生成算法生成用于加密和解密的流密钥序列 $k=k_0k_1k_2\cdots$，因此其密钥流一致。如图 4-2 所示，发送端使用流密钥 k_i 对发送的明文 m_i 加密得到密文 c_i 并发送。接收端使用相同的流密钥 k_i 对接收的密文 c_i 解密，从而得到明文 m_i。

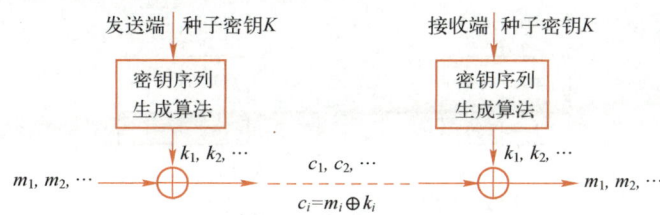

图 4-2 同步序列密码的结构

同步序列密码的设计要求发送和接收双方必须保持精确的同步，即双方使用相同的密钥、操作和状态，只有这样，发送端和接收端才能正确地进行加解密通信。例如，若通信中丢失或增加了一个密文字符，则接收端的解密将一直错误，直至重新同步。如图 4-3 所示，如果密文字符 c_2 在传播过程中丢失，之后接收方使用密钥 k_i 无法解密密文 c_{i+1}，错误传播。对失步的敏感性使同步序列密码算法更容易检测出受到的插入、删除、重播等主动攻击。

$$
\begin{array}{rl}
\text{假设密文失步} & c=c_1, c_3, c_4, \cdots, c_{n-1}, c_n \quad (c_2\text{丢失}) \\
\oplus & k=k_1, k_2, k_3, \cdots, k_{n-2}, k_{n-1} \quad (\text{密钥同步}) \\
\hline
& m=m_1, \times, \times, \cdots, \times, \times \quad (m_1\text{后的明文全错})
\end{array}
$$

图 4-3 同步序列密码密文失步后错误传播

需要区分的是，失步和错误是两个不同的概念。如图 4-4 所示，如果通信中密文字符 c_2 发生了 0 到 1 或 1 到 0 的翻转，就会导致解密后对应的明文字符 m_2 错误。这种某些密文字符发生翻转的情况，只影响相应字符的解密，不影响其他字符，称为错误。

$$
\begin{array}{rl}
\text{假设密文错误} & c=c_1, c_2, c_3, \cdots, c_{n-1}, c_n \quad (c_2\text{错}) \\
\oplus & k=k_1, k_2, k_3, \cdots, k_{n-1}, k_n \quad (\text{密钥同步}) \\
\hline
& m=m_1, \times, m_3, \cdots, m_{n-1}, m_n \quad (\text{仅}\,m_2\,\text{错})
\end{array}
$$

图 4-4 同步序列密码密文错误不传播

2. 自同步序列密码

自同步序列密码的结构如图 4-5 所示。与同步序列密码的差别在于它的密钥流发生器具有 n 位存储，初始状态下，收发两端的 n 位存储相同，加密（解密）过程中由密文流填充，这样后续产生的密钥序列不仅依赖于种子密钥 K，还与密文（明文）流相关。

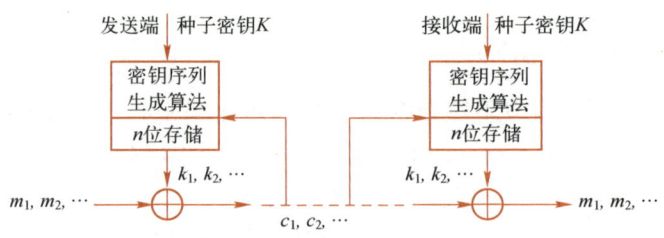

图 4-5　自同步序列密码的结构

存储位数 n 决定了能够继续正确解密所必需的连续正确的密文块数，是自同步序列密码的一个重要参数，因此有 n 位存储的自同步序列密码称为 n 步自同步序列密码。图 4-6 展示了一个 2 步自同步序列密码算法，其中 2 位存储初始状态为 s_0 和 s_1，密钥序列生成算法为 2 位存储的异或运算，种子密钥为 $K=1$。

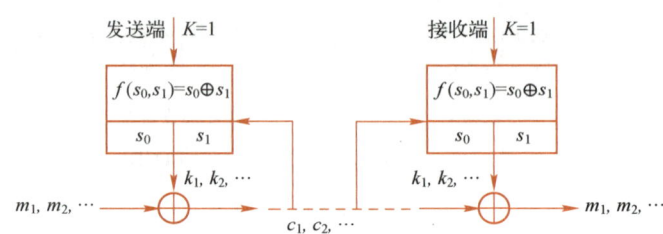

图 4-6　2 步自同步序列密码算法

与同步序列密码要求接收端和发送端精确同步相比，自同步序列密码可以依靠自身的能力"自动地"实现收发双方的同步，因而是一种不需要外部同步的序列密码。也因此，它对删除、插入等主动攻击没有同步序列密码敏感。

自同步序列密码存在有限的错误传播。以图 4-7 所示的加密过程为例，若 c_1 错误，会导致 k_2 和 k_3 出错，但 k_4 以及之后的密钥序列不会受到影响，c_1 的错误影响 2 位。依次类推，对于 n 位自同步序列密钥流发生器，加密时的 1 位密文错误将导致后面连续 n 个密文错误，在此之后恢复正确。解密时的 1 位密文错误将导致后面连续 n 个明文错误，在此之后恢复正确，即 c_i 的错误将影响 n 位。

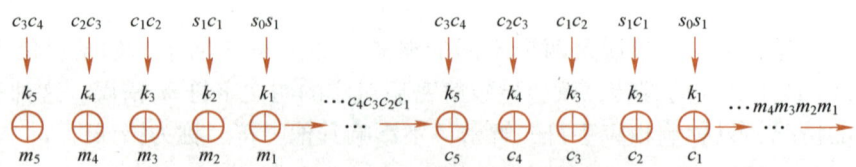

图 4-7　自同步序列密码加密和解密流程

4.2　线性反馈序列密码

序列密码产生的伪随机序列目前主要通过使用线性反馈移位寄存器生成，线性反馈移位寄存器很容易用硬件实现。

4.2.1 线性反馈移位寄存器

移位寄存器（Shift Register，SR）：在数字电路中，触发器具有存储功能，一个触发器可以存储一位二进制码。寄存器由触发器组合构成，存放 n 位二进制码的寄存器由 n 个触发器构成。如图 4-8 所示，移位寄存器不仅能够寄存数据，而且能在移位脉冲的作用下让存储在其中的数据逐位左移或右移。每一时刻移位寄存器的取值 $S=(s_0,s_1,\cdots,s_{n-2},s_{n-1})$ 被称为移位寄存器的一个状态。

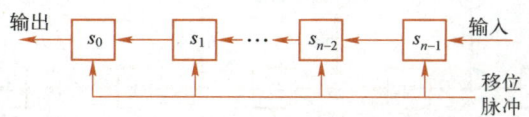

图 4-8 移位寄存器

反馈移位寄存器（Feedback Shift Register，FSR）：如图 4-9 所示，在移位寄存器的基础上增加反馈机制，在输出 s_0 的同时将新值反馈给输入 s_{n-1}，就构成了反馈移位寄存器。

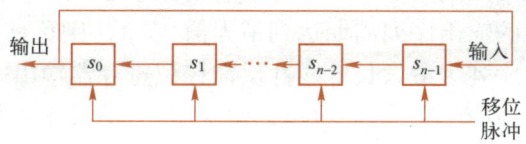

图 4-9 反馈移位寄存器

线性反馈移位寄存器（Linear Feedback Shift Register，LFSR）：如图 4-10 所示，在反馈移位寄存器的基础上增加线性运算部件，输入 s_{n-1} 由反馈函数 $f(s_0,s_1,\cdots,s_{n-2},s_{n-1})$ 计算产生并反馈给输入 s_{n-1}。若反馈函数是 $s_0,s_1,\cdots,s_{n-2},s_{n-1}$ 的线性函数，则称该移位寄存器为线性反馈移位寄存器，否则称为非线性反馈移位寄存器。

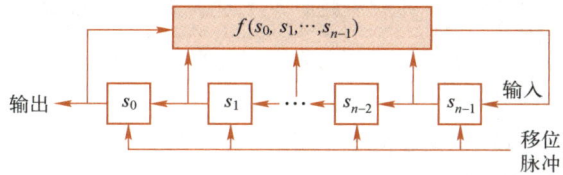

图 4-10 线性/非线性反馈移位寄存器

4.2.2 线性反馈序列密码

线性反馈移位寄存器的反馈函数 $f(s_0,s_1,\cdots,s_{n-2},s_{n-1})$ 为线性函数，则可写成 $f(s_0,s_1,\cdots,s_{n-2},s_{n-1})=g_0s_0+g_1s_1+\cdots+g_{n-2}s_{n-2}+g_{n-1}s_{n-1}$，其中 $g_0,g_1,\cdots,g_{n-2},g_{n-1}$ 为反馈系数。图 4-11 所示为 GF(2) 上的线性反馈移位寄存器，它的反馈系数 $g_i \in$ GF(2)，反馈函数 $f(s_0,s_1,\cdots,s_{n-2},s_{n-1})=g_0s_0 \oplus g_1s_1 \oplus \cdots \oplus g_{n-2}s_{n-2} \oplus g_{n-1}s_{n-1}$。

若 $g_i=0$，则反馈函数中 g_is_i 项不存在，即 s_i 不连接到输入端。同理，$g_i=1$ 表示 s_i 连接到输入端，g_i 相当于一个选择开关。由此定义连接多项式 $g(x)=g_nx^n+g_{n-1}x^{n-1}+\cdots+g_1x^1+g_0$。以图 4-12 所示中的 5 级线性反馈移位寄存器为例，其连接多项式为 $g(x)=x^5+x^2+x^1+1$。

n 级线性反馈移位寄存器最多有 2^n 个不同的状态。若其初始状态为 0，则其后续状态恒为 0；若其初始状态不为 0，则其后续状态恒不为 0。因此，n 级线性反馈移位寄存器的状态

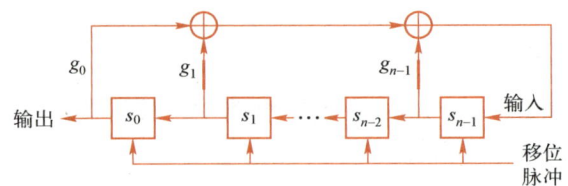

图 4-11　GF(2)上的线性反馈移位寄存器

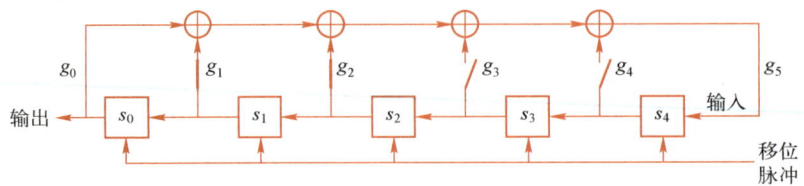

图 4-12　5 级线性反馈移位寄存器

周期 $\leq 2^n-1$，其输出序列的周期 $\leq 2^n-1$。选择合适的连接多项式 $g(x)$（对应反馈函数）可以让线性反馈移位寄存器的输出序列周期达到最大值 2^n-1，则称此时的连接多项式 $g(x)$ 为本原多项式，此时的输出序列为最大长度线性反馈移位寄存器输出序列，简称为 m 序列。

设 $f(x)$ 为 GF(2) 上的多项式，使 $f(x)$ 可以整除 x^p-1 的最小正整数 p 称为 $f(x)$ 的周期。如果 $f(x)$ 的次数为 n，且其周期为 2^n-1，则称 $f(x)$ 为本原多项式。目前已经证明，对于任意的正整数 n，至少存在一个 n 次本原多项式，而且存在有效的生成算法。

对于图 4-13 所示的 4 级线性反馈移位寄存器结构，其反馈函数依据本原多项式 $g(x)=x^4+x^1+1$ 生成，状态序列见表 4-1，输出序列为 1001101011111000，是周期为 $2^4-1=15$ 的 m 序列。

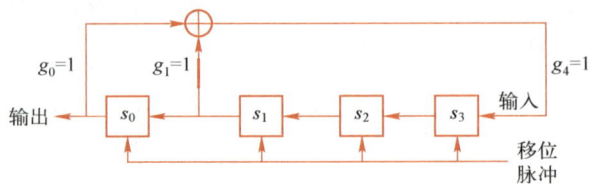

图 4-13　可以生成 m 序列的 4 级线性反馈移位寄存器

表 4-1　4 级线性反馈移位寄存器的状态序列

序　号	状　态	序　号	状　态
1	0001	9	0101
2	0010	10	1011
3	0100	11	0111
4	1001	12	1111
5	0011	13	1110
6	0110	14	1100
7	1101	15	1000
8	1010		

表 4-2 展示了线性反馈移位寄存器伪随机数生成器的 m 序列，对于由 n 个寄存器组成的线性反馈移位寄存器，可生成 2^n-1 个不重复的序列。

表 4-2 线性反馈移位寄存器伪随机数生成器的 m 序列

n	XNOR 来自	n	XNOR 来自	n	XNOR 来自	n	XNOR 来自
3	3,2	45	45,44,42,41	87	87,74	129	129,124
4	4,3	46	46,45,26,25	88	88,87,17,16	130	130,127
5	5,3	47	47,42	89	89,51	131	131,130,84,83
6	6,5	48	48,47,21,20	90	90,89,72,71	132	132,103
7	7,6	49	49,40	91	91,90,8,7	133	133,132,82,81
8	8,6,5,4	50	50,49,24,23	92	92,91,80,79	134	134,77
9	9,5	51	51,50,36,35	93	93,91	135	135,124
10	10,7	52	52,49	94	94,73	136	136,135,11,10
11	11,9	53	53,52,38,37	95	95,84	137	137,116
12	12,6,4,1	54	54,53,18,17	96	96,94,49,47	138	138,137,131,130
13	13,4,3,1	55	55,31	97	97,91	139	139,136,134,131
14	14,5,3,1	56	56,55,35,34	98	98,87	140	140,111
15	15,14	57	57,50	99	99,97,54,52	141	141,140,110,109
16	16,15,13,4	58	58,39	100	100,63	142	142,121
17	17,14	59	59,58,38,37	101	101,100,95,94	143	143,142,123,122
18	18,11	60	60,59	102	102,101,36,35	144	144,143,123,122
19	19,6,2,1	61	61,60,46,45	103	103,94	145	145,145,87,66
20	20,17	62	62,61,6,5	104	104,103,94,93	146	146,145,87,86
21	21,19	63	63,62	105	105,89	147	147,146,110,109
22	22,21	64	64,63,61,60	106	106,91	148	148,121
23	23,18	65	65,47	107	107,105,44,42	149	149,148,40,39
24	24,23,22,17	66	66,65,57,56	108	108,77	150	150,97
25	25,22	67	67,66,58,57	109	109,108,103,102	151	151,148
26	26,6,2,1	68	68,59	110	110,109,103,102	152	152,151,87,86
27	27,5,2,1	69	69,67,42,40	111	111,101	153	153,152
28	28,25	70	70,69,55,54	112	112,110,69,67	154	154,152,27,25
29	29,27	71	71,65	113	113,104	155	155,152
30	30,6,4,1	72	72,66,25,19	114	114,113,33,32	156	156,155,41,40
31	31,28	73	73,48	115	115,114,101,100	157	157,156,131,130
32	32,33,2,1	74	74,73,59,58	116	116,115,46,45	158	158,157,132,131
33	33,20	75	75,74,65,64	117	117,115,99,97	159	159,128
34	34,27,2,1	76	76,75,41,40	118	118,85	160	160,159,142,141
35	35,33	77	77,76,47,46	119	119,111	161	161,143
36	36,25	78	78,77,59,58	120	120,113,9,2	162	162,161,75,74
37	37,5,4,3,2,1	79	79,70	121	121,103	163	163,162,104,103
38	38,6,5,1	80	80,79,43,42	122	122,121,63,62	164	164,163,104,103
39	39,35	81	81,77	123	123,121	165	165,164,135,134
40	40,38,21,19	82	82,79,47,44	124	124,87	166	166,165,128,127
41	41,38	83	83,82,38,37	125	125,124,18,17	167	167,161
42	42,41,20,19	84	84,71	126	126,125,90,89	168	168,166,153,151
43	43,42,38,37	85	85,84,58,57	127	127,126		
44	44,43,18,17	86	86,85,74,73	128	128,126,101,99		

注：XNOR 即"同或"。

4.2.3 线性反馈序列密码的安全性分析

m 序列是线性反馈移位寄存器可以生成的最长伪随机序列,但其作为密钥序列是可以破解的。分析过程如下:

设 m 序列线性反馈移位寄存器的当前状态为 $S=(s_0,s_1,\cdots,s_{n-2},s_{n-1})$,则下一状态 $S'=(s'_0,s'_1,\cdots,s'_{n-1})$,其中 $s'_0,s'_1,\cdots,s'_{n-1}$ 计算公式为

$$\begin{cases} s'_0 = s_1 \\ s'_1 = s_2 \\ \quad\vdots \\ s'_{n-2} = s_{n-1} \\ s'_{n-1} = g_0 s_0 + g_1 s_1 + \cdots + g_{n-2} s_{n-2} + g_{n-1} s_{n-1} \end{cases} \quad (4-3)$$

写成矩阵乘法的形式为 $S'=(H\times S)\bmod 2$,其中 S'、H 和 S 为

$$S' = \begin{pmatrix} s'_0 \\ s'_1 \\ s'_2 \\ \vdots \\ s'_{n-2} \\ s'_{n-1} \end{pmatrix},\quad H = \begin{pmatrix} 0 & 1 & 0 & \cdots & 0 \\ 0 & 0 & 1 & \cdots & 0 \\ 0 & 0 & 0 & \cdots & 0 \\ \vdots & \vdots & \vdots & & \vdots \\ 0 & 0 & 0 & \cdots & 1 \\ g_0 & g_1 & g_2 & \cdots & g_{n-1} \end{pmatrix},\quad S = \begin{pmatrix} s_0 \\ s_1 \\ s_2 \\ \vdots \\ s_{n-2} \\ s_{n-1} \end{pmatrix} \quad (4-4)$$

矩阵 H 称为连接多项式 $g(x)=g_n x^n+g_{n-1}x^{n-1}+\cdots+g_1 x^1+g_0$ 的伴侣矩阵。

进一步假设攻击者已经知道了一段长为 $2n$ 位的明文和密文对,即 $M=m_1,m_2,\cdots,m_{2n}$ 和 $C=c_1,c_2,\cdots,c_{2n}$ 已知,可以求出一段长为 $2n$ 位的密钥序列 $K=k_1,k_2,\cdots,k_{2n}$,其中 k_i 的计算公式为

$$k_i = m_i \oplus (m_i \oplus k_i) = m_i \oplus c_i \quad (4-5)$$

由此可以推出线性反馈移位寄存器连续 $n+1$ 个状态 $S_1 \sim S_{n+1}$,即

$$\begin{cases} S_1 = (k_1, k_2, \cdots, k_n)^{\mathrm{T}} \\ S_2 = (k_2, k_3, \cdots, k_{n+1})^{\mathrm{T}} \\ \quad \cdots \\ S_n = (k_n, k_{n+1}, \cdots, k_{2n-1})^{\mathrm{T}} \\ S_{n+1} = (k_{n+1}, k_{n+2}, \cdots, k_{2n})^{\mathrm{T}} \end{cases} \quad (4-6)$$

分别构造矩阵 $X=(S_1,S_2,\cdots,S_n)^{\mathrm{T}}$ 和 $Y=(S_2,S_3,\cdots,S_{n+1})^{\mathrm{T}}$,根据 $S'=(H\times S)\bmod 2$,有

$$\begin{cases} S_2 = H \times S_1 \\ S_3 = H \times S_2 \\ \quad \cdots \\ S_n = H \times S_{n-1} \\ S_{n+1} = H \times S_n \end{cases} \quad (4-7)$$

并由此得出

$$Y = (H \times X) \bmod 2 \quad (4-8)$$

因为 m 序列的线性反馈移位寄存器连续 n 个状态向量彼此线性无关,所以 X 矩阵为满

秩矩阵，故存在逆矩阵 X^{-1}，使得

$$H = (Y \times X^{-1}) \bmod 2 \tag{4-9}$$

求出 H 矩阵，便确定出本原多项式 $g(x)$，从而完全确定线性反馈移位寄存器的结构，实现破解。

【例 4-1】 4 级线性反馈移位寄存器的安全性分析

以 4 级线性反馈移位寄存器为例，假设攻击者已经知道了一段长为 8 位的明文和密文对，并根据 $k_i = m_i \oplus c_i$ 计算得到了 8 位长的密钥序列 10011010，于是可以推出线性反馈移位寄存器连续 5 个状态 $S_1 \sim S_5$，即

$$\begin{cases} S_1 = (1\ 0\ 0\ 1)^T \\ S_2 = (0\ 0\ 1\ 1)^T \\ S_3 = (0\ 1\ 1\ 0)^T \\ S_4 = (1\ 1\ 0\ 1)^T \\ S_5 = (1\ 0\ 1\ 0)^T \end{cases} \tag{4-10}$$

根据式（4-11）和式（4-12）分别构造矩阵 X 和 Y：

$$X = (S_1, S_2, \cdots, S_n)^T \tag{4-11}$$
$$Y = (S_2, S_3, \cdots, S_{n+1})^T \tag{4-12}$$

得到

$$X = \begin{pmatrix} 1 & 0 & 0 & 1 \\ 0 & 0 & 1 & 1 \\ 0 & 1 & 1 & 0 \\ 1 & 1 & 0 & 1 \end{pmatrix}, \quad Y = \begin{pmatrix} 0 & 0 & 1 & 1 \\ 0 & 1 & 1 & 0 \\ 1 & 1 & 0 & 1 \\ 1 & 0 & 1 & 0 \end{pmatrix} \tag{4-13}$$

根据 $H = Y \times X^{-1} (\bmod 2)$ 求得 H 矩阵为

$$\begin{aligned} H &= \left\{ \begin{pmatrix} 0 & 0 & 1 & 1 \\ 0 & 1 & 1 & 0 \\ 1 & 1 & 0 & 1 \\ 1 & 0 & 1 & 0 \end{pmatrix} \times \begin{pmatrix} 2 & -1 & 1 & -1 \\ -1 & 0 & 0 & 1 \\ 1 & 0 & 1 & -1 \\ -1 & 1 & -1 & 1 \end{pmatrix} \right\} \bmod 2 \\ &= \begin{pmatrix} 0 & 1 & 0 & 0 \\ 0 & 0 & 1 & 0 \\ 0 & 0 & 0 & 1 \\ 3 & -1 & 2 & -2 \end{pmatrix} \bmod 2 = \begin{pmatrix} 0 & 1 & 0 & 0 \\ 0 & 0 & 1 & 0 \\ 0 & 0 & 0 & 1 \\ 1 & -1 & 0 & 0 \end{pmatrix} \end{aligned} \tag{4-14}$$

由此可得 $(g_0, g_1, g_2, g_3) = (1, -1, 0, 0)$，在 GF(2) 上连接多项式为

$$g(x) = x^1 + 1 \tag{4-15}$$

至此完成了 4 级线性反馈移位寄存器序列密码的破译。

对于 n 级线性反馈移位寄存器序列密码来说，求逆矩阵 X^{-1} 的计算复杂度为 $O(n^3)$。对于 $n = 1000$ 的线性反馈移位寄存器序列密码，用每秒 100 万次的计算机，一天之内便可破译。

4.3 非线性反馈序列密码

基于对线性反馈移位寄存器安全性的分析，线性反馈移位寄存器序列密码在已知明文攻

击下是可破译的，可破译的根本原因在于线性反馈移位寄存器产生的密钥序列是线性的，这促使人们向非线性领域探索。

目前研究较为充分的生成非线性反馈序列的方法包括：①非线性反馈移位寄存器序列，它将反馈函数设计为非线性函数。②对线性反馈移位寄存器序列进行非线性组合，对线性反馈移位寄存器序列的研究比非线性反馈移位寄存器更充分，可以利用一个或多个线性反馈移位寄存器序列，对其进行非线性组合以获得良好的非线性序列。③利用非线性分组码产生非线性序列，非线性分组码的作用是从多个线性反馈移位寄存器中非线性地选择部分输出作为最终的序列输出。比如 Geffe 序列发生器利用滤波函数复合器作为分组码，在两个线性反馈移位寄存器中选择输出；两个线性序列作为 J-K 触发器输入，以产生输出；A5 算法使用的钟控序列生成器利用线性反馈移位寄存器生成的序列作为时钟，以控制其他线性反馈移位寄存器的移位的输出。

（1）非线性反馈移位寄存器序列　　令反馈函数 $f(s_0,s_1,\cdots,s_{n-2},s_{n-1})$ 为非线性函数便构成非线性反馈移位寄存器，其输出序列为非线性序列。图 4-14 所示为级数 $n=3$ 的非线性反馈移位寄存器。

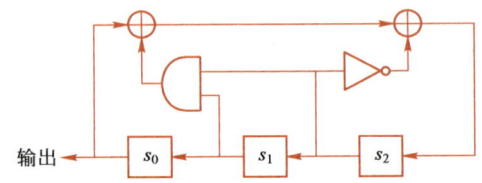

图 4-14　产生 M 序列的 3 级非线性反馈移位寄存器

其反馈函数 $f(s_0,s_1,s_2)=s_0\oplus(s_1\&s_2)\oplus(s_2+1)$，由于与运算（&）为非线性运算，故反馈函数为非线性反馈函数。其输出序列为 10111000，即 M 序列（周期达到 $2^3=8$）。

（2）对线性反馈移位寄存器序列进行非线性组合　　利用线性反馈移位寄存器序列进行设计具有实现容易、随机性好等优点。如图 4-15 所示，对一个线性反馈移位寄存器序列的状态进行非线性组合可以获得良好的非线性序列。

图 4-15　对线性反馈移位寄存器序列进行非线性组合

（3）利用非线性分组码产生非线性序列　　如图 4-16 所示，可以利用多个线性反馈移位寄存器作为驱动源，来驱动非线性电路产生非线性序列。其中，线性反馈移位寄存器序列用来确保所产生序列的长周期和均匀性，非线性电路用来确保输出序列的非线性和其他密码性质。

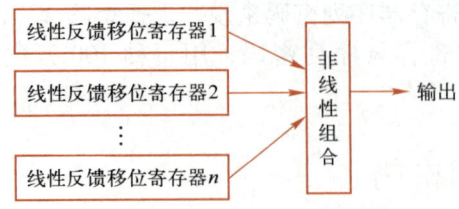

图 4-16　利用非线性分组码产生非线性序列

上述方法（2）和方法（3）中，使用的一个或多个线性反馈移位寄存器序列的输出通过非线性电路生成非线性序列，通常称这里的非线性电路为前馈电路，称这种输出序列为前馈序列。

Verilog（一种硬件描述语言）在定义硬件信号和处理位操作方面提供了非常方便的操作。它模块化强，通过定义信号和位操作，可以很容易地在硬件设计中复用和修改。它灵活性强，通过参数化和条件编译，可以很容易地将设计扩展到不同的线性反馈移位寄存器长度和抽头（参与异或的位）配置。基于表 4-2 中 138 位线性反馈移位寄存器的抽头参数，对应的 Verilog 实现见代码 4-1。

代码 4-1：138 位线性反馈移位寄存器

```
1   module lfsr(clk, reset, lfsr);
2       input clk, reset;
3       output reg [137:0] lfsr;
4       wire d0;
5       xnor(d0, lfsr[137], lfsr[136], lfsr[130], lfsr[129]);
6       always @ (posedge clk, posedge reset) begin
7           if(reset)
8               lfsr <= 0;
9           else
10              lfsr <= {lfsr[136:0], d0};
11      end
12  end module
```

4.4 A5 序列密码

A5 序列密码是 GSM 标准中使用的加密算法。A5 序列密码加密链路如图 4-17 所示。该算法主要用于手机到基站之间的链路语音加密。A5 算法主要有三个版本，记作 A5/1、A5/2、A5/3，不同版本的主要差别在连接多项式上。通常，A5 算法指的是 A5/1，其安全性最强。

4.4.1 加密与解密

A5/1 是一个基于线性反馈移位寄存器的流密码算法。GSM 消息通常使用 A5 算法对每个会话分别加密。加解密流程如图 4-18 所示。每次会话时，基站会产生一个 64 位的随机数 K_c 作为随机种子密钥用于加密，A5

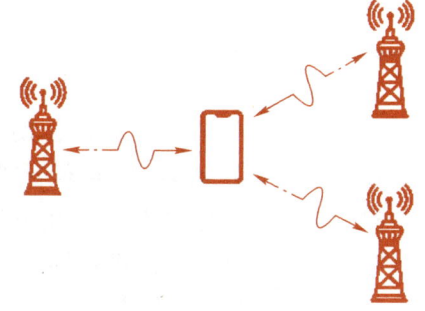

图 4-17　A5 序列密码加密链路

算法将一次会话的 GSM 消息按照每帧 228 位划分为若干帧，逐帧加密，F_n 为划分后的帧序号。对于每一个 228 位帧，A5 算法根据该帧对应的 22 位的帧序号 F_n 和本次会话的 64 位随机种子密钥 K_c，生成 228 位的流密钥序列。将明文与产生的流密钥序列进行按位异或，得到密文；同样，将密文与流密钥序列按位异或，得到明文。

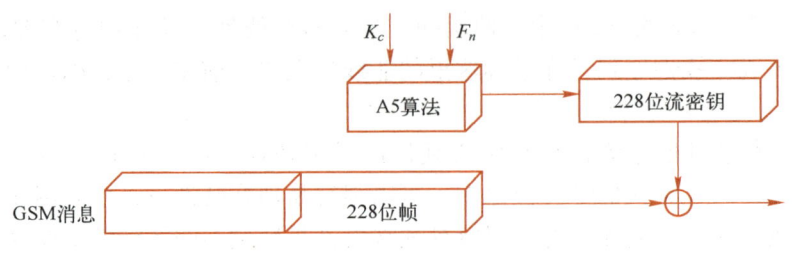

图 4-18　A5 序列密码算法的加密与解密流程

4.4.2　流密钥生成

A5 算法的输入为 22 位的帧序号 F_n 和 64 位的随机种子密钥 K_c，输出为 228 位的流密钥序列，内部结构如图 4-19 所示。

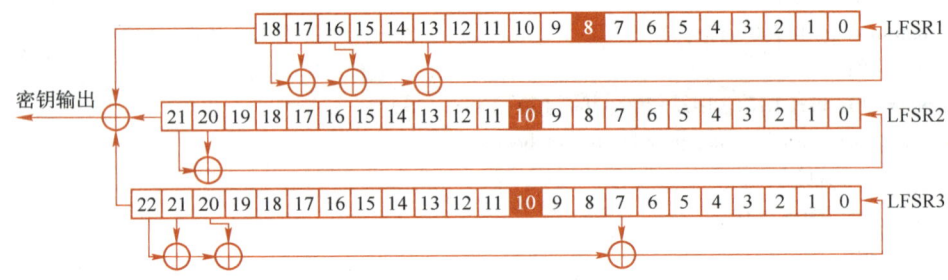

图 4-19　A5 序列密码算法产生流密钥的内部结构

它由三个较短的线性反馈移位寄存器 LFSR1、LFSR2 和 LFSR3 构成，长度分别为 19 位、22 位和 23 位，共同构成了 64 位的内部状态。三个移位寄存器的连接多项式分别为：

LFSR1：$g_1(x) = x^{19}+x^{18}+x^{17}+x^{14}+1$

LFSR2：$g_2(x) = x^{22}+x^{21}+1$

LFSR3：$g_3(x) = x^{23}+x^{22}+x^{21}+x^8+1$

流密钥的生成流程包含如下两个阶段。

（1）规则动作阶段：初始化

1）将三个 LFSR 的初始状态全设为零。

2）在 64 位种子密钥 K_c 的作用下，三个 LFSR 分别移位 64 次。第 i 次移位时，反馈函数的计算结果与 K_c 的第 i 位进行异或，作为反馈结果填充到 LFSR 的最末端。

3）在 22 位帧序号 F_n 的作用下，三个 LFSR 分别移位 22 次。第 i 次移位时，反馈函数的计算结果与 F_n 的第 i 位进行异或，作为反馈结果填充到每个 LFSR 的最末端。

初始化阶段后三个寄存器状态被称为算法的初态，该阶段的目的是给三个 LFSR 提供随机性良好的非全零的初始状态，为后面产生流密钥做准备。

（2）不规则动作阶段："服从多数"

1）三个 LFSR 以时钟控制的方式连续动作 100 次，但不输出。

2）三个 LFSR 以时钟控制的方式连续动作 114 次，每次移位后将三个 LFSR 的最高位异或，产生 1 位的密钥输出作为最终输出的流密钥的 1 位，共计 114 位。

3）三个 LFSR 以时钟控制的方式连续动作 100 次，但不输出。

4）三个 LFSR 以时钟控制的方式连续动作 114 次，每次移位后将三个 LFSR 的最高位异或，产生 1 位的密钥输出作为最终输出的流密钥的 1 位，共计 114 位。

其中时钟控制的原理为：三个 LFSR 的时钟脉冲由时钟控制电路提供，时钟控制信号的检测位分别来自 LFSR1、LFSR2 和 LFSR3 的第 9 位、11 位和 11 位。若三个检测位相等，即 LFSR1(8) = LFSR2(10) = LFSR3(10)，则向所有 LFSR 发送时钟脉冲；否则只向检测位相同的（通过表决确定）两个寄存器发送时钟脉冲，LFSR 在时钟脉冲的驱动下动作。这种方法保证了每个时钟周期至少有两个寄存器移位，如此在多个周期后即可形成预期长度为 228 位的流密钥。

4.4.3 安全性

A5 算法的设计思想优秀，效率高。但存在三个移位寄存器的长度太短这一安全问题，这使它可能会被穷举的方法破解。另外，即使种子密钥不同，也可能产生相同密钥序列。总之，A5 算法对于目前的计算能力来说是不安全的。

4.5 RC4 序列密码

RC4（Rivest Cipher 4）密码算法是美国 RSA 数据安全公司设计的一种可变密钥长度的序列密码算法，由 Ron Rivest 在 1987 年提出，RSA 公司将其收集在加密软件 BSafe 中。RC4 算法最初并没有公布，但由于众多安全软件系统中使用了该密码算法，因此研究人员在 1994 年通过对安全软件系统进行逆向分析得到了算法。于是 RSA 公司于 1997 年公布了 RC4 密码算法，此后 RC4 密码算法常用于 SSL/TLS 网络浏览器和服务器间通信标准中。

RC4 密码与基于移位寄存器的序列密码不同，它是一种基于非线性数据表变换的序列密码，它以一个足够大的数据表为基础，对表进行非线性变换，产生非线性的密钥流序列。

4.5.1 流密钥生成

RC4 算法使用数据表 S 生成流密钥，数据表大小随着一次加密的位数 n 的变化而变化。通常 n 取 8，此时数据表的维数为 $2^8 = 256$，每个数据表单元存储的元素大小为 1 字节，即 8 位。种子密钥 K 的范围是 5～256 字节，即 40～2048 位。

流密钥生成的流程如下。

（1）S 表初始化

1）创建一个 256 维的 S 表数组，每个数组单元大小为 1 字节。如算法 4-1 所示，线性填充 S 表对其进行初始化，即令 $S[0] = 0, S[1] = 1, \cdots, S[255] = 255$。

2）创建一个 256 维的临时 T 表数组，每个数组单元大小为 1 字节。如算法 4-1 所示，用种子密钥填充 T 表，如果密钥 K 的长度 n 小于 T 表的长度，则依次重复填充，直至将 T 表填满。

算法 4-1：S 表初始化
```
1       for i = 0 to 255 DO
2            S[i] = i
3            T[i] = K[i%n]
4       end for
```

（2）S 表置换

按照置换规则对 S 表数组中的单元进行 256 次置换，置换规则如算法 4-2 所示。具体为：初始化 j 为 0，对于 S 表中的第 i 个单元，计算得 $j = (j + S[i] + T[i]) \bmod 256$，用第 $i-1$ 次计

算获得新的 j 值,再将 S 表中的第 i 个单元和第 j 个单元的位置交换。

算法 4-2：S 表置换

```
1    j = 0
2    for i = 0 to 255 do
3        j = (j + S[i] + T[i]) mod 256
4        swap(S[i], S[j])  //交换 S[i] 和 S[j]
5    end for
```

（3）密钥流生成

1）初始化变量 i 和 j 为 0。

2）每次生成 1 字节流密钥之前，将变量 i 自增，变量 j 的生成方式与 S 表置换中描述的方式相同，变量 i 和 j 的范围均为 0~255。

3）将 S 表中的第 i 个单元和第 j 个单元的位置交换以打乱 S 表。

4）取 S 表中第 $(S[i]+S[j]) \bmod 256$ 个单元的元素作为输出的 1 字节流密钥 k。

密钥流生成的具体实现如算法 4-3 所示。

算法 4-3：密钥流生成

```
1    i = 0, j = 0
2    while(true)
3        i = (i + 1) mod 256
4        j = (j + S[i] + T[i]) mod 256
5        swap(S[i], S[j])
6        t = (S[i] + S[j]) mod 256
7        k = S[t]
8    end while
```

密钥流生成过程中，每循环一次就产生 1 字节的流密钥 k，重复多次即可生成多字节流密钥。之后使用生成的流密钥序列与明文序列逐字节异或即可得到密文。同样，使用流密钥序列与密文序列逐字节异或就可以恢复明文。流密钥生成过程如图 4-20 所示。

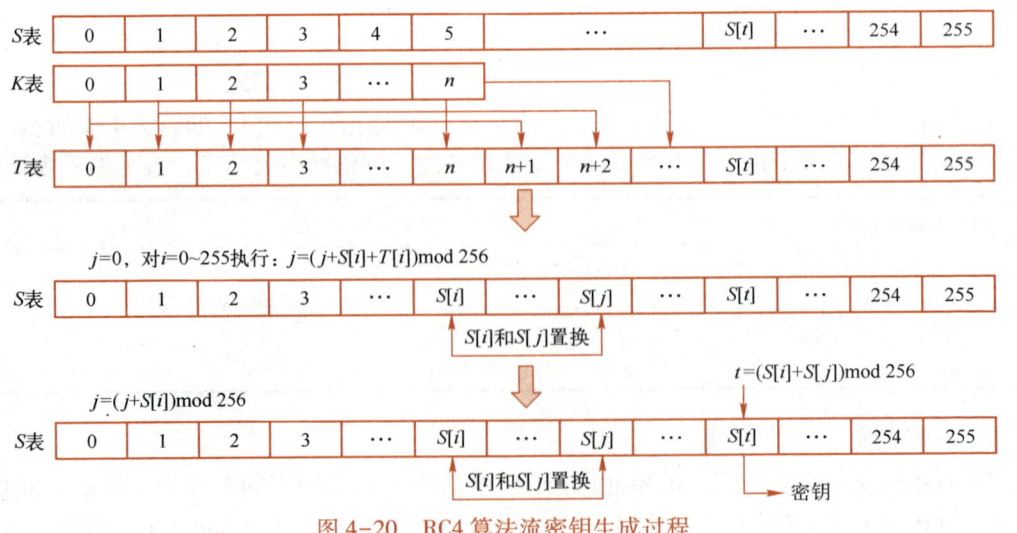

图 4-20　RC4 算法流密钥生成过程

4.5.2 安全性

RC4 密码算法设计简单、加密速度快，易于软件实现。RC4 支持从 40~2048 位的密钥长度，密钥较短的 RC4 实现容易受到黑客攻击，密钥长度为 40 位的 RC4 密码，通过互联网 32h 可攻破，但目前没有密码分析方法对密钥长度达到 128 位的 RC4 有效。

RC4 相关的脆弱性如下：

RC4 加密采用 XOR，一旦子密钥序列出现重复，密文就有可能被破解（参见 *Applied Cryptography* 一书的 1.4 节 "Simple XOR"）。

RC4 存在弱密钥使得在初始置换后 S 的顺序不变，即 $i=j$。

RC4 存在部分弱密钥使得子密钥序列在 100 万字节内就发生了完全的重复。

2001 年，Fluhrer、Mantin 和 Shamir 提出了在相关密钥下的唯密文攻击 RC4，后来被攻击者用来基于 WEP（有线等效保密）协议密钥产生的脆弱性破译了 RC4 算法。

CVE-2013-2566：SSL/TLS RC4 信息泄露漏洞。

CVE-2015-2808：RC4 加密漏洞。

4.6 祖冲之序列密码

祖冲之密码算法集包括祖冲之（ZUC）密码算法、机密性算法 128-EEA3 和完整性算法 128-EIA3，用于 4G 移动通信中的数据机密性和完整性保护。

它是我国自主设计的密码算法，由信息安全国家重点实验室等单位研制。2011 年 9 月 ZUC 被 3GPP LTE（Long Term Evolution，长期演进技术）采纳为新一代宽带无线通信系统国际加密标准（3GPP TS 33.401），即 4G 国际标准。2012 年 3 月发布为国家密码行业标准 GM/T0001—2012《祖冲之序列密码算法》。2016 年被纳入中国国家标准《信息安全技术 祖冲之序列密码算法》。ZUC 算法标准化的成功体现了我国在商用密码领域的设计能力，增强了我国在通信安全领域的影响力。

4.6.1 算法结构

ZUC 密码算法的本质是一个密钥序列产生算法，在结构上属于对一个线性反馈移位寄存器进行非线性组合的逻辑结构。ZUC 密码算法为三层结构，三个逻辑层分别为线性反馈移位寄存器（LSRF）、位重组（BR）、非线性 F 函数，其逻辑结构如图 4-21 所示。

其中，三个逻辑层的具体结构与功能为：

（1）线性反馈移位寄存器　线性反馈移位寄存器以有限域 $GF(2^{31}-1)$ 上的 16 次（$n=16$）本原多项式为连接多项式：$g(x)=x^{16}-2^{15}x^{15}-2^{17}x^{13}-2^{21}x^{10}-2^{20}x^4-(2^8+1)$。

线性反馈移位寄存器的输出是 $GF(2^{31}-1)$ 上的 m 序列，序列周期为 $(2^{31}-1)^{16}-1$，具有良好的随机性。

线性反馈移位寄存器状态长度为 16 个 31 位单元，$S_0 \sim S_{15}$ 均为 31 位，取值范围在 1~$(2^{31}-1)$ 之间。

（2）位重组　中间层 BR 从 16 个 31 位中抽取 128 位，形成 4 个 32 位的字 $X_0 \sim X_3$ 传递给 F 层。

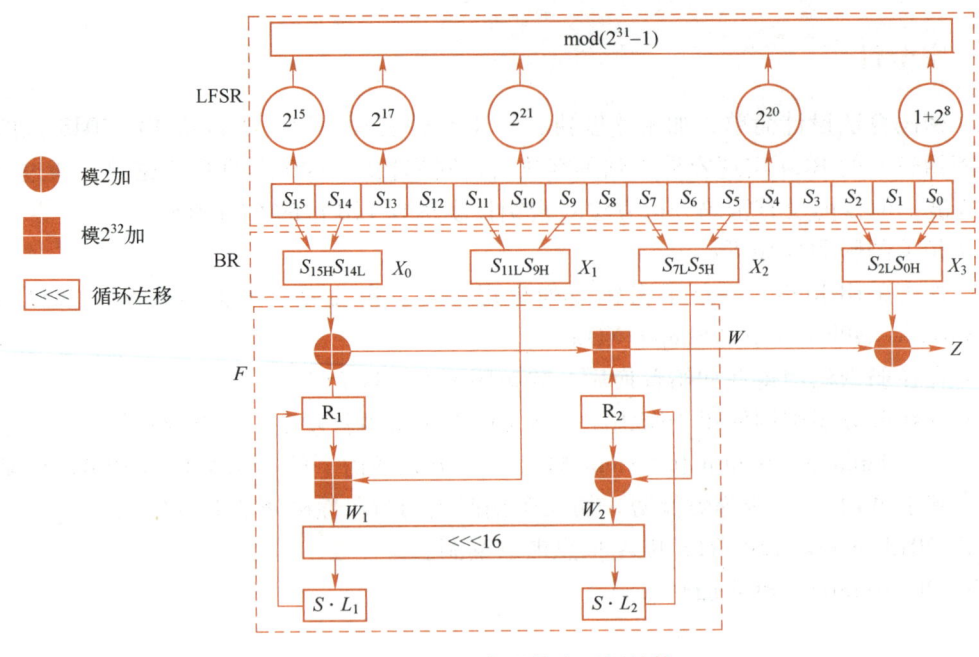

图 4-21 ZUC 密码算法逻辑结构

（3）非线性 F 函数　F 函数是 ZUC 密码算法中唯一的非线性部件，对算法安全性至关重要。它对 BR 层传入的 4 个 32 位字进行内部的异或、模 2^{32} 加、循环移位、非线性 S 盒置换、L_1 和 L_2 线性变换，最终得到 32 位输出 W。

其中非线性置换使用的 32×32 S 盒是由 4 个 8 进 8 出的 S 盒置换矩阵 S_0、S_1、S_2 和 S_3 并置而构成的，见式（4-16）。其中，置换矩阵 S_0 盒和 S_1 盒的结构分别见表 4-3 和表 4-4。

$$S = (S_0, S_1, S_2, S_3) \tag{4-16}$$

$S_0 = S_2$，$S_1 = S_3$，即

$$S = (S_0, S_1, S_0, S_1) \tag{4-17}$$

表 4-3　置换矩阵 S_0 盒

	0	1	2	3	4	5	6	7	8	9	A	B	C	D	E	F
0	3E	72	5B	47	CA	E0	00	33	04	D1	54	98	09	B9	6D	CB
1	7B	1B	F9	32	AF	9D	6A	A5	B8	2D	FC	1D	08	53	03	90
2	4D	4E	84	99	E4	CE	D9	91	DD	B6	85	48	8B	29	6E	AC
3	CD	C1	F8	1E	73	43	69	C6	B5	BD	FD	39	63	20	D4	38
4	76	7D	B2	A7	CF	ED	57	C5	F3	2C	BB	14	21	06	55	9B
5	E3	EF	5E	31	4F	7F	5A	A4	0D	82	51	49	5F	BA	58	1C
6	4A	16	D5	17	A8	92	24	1F	8C	FF	D8	AE	2E	01	D3	AD
7	3B	4B	DA	46	EB	C9	DE	9A	8F	87	D7	3A	80	6F	2F	C8
8	B1	B4	37	F7	0A	22	13	28	7C	CC	3C	89	C7	C3	96	56
9	07	BF	7E	F0	0B	2B	97	52	35	41	79	61	A6	4C	10	FE
A	BC	26	95	88	8A	B0	A3	FB	C0	18	94	F2	E1	E5	E9	5D
B	D0	DC	11	66	64	5C	EC	59	42	75	12	F5	74	9C	AA	23

（续）

	0	1	2	3	4	5	6	7	8	9	A	B	C	D	E	F
C	0E	86	AB	BE	2A	02	E7	67	E6	44	A2	6C	C2	93	9F	F1
D	F6	FA	36	D2	50	68	9E	62	71	15	3D	D6	40	C4	E2	0F
E	8E	83	77	6B	25	05	3F	0C	30	EA	70	B7	A1	E8	A9	65
F	8D	27	1A	DB	81	B3	A0	F4	45	7A	19	DF	EE	78	34	60

表 4-4　置换矩阵 S_1 盒

	0	1	2	3	4	5	6	7	8	9	A	B	C	D	E	F
0	55	C2	63	71	3B	C8	47	86	9F	3C	DA	5B	29	AA	FD	77
1	8C	C5	94	0C	A6	1A	13	00	E3	A8	16	72	40	F9	F8	42
2	44	26	68	96	81	D9	45	3E	10	76	C6	A7	8B	39	43	E1
3	3A	B5	56	2A	C0	6D	B3	05	22	66	BF	DC	0B	FA	62	48
4	DD	20	11	06	36	C9	C1	CF	F6	27	52	BB	69	F5	D4	87
5	7F	84	4C	D2	9C	57	A4	BC	4F	9A	DF	FE	D6	8D	7A	EB
6	2B	53	D8	5C	A1	14	17	FB	23	D5	7D	30	67	73	08	09
7	EE	B7	70	3F	61	B2	19	8E	4E	E5	4B	93	8F	5D	DB	A9
8	AD	F1	AE	2E	CB	0D	FC	F4	2D	46	6E	1D	97	E8	D1	E9
9	4D	37	A5	75	5E	83	9E	AB	82	9D	B9	1C	E0	CD	49	89
A	01	B6	BD	58	24	A2	5F	38	78	99	15	90	50	B8	95	E4
B	D0	91	C7	CE	ED	0F	B4	6F	A0	CC	F0	02	4A	79	C3	DE
C	A3	EF	EA	51	E6	6B	18	EC	1B	2C	80	F7	74	E7	FF	21
D	5A	6A	54	1E	41	31	92	35	C4	33	07	0A	BA	7E	0E	34
E	88	B1	98	7C	F3	3D	60	6C	7B	CA	D3	1F	32	65	04	28
F	64	BE	85	9B	2F	59	8A	D7	B0	25	AC	AF	12	03	E2	F2

L_1 和 L_2 为 32 位线性变换，由式（4-18）和式（4-19）得出

$$L_1(X) = X \oplus (X<<<2) \oplus (X<<<10) \oplus (X<<<18) \oplus (X<<<24) \quad (4-18)$$

$$L_2(X) = X \oplus (X<<<8) \oplus (X<<<14) \oplus (X<<<22) \oplus (X<<<30) \quad (4-19)$$

式中，<<< 表示循环左移运算。

最后，F 层的输出 W 与 BR 层输出的 X_3 异或，获得 ZUC 算法最终的密钥字序列 Z。

ZUC 密码算法的全流程如下：

1）使用初始密钥 KEY 和初始向量 IV 填充线性反馈移位寄存器。将 128 位初始密钥 KEY 和 128 位初始向量 IV 扩展为 16 个 32 位装载到线性反馈移位寄存器的 $S_0 \sim S_{15}$，作为寄存器单元变量的初始状态。其中 128 位初始密钥 KEY $= k_0 \| k_1 \| \cdots \| k_{15}$（$k_i$ 的长度为 8 位，$0 \leq i \leq 15$）。初始向量 IV $= iv_0 \| iv_1 \| \cdots \| iv_{15}$（$iv_i$ 的长度为 8 位，$0 \leq i \leq 15$），$\|$ 表示拼接。D 为 240 位的常量，可划分为 16 个 15 位的字串，D $= d_0 \| d_1 \| \cdots \| d_{15}$（$d_i$ 的长度为 15 位，$0 \leq i \leq 15$），其中 d_i 的值为

$$\begin{cases} d_0 = 100010011010000, d_1 = 010011010111100 \\ d_2 = 110001001101011, d_3 = 001001101011110 \\ d_4 = 101011110001001, d_5 = 011010111100010 \\ d_6 = 111000100110101, d_7 = 000100110101111 \\ d_8 = 100110101111000, d_9 = 010111100010011 \\ d_{10} = 110101111000100, d_{11} = 001101011110001 \\ d_{12} = 101111000100110, d_{13} = 011110001001101 \\ d_{14} = 111100010011010, d_{15} = 100011110101100 \end{cases} \quad (4-20)$$

由此可得 S_i，即

$$S_i = k_i \| d_i \| iv_i, \quad 0 \leq i \leq 15 \quad (4-21)$$

2）置 F 函数中的两个 32 位寄存器 R_1 和 R_2 为 0。

3）线性反馈移位寄存器以初始化模式运行 32 次，具体如算法 4-4 所示。

算法 4-4：线性反馈移位寄存器以初始化模式运行 32 次

1	BitRecon( );
2	$W = F(X_0, X_1, X_2)$;
3	LFSRInitMode(u);

其中 BitRecon( ) 为位重组，具体如算法 4-5 所示。

算法 4-5：位重组

1	BitRecon( ) {
2	$X_0 = s_{15H} \| s_{14L}$;
3	$X_0 = s_{11H} \| s_{9L}$;
4	$X_0 = s_{7H} \| s_{5L}$;
5	$X_0 = s_{2H} \| s_{0L}$;
6	}

$F = (X_0, X_1, X_2)$ 为非线性函数 F 的计算，具体如算法 4-6 所示。

算法 4-6：非线性函数 $F(X_0, X_1, X_2)$

1	$F(X_0, X_1, X_2)$
2	{
3	$W = ((X_0 \oplus R_1) + R_2) \bmod 2^{32}$
4	$W_1 = (R_1 + X_1) \bmod 2^{32}$
5	$W_2 = R_2 \oplus X_2$
6	$R_1 = S(L_1(W_{1L} \| W_{2H}) \|$
7	$R_2 = S(L_2(W_{2L} \| W_{1H})$
8	}

LFSRInitMode(u) 为线性反馈移位寄存器的初始化模式函数。初始化模式下，线性反馈移位寄存器接收一个 31 位字 u。u 是非线性函数 F 的 32 位输出 W 舍弃最低位得到的，具体

如算法 4-7 所示。

算法 4-7：线性反馈移位寄存器的初始化模式
1　LFSRInitMode(u)
2　{
3　　　$v = (2^{15}s_{15} + 2^{17}s_{13} + 2^{21}s_{10} + 2^{20}s_4 + (1+2^8)s_0) \bmod (2^{31}-1)$；
4　　　$s_{16} = (v+u) \bmod (2^{31}-1)$；
5　　　若 $s_{16}=0$，则置 $s_{16}=2^{31}-1$；
6　　　$(s_1, s_2, \cdots, s_{15}, s_{16}) \to (s_0, s_1, \cdots, s_{14}, s_{15})$；
7　}

4）以工作模式运行一次，并将输出 W 舍弃，具体如算法 4-8 所示。

算法 4-8：线性反馈移位寄存器以工作模式运行一次
1　BitRecon()；
2　$F(X_0, X_1, X_2)$
3　LFSRWorkMode()

其中，LFSRWorkMode() 为线性反馈移位寄存器的工作模式函数，它和初始化模式函数的差别在于没有接收 31 位字 u，具体如算法 4-9 所示。

算法 4-9：线性反馈移位寄存器的工作模式
1　LFSRWorkMode()
2　{
3　　　$s_{16} = (2^{15}s_{15} + 2^{17}s_{13} + 2^{21}s_{10} + 2^{20}s_4 + (1+2^8)s_0) \bmod (2^{31}-1)$；
4　　　若 $s_{16}=0$，则置 $s_{16}=2^{31}-1$；
5　　　$(s_1, s_2, \cdots, s_{15}, s_{16}) \to (s_0, s_1, \cdots, s_{14}, s_{15})$；
6　}

5）进入密钥产生阶段，每时钟节拍产生 32 位密钥字 Z，具体如算法 4-10 所示。

算法 4-10：密钥产生阶段
1　BitRecon()；
2　$Z = F(X_0, X_1, X_2)$；
3　LFSRWorkMode()

4.6.2　机密性算法 128-EEA3

基于 ZUC 密码算法的机密性算法 128-EEA3 算法，主要用于 4G 移动通信中用户设备和无线网络控制设备之间无线链路上的通信信令和数据加解密。128-EEA3 算法的输入参数见表 4-5，输出参数见表 4-6。

表 4-5　128-EEA3 算法的输入参数

输入参数	位 长 度	备 注
COUNT	32	计数器
BEARER	5	承载层标识
DIRECTION	1	传输方向标志
CK	128	机密性密钥
LENGTH	32	明文消息流长度
IBS	LENGTH	输入流

表 4-6　128-EEA3 算法的输出参数

输出参数	位 长 度	备 注
C	LENGTH	输出流

128-EEA3 算法的算法结构如图 4-22 所示，根据初始密钥 CK 以及其他输入参数构造 ZUC 算法的初始密钥 KEY 和初始向量 IV。

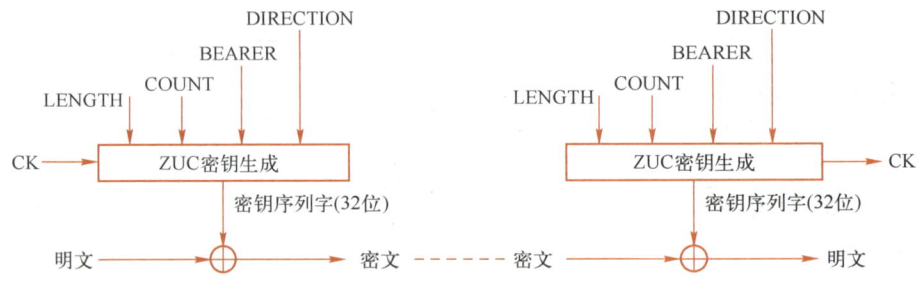

图 4-22　128-EEA3 算法的算法结构

具体的算法流程如下：

1）构造 ZUC 算法的初始密钥 KEY。其中 CK 为 128 位机密性密钥，划分为 16 个字节，即

$$CK = ck_0 \| ck_1 \| \cdots \| ck_{15}, \quad ck_i \text{的长度为 8 位}, 0 \leq i \leq 15 \tag{4-22}$$

ZUC 算法的初始密钥 KEY 同样为 128 位，划分为 16 个字节，即

$$KEY = k_0 \| k_1 \| \cdots \| k_{15}, \quad k_i \text{的长度为 8 位}, 0 \leq i \leq 15 \tag{4-23}$$

用 CK 构造 KEY 的最简单的方法就是令 $k_i = ck_i, 0 \leq i \leq 15$，如图 4-23 所示。

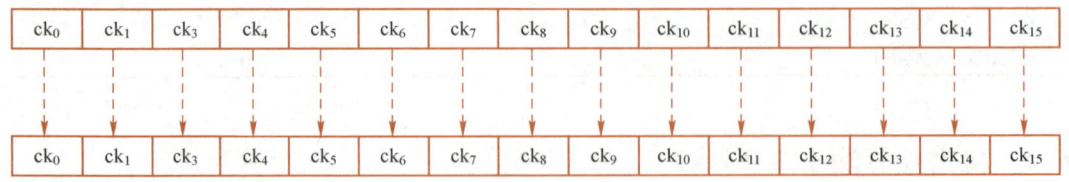

图 4-23　使用 128-EEA3 的机密密钥 CK 构造 ZUC 算法的初始密钥 KEY

2）构造 ZUC 算法的初始向量 IV。其中 COUNT 为 32 位计数器，划分为 4 个字节，即

$$COUNT = count_0 \| count_1 \| count_2 \| count_3, \quad count_i \text{的长度为 8 位}, 0 \leq i \leq 3 \tag{4-24}$$

ZUC 算法的初始向量 IV 大小为 128 位，划分为 16 个字节，即

$$IV = iv_0 \| iv_1 \| \cdots \| iv_{15}, \quad iv_i \text{的长度为 8 位}, 0 \leq i \leq 15 \tag{4-25}$$

使用如下规则

$$\begin{cases} iv_0 = count_0 \\ iv_1 = count_1 \\ iv_2 = count_2 \\ iv_3 = count_3 \\ iv_4 = BREAK \| DIRECTION \| 00_2 \\ iv_5 = iv_6 = iv_7 = 00000000_2 \\ iv_i = iv_{i-8}, \quad 8 \leq i \leq 15 \end{cases} \tag{4-26}$$

3) 产生密钥流。对于长度为 LENGTH 的输入流,ZUC 密钥生成部分须产生足够长的加解密密钥流来完成加解密运算。由于祖冲之密码所产生的密钥是以 32 位字为单位的,因此为了加解密 LENGTH 位的输入流,要产生 L 个 32 位字的加解密密钥流,$L = \lceil LENGTH/32 \rceil$。利用初始密钥 KEY 和初始向量 IV,执行祖冲之密码算法便可产生 L 个 32 位字的加解密密钥流 $K = \{k_0, k_1, \cdots, k_{32L-1}\}$,其中 k_i 大小为 1 位,k_0 为生成的第一个 32 位密钥字的最低位,k_{31} 为生成的第一个 32 位密钥字的最高位,依此类推。

4) 加密与解密。长度为 LENGTH 的输入明文流为 $M = m_0 \| m_1 \| \cdots \| m_{LENGTH-1}$,将 M 与密钥流 $K = \{k_0, k_1, \cdots, k_{32L-1}\}$ 逐位异或,即可得到长度为 LENGTH 的密文流 $C = c_0 \| c_1 \| \cdots \| c_{LENGTH-1}$,其中 $c_i = m_i \oplus k_i, 0 \leq i < LENGTH$,同样将 C 与密钥流 $K = \{k_0, k_1, \cdots, k_{32L-1}\}$ 逐位异或,即可得到长度为 LENGTH 的明文流,$m_i = c_i \oplus k_i, 0 \leq i < LENGTH$。

4.6.3 安全性

ZUC 密码算法运算速度快且具备了较高的安全冗余,软件与硬件实现性能都较好。它综合使用了素数域运算的线性反馈移位寄存器、位重组、最优扩散的非线性变换的三层结构,具有很高的理论安全性,能够抵御多种已知攻击,如弱密钥攻击、Guess-and-Determine(猜测决定)攻击、Binary Decision Tree(二元决策树)攻击、线性区分攻击、代数攻击、选择初始向量攻击等。其主要的安全威胁在于侧信道攻击,如 DPA(差分能量分析)攻击。

4.7 轻量级序列密码

轻量级序列密码与轻量级分组密码相对应,结构简单,功耗较低,易于通过硬件设计实现,为小型设备提供安全保障。

4.7.1 轻量级序列密码算法

欧盟为了改变 NESSIE(新欧洲签名、完整性和加密计划)中序列密码候选算法全部落选的状况,于 2004 年启动了 eSTREAM 欧洲序列密码计划,主要征集面向高速、大吞吐量软件应用与资源受限硬件环境的序列算法,这一举动推动了国际上现代序列密码的设计与发展,序列密码研究开始关注易于硬件实现的轻量化序列密码设计。最终 eSTREAM 计划在 2008 年确定了四个面向软件实现和硬件实现的优胜算法,除了已被提出有效攻击的 F-FCSR-

H v2 之外，还面向硬件实现推荐了三个轻量级密码算法，包括 Grain v1、MICKEY v2 和 Trivium。

eSTREAM 项目的优胜算法大多采用非线性迭代和非线性驱动的设计方法。其中，Grain v1 的驱动部分采用了线性反馈移位寄存器（LFSR）到非线性反馈移位寄存器（NFSR）的串联结构，MICKEY v2 结合了不规则钟控和非线性反馈来实现两个 NFSR 相互控制；Trivium 采用了三个 NFSR 循环反馈进行非线性迭代。这三种基于 NFSR 设计的密码算法对后来的序列密码设计产生了重大影响，后来的众多序列密码设计都借鉴了它们的设计思想并在其基础上进行改进。例如，轻量级序列密码算法 Sprout、Fruit、LIZARD、Plantlet 以及轻量级 Hash 函数 Quark 系列均采用了类似 Grain v1 的 NFSR 串联的结构作为驱动部件。CAESAR（认证加密算法征集）计划征集的认证加密算法 ACORN 也采用了 LFSR 串联与非线性反馈共同构成的 NFSR。

4.7.2　Grain v1 序列密码

Grain 系列算法是著名的基于 NFSR 的轻量级序列密码算法，包括 Grain v1、Grain-128 和 Grain-128a。其中，Grain v1 作为 eSTREAM 项目的胜选算法，硬件实现复杂度低，适用于硬件资源受限的应用场景，Grain-128 和 Grain-128a 的设计思想与结构基于 Grain v1，Grain-128 由于存在优于穷举攻击复杂度的密钥回复攻击方法而不被推荐使用，Grain-128a 是射频识别（Radio Frequency Identification，RFID）技术的国际加密认证标准。Grain 系列算法采用了相似的设计结构，主体部分由两个同级移位寄存器串联和一个非线性输出函数构成。

1. 主体部分

Grain v1 支持 80 位密钥和 64 位初始向量，主体部分（见图 4-24）包含级联的级数均为 80 的一个 NFSR 和一个 LFSR，以及一个非线性输出函数 $h(x)$，其中 LFSR 的更新与 NFSR 无关，NFSR 的更新与 LFSR 的输出有关。使用两个移位寄存器作为序列源，可以在保证序列源的周期性和平衡性的同时，有效抵抗相关攻击和代数攻击。

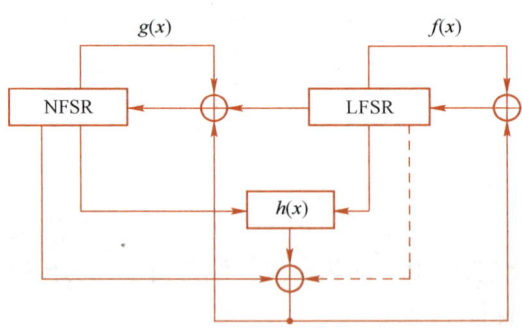

图 4-24　Grain v1 的主体部分

（1）LFSR　LFSR 是 80 级的，其反馈多项式 $f(x)$ 为

$$f(x) = x^{80} + x^{67} + x^{57} + x^{42} + x^{29} + x^{18} + 1 \tag{4-27}$$

LFSR 从右向左移动，每个时钟周期运动 1 拍，将其寄存器单元记为 $S=(s_0,s_1,\cdots,s_{79})$，则状态位更新所对应的反馈关系为

$$s_{i+80} = s_{i+62} + s_{i+51} + s_{i+38} + s_{i+23} + s_{i+13} + s_i \tag{4-28}$$

（2）NFSR NFSR 也是 80 级的，其反馈多项式 $g(x)$ 为

$$g(x) = x^{59}x^{52}x^{47}x^{43}x^{35}x^{28} + x^{71}x^{65}x^{59}x^{52}x^{47} + x^{43}x^{35}x^{28}x^{20}x^{17} + \\ x^{65}x^{59}x^{20}x^{17} + x^{47}x^{43}x^{28}x^{20} + x^{71}x^{52}x^{35}x^{17} + \\ x^{59}x^{52}x^{47} + x^{35}x^{28}x^{20} + x^{71}x^{65} + x^{47}x^{43} + x^{20}x^{17} + \\ x^{80} + x^{71} + x^{66} + x^{59} + x^{52} + x^{47} + x^{43} + x^{35} + x^{28} + x^{20} + x^{18} + 1 \quad (4-29)$$

NFSR 从右向左移动，每个时钟周期运动 1 拍，将其寄存器单元记为 $B = (b_0, b_1, \cdots, b_{79})$，则状态位更新所对应的反馈关系为

$$\begin{aligned} b_{i+80} &= s_i + b_{i+62} + b_{i+60} + b_{i+52} + b_{i+45} + b_{i+37} + b_{i+33} + b_{i+28} + b_{i+21} + b_{i+14} + b_{i+9} + b_i + \\ & b_{i+63}b_{i+60} + b_{i+37}b_{i+33} + b_{i+15}b_{i+9} + b_{i+60}b_{i+52}b_{i+45} + b_{i+33}b_{i+28}b_{i+21} + \\ & b_{i+63}b_{i+45}b_{i+28}b_{i+9} + b_{i+60}b_{i+52}b_{i+37}b_{i+33} + b_{i+63}b_{i+60}b_{i+21}b_{i+15} + \\ & b_{i+63}b_{i+60}b_{i+52}b_{i+45}b_{i+37} + b_{i+33}b_{i+28}b_{i+21}b_{i+15}b_{i+9} + b_{i+52}b_{i+45}b_{i+37}b_{i+33}b_{i+28}b_{i+21} \end{aligned} \quad (4-30)$$

（3）非线性输出函数 $h(x)$ LFSR 和 NFSR 的内部状态经过非线性输出函数 $h(x)$ 得到密钥流输出，$h(x)$ 为 5 输入 1 输出的函数，即

$$h(x) = x_1 + x_4 + x_0 x_3 + x_2 x_3 + x_3 x_4 + x_0 x_1 x_2 + x_0 x_2 x_3 + x_0 x_2 x_4 + x_1 x_2 x_4 + x_2 x_3 x_4 \quad (4-31)$$

式中，$x_0 = s_{i+3}, x_1 = s_{i+25}, x_2 = s_{i+46}, x_3 = s_{i+64}, x_4 = s_{i+63}$。输出的 1 位密钥流由 NFSR 中的 7 位和 $h(x)$ 输出的 1 位 h 进行异或运算得到，记为 ks，即

$$\text{ks} = b_{i+1} + b_{i+2} + b_{i+4} + b_{i+10} + b_{i+31} + b_{i+43} + b_{i+56} + h \quad (4-32)$$

2. 加解密流程

Grain v1 算法的加解密流程如下。

（1）初始化阶段

1）使用初始密钥 KEY 和初始向量 IV 填充 LFSR 与 NFSR。使用 80 位初始密钥 KEY $= \{k_0, k_1, \cdots, k_{79}\}$ 填充 NFSR，使用 64 位初始向量 IV 填充 LFSR 的低 64 位，剩余位初始化为 1，即

$$b_i = k_i, 0 \leq k_i \leq 79 \quad (4-33)$$
$$s_i = \text{IV}, 0 \leq k_i \leq 63 \quad (4-34)$$
$$s_i = 1, 64 \leq k_i \leq 79 \quad (4-35)$$

2）LFSR 和 NFSR 以初始化模式运行 160 次。设初始化阶段每拍生成的密钥位为 z_i，将其反馈到 LFSR 和 NFSR，运行 160 拍，即

$$s_{i+80} = z_i + s_{i+62} + s_{i+51} + s_{i+38} + s_{i+23} + s_{i+13} + s_i \quad (4-36)$$

$$\begin{aligned} b_{i+80} &= z_i + s_i + b_{i+62} + b_{i+60} + b_{i+52} + b_{i+45} + b_{i+37} + b_{i+33} + b_{i+28} + b_{i+21} + b_{i+14} + \\ & b_{i+9} + b_i + b_{i+63}b_{i+60} + b_{i+37}b_{i+33} + b_{i+15}b_{i+9} + b_{i+60}b_{i+52}b_{i+45} + b_{i+33}b_{i+28}b_{i+21} + \\ & b_{i+63}b_{i+45}b_{i+28}b_{i+9} + b_{i+60}b_{i+52}b_{i+37}b_{i+33} + b_{i+63}b_{i+60}b_{i+21}b_{i+15} + b_{i+63}b_{i+60}b_{i+52}b_{i+45}b_{i+37} + \\ & b_{i+33}b_{i+28}b_{i+21}b_{i+15}b_{i+9} + b_{i+52}b_{i+45}b_{i+37}b_{i+33}b_{i+28}b_{i+21} \end{aligned} \quad (4-37)$$

（2）密钥流生成阶段 初始化完成后，Grain v1 进入密钥流生成阶段，这一阶段每拍生成 1 位密钥 ks，输出的密钥流不再反馈给 LFSR 和 NFSR。

值得一提的是，自 2006 年发布以来，Grain v1 算法的安全性问题得到了研究人员的广泛关注，但目前还没有发现比穷举攻击更有效的攻击方法，该算法经受住了各类攻击的考验。

4.7.3 MICKEY v2 序列密码

MICKEY v2 序列密码是面向硬件的基于移位互相控制的同步流密码，它的算法结构如图 4-25 所示，包括一个 LFSR 和一个 NFSR，在特定位的位置的共同作用下，生成不规律的时钟控制信号来互相控制移位寄存器的更新，从而产生密钥流。其中，两个移位寄存器的级数相同，均为 100 级，初始密钥 KEY 的长度为 80 位，四组初始向量 IV 的长度可变，为 0~80 位，算法要求输出的密钥流长度不超过 2^{40} 位。

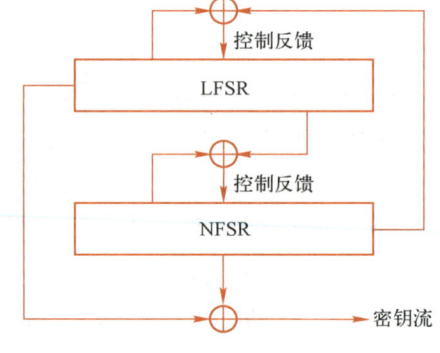

图 4-25　MICKEY v2 序列密码算法结构

1. 算法结构

（1）LFSR　LFSR 是带反馈抽头的 100 级线性反馈移位寄存器，将其寄存器单元记为 $R=(r_0, r_1, \cdots, r_{99})$。$R$ 的反馈抽头位置集合 RTAPS 为

RTAPS = {0,1,3,4,5,6,9,12,13,16,19,20,21,22,25,28,37,38,41,42,45,46,50,52,54,56,
58,60,61,63,64,65,66,67,71,72,79,80,81,82,87,88,89,90,91,92,94,95,96,97}

对于 R，算法 4-11 中函数 CLOCK_R(R, INPUT_R, CONTROL_R) 表示其迭代过程。其中，$r_0, r_1, \cdots, r_{99}$ 表示时钟前寄存器的状态，$r_0', r_1', \cdots, r_{99}'$ 表示时钟后寄存器的状态。

算法 4-11：寄存器单元 R 的迭代过程
1　　CLOCK_R(R, INPUT_R, CONTROL_R)
2　　　　FEEDBACK = r_{99} + INPUT_R
3　　　　for 1≤i≤99 do
4　　　　　　$r_i' = r_{i-1}$
5　　　　　　$r_0' = 0$
6　　　　end for
7　　　　for 1≤i≤99 do
8　　　　　　if i ∈ RTAPS then
9　　　　　　　　$r_i' = r_i'$ + FEEDBACK
10　　　　end for
11　　　if CONTROL_R = 1 then
12　　　　　for 1≤i≤99 do
13　　　　　　　$r_i' = r_i' + r_i$
14　　　　end for

当 CONTROL_R = 0 时，寄存器单元 R 的工作过程如图 4-26 所示。

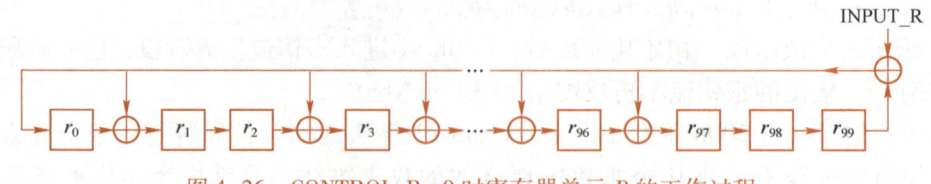

图 4-26　CONTROL_R=0 时寄存器单元 R 的工作过程

当 CONTROL_R=1 时,寄存器单元 R 的工作过程如图 4-27 所示。

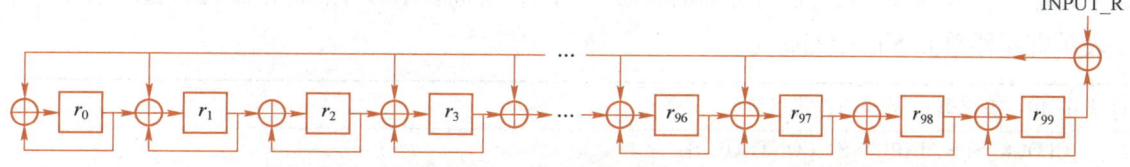

图 4-27　CONTROL_R=1 时寄存器单元 R 的工作过程

（2）NFSR　　NFSR 是 100 级非线性反馈移位寄存器,将其寄存器单元记为 $S=(s_0, s_1,\cdots,s_{99})$。首先定义四个序列：$COMP0_i(i=0,1,\cdots,98)$,$COMP1_i(i=0,1,\cdots,98)$,$FB0_i(i=0,1,\cdots,99)$,$FB1_i(i=0,1,\cdots,99)$。四个序列的值见表 4-7。

表 4-7　$COMP0_i$、$COMP1_i$、$FB0_i$、$FB1_i$ 序列

i	0	1	2	3	4	5	6	7	8	9	10	11	12	13	14	15	16	17	18	19
$COMP0_i$		0	0	0	1	1	0	0	0	1	0	1	1	1	1	0	1	0	0	1
$COMP1_i$		1	0	1	1	0	0	1	0	1	1	1	1	0	0	1	0	1	0	0
$FB0_i$	1	1	1	1	0	1	0	1	1	1	1	1	1	1	0	0	1	0	0	1
$FB1_i$	1	1	1	0	1	1	1	0	0	0	0	1	0	1	0	0	0	1	1	1
i	20	21	22	23	24	25	26	27	28	29	30	31	32	33	34	35	36	37	38	39
$COMP0_i$	0	1	0	1	0	0	1	0	1	0	1	0	0	1	0	1	0	0	1	0
$COMP1_i$	0	1	1	0	1	0	1	1	1	0	1	1	1	1	1	0	0	0	1	0
$FB0_i$	1	1	1	0	1	1	0	1	0	0	1	1	0	0	0	0	0	0	0	1
$FB1_i$	0	0	1	0	1	0	0	1	1	1	1	0	0	0	1	0	0	1	0	0
i	40	41	42	43	44	45	46	47	48	49	50	51	52	53	54	55	56	57	58	59
$COMP0_i$	0	0	1	0	0	1	0	1	1	0	0	0	0	0	1	1	0	0	0	1
$COMP1_i$	1	0	1	1	0	1	1	0	0	0	0	0	0	0	1	1	1	1	0	0
$FB0_i$	1	1	0	0	1	0	0	1	0	1	0	1	0	1	0	1	1	1	1	1
$FB1_i$	0	0	1	1	1	0	1	0	0	1	0	0	1	0	0	0	1	0	0	1
i	60	61	62	63	64	65	66	67	68	69	70	71	72	73	74	75	76	77	78	79
$COMP0_i$	1	1	1	0	0	1	0	1	0	1	1	1	1	1	1	1	1	1	0	1
$COMP1_i$	0	1	1	1	1	0	1	0	1	0	0	0	1	1	1	1	0	1	0	0
$FB0_i$	0	1	0	1	0	0	0	1	0	0	0	0	0	0	0	1	1	0	1	0
$FB1_i$	0	0	0	1	0	0	1	0	0	0	1	0	0	1	0	1	0	0	1	1
i	80	81	82	83	84	85	86	87	88	89	90	91	92	93	94	95	96	97	98	99
$COMP0_i$	0	1	1	1	1	0	1	0	0	0	0	0	0	0	0	0	0	1	0	
$COMP1_i$	0	0	0	0	1	1	0	0	1	0	0	0	1	0	0	1	1	0	0	
$FB0_i$	0	0	1	1	0	1	1	0	0	1	1	1	0	0	1	1	0	0	0	0
$FB1_i$	1	1	0	1	1	1	1	0	0	0	0	0	1	0	0	0	0	0	0	1

算法 4-12 中的函数 CLOCK_S(S, INPUT_S, CONTROL_S)为寄存器单元 S 的迭代过程。其中，$s_0, s_1, \cdots, s_{99}$ 表示时钟前寄存器的状态，$s'_0, s'_1, \cdots, s'_{99}$ 表示时钟后寄存器的状态，$\hat{s}_0, \hat{s}_1, \cdots, \hat{s}_{99}$ 表示寄存器单元 S 的中间状态。

算法 4-12：寄存器单元 S 的迭代过程	
1	CLOCK_S(S, INPUT_S, CONTROL_S)
2	FEEDBACK = s_{99} + INPUT_S
3	for $1 \leq i \leq 98$ do
4	$\hat{s}_i = s_{i-1} + ((s_i + \text{COMP0}_i)(s_{i+1} + \text{COMP}_i))$
5	end for
6	$\hat{s}_0 = 0$
7	$\hat{s}_{99} = s_{98}$
8	if CONTROL_S = 0 then
9	for $1 \leq i \leq 99$ do
10	$s'_i = \hat{s}_i + (\text{FB0}_i + \text{FEEDBACK})$
11	end for
12	if CONTROL_S = 1 then
13	for $1 \leq i \leq 99$ do
14	$s'_i = \hat{s}_i + (\text{FB1}_i + \text{FEEDBACK})$
15	ehd for

（3）控制反馈以生成流密钥　算法 4-13 中的函数 CLOCK_KG(R, S, MIX, INPUT)表示密钥生成总流程，其中两个移位寄存器的控制反馈信号 CONTROL_R 和 CONTROL_S 由两个移位寄存器序列交互控制。

算法 4-13：密钥生成总流程	
1	CLOCK_KG(R, S, MIX, INPUT)
2	CONTROL_R = $s_{34} + r_{67}$
3	CONTROL_S = $s_{67} + r_{34}$
4	if MIX = true then
5	INPUT_R = INPUT + s_{50}
6	if MIX = false then
7	INPUT_R = INPUT
8	INPUT_S = INPUT
9	CLOCK_R(R, INPUT_R, CONTROL_R)
10	CLOCK_S(S, INPUT_S, CONTROL_S)

2. 加解密流程

MICKRY v2 算法进行加解密的流程如下。

1）初始化寄存器 R 和寄存器 S 为全 0，然后装载初始向量 IV。如算法 4-14 所示，对于可变长度 IVLENGTH 的初始向量 IV = $\{iv_0, iv_1, \cdots, iv_{79}\}$，以初始化模式运行 IVLENGTH 次 CLOCK_KG 函数。装载过程中，函数的 MIX 参数一直为 TRUE，第 i 次运行时的 INPUT 参数为 iv_i。

算法 4-14：装载初始向量 IV
1   for 0≤i≤IVLENGTH−1 do
2   CLOCK_KG(R, S, MIX=TRUE, INPUT=iv_i)
3   end for

2）装载初始密钥 KEY。如算法 4-15 所示，装载密钥 KEY=$\{k_0,k_1,\cdots,k_{79}\}$，对于长度固定为 80 的初始密钥，以初始化模式运行 80 次 CLOCK_KG 函数，函数 MIX 参数一直为 TRUE，第 i 次运行时的 INPUT 参数为 k_i。

算法 4-15：装载初始密钥 KEY
1   for 0≤i≤79 do
2   CLOCK_KG(R, S, MIX=true, INPUT=k_i)
3   end for

3）LFSR 和 NFSR 以初始化模式运行 100 次，参数 MIX 为 TRUE，INPUT 为 0。具体如算法 4-16 所示。

算法 4-16：移位寄存器以初始化模式运行 100 次
1   for 0≤i≤99 do
2   CLOCK_KG(R, S, MIX=TRUE, INPUT=0)
3   end for

4）密钥流生成。完成寄存器单元 R 和 S 的初始化，以及初始向量和初始密钥的装载后，密码算法开始生成加解密所需的密钥流。如算法 4-17 所示，在生成长度为 L 的密钥流序列 $z_0z_1\cdots z_{L-1}$ 时，须执行 L 次 CLOCK_KG 函数，该函数每次执行都可得到 1 位密钥位。密钥生成参数 MIX 为 FALSE，INPUT 为 0，生成的密钥位由两个寄存器单元 R 和 S 的最低位进行异或运算获得。

算法 4-17：密钥流生成算法
1   for 0≤i≤L−1 do
2         $z_i = r_0 + s_0$
3   CLOCK_KG(R, S, MIX=false, INPUT=0)
4   end for

MICKEY v2 序列密码算法设计结构简洁，硬件实现效率高，并且因采用互控结构而具有很高的安全性。最初的 MICKEY v1 版本易受到 TMDTO（时间-存储-数据折中）攻击，因此才诞生了 v2 版本。MICKEY v2 算法经受住了各种类型攻击的考验，研究人员针对该算法进行了差分故障攻击以评估其安全性，在攻击者能够诱发 $2^{16.7}$ 个随机的单位故障，并且平均计算复杂度为 $2^{32.5}$ 的前提下，可以在密钥流生成的开始阶段恢复寄存器的内部状态。

4.7.4 Trivium 序列密码

Trivium 序列密码是一种对称密钥同步序列密码算法，它的设计目的是在计算能力有限的硬件上高效实现安全加密。虽然该算法是面向硬件设计的快速加密算法，但是它同时兼顾软件实现效率，具有结构简洁、软硬件实现快速、安全性好的特点。

1. 算法结构

Trivium 序列密码算法结构如图 4-28 所示,它由三个不同长度的 NFSR 组成,级数分别为 93 级、84 级、111 级,共计 288 个内部状态位。其中:

NFSR1 = $\{s_1, s_2, \cdots, s_{93}\}$, NFSR2 = $\{s_{94}, s_{95}, \cdots, s_{177}\}$, NFSR3 = $\{s_{178}, s_{179}, \cdots, s_{288}\}$

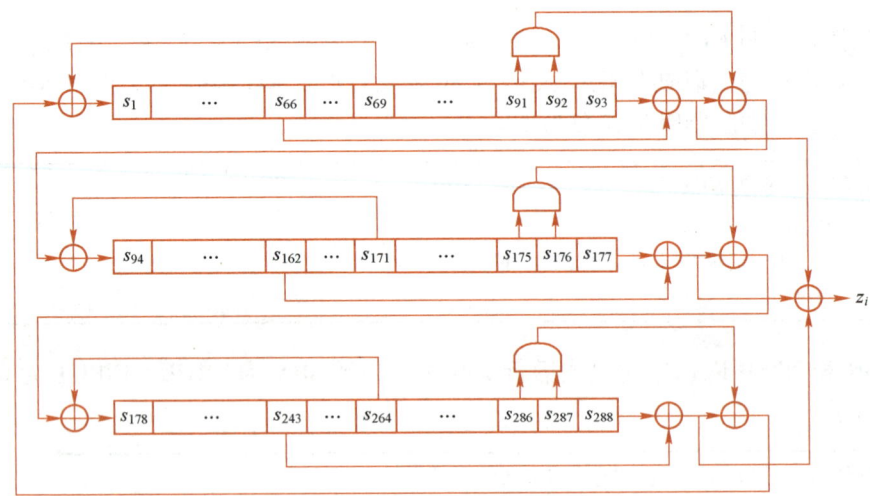

图 4-28 Trivium 序列密码算法结构

Trivium 序列密码算法的初始密钥 KEY 为 80 位,记为 KEY = $\{k_1, k_2, \cdots, k_{80}\}$,初始向量 IV 也为 80 位,记为 IV = $\{iv_1, iv_2, \cdots, iv_{80}\}$,生成的密钥流 z_i 来自三个移位寄存器最高位的异或,移位时每个寄存器的最高位均来自该寄存器的特定位与另一个寄存器抽头的非线性组合。

2. 加解密流程

Trivium 序列密码算法进行加解密的流程如下。

(1) 初始化阶段

1) 使用初始密钥 KEY 和初始向量 IV 初始化内部状态。将 80 位初始密钥 KEY 和 80 位初始向量 IV 放到寄存器,导入寄存器内部状态,其中末尾 3 位固定为 1,剩下的 125 位均固定为 0。具体如算法 4-18 所示。

算法 4-18:初始化内部状态	
1	$\{s_1, s_2, \cdots, s_{93}\} = \{k_{80}, k_{79}, \cdots, k_1, 0, \cdots, 0\}$
2	$\{s_{94}, s_{95}, \cdots, s_{177}\} = \{iv_{80}, iv_{79}, \cdots, iv_1, 0, \cdots, 0\}$
3	$\{s_{178}, s_{179}, \cdots, s_{288}\} = \{0, \cdots, 0, 1, 1, 1\}$

2) NLFR 以初始化模式运行 4×288 = 1152 次,这一过程不产生密钥序列,目的是充分随机化密码,也确保密钥序列同时取决于 KEY 和 IV。具体如算法 4-19 所示。

算法 4-19:移位寄存器以初始化模式运行 1152 次	
1	for i = 1 to 4×288 do
2	$t_1 = s_{66} + s_{91} \times s_{92} + s_{93} + s_{171}$
3	$t_2 = s_{162} + s_{175} \times s_{176} + s_{177} + s_{264}$

4	$t_3 = s_{243} + s_{286} \times s_{287} + s_{288} + s_{69}$
5	$\{s_1, s_2, \cdots, s_{93}\} = \{t_3, s_1, s_2, \cdots, s_{92}\}$
6	$\{s_{94}, s_{95}, \cdots, s_{177}\} = \{t_1, s_{94}, s_{95}, \cdots, s_{176}\}$
7	$\{s_{178}, s_{179}, \cdots, s_{288}\} = \{t_2, s_{178}, s_{179}, \cdots, s_{287}\}$
8	end for

（2）密钥流生成阶段 在内部状态初始化结束后，就进入了密钥流生成阶段。该阶段连续调用密钥生成算法，每一步迭代都生成一位密钥流 z_i，也就是说，从 1153 位开始生成的序列才可以作为密钥流序列，重复迭代 N 次即可获得所需的 N 位密钥流序列。需要注意的是，Trivium 算法最多只能加密 2^{64} 位的数据，即 $N \leqslant 2^{64}$，如果数据量超过 2^{64}，就需要更换初始密钥 KEY 和初始向量 IV，重新初始化后再继续生成密钥流。具体过程如算法 4-20 所示。

算法 4-20：密钥流生成

1	for i = 1 to N do
2	$t_1 = s_{66} + s_{93}$
3	$t_2 = s_{162} + s_{177}$
4	$t_3 = s_{243} + s_{288}$
5	$z_i = t_1 + t_2 + t_3$
6	$t_1 = t_1 + s_{91} \times s_{92} + s_{171}$
7	$t_2 = t_2 + s_{175} \times s_{176} + s_{264}$
8	$t_3 = t_3 + s_{286} \times s_{287} + s_{69}$
9	$\{s_1, s_2, \cdots, s_{93}\} = \{t_3, s_1, s_2, \cdots, s_{92}\}$
10	$\{s_{94}, s_{95}, \cdots, s_{177}\} = \{t_1, s_{94}, s_{95}, \cdots, s_{176}\}$
11	$\{s_{178}, s_{179}, \cdots, s_{288}\} = \{t_2, s_{178}, s_{179}, \cdots, s_{287}\}$
12	end for

Trivium 序列密码算法自 2008 年发布以来，受到了各种安全挑战。近几年来有一些安全分析方面的突破，比如密钥恢复攻击、区分攻击、非随机性攻击等。其中最著名的立方体攻击是一种密钥恢复攻击，在找到的最好的立方体上的攻击轮数已经达到了 799 轮。立方体测试攻击是一种区分攻击，这种方法的攻击轮数已经达到了 842 轮。虽然目前攻击的轮数越来越大，但是想要使用较小的立方体实现完全破译仍然需要更深入的研究。

4.8 序列密码应用示例

本小节主要给出分组密码 A5、RC4 和祖冲之算法在实际场景中运行时的具体加解密过程。

4.8.1 A5 加解密过程示例

（1）生成密钥流 数据长度为 544 位。

1）第 1 帧。

会话密钥：0xb3757631ea0d6091。

帧序号：00000000000000000000000。

流密钥：0x8d587ce20f05c2586d1c6e13752b101404b7f4daf8baac051e2a92579。

2）第 2 帧。

会话密钥：b3757631ea0d6091。

帧序号：00000000000000000000001。

流密钥：0x8d587ce20f05c2586d1c6e13752b101414b6e28652784619c2f1d5ede。

3）第 3 帧。

会话密钥：b3757631ea0d6091。

帧序号：00000000000000000000010。

流密钥：0x8d587ce20f05c2586d1c6e13752b281416b660aa85c6a06fcc42c9118。

4）密钥流为 0x8d587ce20f05c2586d1c6e13752b101404b7f4daf8baac051e2a925798d587ce20f05c2586d1c6e13752b101414b6e28652784619c2f1d5ede8d587ce20f05c2586d1c6e13752b281416b660aa85c6a06fcc42c9118。

（2）加密过程　待加密的明文消息 M 为 "School of Cyberspace Security, Northwestern Polytechnical University"。

明文 M：0x5363686f6f6c206f662043796265727373706163652053656375726974792c204e6f7274687765737465726e20506f6c79746563686e6963616c20556e6976657273697479。

明文长度为 544 位。

密文 $C = M \oplus k$，即 0xde3b148d6069e2370b3c2d6a174e626774d697bfd8e9c9666b58fb23e1f9a7804f82284df1b4b5955220df21112402511142e709f2467e3fb2ad0d128b7960b02b046817。

（3）解密过程

密文 C：0xde3b148d6069e2370b3c2d6a174e626774d697bfd8e9c9666b58fb23e1f9a7804f82284df1b4b5955220df21112402511142e709f2467e3fb2ad0d128b7960b02b046817。

密文长度为 544 位。

明文 $M = C \oplus k$，即 0x5363686f6f6c206f662043796265727373706163652053656375726974792c204e6f7274687765737465726e20506f6c79746563686e6963616c20556e6976657273697479。

4.8.2　RC4 加解密过程示例

（1）初始化 S 表

密钥 key = FGeXACuRNaUn9qdEHZTnrSlpBIU6L0iYAeoJDyJq3jyazdX9Kf47xcas9sEIlrR。

密钥长度为 63 字节。

初始化 S 表和 T 表：

$S[i]=i$，$S[0\sim255]$：

00	01	02	03	04	05	06	07	08	09	0a	0b	0c	0d	0e	0f
10	11	12	13	14	15	16	17	18	19	1a	1b	1c	1d	1e	1f
20	21	22	23	24	25	26	27	28	29	2a	2b	2c	2d	2e	2f
30	31	32	33	34	35	36	37	38	39	3a	3b	3c	3d	3e	3f
40	41	42	43	44	45	46	47	48	49	4a	4b	4c	4d	4e	4f
50	51	52	53	54	55	56	57	58	59	5a	5b	5c	5d	5e	5f

60	61	62	63	64	65	66	67	68	69	6a	6b	6c	6d	6e	6f
70	71	72	73	74	75	76	77	78	79	7a	7b	7c	7d	7e	7f
80	81	82	83	84	85	86	87	88	89	8a	8b	8c	8d	8e	8f
90	91	92	93	94	95	96	97	98	99	9a	9b	9c	9d	9e	9f
a0	a1	A2	a3	a4	a5	a6	a7	a8	a9	aa	ab	ac	ad	ae	af
b0	b1	B2	b3	b4	b5	b6	b7	b8	b9	ba	bb	bc	bd	be	bf
c0	c1	C2	c3	c4	c5	c6	c7	c8	c9	ca	cb	cc	cd	de	cf
d0	d1	D2	d3	d4	d5	d6	d7	d8	d9	da	db	dc	dd	de	df
e0	e1	E2	e3	e4	e5	e6	e7	e8	e9	ea	eb	ec	ed	ee	ef
f0	f1	F2	f3	f4	f5	f6	f7	f8	f9	fa	fb	fc	fd	fe	ff

$T[i] = \text{key}[i \% \text{key\_len}]$,$T[0\sim 255]$:

46	47	65	58	41	43	75	52	4e	61	55	6e	39	71	64	45
48	5a	54	6e	72	53	6c	70	42	49	55	36	4c	30	69	59
41	65	6f	4a	44	79	4a	71	33	6a	79	61	7a	64	58	39
4b	66	34	37	78	63	61	73	39	73	45	49	6c	72	52	46
47	65	58	41	43	75	52	4e	61	55	6e	39	71	64	45	48
5a	54	6e	72	53	6c	70	42	49	55	36	4c	30	69	59	41
65	6f	4a	44	79	4a	71	33	6a	79	61	7a	64	58	39	4b
66	34	37	78	63	61	73	39	73	45	49	6c	72	52	46	47
65	58	41	43	75	52	4e	61	55	6e	39	71	64	45	48	5a
54	6e	72	53	6c	70	42	49	55	36	4c	30	69	59	41	65
6f	4a	44	79	4a	71	33	6a	79	61	7a	64	58	39	4b	66
34	37	78	63	61	73	39	73	45	49	6c	72	52	46	47	65
58	41	43	75	52	4e	61	55	6e	39	71	64	45	48	5a	54
6e	72	53	6c	70	42	49	55	36	4c	30	69	59	41	65	6f
4a	44	79	4a	71	33	6a	79	61	7a	64	58	39	4b	66	34
37	78	63	61	73	39	73	45	49	6c	72	52	46	47	65	58

初始 $j=0$,进行 256 轮循环。在第 i 轮,执行 $j=(j+S[i]+T[i])\%256$ 和 swap($S[i]$,$S[j]$)得到初始排列 $S[0\sim 255]$:

54	8e	6e	3e	bd	13	e4	08	b1	71	d0	49	af	2c	8d	93
2a	29	fb	7c	45	6a	30	73	cd	39	9e	02	35	a4	2b	a3
a1	15	1a	34	f0	f2	9f	2e	f1	e1	01	8c	7f	db	0b	9b
b0	60	11	77	06	a0	52	fc	6d	2f	98	61	1e	4e	50	d8
82	b5	4f	d3	c0	0e	66	91	21	1b	df	03	95	d1	0f	86
63	7b	94	59	46	1c	44	e5	88	dc	87	38	89	36	58	a6
6b	57	e7	0a	d9	16	18	f7	c9	ab	7a	47	cb	fd	14	bc
92	9c	78	c3	79	8b	3a	74	e9	F3	8a	97	b8	81	b9	c8
62	a5	d2	5e	e2	24	5d	b2	9a	6f	ae	ba	3c	7e	ce	68
69	5f	d4	40	65	99	19	09	55	ea	6c	7d	4d	b3	1f	c5

bb	4c	56	ef	04	e6	12	20	10	d5	2d	1d	07	26	37	0d
51	e3	b4	c7	83	ee	c1	c2	9d	f9	3f	3b	05	e0	90	32
5a	75	4a	31	c4	a9	aa	d6	42	e8	ca	f8	ed	41	85	eb
28	cf	43	64	84	fe	dd	ad	23	53	72	3d	8f	17	a2	5b
f4	70	80	00	27	b6	ff	48	5c	22	a8	f6	ac	de	fa	96
ec	76	0c	a7	33	4b	25	be	da	f5	b7	d7	67	bf	c6	cc

（2）密钥流生成过程 数据长度为 68 字节。

初始 $i=0, j=0$，第 x 个密钥字节生成公式：$i=(i+1)\%256$, $j=(j+S[i])\%256$, swap$(S[i], S[j])$, $t=(S[i]+S[j])\%256$, $k[x]=S[t]$。

生成的密钥流为 k：0x89fedd9700a2dbcf50c54a00b4352c45c33d1dc6aa4cdb47cb78f7a44c62be0b7340e4fdd84f53e96261d8be518e7b8faef322755267c8e82e67087f479353fb9d36c5e。

（3）加密过程

待加密的明文消息 M 为 "School of Cyberspace Security, Northwestern Polytechnical University"。

明文 M：0x5363686f6f6c206f6620437962657273706163652053656375726974792c204e6f7274687765737465726e20506f6c79746563686e6963616c20556e697665727369747479。

明文长度为 68 字节。

密文 $C = M \oplus k$，即 0xda9db5f86fcefba036e50979d6505e36b35c7ea38a1fbe24be0a9ed0354e9e451c329095af2a209d0713b69e01e15bc18e8a514f3b4f1fefeec625e99d0f504dcaba1827。

（4）解密过程

密文 C：0xda9db5f86fcefba036e50979d6505e36b35c7ea38a1fbe24be0a9ed0354e9e451c329095af2a209d0713b69e01e15bc18e8a514f3b4f1fefeec625e99d0f504dcaba1827。

密文长度为 68 字节。

明文 $M = C \oplus k$，即 0x5363686f6f6c206f6620437962657273706163652053656375726974792c204e6f7274687765737465726e20506f6c79746563686e6963616c20556e697665727369747479。

4.8.3 祖冲之加解密过程示例

CK：e13fed21b46e4e7ec31253b2bb17b3e0。

COUNT：2738cdaa。

BEARER：1a。

DIRECTION：0。

（1）初始化步骤

k = 0xe13fed21b46e4e7ec31253b2bb17b3e0。

IV = 0x2738cdaad00000002738cdaad0000000。

1）初始化。

LFSR 初态 $S[0\sim15]$：

70c4d727	1fa6bc38	76e26bcd	10935eaa	5a5789d0	3735e200	27713500	3f09af00
61cd7827	092f1338	29ebc4cd	591af1aa	5dde26d0	0bbc4d00	59f89a00	7047ac00

2）第 1 轮循环。

$X[0]=$0xe08f9a00, $X[1]=$0xf1aa125e, $X[2]=$0xaf006e6b, $X[3]=$0x6bcde189,
$W=$0xe08f9a00, R1=0x4c6ecae0, R2=0x04bea31b。
$S[0\sim15]$:

1fa6bc38　76e26bcd　10935eaa　5a5789d0　3735e200　27713500　3f09af00　61cd7827
092f1338　29ebc4cd　591af1aa　5dde26d0　0bbc4d00　59f89a00　7047ac00　4c9a3125

3) 第2轮循环。

$X[0]=$0x9934ac00, $X[1]=$0x26d053d7, $X[2]=$0x78274ee2, $X[3]=$0x5eaa3f4d,
$W=$0xda1909fb, R1=0x36989145, R2=0x80a32b48。
$S[0\sim15]$:

76e26bcd　10935eaa　5a5789d0　3735e200　27713500　3f09af00　61cd7827　092f1338
29ebc4cd　591af1aa　5dde26d0　0bbc4d00　59f89a00　7047ac00　4c9a3125　5560db6a

4) 第3轮循环。

$X[0]=$0xaac13125, $X[1]=$0x4d00b235, $X[2]=$0x13387e13, $X[3]=$0x89d0edc4,
$W=$0x1cfccba8, R1=0x4b6467ae, R2=0xbafa7ae0。
$S[0\sim15]$:

10935eaa　5a5789d0　3735e200　27713500　3f09af00　61cd7827　092f1338　29ebc4cd
591af1aa　5dde26d0　0bbc4d00　59f89a00　7047ac00　4c9a3125　5560db6a　57a01bbf

5) 依次类推。第31轮循环:

$X[0]=$0xf1c3eda4, $X[1]=$0x4578e678, $X[2]=$0x1b97c6fd, $X[3]=$0xa44b6634,
$W=$0x66045e6b, R1=0xe64cbbec, R2=0x412ebe81。
$S[0\sim15]$:

28de16ef　5389a44b　0f144d2a　5862d01d　637e9200　0814d9ab　17ee1b97　59b04288
733c7f3f　7805e120　11874578　6d277140　13158a3b　34e9eda4　78e1d861　26c9182f

6) 第32轮循环。

$X[0]=$0x4d92d861, $X[1]=$0x7140f00b, $X[2]=$0x42881029, $X[3]=$0x4d2a51bc,
$W=$0xed0d220e, R1=0x3ba6f169, R2=0x617e6da9。
$S[0\sim15]$:

5389a44b　0f144d2a　5862d01d　637e9200　0814d9ab　17ee1b97　59b04288　733c7f3f
7805e120　11874578　6d277140　13158a3b　34e9eda4　78e1d861　26c9182f　33ece35d

(2) 工作步骤　$L=17$。

1) 执行位重组后的变量值：$X[0]=$0x67d9182f, $X[1]=$0x8a3b230e, $X[2]=$0x7f3f2fdc, $X[3]=$0xd01da713。

执行 LFSR WorkModel 后 LFSR 中的值 $S[0\sim15]$:

0f144d2a　5862d01d　637e9200　0814d9ab　17ee1b97　59b04288　733c7f3f　7805e120
11874578　6d277140　13158a3b　34e9eda4　78e1d861　26c9182f　33ece35d　426cd3de

2) 第1个节拍:

$X[0]=$0x84d9e35d, $X[1]=$0xeda4da4e, $X[2]=$0xe120b360, $X[3]=$0x92001e28。

第1个密钥字: 0x199e46a7。

$S[0\sim15]$:

5862d01d　637e9200　0814d9ab　17ee1b97　59b04288　733c7f3f　7805e120　11874578
6d277140　13158a3b　34e9eda4　78e1d861　26c9182f　33ece35d　426cd3de　3e8717ff

3) 第 2 个节拍：

$X[0] = $ 0x7d0ed3de，$X[1] = $ 0xd861262b，$X[2] = $ 0x4578e678，$X[3] = $ 0xd9abb0c5。

第 2 个密钥字：0x642c3f31。

$S[0 \sim 15]$：

637e9200　0814d9ab　17ee1b97　59b04288　733c7f3f　7805e120　11874578　6d277140
13158a3b　34e9eda4　78e1d861　26c9182f　33ece35d　426cd3de　3e8717ff　6b05ec8c

4) 第 3 个节拍：

$X[0] = $ 0xd60b17ff，$X[1] = $ 0x182f69d3，$X[2] = $ 0x7140f00b，$X[3] = $ 0x1b97c6fd。

第 3 个密钥字：0x0e3b885c。

$S[0 \sim 15]$：

0814d9ab　17ee1b97　59b04288　733c7f3f　7805e120　11874578　6d277140　13158a3b
34e9eda4　78e1d861　26c9182f　33ece35d　426cd3de　3e8717ff　6b05ec8c　0050a787

5) 第 4 个节拍：

$X[0] = $ 0x00a1ec8c，$X[1] = $ 0xe35df1c3，$X[2] = $ 0x8a3b230e，$X[3] = $ 0x42881029。

第 4 个密钥字：0x8b651efc。

$S[0 \sim 15]$：

17ee1b97　59b04288　733c7f3f　7805e120　11874578　6d277140　13158a3b　34e9eda4
78e1d861　26c9182f　33ece35d　426cd3de　3e8717ff　6b05ec8c　0050a787　38a9b22a

6) 第 5 个节拍：

$X[0] = $ 0x7153a787，$X[1] = $ 0xd3de4d92，$X[2] = $ 0xeda4da4e，$X[3] = $ 0x7f3f2fdc。

第 5 个密钥字：0x8c675c93。

$S[0 \sim 15]$：

59b04288　733c7f3f　7805e120　11874578　6d277140　13158a3b　34e9eda4　78e1d861
26c9182f　33ece35d　426cd3de　3e8717ff　6b05ec8c　0050a787　38a9b22a　7b67c3a9

7) 第 6 个节拍：

$X[0] = $ 0xf6cfb22a，$X[1] = $ 0x17ff67d9，$X[2] = $ 0xd861262b，$X[3] = $ 0xe120b360。

第 6 个密钥字：0xa21478aa。

$S[0 \sim 15]$：

733c7f3f　7805e120　11874578　6d277140　13158a3b　34e9eda4　78e1d861　26c9182f
33ece35d　426cd3de　3e8717ff　6b05ec8c　0050a787　38a9b22a　7b67c3a9　4ab40809

8) 第 7 个节拍：

$X[0] = $ 0x9568c3a9，$X[1] = $ 0xec8c84d9，$X[2] = $ 0x182f69d3，$X[3] = $ 0x4578e678。

第 7 个密钥字：0x5bcc10a9。

$S[0 \sim 15]$：

7805e120　11874578　6d277140　13158a3b　34e9eda4　78e1d861　26c9182f　33ece35d
426cd3de　3e8717ff　6b05ec8c　0050a787　38a9b22a　7b67c3a9　4ab40809　3bb770f8

9) 第 8 个节拍：

$X[0] = $ 0x776e0809，$X[1] = $ 0xa7877d0e，$X[2] = $ 0xe35df1c3，$X[3] = $ 0x7140f00b。

第 8 个密钥字：0x81845cdd。

$S[0\sim15]$：

| 11874578 | 6d277140 | 13158a3b | 34e9eda4 | 78e1d861 | 26c9182f | 33ece35d | 426cd3de |
| 3e8717ff | 6b05ec8c | 0050a787 | 38a9b22a | 7b67c3a9 | 4ab40809 | 3bb770f8 | 29988a20 |

10) 第 9 个节拍：

$X[0]=0\text{x}533170\text{f}8$，$X[1]=0\text{xb}22\text{ad}60\text{b}$，$X[2]=0\text{xd}3\text{de}4\text{d}92$，$X[3]=0\text{x}8\text{a}3\text{b}230\text{e}$。

第 9 个密钥字：0xcc9bf241。

$S[0\sim15]$：

| 6d277140 | 13158a3b | 34e9eda4 | 78e1d861 | 26c9182f | 33ece35d | 426cd3de | 3e8717ff |
| 6b05ec8c | 0050a787 | 38a9b22a | 7b67c3a9 | 4ab40809 | 3bb770f8 | 29988a20 | 64ef4268 |

11) 第 10 个节拍：

$X[0]=0\text{xc}9\text{de}8\text{a}20$，$X[1]=0\text{xc}3\text{a}900\text{a}1$，$X[2]=0\text{x}17\text{ff}67\text{d}9$，$X[3]=0\text{xeda}4\text{da}4\text{e}$。

第 10 个密钥字：0xd4f5a290。

$S[0\sim15]$：

| 13158a3b | 34e9eda4 | 78e1d861 | 26c9182f | 33ece35d | 426cd3de | 3e8717ff | 6b05ec8c |
| 0050a787 | 38a9b22a | 7b67c3a9 | 4ab40809 | 3bb770f8 | 29988a20 | 64ef4268 | 60010977 |

12) 第 11 个节拍：

$X[0]=0\text{xc}0024268$，$X[1]=0\text{x}08097153$，$X[2]=0\text{xec}8\text{c}84\text{d}9$，$X[3]=0\text{xd}861262\text{b}$。

第 11 个密钥字：0x64c0ab54。

$S[0\sim15]$：

| 34e9eda4 | 78e1d861 | 26c9182f | 33ece35d | 426cd3de | 3e8717ff | 6b05ec8c | 0050a787 |
| 38a9b22a | 7b67c3a9 | 4ab40809 | 3bb770f8 | 29988a20 | 64ef4268 | 60010977 | 6cb1a351 |

13) 第 12 个节拍：

$X[0]=0\text{xd}9630977$，$X[1]=0\text{x}70\text{f}8\text{f}6\text{cf}$，$X[2]=0\text{xa}7877\text{d}0\text{e}$，$X[3]=0\text{x}182\text{f}69\text{d}3$。

第 12 个密钥字：0xe57af0ec。

$S[0\sim15]$：

| 78e1d861 | 26c9182f | 33ece35d | 426cd3de | 3e8717ff | 6b05ec8c | 0050a787 | 38a9b22a |
| 7b67c3a9 | 4ab40809 | 3bb770f8 | 29988a20 | 64ef4268 | 60010977 | 6cb1a351 | 346d0d19 |

14) 第 13 个节拍：

$X[0]=0\text{x}68\text{daa}351$，$X[1]=0\text{x}8\text{a}209568$，$X[2]=0\text{xb}22\text{ad}60\text{b}$，$X[3]=0\text{xe}35\text{df}1\text{c}3$。

第 13 个密钥字：0x1e5361dc。

$S[0\sim15]$：

| 26c9182f | 33ece35d | 426cd3de | 3e8717ff | 6b05ec8c | 0050a787 | 38a9b22a | 7b67c3a9 |
| 4ab40809 | 3bb770f8 | 29988a20 | 64ef4268 | 60010977 | 6cb1a351 | 346d0d19 | 133d2d84 |

15) 第 14 个节拍：

$X[0]=0\text{x}267\text{a}0\text{d}19$，$X[1]=0\text{x}4268776\text{e}$，$X[2]=0\text{xc}3\text{a}900\text{a}1$，$X[3]=0\text{xd}3\text{de}4\text{d}92$。

第 14 个密钥字：0xd1650ec8。

$S[0\sim15]$：

| 33ece35d | 426cd3de | 3e8717ff | 6b05ec8c | 0050a787 | 38a9b22a | 7b67c3a9 | 4ab40809 |
| 3bb770f8 | 29988a20 | 64ef4268 | 60010977 | 6cb1a351 | 346d0d19 | 133d2d84 | 5a1ed460 |

16) 第 15 个节拍：
$X[0]$ = 0xb43d2d84， $X[1]$ = 0x09775331， $X[2]$ = 0x08097153， $X[3]$ = 0x17ff67d9。
第 15 个密钥字：0x8218b250。
$S[0\sim15]$：
426cd3de 3e8717ff 6b05ec8c 0050a787 38a9b22a 7b67c3a9 4ab40809 3bb770f8
29988a20 64ef4268 60010977 6cb1a351 346d0d19 133d2d84 5a1ed460 6abcb27d

17) 第 16 个节拍：
$X[0]$ = 0xd579d460， $X[1]$ = 0xa351c9de， $X[2]$ = 0x70f8f6cf， $X[3]$ = 0xec8c84d9。
第 16 个密钥字：0x95d4379c。
$S[0\sim15]$：
3e8717ff 6b05ec8c 0050a787 38a9b22a 7b67c3a9 4ab40809 3bb770f8 29988a20
64ef4268 60010977 6cb1a351 346d0d19 133d2d84 5a1ed460 6abcb27d 3526ff8d

18) 第 17 个节拍：
$X[0]$ = 0x6a4db27d， $X[1]$ = 0x0d19c002， $X[2]$ = 0x8a209568， $X[3]$ = 0xa7877d0e。
第 17 个密钥字：0x09b7f236。
$S[0\sim15]$：
6b05ec8c 0050a787 38a9b22a 7b67c3a9 4ab40809 3bb770f8 29988a20 64ef4268
60010977 6cb1a351 346d0d19 133d2d84 5a1ed460 6abcb27d 3526ff8d 1301ce80

19) 生成的密钥流为 KE：0x199e46a7642c3f310e3b885c8b651efc8c675c93a21478aa5bcc10a981845cddcc9bf241d4f5a29064c0ab54e57af0ec1e5361dcd1650ec88218b25095d4379c09b7f236。

（3）加密   待加密的明文消息 M 为 "School of Cyberspace Security, Northwestern Polytechnical University"。

明文 M：0x5363686f6f6c206f6620437962657273706163652053656375726974792c204e6f7274687765737465726e20506f6c79746563686e6963616c20556e6976657273697479。

密文 $C = M \oplus \text{KE}$，即 0x4afd2ec80b401f5e681bcb25e9006c8ffc063ff682471dc92ebe79ddf8a87c93a3e98629a390d1e401b2c574b5159c956a3602b4bf0c6da9ee38e73efca252ee7ade864f。

（4）解密

密文 C：0x4afd2ec80b401f5e681bcb25e9006c8ffc063ff682471dc92ebe79ddf8a87c93a3e98629a390d1e401b2c574b5159c956a3602b4bf0c6da9ee38e73efca252ee7ade864f。

明文 $M = C \oplus \text{KE}$，即 0x5363686f6f6c206f6620437962657273706163652053656375726974792c204e6f7274687765737465726e20506f6c79746563686e6963616c20556e6976657273697479。

习题

扫码看视频

1. 同步序列密码和自同步序列密码的特点分别是什么？
2. 试描述 LFSR 的原理和性质。
3. 三级 LFSR 在 $g_3 = 1$ 时有四种线性反馈函数，设其初始状态为 $(s_1, s_2, s_3) = (1, 0, 1)$，求各线性反馈函数的输出序列及周期。
4. 设 $n = 4$，$f(s_1, s_2, s_3, s_4) = s_1 \oplus s_4 \oplus 1 \oplus s_2 s_3$，初始状态为 $(s_1, s_2, s_3, s_4) = (1, 1, 0, 1)$，求此

NFSR 的输出序列及周期。

5. 已知流密码的密文串为 1010110110 和相应的明文串 0100010001，且已知密钥流是使用三级 LFSR 产生的，试破译该密码系统。

6. 请简要介绍 A5 密码算法的加解密流程。

7. 请简要介绍 RC4 密码算法的加解密流程。

8. 请描述祖冲之密码算法的算法结构。

9. 请简述几种现有的轻量级序列密码算法。

10. 利用本原多项式 $g(x)=x^5+x^3+x+1$ 表示五级 LFSR 结构，并编程实现该寄存器。

第 5 章 哈希函数

哈希（Hash）函数也称杂凑函数或散列函数，其功能是将一个"任意长"的位串映射到一个固定长的位串。返回的固定长度的位串称为消息的哈希值、哈希码、摘要或者散列值。哈希函数是现代密码学的一个重要分支，在数字签名和消息完整性检测等方面得到广泛应用。

本章要点：
- 哈希函数的基本概念与性质
- SHA-256 哈希函数的迭代压缩过程
- SM3 哈希函数的迭代压缩过程

5.1 哈希函数基础

哈希函数是现代密码学的一项重要研究内容，本小节将对哈希函数的基本概念、性质以及一般结构进行介绍。

1. 哈希函数的基本概念

哈希函数将"任意长"的数据 M 映射为定长的哈希值 h，表示为

$$h = H(M) \tag{5-1}$$

哈希值 h 是所有数据位的函数。哈希函数具有很强的错误检测能力，即改变数据的任何一位或多位，都几乎不可避免地改变其哈希值。

2. 哈希函数的性质

哈希函数应当具有如下基本性质：

1) 输入可以"任意长"。
2) 输出固定长，大多数情况下，输入的长度大于输出的长度。
3) 有效性：对于给定的输入 M，计算 $h = H(M)$ 的运算是高效的。

由于哈希值具有很强的错误检测能力，与数据紧密关联，可以很好地反映数据的完整性，因此人们把哈希值称为数据的"指纹"。又由于哈希值通常是从数据压缩而成的，多数情况下，其长度比数据的长度要小得多，因此人们又把哈希值称为数据的"摘要"。除了这些基本的性质，哈希函数作为一类密码学函数，还必须满足一些必要的安全性质。

哈希函数应当具有如下安全性质。

1) 单向性：对任何给定的哈希值 h，找到使 $H(x) = h$ 的 x 在计算上是不可行的。对于哈希值 $h = H(x)$，称 x 是 h 的原像。由 $h = H(x)$ 求出 x，称为原像攻击。如果哈希函数具有单向性，则又称其为抗原像攻击的。

2) 抗弱碰撞性：对任何给定的数据 x，找到满足 $y \neq x$ 且 $H(y) = H(x)$ 的 y 在计算上是

不可行的。对于哈希值 $h=H(x)$，称 $y \neq x$ 且使 $H(y)=H(x)$ 的 y 为第二原像。由 $h=H(x)$ 求出 $y \neq x$ 且使 $H(y)=H(x)$ 的 y，称为第二原像攻击。如果哈希函数具有抗弱碰撞性，则又称其为抗第二原像攻击的。

3）抗强碰撞性：找到任何满足 $H(x)=H(y)$ 的 x 和 $y(x \neq y)$ 在计算上是不可行的。

4）随机性：哈希函数的输出必须具有随机性。随机性应当符合国家标准 GB/T 32915—2016《信息安全技术 二元序列随机性检测方法》，也可参考行业标准 GM/T 0005—2012《随机性检测规范》和美国 NIST 的随机性测试标准。

3. 哈希函数的一般结构

由于哈希函数可以把任意长的输入数据处理成定长的输出数据，在大多数情况下，它实际上是把一个很长的输入数据压缩成一个相对较短的输出数据，因此哈希函数在结构上通常包含一个压缩函数。为了达到安全性要求，通过压缩函数对输入数据进行迭代压缩处理。

Merkle 最早提出了哈希函数的一般结构，如图 5-1 所示。

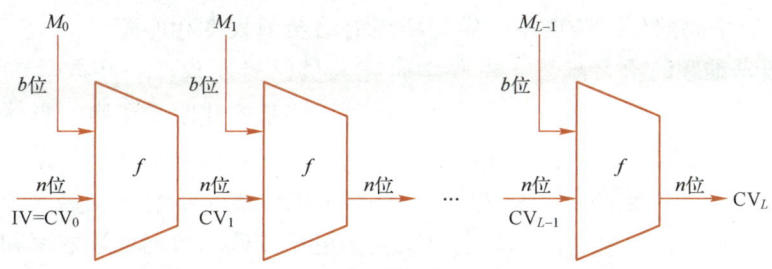

图 5-1 哈希函数的一般结构

该结构将输入数据 M 分为 L 个大小为 b 位的分组 $M_0, M_1, M_2, \cdots, M_{L-1}$，其中最后一个分组是经过填充后得到的 b 位分组，包含了原始数据的长度。由于输入数据中包含其长度信息，攻击者若要成功攻击，则必须找到具有相同哈希值且长度相等的两条数据，或者找出两条长度不等但在加入数据长度后哈希值相同的数据，这增加了攻击的难度。这类哈希函数的一般结构可归纳为

$$\begin{cases} CV_0 = IV, & IV \text{ 即 } n \text{ 位的初始值} \\ CV_i = f(CV_{i-1}, M_{i-1}), & 1 \leq i \leq L \\ H(M) = CV_L \end{cases} \tag{5-2}$$

在式（5-2）中，哈希函数的输入为数据 M，它由 L 个分组 $M_0, M_1, M_2, \cdots, M_{L-1}$ 组成。f 为压缩函数，其输入是前一步中得出的 n 位中间结果 CV_{i-1}（也称链接变量）和一个 b 位数据分组 M_i，输出为一个 n 位结果 CV_i。最后的迭代压缩结果为哈希值 CV_L。通常 $b>n$，所以 f 称为压缩函数。

根据图 5-1 可知，哈希函数是基于压缩函数的迭代处理而建立的。研究表明，若压缩函数具备抗碰撞性质，则相应的哈希函数也会具备一定程度的抗碰撞性能（尽管反过来并非一定成立）。因此，设计安全的哈希函数最为关键的一点在于构建具备强大抗碰撞性质的压缩函数。目前，根据哈希函数的压缩函数的结构不同，可将其分为三种类型：

（1）基本函数迭代型的哈希函数 这类哈希函数采用简单的非线性函数和线性函数来构建其压缩函数。由于压缩函数的简洁性，为了确保安全性，通常对数据分组进行多次迭代

压缩处理。当输入数据较长时，将其划分为一系列数据分组，并在这些分组之间进行迭代压缩处理。这类哈希函数的显著优势在于其处理速度快，因此目前被广泛应用。本章将要介绍的代表性哈希函数算法——美国 NIST 的哈希函数标准算法 SHA 系列和我国商用密码哈希函数算法 SM3，都属于这种类型的哈希函数。

（2）基于对称密码的哈希函数　鉴于对称密码已经非常成熟，既安全又高效，并且世界各主要国家均制定了自己的对称密码标准算法，因此人们开始考虑将对称密码作为哈希函数的压缩函数，从而设计出一些优秀的哈希函数。例如，欧洲的 Whirlpool 算法就是其中之一。为了提升数据处理速度，Whirlpool 的设计者专门为该哈希函数设计了一个分组密码。Whirlpool 算法获得了"新欧洲签名、完整性和加密计划"（NESSIE）的认可。另一个例子是俄罗斯的哈希函数标准算法 GOST R34.11-94，它是基于俄罗斯的标准分组密码设计的。这种类型的哈希函数的安全性和数据处理速度取决于所选择的对称密码。尽管分组密码和序列密码都可以用于设计哈希函数，但目前主要还是采用分组密码。如果选择现有用于加密的知名分组密码，虽然安全性较易得到保障，但其数据处理速度可能不如基本函数迭代型的哈希函数，并且分组密码的分组长度不一定与所需的哈希值长度相匹配。

（3）基于数学难题的哈希函数　密码学研究人员已经发现，一些数学难题，例如同源计算问题，不仅可以用于公钥密码学的设计，还可以用于构建哈希函数。具体而言，这些难题可以被应用于压缩函数的设计。在处理输入数据时，这些压缩函数通过迭代压缩处理逐步生成哈希值。基于数学难题的哈希函数具有一些明显的优点，如易于确保安全性和调整输出哈希值的长度。然而，它们也存在一些主要缺点，包括较低的数据处理效率和复杂的工程实现。因此，目前基于数学难题的哈希函数仍处于研究阶段，尚未在实际应用中得到广泛采用。

5.2　SHA-256 哈希算法

SHA 系列哈希函数是由 NIST 设计的，是当前全球范围内应用最广泛的哈希算法之一。1993 年 NIST 公布了 SHA-0（FIPS PUB 180），后来发现它不安全，于是在 1995 年又公布了 SHA-1（FIPS PUB 180-1）。2002 年 NIST 又公布了 SHA-2（FIPS PUB 180-2）标准哈希算法用于替代 SHA-1。SHA-2 包括三个具体的哈希算法：SHA-256、SHA-384 和 SHA-512。2008 年 NIST 在 FIPS PUB 180-3 文档中正式补充了 SHA-224。目前国际上针对 SHA-2 系列的哈希函数研究，尚未发现其存在严重安全威胁。整个 SHA-2 系列哈希函数在算法设计上大同小异，本节以广泛应用的 SHA-256 为例介绍其算法设计。SHA-256 哈希算法的输入为长度为 l 位的消息 M，其中 $0 \leq l < 2^{64}$，输出的哈希值为 256 位。

5.2.1　算法基础

SHA-256 哈希函数使用了 64 个哈希常量和 6 个逻辑函数。

SHA-256 哈希函数中每个哈希常量都为 32 位的字，分别记为 $K_0^{\{256\}}, K_1^{\{256\}}, \cdots, K_{63}^{\{256\}}$。64 个哈希常量取自然数中最前面 64 个素数（2,3,5,7,11,13,17,19,23,29,31,37,41,43,47,53,59,61,67,71,73,79,83,89,97,…）立方根的小数部分的前 32 位。

SHA256 哈希函数的 64 个哈希常量为：

0x428a2f98	0x71374491	0xb5c0fbcf	0xe9b5dba5	0x3956c25b	0x59f111f1
0x923f82a4	0xab1c5ed5	0xd807aa98	0x12835b01	0x243185be	0x550c7dc3
0x72be5d74	0x80deb1fe	0x9bdc06a7	0xc19bf174	0xe49b69c1	0xefbe4786
0x0fc19dc6	0x240ca1cc	0x2de92c6f	0x4a7484aa	0x5cb0a9dc	0x76f988da
0x983e5152	0xa831c66d	0xb00327c8	0xbf597fc7	0xc6e00bf3	0xd5a79147
0x06ca6351	0x14292967	0x27b70a85	0x2e1b2138	0x4d2c6dfc	0x53380d13
0x650a7354	0x766a0abb	0x81c2c92e	0x92722c85	0xa2bfe8a1	0xa81a664b
0xc24b8b70	0xc76c51a3	0xd192e819	0xd6990624	0xf40e3585	0x106aa070
0x19a4c116	0x1e376c08	0x2748774c	0x34b0bcb5	0x391c0cb3	0x4ed8aa4a
0x5b9cca4f	0x682e6ff3	0x748f82ee	0x78a5636f	0x84c87814	0x8cc70208
0x90befffa	0xa4506ceb	0xbef9a3f7	0xc67178f2		

SHA-256 哈希函数的 6 个逻辑函数中每个函数都对 32 位字进行操作，这些字表示为 x、y 和 z。每个函数的结果都是一个新的 32 位字。这 6 个逻辑函数如式 (5-3)~式 (5-8) 所示，其中：SHR 为右移函数，$SHR^n(x) = x \gg n$ 即 x 右移 n 位；ROTR 为循环右移函数，$ROTR^n(x) = (x \gg n) \vee (x \ll (32-n))$。

$$Ch(x,y,z) = (x \wedge y) \oplus (\neg x \wedge z) \tag{5-3}$$

$$Maj(x,y,z) = (x \wedge y) \oplus (x \wedge z) \oplus (y \wedge z) \tag{5-4}$$

$$\sum_0^{\{256\}}(x) = ROTR^2(x) \oplus ROTR^{13}(x) \oplus ROTR^{22}(x) \tag{5-5}$$

$$\sum_1^{\{256\}}(x) = ROTR^6(x) \oplus ROTR^{11}(x) \oplus ROTR^{25}(x) \tag{5-6}$$

$$\sigma_0^{\{256\}}(x) = ROTR^7(x) \oplus ROTR^{18}(x) \oplus SHR^3(x) \tag{5-7}$$

$$\sigma_1^{\{256\}}(x) = ROTR^{17}(x) \oplus ROTR^{19}(x) \oplus SHR^{10}(x) \tag{5-8}$$

5.2.2 算法描述

SHA-256 哈希函数首先对数据进行填充，然后进行迭代压缩生成哈希值。

1. 数据填充

消息 M 在开始进行哈希值计算之前需要填充。填充的目的是确保填充后的消息长度是 512 位的整数倍。后面的迭代压缩操作是对 512 位的数据分块进行的。

假设消息 M 的二进制长度为 l 位。将 "1" 附加到消息末尾，后跟 k 个 "0"，其中 k 是使得方程 $l+1+k = 448 \mod 512$ 成立的最小非负解。然后，附加一个 64 位的位串，表示消息长度 l 的二进制形式。这样，填充后的消息的位长度恰好是 512 的整数倍。

例如：对于消息 01100001 01100010 01100011，其长度为 $l=24$，经填充得到 512 位的二进制串为

$$\underbrace{01100001\ 01100010\ 01100011 1 00\cdots\cdots 00}_{423\ 位}\ \underbrace{00\cdots 011000}_{64\ 位}$$

需要注意的是，原始数据必须进行填充，也就是说，即使长度已经满足对 512 取模后余数是 448，也必须补位，这时要填充 512 位。因此，填充时至少补 1 位，最多补 512 位。

2. 设置初始哈希值 $H^{(0)}$

在进行哈希计算之前，必须设置初始哈希值 $H^{(0)}$，在 SHA-256 中，初始哈希值 $H^{(0)}$ 由 8 个 32 位的字组成：

$H_0^{(0)} = \text{0x6a09e667}$, $\quad H_1^{(0)} = \text{0xbb67ae85}$, $\quad H_2^{(0)} = \text{0x3c6ef372}$, $\quad H_3^{(0)} = \text{0xa54ff53a}$

$H_4^{(0)} = \text{0x510e527f}$, $\quad H_5^{(0)} = \text{0x9b05688c}$, $\quad H_6^{(0)} = \text{0x1f83d9ab}$, $\quad H_7^{(0)} = \text{0x5be0cd19}$

初始哈希值取自然数中前面 8 个素数(2,3,5,7,11,13,17,19)平方根的小数部分的前 32 位。以 $H^{(0)}$ 为例，2 的平方根小数部分约为 0.414213562373095048。其中

$$0.414213562373095048 \approx 6\times16^{-1}+a\times16^{-2}+0\times16^{-3}+\cdots$$

用十六进制表示，并取出小数部分的前 32 位，可以得到 0x6a09e667，以此类推，可以得到 8 个初始哈希值。

3. 消息扩展

首先将填充后的消息分组成 N 个 512 位的消息块 $M^{(0)}, M^{(1)}, \cdots, M^{(N-1)}$，设置初始哈希值 $H^{(0)}$。于是整个算法需要完成 N 次迭代，N 次迭代的结果就是最终的哈希值，即 256 位的数字摘要。一个 256 位的摘要初始值 $H^{(0)}$，经过第一个数据块运算得到 $H^{(1)}$，即完成了第一次迭代，$H^{(1)}$ 经过第二个数据块运算得到 $H^{(2)}$，依次处理，最后得到 $H^{(N)}$，$H^{(N)}$ 即最终的 256 位的消息摘要。

每个 512 位的块都可以表示为 16 个 32 位的字，即第 i 个块可以表示为 $(M_0^{(i)}, M_1^{(i)}, \cdots, M_{15}^{(i)})$。每个 512 位的数据块中都还需要生成额外的 48 个字，共计 64 个字。这些额外的字用于增加数据的复杂性，并与初始哈希值混合，以增强哈希函数的安全性。消息扩展的过程如下，扩展后的消息被标记为 $W_0, W_1, \cdots, W_{63}$。

1) 将每个 512 位的数据块划分为 16 个 32 位的字，记为 $W_0, W_1, \cdots, W_{15}$，即

$$W_t = M_t^{(i)}, \quad 0 \leq t \leq 15 \tag{5-9}$$

2) 使用以下公式，从 W_{16} 到 W_{63} 生成额外的 48 个字，即

$$W_t = \sigma_1^{\{256\}}(W_{t-2}) + W_{t-7} + \sigma_0^{\{256\}}(W_{t-15}) + W_{t-16}, \quad 16 \leq t \leq 63 \tag{5-10}$$

通过这个过程，从第 16 个初始字开始，生成额外的 48 个字，共计 64 个字。这样，每个数据块就包含了 64 个字，用于 SHA-256 的迭代计算。值得注意的是，SHA-256 的消息扩展过程仅在每个数据块开始处理时执行，后续的迭代计算则不再依赖消息扩展的结果，而是利用先前计算的字和寄存器值进行混合和更新。消息扩展的主要目的是增强数据的复杂性，引入更多的变化和随机性，以提高哈希计算的扩散性能。

4. 轮迭代计算

SHA-256 的迭代计算是通过对每个数据块进行 64 轮循环计算来完成的。在每一轮迭代中，使用一系列逻辑运算和位运算混合数据和哈希值，更新寄存器的值。

1) 初始化。初始化 8 个 32 位的寄存器 a, b, c, d, e, f, g 和 h，将其值初始化为固定值，该固定值称为初始哈希值。

$$a = H_0^{(i-1)}, \quad b = H_1^{(i-1)}, \quad c = H_2^{(i-1)}, \quad d = H_3^{(i-1)}$$
$$e = H_4^{(i-1)}, \quad f = H_5^{(i-1)}, \quad g = H_6^{(i-1)}, \quad h = H_7^{(i-1)}$$

2) 迭代计算。对每个数据块进行 64 轮的循环计算，每轮计算使用不同的字和常量。在每一轮迭代中，更新寄存器的值和字的排列。

代码 5-1：

```
for t = 0 to 63:
    T₁ = h + Σ₁^{256}(e) + Ch(e,f,g) + K_t^{256} + W_t
    T₂ = Σ₀^{256}(a) + Maj(a,b,c)
```

$$h = g$$
$$g = f$$
$$f = e$$
$$e = d + T_1$$
$$d = c$$
$$c = b$$
$$b = a$$
$$a = T_1 + T_2$$
end for

3）计算第 i 个中间哈希值 $H^{(i)}$。哈希值标记为 $H_0^{(i)}, H_1^{(i)}, \cdots, H_7^{(i)}$，并保存初始哈希值 $H^{(0)}$，由每个连续的中间哈希值 $H^{(i)}$ 替换，并以最终的哈希值 $H^{(N)}$ 结束。

$$H_0^{(i)} = a + H_0^{(i-1)}, \quad H_1^{(i)} = b + H_1^{(i-1)}, \quad H_2^{(i)} = c + H_2^{(i-1)}, \quad H_3^{(i)} = d + H_3^{(i-1)}$$
$$H_4^{(i)} = e + H_4^{(i-1)}, \quad H_5^{(i)} = f + H_5^{(i-1)}, \quad H_6^{(i)} = g + H_6^{(i-1)}, \quad H_7^{(i)} = h + H_7^{(i-1)}$$

4）在重复上述第1）到3）步共 N 次之后，将最后一轮迭代后的寄存器值拼接在一起得到消息 M 的 256 位消息摘要为

$$\text{Hash}(M) = H_0^{(N)} \| H_1^{(N)} \| H_2^{(N)} \| H_3^{(N)} \| H_4^{(N)} \| H_5^{(N)} \| H_6^{(N)} \| H_7^{(N)}$$

SHA-256 哈希函数目前在实践中被广泛认为是安全的哈希函数，并且在许多应用中被使用，例如数字签名、消息认证码等。然而，SHA-2 系列哈希函数与 SHA-1 有类似的结构和基本数学运算，我们应关注这一点。随着时间的推移和密码学的发展，SHA-2 系列哈希函数的安全性会被定期评估，并且可能出现新的攻击技术，因此持续的研究和更新是至关重要的。哈希函数参数对比见表 5-1。

表 5-1 哈希函数参数对比

参　　数	SHA-1	SHA-256	SHA-384	SHA-512
哈希摘要长度（位）	**160**	**256**	384	512
消息长度（位）	$<2^{64}$	$<2^{64}$	$<2^{128}$	$<2^{128}$
分组长度（位）	512	512	1024	1024
字长度（位）	32	32	64	64
迭代步骤数（位）	80	64	80	80
安全强度（位）	**80**	**128**	192	256

我国学者对 MD5、SHA-0 和 SHA-1 等哈希函数的有效分析，揭示出这些哈希函数的安全缺陷，推动了哈希函数的安全设计。尽管当前 SHA-2 系列哈希函数是安全的，但是为进一步确保安全，NIST 决定开展新的哈希函数标准的制定工作。于是，2007 年 NIST 宣布公开征集新一代哈希函数标准，并命名为 SHA-3。SHA-3 候选算法需要满足如下基本要求：

1）SHA-3 能够直接替代 SHA-2，这要求 SHA-3 必须能够产生 224、256、384 和 512 位的哈希值。

2）SHA-3 必须保持 SHA-2 的在线处理能力，这要求 SHA-3 必须能处理小的数据块（如 512 位或 1024 位）。

3）安全性：在抵抗原像攻击和抗碰撞攻击的能力方面，SHA-3 的安全强度必须达到或接近最大理论强度。SHA-3 算法的设计必须能够抵抗已有的或潜在的对于 SHA-2 的攻击。

4）效率：SHA-3 在各种硬件平台上的实现，应当是高效的和节省存储空间的。

5）灵活性：可以设置可选参数以提供安全性与效率折中的选择，便于并行计算等。

SHA-3 的制定过程与当年 AES 标准的制定过程类似，NIST 对收到的算法进行了三轮评审，最终确定了 SHA-3 的胜出者。NIST 总共收到了 64 个候选算法。2009 年 7 月 24 日，NIST 宣布有 14 个算法通过第一轮评审并进入第二轮。2010 年 12 月 9 日，NIST 宣布有 5 个算法通过第二轮评审并进入第三轮。2012 年 10 月 2 日，NIST 公布了最终的胜出者，即由意法半导体公司的 Guido Bertoni、Jean Daemen、Gilles Van Assche 和恩智浦半导体公司的 Michael Peeters 联合设计的 Keccak 算法。从此，SHA-3 成为 NIST 的新哈希函数标准算法（FIPS PUB 180-5）。这里不再详述其算法过程，读者可参阅标准文档 FIPS PUB 180-5。

5.3 SM3 密码哈希算法

2012 年 3 月，我国国家密码管理局发布了密码行业标准《SM3 密码杂凑算法》（GM/T 0004—2012），随后于 2016 年成为国家标准《信息安全技术 SM3 密码杂凑算法》（GB/T 32905—2016）。2018 年 10 月，包含我国 SM3 密码哈希算法的 ISO/IEC 10118-3：2018《信息安全技术 哈希函数 第 3 部分：专用哈希函数》由 ISO 正式发布，SM3 密码哈希算法因此正式成为国际标准。

SM3 密码哈希算法可应用于数字签名、数据完整性保护、安全认证、口令保护等多种场景。其实现具有高运算速率、跨平台支持的特点，表现出较优秀的实现效能。SM3 密码哈希算法是我国商用密码领域的重要组成部分。

5.3.1 算法基础

SM3 密码哈希算法使用初始变量 IV、常数 T_j、布尔函数和置换函数。

SM3 密码哈希算法的初始变量 IV 共 256 位，用于确定压缩函数寄存器的初始状态，具体值为

IV = 0x7380166f 4914b2b9 172442d7 da8a0600 a96f30bc 163138aa e38dee4d b0fb0e4e

SM3 密码哈希算法的常量 T_j 定义为

$$T_j = \begin{cases} 0x79CC4519, & 0 \leq j \leq 15 \\ 0x7A879D8A, & 16 \leq j \leq 63 \end{cases} \tag{5-11}$$

布尔函数如式（5-12）和式（5-13）所示，其中 X、Y、Z 为 32 位字。

$$FF_j(X,Y,Z) = \begin{cases} X \oplus Y \oplus Z, & 0 \leq j \leq 15 \\ (X \wedge Y) \vee (X \wedge Z) \vee (Y \wedge Z), & 16 \leq j \leq 63 \end{cases} \tag{5-12}$$

$$GG_j(X,Y,Z) = \begin{cases} X \oplus Y \oplus Z, & 0 \leq j \leq 15 \\ (X \wedge Y) \vee (\neg X \wedge Z), & 16 \leq j \leq 63 \end{cases} \tag{5-13}$$

置换函数如式（5-14）和式（5-15）所示，其中 X 为 32 位字，$X<<<9$ 表示把 X 循环左移 9 位。

$$P_0(X) = X \oplus (X<<<9) \oplus (X<<<17) \tag{5-14}$$

$$P_1(X) = X \oplus (X<<<15) \oplus (X<<<23) \tag{5-15}$$

5.3.2 算法描述

SM3 密码哈希算法的输入数据为长度为 l 位（$l<2^{64}$）的消息 m，输出的哈希值长度为

256 位。

1. 消息填充

SM3 的数据填充方式与 SHA-256 的完全一致。假设消息 m 的长度为 l 位，首先将"1"添加到消息的末尾，再添加 k 个"0"，其中，k 是满足式（5-16）的最小非负整数，即

$$l+1+k = 448 \bmod 512 \tag{5-16}$$

然后再添加一个 64 位消息串，用于存储消息长度 l 的二进制表示。填充后的消息 m' 的长度恰为 512 的整数倍。

2. 消息扩展

将填充后的消息 m' 按 512 位分组，设为 $m' = B^{(0)}B^{(1)}B^{(2)}\cdots B^{(n-1)}$，每个消息分组的大小为 512 位，其中 $n=(l+k+65)/512$，随后对消息分组 $B^{(i)}$ 进行消息扩展。进行消息扩展有两个目的：首先是将 16 个字的消息分组 $B^{(i)}$ 扩展为 132 个字，$W_0, W_1, \cdots, W_{67}, W'_0, W'_1, \cdots, W'_{63}$，供后续迭代压缩使用；其次是通过消息扩展将原消息位打乱，隐蔽原消息位之间的关联，增强哈希函数的安全性。

将消息分组 $B^{(i)}$ 按照以下方式进行消息扩展：

1）将消息分组 $B^{(i)}$ 划分为 16 个字 $W_0, W_1, \cdots, W_{15}$。
2）执行循环，生成 $W_{16}, W_{17}, \cdots, W_{67}$。

代码 5-2：

  for j = 16 to 67
    $W_j \leftarrow P_1(W_{j-16} \oplus W_{j-9} \oplus (W_{j-3} <<< 15)) \oplus (W_{j-13} <<< 7) \oplus W_{j-6}$
  end for

3）执行循环，生成 $W'_0, W'_1, \cdots, W'_{63}$。

代码 5-3：

  for j = 0 to 63
    $W'_j = W_j \oplus W_{j+4}$
  end for

SM3 消息扩展过程如图 5-2 所示。

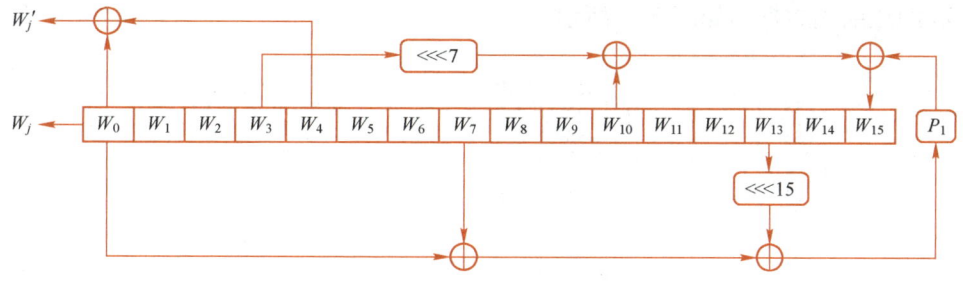

图 5-2 SM3 消息扩展过程

3. 压缩函数

设 A, B, C, D, E, F, G, H 为字寄存器（32 位），SS_1, SS_2, TT_1, TT_2 为中间变量，压缩函数 $V^{(i+1)} = CF(V^{(i)}, B^{(i)}), 0 \leqslant i \leqslant n-1$。在压缩中，使用了消息分组扩展后的结果。计算过程描述如下：

代码 5-4：
$\quad$ ABCDEFGH←$V^{(i)}$；
$\quad$ for j = 0 to 63
$\quad\quad SS_1$←((A<<<12)+E+(T_j<<<j))<<<7；
$\quad\quad SS_2$←SS_1⊕(A<<<12)；
$\quad\quad TT_1$←FF_j(A,B,C)+D+SS_2+W'_j；
$\quad\quad TT_2$←GG_j(E,F,G)+H+SS_1+W_j；
$\quad\quad$ D←C；
$\quad\quad$ C←B<<<9；
$\quad\quad$ B←A；
$\quad\quad$ A←TT_1；
$\quad\quad$ H←G；
$\quad\quad$ G←F<<<19；
$\quad\quad$ F←E；
$\quad\quad$ E←P_0(TT_2)
$\quad$ end for
$\quad V^{(i+1)}$←ABCDEFGH⊕$V^{(i)}$

其中，压缩函数中的"+"是 mod 2^{32} 算术加运算；←是左向赋值运算符。

从 SM3 的压缩函数算法来看，它由一系列基本的线性函数和非线性函数组成，并且通过 64 轮循环迭代来执行。因此，从结构上看，SM3 属于基本函数迭代型的哈希函数。压缩函数在哈希函数的安全性中扮演着关键的角色，其主要作用体现在两个方面：数据压缩和安全性提供。对于数据压缩，SM3 的压缩函数 CF 把每一个 512 位的消息分组 $B^{(i)}$ 压缩成 256 位。通过迭代处理每个数据分组，将长度为 l 的消息压缩成 256 位的哈希值。对于安全性提供，根据香农的密码设计理论，压缩函数必须具有混淆和扩散的作用。在 SM3 的压缩函数 CF 中，布尔函数 $FF_j(X,Y,Z)$ 和 $GG_j(X,Y,Z)$ 是非线性函数，经过循环迭代后提供混淆作用。置换函数 $P_0(X)$ 和 $P_1(X)$ 是线性函数，经过循环迭代后提供扩散作用。加上压缩函数 CF 中其他运算的共同作用，压缩函数 CF 具有很高的安全性，从而确保 SM3 具有很高的安全性。

SM3 的压缩函数框图如图 5-3 所示。

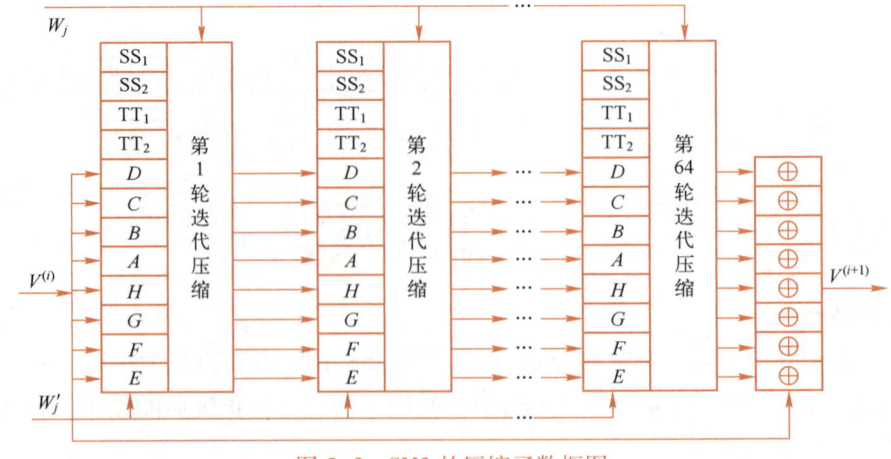

图 5-3 SM3 的压缩函数框图

4. 迭代压缩

迭代压缩的过程就是压缩函数的多次执行过程，将填充后的信息 m' 按 512 位分组为 $B^{(0)}B^{(1)}B^{(2)}\cdots B^{(n-1)}$，之后按照下面方式迭代：

代码 5-5：

  for i = 0 to n−1
    $V^{(i+1)} = \text{CF}(V^{(i)}, B^{(i)})$
  end for

其中，CF 为压缩函数，$V^{(0)}$ 为 256 位初始变量 IV；$B^{(i)}$ 为填充后的消息分组；迭代压缩的结果为 $V^{(n)}$，也就是消息 m 的哈希值。

$ABCDEFGH \leftarrow V^{(n)}$，表示输出 256 位的哈希值 $y = ABCDEFGH$。

5.3.3 安全性分析

目前已公开发表的针对 SM3 密码哈希算法的安全性分析主要集中在碰撞攻击、原像攻击和区分攻击三个方面。位追踪法是寻找哈希算法碰撞最常用的方法，原像攻击主要采用中间相遇攻击及其改进方法。

根据我国密码专家的研究成果，SM3 密码哈希算法和其他哈希算法的对比见表 5-2。其中步（轮）数代表能够攻击成功的最大步（轮）数，百分比表示攻击成功的步（轮）数占算法总步（轮）数的比值。

从表 5-2 可以看出：在碰撞攻击和原像攻击方面，SM3 密码哈希算法的百分比仅比 Keccak 算法高，比其他哈希算法的百分比都低；在区分攻击方面，SM3 密码哈希算法的百分比（58%）比其他哈希算法的百分比都低。这些分析结果体现了 SM3 密码哈希算法的高安全性。

当前，SM3 密码哈希算法已成为我国电子认证、网络安全通信、云计算与大数据安全等领域的基础性密码算法，为保障我国网络与信息安全做出了巨大的贡献。

表 5-2 SM3 密码哈希算法和其他哈希算法的对比

算　　法	攻击类型	步（轮）数	百分比（%）
SM3	碰撞攻击	20	31
	原像攻击	30	47
	区分攻击	37	58
SHA-1	碰撞攻击	80	100
	原像攻击	62	77.5
SHA-256	碰撞攻击	31	48.4
	原像攻击	45	70.3
	区分攻击	47	73.4
Keccak-256	碰撞攻击	5	20.8
	原像攻击	2	8
	区分攻击	24	100
Keccak-512	碰撞攻击	3	12.5
	区分攻击	24	100

5.4 消息认证码与 HMAC 算法

信息安全的实现体现在两方面：一方面是确保消息在传送过程中的保密性，以抵御诸如窃听等被动攻击；另一方面则是防止攻击者对系统进行主动攻击，如伪造或篡改消息内容。在这个过程中，认证起着至关重要的作用，是对抗主动攻击的主要手段之一，尤其是在开放网络中保障各种信息系统的安全性方面。认证主要分为实体认证和消息认证两种形式。实体认证用于验证实体的身份，消息认证则用于验证消息的真实性。消息认证的功能主要体现在两个方面：首先是验证消息来源的真实性，通常称为信息源认证；其次是确保消息在传输和存储过程中未被伪造、篡改等，以维护数据的完整性和可靠性。

5.4.1 消息认证码

消息认证码（MAC）是一种用于验证消息完整性和真实性的技术。它是通过对消息应用一个由密钥控制的公开函数，生成一个固定长度的数值作为认证符。为了使用 MAC 进行验证，通信双方 A 和 B 需要共享一个密钥 k。设 A 欲发送给 B 的消息是 M，A 首先计算 $MAC=C_k(M)$，$C(\cdot)$ 是密钥控制的公开函数，然后向 B 发送 M、MAC；B 收到消息后进行与 A 相同的计算，求得一个新的 MAC，并与收到的 MAC 比较。MAC 的基本使用方式如图 5-4 所示。

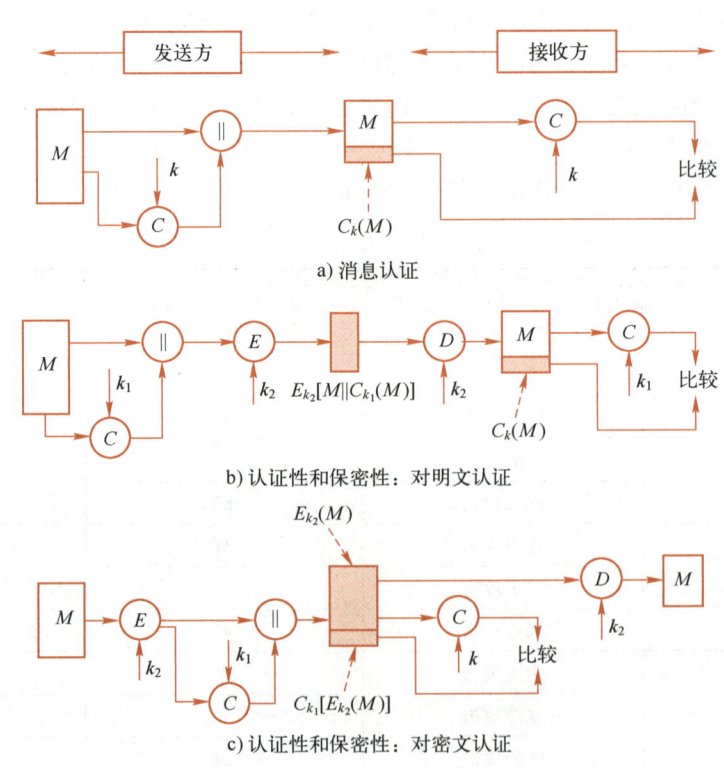

图 5-4 MAC 的基本使用方式

M—明文；C—密文；k、k_1、k_2—密钥；E—加密函数；$\|$—链接操作；D—解密函数。

如果仅通信双方知晓密钥 k，并且接收方计算得到的 MAC 与接收到的 MAC 一致，那么此系统实现了以下功能：

1）接收方可以确信发送方传递的消息未被篡改。这是因为攻击者无法知晓密钥，所以攻击者无法在篡改消息后生成相应的正确 MAC。若仅篡改消息内容而不修改 MAC，则接收方计算得到的 MAC 将与接收到的 MAC 不同。

2）接收方可以确信发送方的身份未被冒充。这是因为除了通信双方，没有其他人知晓密钥，所以其他人无法计算出正确的 MAC 来伪装发送方发送消息。

在上述过程中，由于消息在传输过程中以明文形式存在，因此该过程仅提供了认证性，而未提供保密性。为了实现消息的保密性，可以在 MAC 函数之后或之前进行一次加密操作，同时加密密钥也需要由通信双方共享。图 5-4b 展示了先将消息 M 与 MAC 拼接（使用共享的密钥 k_1）再进行整体加密（使用共享的密钥 k_2）的方式，图 5-4c 则展示了先对消息 M 加密再与 MAC 拼接后发送的方式。通常情况下，我们更希望直接对明文进行认证，因此图 5-4b 所示的方式更加常见和普遍。

5.4.2 HMAC 算法

近年来，哈希函数之所以在消息认证码（MAC）的设计中得到了越来越广泛的应用，主要是因为 SHA-1 等哈希函数的软件执行速度通常比对称分组密码算法更快。目前，已经提出了许多基于哈希函数的消息认证（HMAC）算法，其中 RFC2104 是应用最广泛的方案之一。RFC2104 规定了 HMAC 算法的设计目标，具体如下：

1）允许使用现有的哈希函数而无须修改，尤其是那些易于软件实现、可轻松获取源代码且免费使用的哈希函数。

2）允许轻松替换嵌入的哈希函数，替换为更快或更安全的哈希函数。

3）保持嵌入的哈希函数的原始性能，不因用于 HMAC 算法而性能下降。

4）提供简单的方式来处理和使用密钥。

5）在对嵌入的哈希函数进行合理假设的基础上，易于分析 HMAC 算法在认证时的密码强度。

前两个目标是 HMAC 算法被广泛接受的主要原因，这两个目标允许将哈希函数视为黑盒使用。这样做有以下两个优点：

一是可以将哈希函数的实现作为 HMAC 算法的一个模块，这样，HMAC 算法的代码中就可以事先准备好大部分内容，无须修改即可使用。

二是如果 HMAC 需要使用更快或更安全的哈希函数，只需要用新的模块替换旧的模块，例如用实现了 SHA-2 的模块替换实现了 SHA-1 的模块。

HMAC 算法框图如图 5-5 所示，其中 H 为嵌入的哈希函数（如 SM3、SHA-2）；M 为 HMAC 算法的输入消息（包括哈希函数所要求的填充位）；$Y_i(0 \leqslant i \leqslant L-1)$ 为 M 的第 i 个分组；L 为 M 的分组数；b 为一个分组中的位数；n 为嵌入的哈希函数所产生的哈希值的长度；k 为密钥，若密钥长度大于 b，则将密钥输入哈希函数，产生一个长度为 n 位的密钥；k^+ 为经左边填充 0 后的 k，k^+ 的长度为 b 位；ipad 为 b 除以 8 个 00110110；opad 为 b 除以 8 个 01011010。

HMAC 算法的输出可表示为

$$HMAC_k(M) = H[(k^+ \oplus opad) \| H[(k^+ \oplus ipad) \| M]]$$

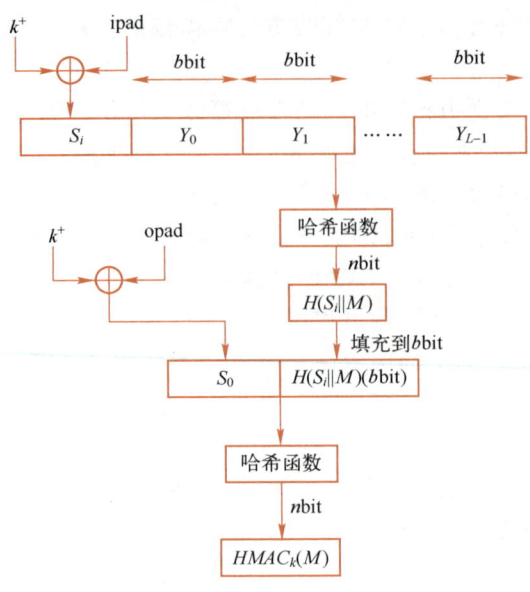

图 5-5 HMAC 算法框图

HMAC 算法的运行过程可描述如下：

1) k 的左边填充 0 以产生一个 b 位长的 k^+（例如，k 的长度为 160 位，$b=512$，则需要填充 44 个零字节 0x00）。

2) k^+ 与 ipad 逐位异或，产生 b 位的分组 S_i。

3) 将 M 拼接到 S_i。

4) 将 H 作用于步骤 3) 产生的数据流。

5) k^+ 与 opad 逐位异或，产生 b 位长的分组 S_0。

6) 将步骤 4) 得到的哈希值拼接在 S_0 之后。

7) 将 H 作用于步骤 6) 产生的数据流并输出最终结果。

注意：k^+ 与 ipad 逐位异或及 k^+ 与 opad 逐位异或的结果是将 k 的一半取反，但两次取反的位的位置不同。S_i 和 S_0 通过哈希函数中压缩函数的处理，相当于以伪随机方式从 k 产生两个密钥。

MAC 是一种重要的安全机制，用于验证消息的完整性和认证消息来源，广泛应用于网络通信、认证授权和数据存储等场景中。除了可以利用哈希函数来构建 HMAC 算法外，还可以利用对称密码算法（如 AES 等）构建具体的 MAC 算法，具体不再阐述。在具体应用中使用 MAC 算法时需要注意密钥管理和算法选择等安全性考量。

5.5 哈希函数应用示例

5.5.1 SHA-256 运算过程示例

输入消息为"northwestern polytechnical university"。

1) 输入消息以十六进制表示并填充，结果为：
6e6f7274 68776573 7465726e 20706f6c 79746563 686e6963 616c2075 6e697665

72736974 79800000 00000000 00000000 0000000000000000 00000000 00000128

2）迭代压缩中间值（见表5-3）：

表 5-3 中间值（SHA-256）

字寄存器		A	B	C	D	E	F	G	H
初始		6a09e667	bb67ae85	3c6ef372	a54ff53a	510e527f	9b05688c	1f83d9ab	5be0cd19
轮数	00	6a09e667	bb67ae85	3c6ef372	07375516	510e527f	9b05688c	1f83d9ab	6a77fac1
	01	6a09e667	bb67ae85	301ea07c	07375516	510e527f	9b05688c	b1954475	6a77fac1
	02	6a09e667	b1c01eb2	301ea07c	07375516	510e527f	7b476203	b1954475	6a77fac1
	03	f814264c	b1c01eb2	301ea07c	07375516	dca3b17c	7b476203	b1954475	6a77fac1
	04	f814264c	b1c01eb2	301ea07c	860cd20a	dca3b17c	7b476203	b1954475	c4f17226
	05	f814264c	b1c01eb2	6ba7b3ee	860cd20a	dca3b17c	7b476203	3c95d75d	c4f17226
	06	f814264c	a9b85b1e	6ba7b3ee	860cd20a	dca3b17c	bb03014b	3c95d75d	c4f17226
	07	544b2d5c	a9b85b1e	6ba7b3ee	860cd20a	f14aea27	bb03014b	3c95d75d	c4f17226
	08	544b2d5c	a9b85b1e	6ba7b3ee	d15e7ea4	f14aea27	bb03014b	3c95d75d	08420057
	09	544b2d5c	a9b85b1e	186c5218	d15e7ea4	f14aea27	bb03014b	7db845ac	08420057
	10	544b2d5c	8f878d1c	186c5218	d15e7ea4	f14aea27	153484b9	7db845ac	08420057
	11	05686880	8f878d1c	186c5218	d15e7ea4	80e4acbf	153484b9	7db845ac	08420057
	12	05686880	8f878d1c	186c5218	326e99a3	80e4acbf	153484b9	7db845ac	0d844334
	13	05686880	8f878d1c	612e5230	326e99a3	80e4acbf	153484b9	129d514c	0d844334
	14	05686880	d997735a	612e5230	326e99a3	80e4acbf	9ddd02e6	129d514c	0d844334
	15	e2742792	d997735a	612e5230	326e99a3	80ac0614	9ddd02e6	129d514c	0d844334
	16	e2742792	d997735a	612e5230	982f94a9	80ac0614	9ddd02e6	129d514c	9b8bbfe4
	17	e2742792	d997735a	06483fd7	982f94a9	80ac0614	9ddd02e6	77eac743	9b8bbfe4
	18	e2742792	32f13584	06483fd7	982f94a9	80ac0614	9a406d45	77eac743	9b8bbfe4
	19	ff9390b5	32f13584	06483fd7	982f94a9	c5f437a3	9a406d45	77eac743	9b8bbfe4
	20	ff9390b5	32f13584	06483fd7	e54f38e9	c5f437a3	9a406d45	77eac743	0c3ce42c
	21	ff9390b5	32f13584	a9fc1f82	e54f38e9	c5f437a3	9a406d45	d9a3650e	0c3ce42c
	22	ff9390b5	caac7585	a9fc1f82	e54f38e9	c5f437a3	d8dc6080	d9a3650e	0c3ce42c
	23	9ddd7bbe	caac7585	a9fc1f82	e54f38e9	0a9216b8	d8dc6080	d9a3650e	0c3ce42c
	24	9ddd7bbe	caac7585	a9fc1f82	28542f14	0a9216b8	d8dc6080	d9a3650e	dc6ec024
	25	9ddd7bbe	caac7585	ec04a9b6	28542f14	0a9216b8	d8dc6080	ac32bbe6	dc6ec024
	26	9ddd7bbe	9251fe68	ec04a9b6	28542f14	0a9216b8	22fada65	ac32bbe6	dc6ec024
	27	11b9a929	9251fe68	ec04a9b6	28542f14	91553d93	22fada65	ac32bbe6	dc6ec024
	28	11b9a929	9251fe68	ec04a9b6	df26c164	91553d93	22fada65	ac32bbe6	bee33a19
	29	11b9a929	9251fe68	c48a933e	df26c164	91553d93	22fada65	355b9bac	bee33a19
	30	11b9a929	353dd3ad	c48a933e	df26c164	91553d93	8099a153	355b9bac	bee33a19
	31	a1a52fb0	353dd3ad	c48a933e	df26c164	36633046	8099a153	355b9bac	bee33a19
	32	a1a52fb0	353dd3ad	c48a933e	50994507	36633046	8099a153	355b9bac	d8729ba2
	33	a1a52fb0	353dd3ad	da68e2e5	50994507	36633046	8099a153	6878d964	d8729ba2

(续)

字寄存器	A	B	C	D	E	F	G	H
34	a1a52fb0	bfabb55e	da68e2e5	50994507	36633046	a537618f	6878d964	d8729ba2
35	4f42446e	bfabb55e	da68e2e5	50994507	cec6bdb0	a537618f	6878d964	d8729ba2
36	4f42446e	bfabb55e	da68e2e5	70d1ce94	cec6bdb0	a537618f	6878d964	980c5630
37	4f42446e	bfabb55e	f102ee57	70d1ce94	cec6bdb0	a537618f	44f6353f	980c5630
38	4f42446e	18d1c33a	f102ee57	70d1ce94	cec6bdb0	47ffc9ef	44f6353f	980c5630
39	79f4a176	18d1c33a	f102ee57	70d1ce94	ff0132ed	47ffc9ef	44f6353f	980c5630
40	79f4a176	18d1c33a	f102ee57	a1b1715b	ff0132ed	47ffc9ef	44f6353f	f1fbc45c
41	79f4a176	18d1c33a	6e31b33f	a1b1715b	ff0132ed	47ffc9ef	e8a89374	f1fbc45c
42	79f4a176	467b5555	6e31b33f	a1b1715b	ff0132ed	2b62c5ca	e8a89374	f1fbc45c
43	ad229764	467b5555	6e31b33f	a1b1715b	4cb77e13	2b62c5ca	e8a89374	f1fbc45c
44	ad229764	467b5555	6e31b33f	b7106eb3	4cb77e13	2b62c5ca	e8a89374	421964b0
45	ad229764	467b5555	fa9ed06f	b7106eb3	4cb77e13	2b62c5ca	da31875d	421964b0
46	ad229764	958dcca5	fa9ed06f	b7106eb3	4cb77e13	bbc03535	da31875d	421964b0
47	d1d5811f	958dcca5	fa9ed06f	b7106eb3	2f72e97a	bbc03535	da31875d	421964b0
48	d1d5811f	958dcca5	fa9ed06f	50d5708c	2f72e97a	bbc03535	da31875d	15f253b4
49	d1d5811f	958dcca5	415ff8b8	50d5708c	2f72e97a	bbc03535	2e29d526	15f253b4
50	d1d5811f	fc3ec103	415ff8b8	50d5708c	2f72e97a	02926253	2e29d526	15f253b4
51	45d1bbd8	fc3ec103	415ff8b8	50d5708c	16644dfc	02926253	2e29d526	15f253b4
52	45d1bbd8	fc3ec103	415ff8b8	90ebb1a4	16644dfc	02926253	2e29d526	a56f6fde
53	45d1bbd8	fc3ec103	cb39a71f	90ebb1a4	16644dfc	02926253	dea820da	a56f6fde
54	45d1bbd8	ee6bc690	cb39a71f	90ebb1a4	16644dfc	31e83401	dea820da	a56f6fde
55	6660a544	ee6bc690	cb39a71f	90ebb1a4	12518a69	31e83401	dea820da	a56f6fde
56	6660a544	ee6bc690	cb39a71f	a638b8e5	12518a69	31e83401	dea820da	b4e4ba22
57	6660a544	ee6bc690	05a462f1	a638b8e5	12518a69	31e83401	0f8f6550	b4e4ba22
58	6660a544	6e4794cd	05a462f1	a638b8e5	12518a69	bbb7588e	0f8f6550	b4e4ba22
59	e4a44d01	6e4794cd	05a462f1	a638b8e5	f5e55136	bbb7588e	0f8f6550	b4e4ba22
60	e4a44d01	6e4794cd	05a462f1	d94c1326	f5e55136	bbb7588e	0f8f6550	2cff5b82
61	e4a44d01	6e4794cd	3cbac89f	d94c1326	f5e55136	bbb7588e	333b86fd	2cff5b82
62	e4a44d01	fee4177a	3cbac89f	d94c1326	f5e55136	5bb9f3cf	333b86fd	2cff5b82
63	5213a4f8	fee4177a	3cbac89f	d94c1326	b6d9c9eb	5bb9f3cf	333b86fd	2cff5b82

3) SHA-256 哈希值：bc1d8b5f ba4bc5ff 7929bc11 7e9c0860 07e81c6a f6bf5c5b 52bf60a8 88e0289b。

5.5.2 SM3 运算过程示例

输入消息为"northwestern polytechnical university"。

1) 输入消息以十六进制表示并填充，结果为：
6e6f7274 68776573 7465726e 20706f6c 79746563 686e6963 616c2075 6e697665

72736974 79800000 00000000 00000000 00000000 00000000 00000000 00000128

2）扩展消息 $W[0\sim 67]$：

6e6f7274 68776573 7465726e 20706f6c 79746563 686e6963 616c2075 6e697665
72736974 79800000 00000000 00000000 00000000 00000000 00000000 00000128
32b93100 a5b832bf b4747ddb 2da468c3 50ff20c6 1a30e2d0 2f4dabc6 79c0168f
a7cc94a0 f3626c1b 16f80621 edf521e8 455077a8 7e43e30e ae417870 3aec4f0f
25385d6a cb694aa1 a0dbeb9d 4c4a822d 6951fa09 de57d83c 85e83a05 5b5157d2
330f0caa 940eec5f 9a771b12 250cebcd d204271f e9b7b61b fe3d9464 9f22ad0c
54b1931a 29b6655a 1623e9ae e826503f a556bf2c 8345321f 2d2346c1 2eb2fd3f
976ce499 9731e819 4fbd1212 d2a6d8e0 70600c7f d005481f aeca0a46 e5dfa9d9
d2656284 7a0e3903 52812560 4d7be46f

3）扩展消息 $W'[0\sim 63]$：

171b1717 00190c10 1509521b 4e191909 0b070c17 11ee6963 616c2075 6e697665
72736974 79800000 00000000 00000128 32b93100 a5b832bf b4747ddb 2da469eb
624611c6 bf88d06f 9b39d61d 54647e4c f733b466 e9528ecb 39b5ade7 94353767
e29ce308 8d218f15 b8b97e51 d7196ee7 60682ac2 b52aa9af 0e9a93ed 76a6cd22
4c69a763 153e929d 2533d198 171bd5ff 5a5ef6a3 4a593463 1f9f2117 7e5dbc1f
e10b2bb5 7db95a44 644a8f76 ba2e46c1 86b5b405 c001d341 e81e7dca 7704fd33
f1e72c36 aaf35745 3b00af6f c694ad00 323a5bb5 1474da06 629e54d3 fc1425df
e70ce8e6 4734a006 e1771854 37797139 a2056efb aa0b711c fc4b2f26 a8a44db6

4）迭代压缩中间值（见表5-4）：

表5-4 中间值（SM3）

字寄存器		A	B	C	D	E	F	G	H
初始		7380166f	4914b2b9	172442d7	da8a0600	a96f30bc	163138aa	e38dee4d	b0fb0e4e
轮数	00	6fa674c2	7380166f	29657292	172442d7	fff028dc	a96f30bc	c550b189	e38dee4d
	01	59a181fd	6fa674c2	002cdee7	29657292	cded39c6	fff028dc	85e54b79	c550b189
	02	fba82801	59a181fd	4ce984df	002cdee7	d283c1e1	cded39c6	46e7ff81	85e54b79
	03	6eab51be	fba82801	4303fab3	4ce984df	9e31a93e	d283c1e1	ce366f69	46e7ff81
	04	ebdc4d14	6eab51be	505003f7	4303fab3	706cffa7	9e31a93e	0f0e941e	ce366f69
	05	d1c30a7d	ebdc4d14	56a37cdd	505003f7	53af871e	706cffa7	49f4f18d	0f0e941e
	06	a36af187	d1c30a7d	b89a29d7	56a37cdd	94961153	53af871e	fd3b8367	49f4f18d
	07	d6d51e11	a36af187	8614fba3	b89a29d7	3cb24bdc	94961153	38f29d7c	fd3b8367
	08	5c5923c0	d6d51e11	d5e30f46	8614fba3	c91a3aac	3cb24bdc	8a9ca4b0	38f29d7c
	09	c109e5f6	5c5923c0	aa3c23ad	d5e30f46	a8c00c34	c91a3aac	5ee1e592	8a9ca4b0
	10	95006e8d	c109e5f6	b24780b8	aa3c23ad	7630a73e	a8c00c34	d56648d1	5ee1e592
	11	385927d7	95006e8d	13cbed82	b24780b8	d9c958f6	7630a73e	61a54600	d56648d1
	12	81e2cead	385927d7	00dd1b2a	13cbed82	198ab204	d9c958f6	39f3b185	61a54600
	13	13a1888a	81e2cead	b24fae70	00dd1b2a	1d913df5	198ab204	c7b6ce4a	39f3b185
	14	7df4f175	13a1888a	c59d5b03	b24fae70	5af05847	1d913df5	9020cc55	c7b6ce4a

(续)

	字寄存器	A	B	C	D	E	F	G	H
轮数	15	90de0d10	7df4f175	43111427	c59d5b03	4bae5230	5af05847	efa8ec89	9020cc55
	16	5df36d66	90de0d10	e9e2eafb	43111427	c55a37e4	4bae5230	c23ad782	efa8ec89
	17	70ab5ecc	5df36d66	bc1a2121	e9e2eafb	64eaa6d9	c55a37e4	91825d72	c23ad782
	18	3718f63e	70ab5ecc	e6daccbb	bc1a2121	2b0640d5	64eaa6d9	bf262ad1	91825d72
	19	58b9204d	3718f63e	56bd98e1	e6daccbb	3c922577	2b0640d5	36cb2755	bf262ad1
	20	421d99e6	58b9204d	31ec7c6e	56bd98e1	4aaac788	3c922577	06a95832	36cb2755
	21	a66d8a65	421d99e6	72409ab1	31ec7c6e	b8d4a4e8	4aaac788	2bb9e491	06a95832
	22	a26685d6	a66d8a65	3b33cc84	72409ab1	6ba0e9f5	b8d4a4e8	3c425556	2bb9e491
	23	9e73fdc6	a26685d6	db14cb4c	3b33cc84	d8dc39df	6ba0e9f5	2745c6a5	3c425556
	24	5e915588	9e73fdc6	cd0bad44	db14cb4c	b748282b	d8dc39df	4fab5d07	2745c6a5
	25	25d07a3e	5e915588	e7fb8d3c	cd0bad44	f5a25427	b748282b	cefec6e1	4fab5d07
	26	8d20281f	25d07a3e	22ab10bd	e7fb8d3c	2cd12236	f5a25427	415dba41	cefec6e1
	27	75df36f5	8d20281f	a0f47c4b	22ab10bd	1839f445	2cd12236	a13fad12	415dba41
	28	849561e2	75df36f5	40503f1a	a0f47c4b	b82918b9	1839f445	11b16689	a13fad12
	29	34f8cfd3	849561e2	be6deaeb	40503f1a	1476cb6b	b82918b9	a228c1cf	11b16689
	30	89f6fc59	34f8cfd3	2ac3c509	be6deaeb	8d6a8327	1476cb6b	c5cdc148	a228c1cf
	31	b4386268	89f6fc59	f19fa669	2ac3c509	8c0d62b5	8d6a8327	5b58a3b6	c5cdc148
	32	04cf9cda	b4386268	edf8b313	f19fa669	a6dc0d07	8c0d62b5	193c6b54	5b58a3b6
	33	d1907ee6	04cf9cda	70c4d168	edf8b313	6d8729f3	a6dc0d07	15ac606b	193c6b54
	34	31da594b	d1907ee6	9f39b409	70c4d168	5be91c4c	6d8729f3	683d36e0	15ac606b
	35	92429129	31da594b	20fdcda3	9f39b409	acfb7f60	5be91c4c	4f9b6c39	683d36e0
	36	955d9072	92429129	b4b29663	20fdcda3	46b42322	acfb7f60	e262df48	4f9b6c39
	37	8e235cd6	955d9072	85225324	b4b29663	ae01598b	46b42322	fb0567db	e262df48
	38	4854f510	8e235cd6	bb20e52a	85225324	d52e3196	ae01598b	191235a1	fb0567db
	39	f74dad06	4854f510	46b9ad1c	bb20e52a	c36f9b5f	d52e3196	cc5d700a	191235a1
	40	16a487d9	f74dad06	a9ea2090	46b9ad1c	ef7fafb7	c36f9b5f	8cb6a971	cc5d700a
	41	50b64739	16a487d9	9b5a0dee	a9ea2090	28a4b46f	ef7fafb7	dafe1b7c	8cb6a971
	42	c434df5d	50b64739	490fb22d	9b5a0dee	68b5e812	28a4b46f	7dbf7bfd	dafe1b7c
	43	17b8f4a6	c434df5d	6c8e72a1	490fb22d	2207a1a9	68b5e812	a3794525	7dbf7bfd
	44	2ea16445	17b8f4a6	69bebb88	6c8e72a1	71278b15	2207a1a9	409345af	a3794525
	45	f51c2fbd	2ea16445	71e94c2f	69bebb88	53de406e	71278b15	0d49103d	409345af
	46	a42b94ad	f51c2fbd	42c88a5d	71e94c2f	e14d21bd	53de406e	58ab893c	0d49103d
	47	e4cd5395	a42b94ad	385f7bea	42c88a5d	9468dc2d	e14d21bd	03729ef2	58ab893c
	48	1c62e88f	e4cd5395	57295b48	385f7bea	da9ea0f5	9468dc2d	0def0a69	03729ef2
	49	688743a0	1c62e88f	9aa72bc9	57295b48	ab0685f6	da9ea0f5	e16ca346	0def0a69
	50	6bd2bf02	688743a0	c5d11e38	9aa72bc9	10dd096b	ab0685f6	07aed4f5	e16ca346
	51	86810c92	6bd2bf02	0e8740d1	c5d11e38	e1d2273a	10dd096b	2fb55834	07aed4f5

（续）

字寄存器		A	B	C	D	E	F	G	H
轮数	52	b843ac0c	86810c92	a57e04d7	0e8740d1	46e82963	e1d2273a	4b5886e8	2fb55834
	53	0e214e0a	b843ac0c	0219250d	a57e04d7	9afcc23b	46e82963	39d70e91	4b5886e8
	54	3cffa8a1	0e214e0a	87581970	0219250d	b07a4333	9afcc23b	4b1a3741	39d70e91
	55	e6edcf03	3cffa8a1	429c141c	87581970	2fedd52d	b07a4333	11dcd7e6	4b1a3741
	56	4620307c	e6edcf03	ff514279	429c141c	dea593ef	2fedd52d	199d83d2	11dcd7e6
	57	c265f8b4	4620307c	db9e07cd	ff514279	25416da3	dea593ef	a9697f6e	199d83d2
	58	a7d3dfba	c265f8b4	4060f88c	db9e07cd	1c283cd4	25416da3	9f7ef52c	a9697f6e
	59	9763266d	a7d3dfba	cbf16984	4060f88c	c42903c0	1c283cd4	6d192a0b	9f7ef52c
	60	98a7356c	9763266d	a7bf754f	cbf16984	bfab89f2	c42903c0	e6a0e141	6d192a0b
	61	68996f58	98a7356c	c64cdb2e	a7bf754f	2966672f	bfab89f2	1e062148	e6a0e141
	62	54b72f87	68996f58	4e6ad931	c64cdb2e	49b3ec50	2966672f	4f95fd5c	1e062148
	63	468cdd2c	54b72f87	32deb0d1	4e6ad931	a29734f7	49b3ec50	39794b33	4f95fd5c

5）SM3 哈希值：350ccb43 1da39d3e 25faf206 94e0df31 0bf8044b 5f82d4fa daf4a57e ff6ef312。

5.5.3 HMAC 运算过程示例

1. HMAC-SHA256

输入明文为"northwestern polytechnical university"。

密钥为"zty"。

SHA-256 的块大小为 64 字节。如果密钥长度大于块大小，则先对密钥进行 SHA-256 哈希运算。如果密钥长度小于块大小，则通过在密钥末尾填充零字节来将其扩展至块大小。

填充后的密钥为 0x7a747900 00000000 00000000 00000000 00000000 00000000 00000000 00000000 00000000 00000000 00000000 00000000 00000000 00000000 00000000 00000000。

将填充后的密钥逐个字节地与 0x36 进行异或，计算内部填充（i_key_pad），即 i_key_pad = 4c424f36 36363636 36363636 36363636 36363636 36363636 36363636 36363636 36363636 36363636 36363636 36363636 36363636 36363636 36363636 36363636。

将填充后的密钥逐个字节地与 0x5c 进行异或，计算外部填充（o_key_pad），即 o_key_pad = 0x2628255c 5c5c5c5c 5c5c5c5c 5c5c5c5c 5c5c5c5c 5c5c5c5c 5c5c5c5c 5c5c5c5c 5c5c5c5c 5c5c5c5c 5c5c5c5c 5c5c5c5c 5c5c5c5c 5c5c5c5c 5c5c5c5c 5c5c5c5c。

将 i_key_pad 与明文拼接，并对拼接结果进行 SHA-256 哈希运算，得到内部哈希值，即 in_hash = 0x35c258cd 46db32dc e09908a9 1e8a9a27 4768755 79b76442 b820cdee 3aa661dff。

将 o_key_pad 与内部哈希值拼接，并对拼接结果进行 SHA-256 哈希运算，得到最终的 HMAC-SHA256 值，即 eab98ff2 6797e640 3f482330 ce8b07a2 055bfd03 6dfe94b4 d9680363 4ffba9a7。

2. HMAC-SM3

输入明文为"northwestern polytechnical university"。

密钥为"fan"。

SM3 的块大小为 64 字节。如果密钥长度大于块大小，则先对密钥进行 SM3 哈希运算。如果密钥长度小于块大小，则通过在密钥末尾填充零字节来将其扩展至块大小。

填充后的密钥为 0x66616e00 00000000 00000000 00000000 00000000 00000000 00000000 00000000 00000000 00000000 00000000 00000000 00000000 00000000 00000000。

将填充后的密钥逐个字节地与 0x36 进行异或，计算内部填充(i_key_pad)，即 i_key_pad=0x50575836 36363636 36363636 36363636 36363636 36363636 36363636 36363636 36363636 36363636 36363636 36363636 36363636 36363636 36363636 36363636。

将填充后的密钥逐个字节地与 0x5c 进行异或，计算外部填充(o_key_pad)，即 o_key_pad=0x3a3d325c 5c5c5c5c 5c5c5c5c 5c5c5c5c 5c5c5c5c 5c5c5c5c 5c5c5c5c 5c5c5c5c 5c5c5c5c 5c5c5c5c 5c5c5c5c 5c5c5c5c 5c5c5c5c 5c5c5c5c 5c5c5c5c 5c5c5c5c。

将 i_key_pad 与明文拼接，并对拼接结果进行 SM3 哈希运算，得到内部哈希值，即 in_hash=0x4ba96309 37703c1c 48bc95bd a6e958cc 3c90541c 57479f83 7841e522 f0fa7188。将 o_key_pad 与内部哈希值拼接，并对拼接结果进行 SM3 哈希运算，得到最终的 HMAC-SM3 值，即 6c0a0147 5d3c4317 836051b9 2fe48ef7 05b11f72 3c26d638 49fdc2e3 8b532c9b。

习题

1. 利用 C 语言实现 SHA-256 算法。
2. 利用 C 语言实现 SM3 算法。
3. 利用 C 语言实现 HMAC 算法。
4. 简述哈希函数及消息认证码的作用，并利用其实现一个简易的相互认证系统。

第 6 章 公钥密码

利用对称密码进行保密通信的机制要求通信双方事先共享相同的密钥,以便进行加密和解密操作。然而,在大型计算机网络中,假设涉及 n 个用户,每两个用户之间可能存在一种通信需求,这就导致了共计 $C_n^2=n(n-1)/2$ 种不同的通信组合方式。随着用户数量 n 的增加,通信组合数量呈现出巨大的增长趋势,这必然会给密钥管理带来巨大的挑战。此外,为了保障通信的安全性,必须定期更换密钥。然而,在网络中生成、存储、分配和管理数量庞大的密钥,面临的复杂性和风险随密钥数量增加而加剧。同时,对称密码体制本身无法便捷地实现数字签名功能,该功能旨在防止消息发送者否认其发送消息的行为,因此对称密码的适用范围受到了限制。

鉴于上述问题,人们迫切需要设计一种新的密码体制,以便从根本上解决对称密码在密钥管理方面的困境,并且能够方便地实现数字签名功能,以满足现代计算机网络环境中多样的安全应用需求。正是在这一背景下,美国斯坦福大学的博士生 W. Diffie 与他的导师 M. Hellman 教授于 1976 年发表了题为《密码学的新方向》的论文,首次引入了公钥密码的概念,开启了密码学领域的全新时代。从此,密码学经历了革命性变革,为保护网络通信的安全提供了更加可靠和灵活的解决方案。

本章要点:
- 公钥密码学的思想与工作流程
- RSA 公钥加解密算法
- ElGamal 公钥加解密算法
- ECC 公钥密码体制
- SM2 公钥加解密算法

6.1 公钥密码设计思想

公钥密码的设计思想是找到一种密码体制,使得加密密钥与解密密钥不同,并且由加密密钥推导出解密密钥在计算上是不可行的。这样,即使将加密密钥公开也不会暴露解密密钥,从而不会损害密码的安全。由于只需要对解密密钥保密,加密密钥是可以公开的,这便从根本上克服了对称密码在密钥分配方面的困难。

公钥密码体制的特点是加密密钥可以公开,而解密密钥是保密的,加密密钥与解密密钥具有相关性,并且由公开的加密密钥难以求出解密密钥,这是通过公认的数学难题保障的。目前,世界公认的比较经典的密码学数学难题包括大整数因子分解难题和离散对数难题。但是,随着量子计算技术的发展,量子计算机被普遍认为能够攻破这两种经典的密码学数学难题。目前学术界普遍认为,基于格(Lattice)的相关数学难题可以抵抗量子计算机的攻击。

构造公钥密码体制的基础是"单向函数",单向函数 $f(x)$ 是指：
1) 给定输入变量 x,计算 $f(x)$ 是容易的。
2) 给定 $f(x)$,计算 x 是困难的。
这里提到的"容易"和"困难",其含义参见计算复杂性理论中的相关定义。

用来构造密码算法的单向函数是单向陷门函数,即对于密码攻击者而言,给定 $f(x)$,计算 x 是困难的,但合法的解密者可以利用一定的陷门知识计算 x。目前,人们还不知道是否存在这样的单向陷门函数,但人们知道一些陷门函数满足：计算 $f(x)$ 容易,而由 $f(x)$ 计算 x 可能是困难的（没有得到严格的数学证明）。从密码学角度来看,这两条性质已经能够用来构造密码算法。下面介绍两个被认为是单向函数的示例。

【例 6-1】 设 n 是两个大素数的乘积,即 $n=pq$,这里的 p 和 q 是大素数,b 是一个正整数,定义函数 $f: Z_n \rightarrow Z_n$ 为

$$f(x) = x^b \bmod n \tag{6-1}$$

【例 6-2】 设 f 是定义在有限域 $GF(p)$ 上的指数函数,其中 p 是大素数,即 $f(x)=g^x$,$x \in GF(p)$ 且 g 为模 p 的一个原根,其逆运算即给定 y,寻找 $x(0 \leq x < p-1)$,使得 $f(x)=g^x=y$。给定 x,计算 $y=f(x)=g^x$ 是容易的,而当 p 充分大时,给定 y,计算 $x=\log_g y$ 是困难的,即无法找到多项式时间算法来求解这里的 x。

1. 公钥密码体制的工作流程

公钥密码体制的用户需要生成自己的公钥密码系统参数,包括基本算法、公钥 PK 及私钥 SK。基本算法与公钥决定加密算法,基本算法与私钥决定解密算法。其中,基本算法与公钥是公开的,私钥由用户自行保管。公钥加密流程如图 6-1 所示。

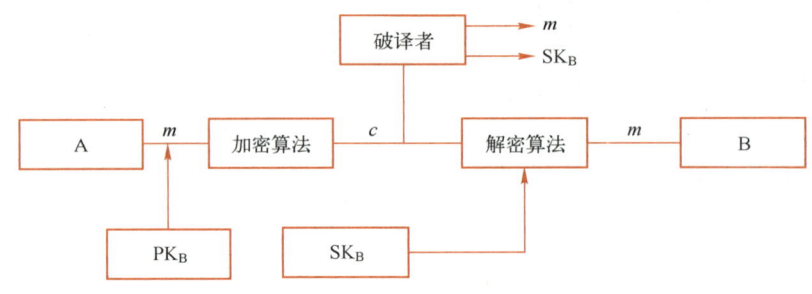

图 6-1 公钥加密流程

公钥密码体制需要满足下列性质：
1) 合法参与者容易生成一对密钥（公钥/私钥对：PK,SK）。
2) 加密算法与解密算法的计算效率高。
3) 对每个用户及每个可能的消息 m,有 $D_{SK}(E_{PK}(m))=m$,其中 E 和 D 分别表示加密算法与解密算法。
4) 攻击者知道公钥 PK 及密文,想恢复明文在计算上是不可行的。
5) 攻击者知道用户的公钥 PK 及密文,确定对应的私钥 SK 在计算上是不可行的。

公钥密码体制易遭受的攻击主要包括：
1) 类似于对称密码体制,公钥密码体制也会受到强力攻击,因此需要采用足够长的密钥,使得强力攻击（密钥穷举搜索）在计算上不可行。
2) 攻击者在知道公钥的情况下,计算对应的私钥（目前尚无法从数学上证明这种攻击

是不可能的)。

3) 选择消息攻击，是针对公钥密码体制的特有方法，因此要求公钥密码体制具有可证明安全性。

2. Diffie-Hellman 密钥交换协议

设 p 是一个素数，使得 $GF(p)^*$ 上的离散对数问题是困难的，g 为模 p 的原根，为达到通信双方共享密钥的目的，通信双方 A 和 B 分别进行下述操作。

(1) A 执行的操作

1) 随机选取一个整数 x_A，$0 < x_A < p-1$。

2) 计算 $y_A = g^{x_A} \mod p$，将 y_A 发送给 B。

(2) B 执行的操作

1) 随机选取一个整数 x_B，$0 < x_B < p-1$。

2) 计算 $y_B = g^{x_B} \mod p$，将 y_B 发送给 A。

A 计算 $k_A = y_B^{x_A} \mod p$，B 计算 $k_B = y_A^{x_B} \mod p$。显然可以验证 $k_A = k_B$，从而达到 A 和 B 之间建立共享密钥的目的。

注意：在上述过程中，A 和 B 之间没有预先共享的秘密参数。$GF(p)^*$、g 及公钥是公开参数。目前，人们认为攻击这种算法协议的难度相当于解有限域乘法群上的离散对数问题。

6.2 RSA 密码算法

RSA 密码算法是由美国麻省理工学院的三位密码学家 R. L. Rivest、A. Shamir 和 L. Adleman 于 1978 年共同提出的一种公钥密码算法，其安全性基于大整数因子分解的困难性。这一算法不仅可以用于加密数据，还可以用于生成数字签名，简单易懂的特性使其成为当前应用范围最广泛的公钥密码算法之一。ISO（国际标准化组织）、ITU（国际电信联盟）、SWIFT（环球银行金融电信协会）以及 TCG（可信计算组织）等都已将 RSA 密码算法正式纳入标准体系中。在互联网领域，诸如电子邮件保密系统 GPG（GNU Privacy Guard）、国际支付组织（VISA）和 Master Card 的安全电子交易协议（SET 协议），都将 RSA 密码算法作为传输会话密钥和生成数字签名的标准手段。这些举措充分证明了 RSA 密码算法在信息安全领域的重要性和广泛应用。

6.2.1 加解密算法

1. 密钥产生

1) 随机生成两个大素数 p 和 q，并且对其保密。

2) 计算 $n = pq$，将 n 公开。

3) 计算欧拉（Euler）函数 $\varphi(n) = (p-1)(q-1)$，对 $\varphi(n)$ 保密。

4) 随机选取一个正整数 e，$1 < e < \varphi(n)$ 且 $(e, \varphi(n)) = 1$，将 e 公开。

5) 根据 $ed \equiv 1 \mod \varphi(n)$，求出 d，并对 d 保密。

6) 以 (e, n) 为公钥，(d, n) 为私钥。

2. 加密运算

对明文消息 $1 < m < n$ 进行加密运算，即

$$c = m^e \bmod n \tag{6-2}$$

3. 解密运算

对密文 c 进行解密运算，即

$$m = c^d \bmod n \tag{6-3}$$

下面证明加解密算法的可逆性。要证明加解密算法的可逆性，即要证明

$$m = c^d \bmod n = (m^e)^d \bmod n \tag{6-4}$$

因为 $ed \equiv 1 (\bmod\ \varphi(n))$，这说明 $ed = t\varphi(n) + 1$，其中 t 为整数，所以

$$m^{ed} \equiv m^{t\varphi(n)+1} (\bmod\ n) \tag{6-5}$$

我们只需证明

$$m^{t\varphi(n)+1} \equiv m (\bmod\ n) \tag{6-6}$$

下面将分成两种情况讨论：

1) 当 $(m,n) = 1$ 时，由欧拉定理可得

$$m^{\varphi(n)} \equiv 1 (\bmod\ n) \tag{6-7}$$

于是有

$$m^{t\varphi(n)+1} \equiv m (\bmod\ n) \tag{6-8}$$

2) 当 $(m,n) \neq 1$ 时，因为 $n = pq$，p 和 q 为素数，$m \in \{1, 2, 3, \cdots, n-1\}$，$(m,n) \neq 1$，所以 m 必含 p 或 q 之一作为其因子，不妨设 $m = ap$，其中 a 为正整数，且 $1 \leq a < q$。因为 q 为素数，所以有 $(m,q) = 1$，于是由欧拉定理可得

$$m^{\varphi(q)} \equiv 1 (\bmod\ q) \tag{6-9}$$

从而可得

$$m^{t(p-1)\varphi(q)} \equiv 1 (\bmod\ q) \tag{6-10}$$

因为 q 是素数，$t(p-1)\varphi(q) = t(p-1)(q-1) = t\varphi(n)$，所以

$$m^{t\varphi(n)} \equiv 1 (\bmod\ q) \tag{6-11}$$

于是存在整数 b 使得

$$m^{t\varphi(n)} = bq + 1 \tag{6-12}$$

两边同乘 m，可得

$$m^{t\varphi(n)+1} = bqm + m \tag{6-13}$$

因为 $m = ap$，所以有

$$m^{t\varphi(n)+1} = bqap + m = abn + m \tag{6-14}$$

从而可得

$$m^{t\varphi(n)+1} \equiv m (\bmod\ n) \tag{6-15}$$

6.2.2 安全性

小整数的因子分解可谓易如反掌，然而当涉及大整数时，因子分解问题则变得十分艰巨。大整数 N 的因子分解的时间复杂度下限至今尚无定论。当前已知的各种因子分解算法都在暗示这一时间复杂度下限至少为 $O(\exp(\sqrt{\ln N \ln(\ln N)}))$。基于这一结论，只要整数 N 足够大，进行因子分解就将面临相当大的困难。

攻击 RSA 密码的一种可能途径是截获密文 c，从 c 中求出明文 m。已知

$$m \equiv c^d (\bmod\ n) \tag{6-16}$$

因为 n 是公开的，要从 c 中求出明文 m，必须先求出 d。利用

$$ed \equiv 1 (\bmod\ \varphi(n)) \qquad (6\text{-}17)$$

并且 e 是公开的,所以只要求出

$$\varphi(n) = (p-1)(q-1) \qquad (6\text{-}18)$$

即可求出 d。这就要求求出 p 和 q,知道

$$n = pq \qquad (6\text{-}19)$$

要从 n 求出 p 和 q,只有对 n 进行因子分解,然而,当 n 足够大时,这是很困难的。

从上述论述可以明显看出,只要能对 n 进行因子分解,便可攻破 RSA 密码。所以破解 RSA 密码的困难小于或等于对 n 进行因子分解的困难。目前尚无法确切地证明这两者是否完全等价。这是因为无法确定在对 n 进行因子分解之外是否有其他更加高效的破解途径。

因此,在使用 RSA 加密算法时,务必密切关注大数分解技术的最新发展。2009 年 12 月,研究者成功分解了一个 768 位二进制(相当于 232 位十进制)的大整数。这一重大突破引发了人们对 RSA 加密安全性的更深层次关注。目前,学术界不仅持续关注使用传统电子计算机进行大整数的因子分解,还开始深入研究使用量子计算机进行大整数的因子分解。迄今为止,公开报道的最高成就是,利用四个量子位的计算装置成功分解了整数 56153。随着量子计算机的不断演进,RSA 密码受到的威胁逐渐加大。因此,根据大整数因子分解能力的进展,如今应用 RSA 密码时,必须选择足够大的整数 n。普遍认同的观点是,在一般应用中,n 的位数至少应为 1024 位;而对于重要的应用场景,最好将 n 的位数选取为 2048 位。

另外需要注意的是,RSA 密码的安全性除了与因子分解技术直接相关,还与其参数 (p, q, e, d) 的选择密切相关。只要能够合理地选择这些参数,并且正确地应用它们,RSA 密码就能够提供可靠的安全性。因此,RSA 密码目前仍然得到广泛应用并持续发挥着重要作用。

【例 6-3】 设模数 $n = 119$,公钥 $e = 5$,则由 $ed \equiv 1(\bmod\ \varphi(n))$ 可计算得到 $d = 77$。于是公钥为 $(5, 119)$,私钥为 $(77, 119)$。设明文 $m = 19$,则 RSA 加密所得密文 $c = 19^5\ \bmod\ 119 = 66$,解密为 $m = c^{77}\ \bmod\ 119 = 19$。

6.3 ElGamal 密码算法

ElGamal 密码是除了 RSA 密码之外最具代表性的公钥密码之一。其安全性建立在求解离散对数问题(Discrete Logarithm Problem,DLP)的困难性基础之上,是公认的一种安全、可靠的公钥密码体系。

6.3.1 离散对数问题

设 p 为素数,若存在一个正整数 g,使得 $g^1, g^2, g^3, \cdots, g^{p-1}$,关于模 p 两两互不同余,则称 g 为模 p 的原根。显然,若 g 为模 p 的原根,则对于 $y \in \{1, 2, 3, \cdots, p-1\}$,必定存在一个正整数 x,使得 $y = g^x\ \bmod\ p$。

设 p 为素数,g 为模 p 的原根,已知 $1 \leq x \leq p-1$,求模幂运算

$$y = g^x\ \bmod\ p \qquad (6\text{-}20)$$

在计算上是高效可行的。反之,当 p 足够大时,已知这里的 y,求解离散对数 x 在计算上却极为困难,目前已知的最快求解离散对数算法的时间复杂度为

$$O(\exp((\ln p)^{\frac{1}{3}} \ln(\ln p))^{\frac{2}{3}}) \tag{6-21}$$

由此可见，只要 p 足够大，求解离散对数问题是相当困难的，这便是著名的离散对数问题。离散对数问题也具有较好的单向性，所以该问题在公钥密码学中得到广泛应用。除了 ElGamal 密码外，著名的 Diffie-Hellman 密钥交换协议和美国数字签名标准算法 DSA 等也都是建立在离散对数问题之上的。

【例 6-4】 取 $p=13$，则 $g=2$ 是模 p 的原根：$g^1 \bmod p = 2$，$g^2 \bmod p = 4$，$g^3 \bmod p = 8$，$g^4 \bmod p = 3$，$g^5 \bmod p = 6$，$g^6 \bmod p = 12$，$g^7 \bmod p = 11$，$g^8 \bmod p = 9$，$g^9 \bmod p = 5$，$g^{10} \bmod p = 10$，$g^{11} \bmod p = 7$，$g^{12} \bmod p = 1$。由此可以得到结果，见表 6-1。

表 6-1 结果

	1	2	3	4	5	6	7	8	9	10	11	12
$y = g^x \bmod p$	1	2	3	4	5	6	7	8	9	10	11	12
$x = \log_g y \bmod p$	12	1	4	2	9	5	11	3	8	10	7	6

6.3.2 加解密算法

ElGamal 改进了 Diffie 和 Hellman 的基于离散对数的密钥交换协议，提出了基于离散对数的公钥密码和数字签名体制。

系统参数：随机选择一个大素数 p，且要求 $p-1$ 有大素数因子，再选择一个模 p 的原根 g，将 p 和 g 公开。

1. 密钥生成

用户随机选取一个整数 x 作为自己的私钥，$1 < x < p-1$，计算公钥 $y = g^x \bmod p$。由公钥 y 计算私钥 x，须求解离散对数，而这在计算上是不可行的。

2. 加密运算

将明文消息 $m(0 < m \leq p-1)$ 加密成密文的过程如下：

1) 随机选取一个整数 k，$1 < k < p-1$。
2) 计算 $c_1 = g^k \bmod p$，$c_2 = m y^k \bmod p$。
3) 取 (c_1, c_2) 作为密文。

3. 解密运算

将密文 (c_1, c_2) 解密的过程如下

$$\frac{c_2}{c_1^x} \bmod p = \frac{m y^k}{g^{kx}} \bmod p = m \tag{6-22}$$

【例 6-5】 设 $p = 2579$，取 $g = 2$，私钥 $x = 765$，计算出公钥 $y = 2^{765} \bmod 2579 = 949$。设明文 $m = 1299$。

加密过程：设选取的随机数 $k = 853$，则 $c_1 = 2^{853} \bmod 2579 = 435$，$c_2 = 1299 \times 949^{853} \bmod 2579 = 2396$，所以密文为 $(c_1, c_2) = (435, 2396)$。

解密过程：计算 $m = 2396 \times (435^{765})^{-1} \bmod 2579 = 1299$，从而还原出明文。

6.3.3 安全性

ElGamal 密码的安全性建立在 $GF(p)$ 上求解离散对数的困难性之上，目前尚无求解 $GF(p)$ 上离散对数的有效算法，所以在 p 足够大时，ElGamal 密码是安全的。为了安全，p

应为 150 位以上的十进制数，而且 $p-1$ 应有大素数因子。因为 p 为大素数，$p-1$ 为偶数，所以 $p-1$ 一定有因子 2。我们希望除了因子 2 外，其余因子为大素数因子。理想情况是 p 为强素数，$p-1=2q$，其中 q 为大素数。

此外，加密时所使用的 k 必须是一次性的。这是因为如果重复使用 k，时间长了就可能泄露。又因为 y 是公钥，并且攻击者可以截获密文 c_2，于是攻击者便可通过计算 c_2/y^k，得到明文 m。另外，若用同一个 k 加密两个不同的明文 m 和 m'，相应的密文为 (c_1, c_2) 和 (c_1', c_2')，则因为 $c_2/c_2'=m/m'$，所以攻击者一旦知道 m，就可以很容易求出 m'。

6.4 ECC 密码算法

椭圆曲线密码体制（Elliptic Curve Cryptosystem，ECC）最初由 Koblitz 和 Miller 于 20 世纪 80 年代提出。ElGamal 密码建立在有限域 $GF(p)$ 上，其中 p 是一个巨大的素数。这是因为在有限域 $GF(p)$ 中，乘法群的离散对数问题被广泛认为是难以解决的。基于这种思路，人们开始考虑在其他难以解离散对数问题的群中构建 ElGamal 密码。随着研究的深入，人们发现在有限域的椭圆曲线上的有理点构成了一个可交换的群，并且离散对数问题在这个群中同样难以求解。因此，便可以在这个群上定义 ElGamal 密码，此密码被称为椭圆曲线密码。时至今日，椭圆曲线密码已经成为继 RSA 密码之后备受推崇的公钥密码之一。它的密钥长度较短，软件实现所需资源较少，硬件实现电路更加高效节能。有研究指出，160 位长度的椭圆曲线密码在安全性上相当于 1024 位的 RSA 密码，同时其运算速度更加迅捷。因此，一些国际标准化组织已将椭圆曲线密码纳入新的信息安全标准之列。例如 IEEE P1363/D4、ANSIX9.62、ANSIX9.63 等标准，它们分别规范了椭圆曲线密码在诸多领域的应用，包括但不限于互联网协议安全、电子商务、网络服务器、太空通信、移动通信以及智能卡技术等。这些标准的制定推动了椭圆曲线密码在各个领域的广泛应用。

6.4.1 椭圆曲线

椭圆曲线并非实际上的椭圆形状，其被赋予"椭圆"之名源于其与计算椭圆周长的数学方程具有相似性。这种数学结构可以在多种有限域中定义，而对于密码学而言，最为重要的是基于素域 $GF(p)$ 上的椭圆曲线。

设 p 是大于 3 的素数，且 $4a^3+27b^2 \not\equiv 0 \pmod{p}$，称曲线

$$y^2 = x^3 + ax + b, \text{其中 } a, b \in GF(p) \tag{6-23}$$

为 $GF(p)$ 上的椭圆曲线。

由上述椭圆曲线方程可得到一个同余方程 $y^2 \equiv x^3 + ax + b \pmod{p}$，其解为一个二元组 (x, y)，其中 $(x, y) \in GF(p)$。将此二元组描绘到椭圆曲线上便为一个点，于是称该点为解点。

为了利用椭圆曲线上的解点构成交换群，需要引进一个零元，并定义加法运算。

1）引进一个无穷远点 $O(\infty, \infty)$，简记为 O，作为零元，即

$$O(\infty, \infty) + O(\infty, \infty) = O \tag{6-24}$$

并定义对于所有解点 $P(x, y)$，有

$$P(x, y) + O = O + P(x, y) = P(x, y) \tag{6-25}$$

2）设 $P(x_1, y_1)$ 和 $Q(x_2, y_2)$ 是解点，如果 $x_1 = x_2$ 且 $y_1 = -y_2$，则

$$P(x_1, y_1) + Q(x_2, y_2) = O \tag{6-26}$$

这说明任何解点 $R(x,y)$ 的逆元就是 $R(x,-y)$。

3) 设 $P(x_1,y_1)$ 和 $Q(x_2,y_2)$ 是解点，如果 $P\neq \pm Q$，则
$$P(x_1,y_1)+Q(x_2,y_2)=R(x_3,y_3)$$
其中
$$\begin{cases} x_3=\lambda^2-x_1-x_2 \\ y_3=\lambda(x_1-x_3)-y_1 \\ \lambda=\dfrac{y_2-y_1}{x_2-x_1} \end{cases} \tag{6-27}$$

4) 当 $P(x_1,y_1)=Q(x_2,y_2)$ 时，有
$$P(x_1,y_1)+Q(x_2,y_2)=2P(x_1,y_1)=R(x_3,y_3) \tag{6-28}$$
其中
$$\begin{cases} x_3=\lambda^2-2x_1 \\ y_3=\lambda(x_1-x_3)-y_1 \\ \lambda=\dfrac{3x_1^2+a}{2y_1} \end{cases} \tag{6-29}$$

集合 $E_p(a,b)=\{$全体解点，无穷远点 $O\}$，则 $E_p(a,b)$ 和上面定义的加法运算构成交换群。$GF(p)$ 上的椭圆曲线以及在其上定义的关于其解点的加法运算的几何意义如图 6-2 所示。

设 $P(x_1,y_1)$ 和 $Q(x_2,y_2)$ 是椭圆曲线上的两个解点，则连接 $P(x_1,y_1)$ 和 $Q(x_2,y_2)$ 的直线与椭圆曲线的另一交点关于横轴的对称点即为 $P(x_1,y_1)+Q(x_2,y_2)$ 点。

有限域上椭圆曲线的点乘运算，即 kP 运算，$kP=\overbrace{P+P+\cdots+P}^{k\text{个}}$，$kP$ 运算是椭圆曲线最核心的运算。已知 kP 和 P 求 k 称为**椭圆曲线离散对数问题（ECDLP）**，目前求解这一问题的最优算法复杂度是指数级的。

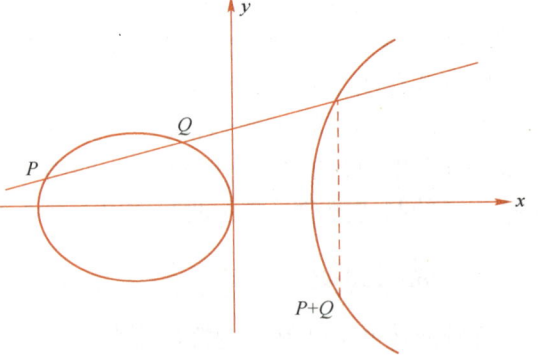

图 6-2 椭圆曲线加法运算的几何意义

【**例 6-6**】取 $p=7$，椭圆曲线 $y^2\equiv x^3-2x-3\pmod{7}$。由于 p 较小，使 $GF(p)$ 也较小，故可以利用穷举的方法求出所有解点。穷举过程见表 6-2。

表 6-2 穷举过程

x	$(x^3-2x-3)\bmod 7$	是模 7 平方剩余吗？	y
0	4	是	2, 5
1	3	否	
2	1	是	1, 6
3	4	是	2, 5
4	4	是	2, 5
5	0	是	0
6	5	否	

由表 6-2 可知该椭圆曲线的全部解点集为 $\{(0,2),(0,5),(2,1),(2,6),(3,2),(3,5),(4,2),(4,5),(5,0),O\}$。

取 $G=(2,1)$，则可计算

$$2G=(2,1)+(2,1)=(0,2) \tag{6-30}$$

这是因为 $\lambda=[(3\times2^2-2)/(2\times1)] \bmod 7=5$。于是，$x_3=(5^2-2\times2) \bmod 7=0$，$y_3=[5\times(2-0)-1] \bmod 7=2$。

【例 6-7】 $p=5$ 时，GF(p) 上的一些椭圆曲线的解点数（包含无穷远点）见表 6-3。

表 6-3　GF(5) 上的一些椭圆曲线的解点数

椭圆曲线	解 点 数	椭圆曲线	解 点 数
$y^2=x^3+2x$	2	$y^2=x^3+4x+2$	3
$y^2=x^3+x$	4	$y^2=x^3+3x+2$	5
$y^2=x^3+1$	6	$y^2=x^3+2x+1$	7
$y^2=x^3+4x$	8	$y^2=x^3+x+1$	9
$y^2=x^3+3x$	10		

当 p 较小时，可以利用穷举的方法求出有限域 GF(p) 上的所有解点。但是，对于一般情况，要计算出椭圆曲线解点数 N 的准确值是非常困难的。由 Hasse 定理知道，对于 GF(p) 上的椭圆曲线，N 满足以下不等式

$$p+1-2\sqrt{p}\leqslant N\leqslant p+1+2\sqrt{p} \tag{6-31}$$

虽然计算出椭圆曲线解点数 N 的准确值比较困难，但是已有一种比较有效的算法 SEA 来计算它。为了能够利用椭圆曲线构建安全的椭圆曲线密码，必须选用好的椭圆曲线。所谓好的椭圆曲线，是指据此曲线构成的椭圆曲线密码是安全的，而且运算是快速的。NIST 向社会推荐了 15 条椭圆曲线，其中 5 条素域 GF(p) 上随机选取的椭圆曲线，5 条二元域 GF(2^m) 上随机选取的椭圆曲线，5 条二进制域 GF(2^m) 上的 Koblitz 椭圆曲线。其中 NIST 向社会推荐的定义在素域 GF(p) 上的 256 位的椭圆曲线参数见表 6-4。

表 6-4　NIST 推荐的 256 位椭圆曲线参数

符号说明	p：大素数 S：随机生成椭圆曲线的算法中所需的种子 r：随机生成椭圆曲线的算法中的参数 a,b：椭圆曲线 $y^2=x^3+ax+b$ 的系数，满足 $rb^2\equiv a^3 \pmod{p}$ n：基点的阶（大素数） h：余因子 x,y：基点的坐标
参数	**P-256**：$p=2^{256}-2^{224}+2^{192}+2^{96}-1$；$a=-3$；$h=1$ $S=$ 0xC49D3608_86E70493_6A6678E1_139D26B7_819F7E90 $r=$ 0x7EFBA166_2985BE94_03CB055C_75D4F7E0_CE8D84A9_C5114ABC_AF317768_0104FA0D $b=$ 0x5AC635D8_AA3A93E7_B3EBBD55_769886BC_651D06B0_CC53B0F6_3BCE3C3E_27D2604B $n=$ 0xFFFFFFFF_00000000_FFFFFFFF_FFFFFFFF_BCE6FAAD_A7179E84_F3B9CAC2_FC632551 $x=$ 0x6B17D1F2_E12C4247_F8BCE6E5_63A440F2_77037D81_2DEB33A0_F4A13945_D898C296 $y=$ 0x4FE342E2_FE1A7F9B_8EE7EB4A_7C0F9E16_2BCE3357_6B315ECE_CBB64068_37BF51F5

6.4.2　椭圆曲线密码

ElGamal 密码建立在有限域 GF(p) 的乘法群的离散对数问题的困难性之上。椭圆曲线密

码则建立在椭圆曲线解点群的离散对数问题的困难性之上。两者的主要区别是其离散对数问题所依赖的群不同;两者也有许多相似之处。

椭圆曲线上的解点所构成的交换群并不一定为循环群,于是,我们希望从中找出一个循环子群 E_1。有研究表明,当循环子群 E_1 的阶 $|E_1|$ 是足够大的素数时,这个循环子群中的离散对数问题求解是困难的。于是可以在这个循环子群 E_1 中建立任何基于离散对数困难性的密码,并称这个密码为椭圆曲线密码。据此,诸如 ElGamal 密码、Diffie-Hellman 密钥交换协议等许多基于离散对数问题的密码体制都可以在椭圆曲线群上实现。

在 SEC1 椭圆曲线密码标准中规定,一个椭圆曲线密码的系统参数由下面的**六元组**所描述

$$T = <p, a, b, G, n, h> \tag{6-32}$$

式中,p 为大于 3 的素数,确定了有限域 $GF(p)$;元素 $a, b \in GF(p)$,确定了椭圆曲线 E 的方程;G 为循环子群 E_1 的生成元,n 为素数且为生成元 G 的阶,G 和 n 确定了循环子群 E_1;$h = |E|/n$,称为余因子,h 将交换群 E 和循环子群 E_1 联系起来。

1. ElGamal 型椭圆曲线密码

为了构建椭圆曲线密码,首先要选定椭圆曲线密码的系统参数 T。

(1) 密钥生成 随机选取整数 x,$0 < x < n$,计算 $P = xG$,则公钥为 P,私钥为 x。

(2) 加密运算 将明文消息 m 通过编码嵌入到曲线上的点 P_m,再对点 P_m 做加密变换。这里不对具体的编码方法做进一步介绍,读者可参考有关文献。

随机选取整数 k,$0 < k < n$,计算

$$C_1 = kG, \quad C_2 = P_m + kP$$

则密文为 $c = (C_1, C_2)$。

(3) 解密运算 为了解密密文 $c = (C_1, C_2)$,使用私钥 x 计算

$$C_2 - xC_1 = P_m + kP - kxG = P_m$$

再由 P_m 恢复原始消息 m。

攻击者若想由密文 $c = (C_1, C_2)$ 得到 P_m,就必须知道私钥 x 或 k。然而要得到 x 或 k,只有通过椭圆曲线上的已知点 G、P 和 C_1,这意味着必须求解椭圆曲线上的离散对数问题,因此这在计算上是不可行的。另外,与 ElGamal 密码一样,为了保障安全,加密所使用的 k 必须是一次性的,否则随着时间延长被攻击者获得的可能性变高,攻击者就可能利用密文和公钥求解出明文信息。

【例 6-8】 取 $p = 751$,$E_p(-1, 188)$,即椭圆曲线为 $y^2 \equiv x^3 - x + 188 \pmod{751}$,$E_p(-1, 188)$ 的一个生成元是 $G = (0, 376)$,A 的公开钥为 $P_A = (201, 5)$。假定 B 已将欲发往 A 的消息嵌入椭圆曲线上的点 $P_m = (562, 201)$,B 选取随机数 $k = 386$,由 $kG = 386(0, 376) = (676, 558)$,$P_m + kP_A = (562, 201) + 386(201, 5) = (385, 328)$,得密文为 $\{(676, 558), (385, 328)\}$。

与基于有限域上离散对数问题的公钥密码体制(如 Diffie-Hellman 密钥交换和 ElGamal 密码体制)相比,椭圆曲线密码体制有以下优点:

1) 安全性高。攻击有限域乘法群上的离散对数问题的方法有指数积分法,其运算复杂度为 $O(\exp \sqrt[3]{(\log p)(\log \log p)^2})$,其中素数 p 是模数。指数积分法对椭圆曲线上的离散对数问题并不是有效的。目前要攻击椭圆曲线上的离散对数问题,只有适合攻击任何循环群上离散对数问题的大步小步法较有效,其运算复杂度为 $O(\exp(\log \sqrt{p_{\max}}))$,其中,$p_{\max}$ 是椭圆

曲线所形成的阿贝尔（Abel）群的阶的最大素因子。因此，椭圆曲线密码体制比基于有限域乘法群上的离散对数问题的公钥体制更安全。

2）密钥更小。由攻击两者的算法复杂度可知，在实现相同安全水平的条件下，椭圆曲线密码体制所需的密钥远比基于有限域上离散对数问题的公钥体制的密钥短。

3）灵活性好。有限域 $GF(q)$ 一定的情况下，其上的循环群就确定了。$GF(q)$ 上的椭圆曲线可以通过改变曲线参数，得到不同的曲线，形成不同的循环群。因此，椭圆曲线具有丰富的群结构和多选择性。

由于椭圆曲线所具备的丰富群结构和多样选择性，以及其能够在与 RSA 体制相当的安全性能下显著缩短密钥长度，因此在密码学领域展现出广阔的应用前景。在表 6-5 中，我们可以清楚地看到椭圆曲线密码体制与 RSA 密码体制在保持相同安全性的前提下所需的密钥长度对比。从中可以得出，椭圆曲线密码体制在密钥长度方面表现出明显优势，这进一步强化了其在公钥密码领域中的重要地位。

表 6-5　RSA 和 ECC 在保持相同安全性的前提下所需的密钥长度　（单位：位）

RSA 密码体制	512	768	1024	2048	21000
ECC 密码体制	106	132	160	211	600

6.5　SM2 公钥密码算法

SM2 是我国国家密码管理局颁布的国家商用公钥密码标准算法。它是一组椭圆曲线密码算法，其中包含加解密算法、数字签名算法和密钥交换协议。这里介绍其加解密算法，其余算法在其他章节中介绍。

SM2 椭圆曲线密码标准文档中明确使用 256 位素数域 $GF(p)$ 上的椭圆曲线，即

$$y^2 = x^3 + ax + b \tag{6-33}$$

SM2 椭圆曲线参数见表 6-6。

表 6-6　SM2 椭圆曲线参数

参　数	值
p	FFFFFFFE FFFFFFFF FFFFFFFF FFFFFFFF FFFFFFFF 00000000 FFFFFFFF FFFFFFFF
a	FFFFFFFE FFFFFFFF FFFFFFFF FFFFFFFF FFFFFFFF 00000000 FFFFFFFF FFFFFFFC
b	28E9FA9E 9D9F5E34 4D5A9E4B CF6509A7 F39789F5 15AB8F92 DDBCBD41 4D940E93
n	FFFFFFFE FFFFFFFF FFFFFFFF FFFFFFFF 7203DF6B 21C6052B 53BBF409 39D54123
h	1
x_G	32C4AE2C 1F198119 5F990446 6A39C994 8FE30BBF F2660BE1 715A4589 334C74C7
y_G	BC3736A2 F4F6779C 59BDCEE3 6B692153 D0A9877C C62A4740 02DF32E5 2139F0A0

1. 密钥生成

用户 B 的私钥定义为一个随机数 d_B，$d_B \in \{1, 2, \cdots, n-1\}$。

用户 B 的公钥定义为椭圆曲线上的 P_B 点，即

$$P_B = d_B G \tag{6-34}$$

式中，$G = G(x, y)$ 是基点。

2. 加密算法

设用户 A 要把位串明文 M 发给用户 B，M 的长度为 klen。为了对明文 M 进行加密，用户 A 需要执行以下运算步骤：

1) 利用随机数发生器产生随机数 $k \in \{1, 2, \cdots, n-1\}$。
2) 计算椭圆曲线点 $C_1 = kG = (x_1, y_1)$，将 C_1 的数据表示为位串。
3) 计算椭圆曲线点 $S = hP_B$，若 S 是无穷远点，则报错并退出。
4) 计算椭圆曲线点 $kP_B = (x_2, y_2)$，将坐标 (x_2, y_2) 的数据表示为位串。
5) 计算 $t = \mathrm{KDF}(x_2 \| y_2, \mathrm{klen})$，若 t 为全 0 位串，则返回步骤 1)。
6) 计算 $C_2 = M \oplus t$。
7) 计算 $C_3 = \mathrm{Hash}(x_2 \| M \| y_2)$。
8) 输出密文 $C = C_1 \| C_2 \| C_3$。

图 6-3 展示了 SM2 加密算法的执行流程，通过这个执行流程，我们能够清晰地理解加密算法的运行过程。在加密算法中，关键的组成部分之一是密钥派生函数 KDF。它本质上是一个伪随机数生成函数，作用在于生成所需的加密密钥。KDF 在本流程中基于哈希函数来产生随机的密钥。在 SM2 密码算法中，密钥派生函数所采用的哈希函数遵循我国商用密码哈希函数标准，即 SM3。

3. 解密算法

用户 B 收到密文后，为了得到明文，需要对密文 C 进行解密。为此，用户 B 需要执行以下运算步骤：

1) 从 C 中取出位串 C_1，将 C_1 的数据表示为椭圆曲线上的点，验证 C_1 是否满足椭圆曲线方程，若不满足，则报错并退出。
2) 计算椭圆曲线点 $S = hC_1$，若 S 是无穷远点，则报错并退出。
3) 计算 $d_B C_1 = (x_2, y_2)$，将坐标 (x_2, y_2) 的数据表示为位串。
4) 计算 $t = \mathrm{KDF}(x_2 \| y_2, \mathrm{klen})$，若 t 为全 0 位串，则报错并退出。
5) 从 C 中取出位串 C_2，计算 $M' = C_2 \oplus t$。
6) 计算 $u = \mathrm{Hash}(x_2 \| M' \| y_2)$，从 C 中取出位串 C_3，若 $u \neq C_3$，则报错并退出。
7) 输出明文 M'。

图 6-4 展示了 SM2 解密算法的执行流程。

加解密的正确性：由公私钥和加密算法可知 $P_B = d_B G$，$C_1 = kG = (x_1, y_1)$。据此，解密算法的步骤 3) 可得

$$d_B C_1 = d_B kG = k(d_B G) = kP_B = (x_2, y_2) \tag{6-35}$$

进而利用密钥派生函数 KDF 得到加密密钥 t，计算 $C_2 \oplus t$，便得到明文 M。

由上述 SM2 的加密与解密算法可以看出，SM2 公钥加密算法也属于 ElGamal 型椭圆曲线密码。SM2 加密算法的特色之处在于其引入了密钥派生函数 KDF，从而可以对任意长度的明文消息 M 进行加密，它还加入了许多检错措施，从而提高了密码系统的数据完整性和系统可靠性，进而提高了密码系统的安全性。关于 SM2 公钥加解密算法中使用的密钥派生函数 KDF，SM2 标准文档中给出了明确定义。

密钥派生函数 $\mathrm{KDF}(Z, \mathrm{klen})$：

1) 作用：从一个共享的秘密位串中派生出密钥数据。
2) 输入：比特串 Z，整数 klen（表示要获得的密钥数据的位长度，要求该值小于 $(2^{32}-1)v$。

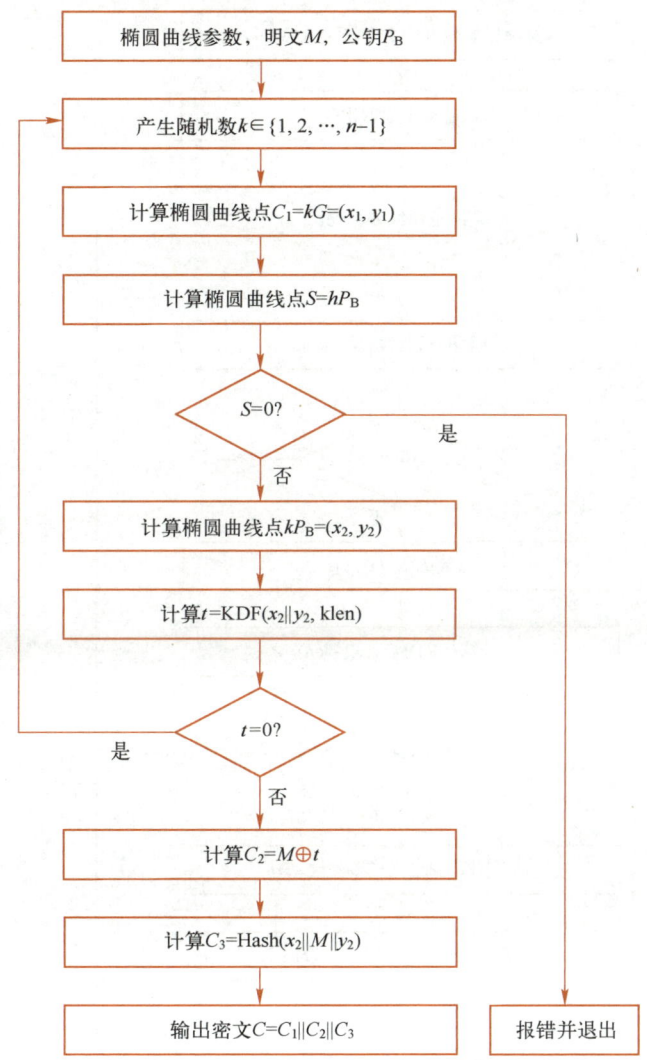

图 6-3 SM2 加密算法的执行流程

3) 输出：长度为 klen 的密钥数据位串 K。

具体步骤如下：

- 初始化一个 32 位的计数器 ct = 0x00000001。
- 对 i 从 1 到 $\lceil klen/v \rceil$ 先执行计算 $H_{a_i} = H_v(Z \| ct)$，其中 H_v 表示输入位长为 v 的哈希函数，然后执行 ct++。
- 若 klen/v 是整数，令 $Ha!_{\lceil klen/v \rceil} = Ha_{\lceil klen/v \rceil}$，否则令 $Ha!_{\lceil klen/v \rceil}$ 为 $Ha_{\lceil klen/v \rceil}$ 最左边的 klen$-v \lfloor klen/v \rfloor$ 比特。
- 令 $K = Ha_1 \| Ha_2 \| \cdots \| Ha_{\lceil klen/v \rceil - 1} \| Ha!_{\lceil klen/v \rceil}$。

SM2 公钥密码在我国已经得到广泛应用。例如，在中华人民共和国居民身份证的芯片中就用硬件实现了 SM2 密码，用来保护重要的个人信息。除了身份证之外，SM2 密码还在各种网络信息系统中得到应用，对于保护我国网络空间安全具有重要的意义。

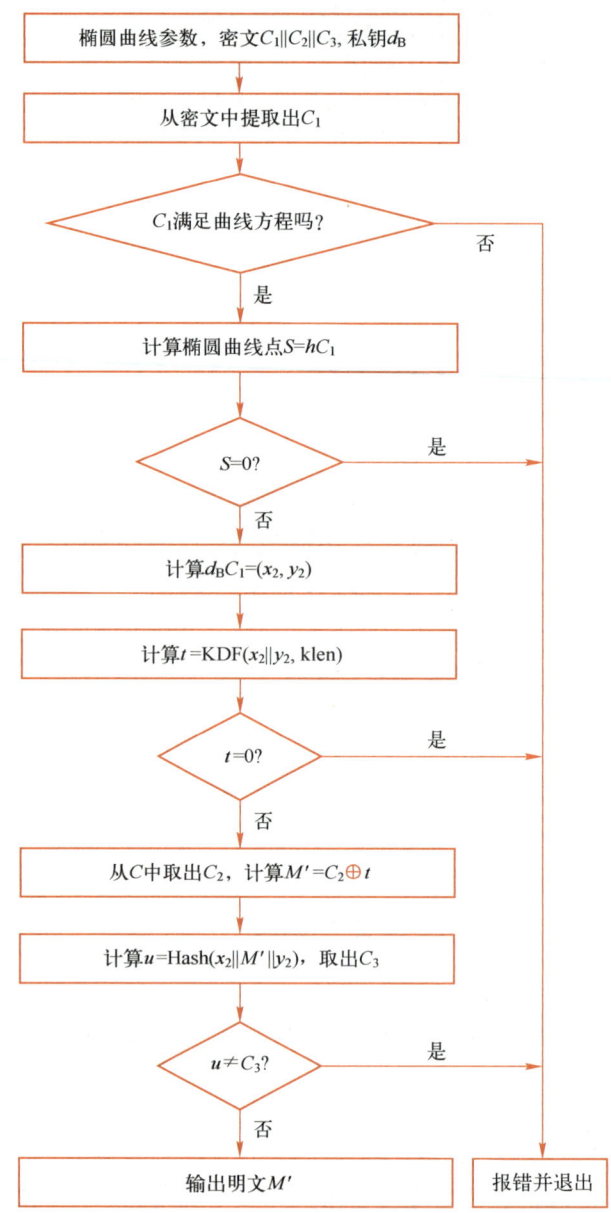

图 6-4　SM2 解密算法的执行流程

6.6　公钥密码应用示例

本节展示了公钥密码 RSA 和 SM2 加解密过程示例。

6.6.1　RSA 加解密过程示例

1) 随机选择两个大素数 p 和 q，p 和 q 均为 512 位，n 为 1024 位。

p = 0x97be32c7 a777c91a 952cb5ac eec4df63 5b3aa7be 1d7496f9 9a08654a 55c70319 afa8c04e 5b730279 c4f9fb8d f65928f1 3c10e4e1 bdeef4f3 b2297274 4cacc717

q = 0xc6640112 4071827a 714cd932 5f8fe9f4 a20b04bf 281728ae 3c729395 19886454 8a971d61

0a4f75b0 d08cffae 01dd90ef 5d6ddf3d c579d0b2 8243bdd5 4eeaf26b

2）计算 $n=pq$。

n = 0x75986234 d1493f03 d98d0e64 b857fb64 237ff1e3 5da52924 a4c8d2ed e1186bab 59f1d5e6 961a3547 315d249d 09377c39 9d7b57ee c26e9ebb 4f08fa9e 536fc3ad cbf84eb6 84cd552b e108609c e5b3e9a8 cc46d1c6 e49a1d36 55b0b94e 6adda5f8 9b65a50d 859e026d 289f4c61 f4e59580 6cbaa0bb c5983eb7 d6f222d1 5d70f49d

3）计算 $\varphi(n)=(p-1)(q-1)$。

$\varphi(n)$ = 0x75986234 d1493f03 d98d0e64 b857fb64 237ff1e3 5da52924 a4c8d2ed e1186bab 59f1d5e6 961a3547 315d249d 09377c3 99d7b57e ec26e9eb b4f08fa9 e536fc3a c6dd61ad c9ce4099 6da8ed1b d975f205 0cf01254 99f0e5d8 e7f35c06 efb8e3e8a 6125c75e 1fdb8a42 93185125 fcaedb9f d33bdc9c 422f7911 a284f287 c1d93b1c

4）选择整数 e，使 $\gcd(\varphi(n),e)=1$。

e = 0xe95b67e5 99c7aeb0 f9778120 2db0225f e5724bd5 1009e585 14c0da83 ba2cb440 108a0ebd 5bc4fe2a 49582ade 99305538 9e93277b d1cc0019 b28caf71 9761b60f 656f0de9 7a31b834 cf623d69 14fadcb5 253de522 bd20cf42 b10268a2 75a9297e 1e520214 06f4084b f6596851 cd773270 04dd715f 85794ea6 26cce255 534f169

5）计算乘法逆元 d。

d = 0x48e178be 5eb2c956 34822608 0eb3926c f8c8580f 38afbfc6 c5db1ab3 a3e95a83 71adcd01 158a3929 6b0abbeb 0ea94cfc 957a67bf 0235b7f3 831add69 2c7af087 f7792b4c 355befcb 3f6bb413 eacdd40c b38bb035 3504374c 9bd8a4b4 3598b8be d0d8d83f 636550b4 e438e723 c4fe9a40 28e4640f 28f7ccfb 58c7ed18 b0750561

公钥 $PU=\{e,n\}$。

私钥 $PR=\{d,n\}$。

明文为"northwestern polytechnical university"

m = 0x6e6f7274 68776573 7465726e 20706f6c 79746563 686e6963 616c2075 6e697665 72736974 79

6）加密，$c=m^e \bmod n$。

c = 0x5af3a223 4e3e0387 13eb1499 681efd99 626f753f 1b9e8731 aeed1d78 1c7d2bb3 04d91a3e 4ae592ad b9973aea 70314a89 5c57a845 3350d64a 4b5d7b40 9d04c634 1b000944 9eddd15c ded5799d ce2a54ca 0393cfeb e260f162 fde81538 0a67e192 65f12f099 efcdc5d2 de23c0fa e813579a 9228016d 227535612 2b9bc4a3 66c443

7）解密，$m=c^d \bmod n$。

m = 0x6e6f7274 68776573 7465726e 20706f6c 79746563 686e6963 616c2075 6e697665 72736974 79

6.6.2　SM2 加解密过程示例

椭圆曲线方程为 $y^2=x^3+ax+b$。

椭圆曲线参数（secp256r1）如下：

素数 p=FFFFFFFE FFFFFFFF FFFFFFFF FFFFFFFF FFFFFFFF 00000000 FFFFFFFF FFFFFFFF

系数 a=FFFFFFFE FFFFFFFF FFFFFFFF FFFFFFFF FFFFFFFF 00000000 FFFFFFFF FFFFFFFC

系数 b = 28E9FA9E 9D9F5E34 4D5A9E4B CF6509A7 F39789F5 15AB8F92 DDBCBD41 4D940E93

基点 $G=(x_G, y_G)$，其阶记为 n。其中：

坐标 x_G = 32C4AE2C 1F198119 5F990446 6A39C994 8FE30BBF F2660BE1 715A4589 334C74C7

坐标 y_G = BC3736A2 F4F6779C 59BDCEE3 6B692153 D0A9877C C62A4740 02DF32E5 2139F0A0

阶 n = FFFFFFFE FFFFFFFF FFFFFFFF FFFFFFFF 7203DF6B 21C6052B 53BBF409 39D54123

（1）加密过程

1）加密过程中的有关值如下：

待加密的明文消息 M 为 "School of Cyberspace Security, Northwestern Polytechnical University"。

明文的十六进制表示为 5363686f6f6c206f6620437962657273706163652053656375726974792c204e6f7274687765737465726e20506f6c79746563686e6963616c20556e6976657273697479。

消息的比特长度 klen = 544。

公钥 $P_B = (x_B, y_B)$，其中：

坐标 x_B = 09f9df31 1e5421a1 50dd7d16 1e4bc5c6 72179fad 1833fc07 6bb08ff3 56f35020

坐标 y_B = ccae490c e26775a5 2dc6ea71 8cc1aa60 0aed05fb f35e084a 6632f607 2da9ad13

2）产生的随机数 k。

k = 59276e27 d506861a 16680f3a d9c02dcc ef3cc1fa 3cdbe4ce 6d54b80d eac1bc21

3）计算椭圆曲线点 C_1。

$C_1 = kG = (x_1, y_1)$，其中：

坐标 x_1 = 04ebfc71 8e8d1798 62043226 8e77feb6 415e2ede 0e073c0f 4f640ecd 2e149a73

坐标 y_1 = e858f9d8 1e5430a5 7b36daab 8f950a3c 64e6ee6a 63094d99 283aff76 7e124df0

4）计算椭圆曲线点 kP_B。

$kP_B = (x_2, y_2)$，其中：

坐标 x_2 = 335e18d7 51e51f04 0e27d468 138b7ab1 dc86ad7f 981d7d41 6222fd6a b3ed230d

坐标 y_2 = ab743ebc fb22d64f 7b6ab791 f70658f2 5b48fa93 e54064fd bfbed3f0 bd847ac9

5）计算 t。

t = KDF($x_2 \| y_2$, klen) = 44e60fdbf0bae81437665374bef26749046c9e038663294a24f3eccc533e579a75abe2630d06376d2a947c0755c7c053cbb7d66046bc7b1e057698692ebd905e8ff15cd2

6）计算 C_2。

$C_2 = M$ XOR t = 178567b49fd6c87b5146100ddc97153a740dfd66a6304c29518185b82a1277d41ad9960b7a6344194fe6122705a8ac2abfd2b50828d5187f6956cd0747cbf52cfc9828ab

7）计算 C_3。

$C_3 = \text{Hash}(x_2 \| M \| y_2)$，其中：

$x_2 \| M \| y_2$ = 335e18d751e51f040e27d468138b7ab1dc86ad7f981d7d416222fd6ab3ed230d536366f6f6c206f6620437962657273706163652053656375726974792c204e6f7274687765737465726e20506f6c79746563686e6963616c20556e6976657273697479ab743ebcfb22d64f7b6ab791f70658f25b48fa93e54064fdbfbed3f0bd847ac9

C_3 = 2649dd61 3d83e486 125870e5 8e365f3f 353d6810 cb1a2fe9 780eb87a 4e548a00

8）输出密文。

$C = C_1 \| C_2 \| C_3$ = 0404ebfc718e8d1798620432268e77feb6415e2ede0e073c0f4f640ecd2e149a73e858f9d81e5430a57b36daab8f950a3c64e6ee6a63094d99283aff767e124df0178567b49fd6c87b5146-

100ddc97153a740dfd66a6304c29518185b82a1277d41ad9960b7a6344194fe6122705a8ac2abfd2b5-
0828d5187f6956cd0747cbf52cfc9828ab2649dd613d83e486125870e58e365f3f353d6810cb1a2fe97-
80eb87a4e548a00

（2）解密过程

1）解密过程中的有关值如下：

待解密的密文的 16 进制表示为 0404ebfc718e8d1798620432268e77feb6415e2ede0e073c0f-
4f640ecd2e149a73e858f9d81e5430a57b36daab8f950a3c64e6ee6a63094d99283aff767e124df01785-
67b49fd6c87b5146100ddc97153a740dfd66a6304c29518185b82a1277d41ad9960b7a6344194fe612-
2705a8ac2abfd2b50828d5187f6956cd0747cbf52cfc9828ab2649dd613d83e486125870e58e365f3f35-
3d6810cb1a2fe9780eb87a4e548a00。

私钥 d_B = 3945208f 7b2144b1 3f36e38a c6d39f95 88939369 2860b51a 42fb81ef 4df7c5b8

2）计算 $d_B C_1 = (x_2, y_2)$，其中：

坐标 x_2 = 335e18d7 51e51f04 0e27d468 138b7ab1 dc86ad7f 981d7d41 6222fd6a b3ed230d

坐标 y_2 = ab743ebc fb22d64f 7b6ab791 f70658f2 5b48fa93 e54064fd bfbed3f0 bd847ac9

3）计算 t。

$t = \text{KDF}(x_2 \| y_2, \text{klen})$ = 44e60fdbf0bae81437665374bef26749046c9e038663294a24f3eccc533e-
579a75abe2630d06376d2a947c0755c7c053cbb7d66046bc7b1e057698692ebd905e8ff15cd2

4）计算 M'。

$M' = C_2$ XOR t = 5363686f6f6c206f62204379626572737065616365205365637572697479c204e-
6f7274687765737465726e20506f6c79746563686e6963616c20556e6976657273697479

5）计算 u。

$u = \text{Hash}(x_2 \| M' \| y_2)$ = 2649dd61 3d83e486 125870e5 8e365f3f 353d6810 cb1a2fe9 780eb87a
4e548a00

习题

扫码看视频

1. 设 RSA 密码中的 $e=3$，$n=77$，$C=25$，计算明文 M。
2. 在 RSA 中使用 $e=3$ 作为加密指数有何优缺点？使用 $d=3$ 作为解密指数好吗？请说明原因。
3. 为什么 ElGamal 密码要求参数 k 是一次性的？
4. 求出椭圆曲线 $E_{11}(1,6): y^2 = x^3 + x + 6 (\bmod 11)$ 的全部解点。
5. 已知 $P=(8,3)$ 和 $Q=(5,2)$ 为椭圆曲线 $E_{11}(1,6)$ 上的两个解点，求解 $2P$ 和 $P+Q$。
6. 检索并阅读 SM2 标准文档资料，了解 SM2 椭圆曲线公钥密码的数据类型及其转换算法。
7. 用 C 语言编程实现椭圆曲线点到字节串的转换和字节串到椭圆曲线点的转换。
8. 用 C 语言编程实现 RSA 算法。
9. 用 C 语言编程实现 ElGamal 算法。
10. 用 C 语言编程实现 SM2 算法中的密钥派生函数 KDF。
11. 检索并阅读 SM2 标准文档资料，以 SM2 作为加密算法开发出文件加密软件系统，对该软件系统要求如下：

1）用 C 语言编程实现。

2）具有文件加密和解密功能。

3）具有较好的人机界面。

第7章 数字签名

在人们的工作和生活中,许多事务都需要当事者签名确认。无论是在政府部门的文件、命令、证书中,还是在商业合同、财务凭证等中,签名都起着至关重要的作用。签名的重要性体现在它能够确认和核准文件的有效性,使其具备法律效力,并可以追溯责任。此外,签名还能够有效地防止抗议和否认行为,抵御伪造、假冒和篡改等安全威胁。在以书面文件为基础的传统事务处理中,常使用书面签名,例如手签、印章和手印等形式。这些书面签名受到司法部门的认可,具有一定的法律意义。然而,在以计算机文件为基础的现代事务处理中,应该转向采用电子形式的签名,即数字签名(Digital Signature)。

本章要点:
- 数字签名的思想与作用
- RSA 数字签名算法的实现原理
- DSA 数字签名算法的实现原理
- ECDSA 数字签名算法的实现原理
- SM2 数字签名算法的实现原理

7.1 数字签名概述

数字签名是一种能够以电子形式存储消息签名的方法,实现了签名的数字化。数字签名的优势在于其安全性和可靠性。通过采用数学算法和加密技术,数字签名能够验证文件的完整性和真实性,防止文件被篡改或伪造。它不仅可以确保签名者身份的准确性,还能提供时间戳,记录签名的具体时间,进一步增强可信度。相比传统的书面签名,数字签名还具有便捷性和高效性。它可以迅速应用于电子文档,节省签名者的时间和资源。此外,数字签名还支持批量签署,使大规模处理文件时的签名环节变得更加方便。

在技术方面,1994 年美国颁布了数字签名标准(Digital Signature Standard,DSS)。我国于 1995 年颁布了自己的数字签名标准(GB/T 15851—1995,现已被 GB/T 15851.3—2018)替换。2004 年我国颁布了《中华人民共和国电子签名法》(自 2005 年 4 月 1 日起施行),我国成为世界上少数几个颁布数字签名法的国家之一。以立法方式正式承认数字签名的法律意义是数字签名得到政府与社会公开认可的一个重要标志。当前,数字签名已经得到广泛的实际应用,它在网络安全,包括身份认证、数据完整性保护以及不可否认性方面发挥着至关重要的作用。

一种完善的签名应满足以下三个条件:
1) 签名者事后不能抵赖自己的签名。
2) 任何其他人不能伪造签名。
3) 如果当事的双方关于签名的真伪发生争执,能够在公正的仲裁者面前通过验证签名来确认其真伪。

数字签名利用密码技术实现以上条件，其安全性取决于密码体制及其协议的安全性。数字签名的形式是多种多样的，每种形式都具有特定的优势和适用场景。通用数字签名适用于大多数常规应用，仲裁数字签名适用于多方参与的协议，代理签名适用于代表其他实体签署文件，盲签名适用于保护隐私，群签名适用于多方合作，门限签名适用于实现安全的多方签名。这些不同形式的数字签名完全能够适应各种不同类型的应用需求。

虽然对称密码和公钥密码都可以用于实现数字签名，但是由于对称密码实现数字签名过于复杂且不够实用，因此并未得到广泛的实际应用。相比之下，公钥密码实现数字签名非常方便且具有高度安全性，因此受到了广泛的推广和应用。这也是公钥密码备受欢迎的主要原因之一。目前，许多国际标准化组织都采用公钥密码数字签名作为数字签名标准。例如，美国采用基于 ElGamal 公钥密码的数字签名标准（DSS）。在 2000 年，美国政府进一步充实了 DSS 的算法，引入了 RSA 和 ECC 作为新的数字签名选项。这些改进丰富了数字签名的选择，提高了系统的安全性和灵活性。值得一提的是，我国国家密码管理局于 2010 年 12 月颁布了《信息安全技术　SM2 椭圆曲线公钥密码算法　第 2 部分：数字签名算法》（GB/T 32918.2—2016）。SM2 数字签名算法是我国自主研发的一项密码学重要成果，它利用 ECC 技术，为数字签名提供了更高的安全性和性能。SM2 数字签名算法在保护我国信息安全和推动数字签名技术发展方面有重要意义。

假设待签名消息为 m，公钥数字签名算法通常包含以下三个部分。

1）密钥生成（KeyGen）：这是一个概率算法，用于生成密钥对（sk, vk），其中 sk 为签名私钥，vk 为签名验证公钥。

2）签名（Sign）：这是一个概率算法，输入签名私钥 sk 和待签名消息 m 后，输出签名 s，即 $s = \text{Sign}(\text{sk}, m)$。

3）验证（Vrfy）：这是一个确定性算法，输入签名验证公钥 vk、待签名消息 m 和签名 s，输出 True 或 False，即

$$\text{Vrfy}(\text{vk}, m, s) = \begin{cases} \text{True}(1), & s = \text{Sign}(\text{sk}, m) \\ \text{False}(0), & s \neq \text{Sign}(\text{sk}, m) \end{cases} \tag{7-1}$$

7.2　RSA 数字签名

RSA 数字签名体制是公钥密码中实现的第一个数字签名，由 Rivest、Shamir 和 Adleman 于 1978 年提出。RSA 密码是现阶段较为成熟的一种公钥密码，其安全性被认为是基于大整数因子分解困难问题的。RSA 数字签名如今已经得到广泛应用，特别是在电子商务等系统中得到广泛应用。然而，由于 RSA 密码的运算数据规模大，因此运算速度相对较慢，其应用受到 ECC 的挑战。

1. 系统参数与密钥生成

首先随机选取两个大素数 p 和 q，计算 $n = pq$，$\varphi(n) = (p-1)(q-1)$，其中 n 可公开，$\varphi(n)$ 要保密。然后随机选取一个正整数 e，满足 $1 < e < \varphi(n)$，$\gcd(e, \varphi(n)) = 1$。计算 $d = e^{-1} \bmod \varphi(n)$，则签名私钥 sk = (d, n)，签名验证公钥为 vk = (e, n)。p 和 q 为秘密参数，需要保密。

2. 签名产生

设待签名消息为 m,对消息 m 的签名为

$$s = \text{Sign}(\text{sk}, m) = m^d \bmod n$$

3. 签名验证

当接收者收到签名 (m', s) 时,通过使用公钥 vk 验证签名是否为真,即

$$\text{Vrfy}(\text{vk}, m', s) = s^e = m^{ed} \bmod n \stackrel{?}{=} m' \tag{7-2}$$

若相等,则输出 1,表示签名为真,否则输出 0,表示签名为假。

需要注意的是,上述内容只是给出 RSA 签名算法的原理说明,如果直接使用上述算法,将会存在以下问题:

1) 难防伪造:如果用户 A 对消息 m_1 和 m_2 的签名分别是 s_1 和 s_2,那么任何一个拥有 (m_1, m_2, s_1, s_2) 的人都可以伪造消息 $m = m_1 m_2$,并盗用 A 的签名 $s = \text{Sign}_{\text{sk}}(m)$,这是因为 A 的签名满足

$$\text{Sign}_{\text{sk}}(m) = \text{Sign}_{\text{sk}}(m_1 m_2) = \text{Sign}_{\text{sk}}(m_1) \cdot \text{Sign}_{\text{sk}}(m_2) \bmod n \tag{7-3}$$

2) 签名太长:签名者每次只能签 $[\log_2 n]$ 位的消息,获得同样长度的签名。因此,当消息很长时,只能将消息分成 $[\log_2 n]$ 位的组,逐组进行签名。RSA 数字签名所涉及的运算都是模幂运算,因此签名的运算速度慢且签名太长。

克服上述两个弱点的方法之一是在对消息进行签名之前,先将消息哈希成消息摘要。

在传输签名和消息对给验证者的过程中,为了保护消息,通常对消息进行加密。通过使用 RSA 公钥密码体制将加密和签名结合起来,主要有如下两种方法。

1) 先签名后加密:给定明文消息 m,用户 A 先对 m 进行签名得 $s = \text{Sign}_A(m)$。然后使用 B 的公开密钥对 m 和 s 进行加密得 $c = E_B(m, s)$。最后 A 将密文 c 发给 B。当 B 收到 c 后,他首先利用自己的私钥解密 c 获得 (m, s),然后使用 A 的公钥,验证数字签名 (m, s) 是否为真。

2) 先加密后签名:给定明文消息 m,用户 A 先用 B 的公钥对消息进行加密得 $c = E_B(m)$,然后对 c 进行签名得 $s = \text{Sign}_A(c)$,最后 A 将 (c, s) 发送给 B,B 收到 (c, s) 后,先使用 A 的公钥,检测数字签名 (c, s) 是否为真。若为真,再解密 c 以获得 m。

第 2 种方法容易引起误解。如果攻击者获得一对 (c, s),他可以用 $s' = \text{Sign}_O(c)$ 代替 s 得到 (c, s'),将 (c, s') 发送给 B。B 先对 c 进行解密,然后使用 O 的公钥 y_O 验证签名的有效性。这样,B 误认为消息来自 O。因此,采用先签名后加密方式安全性更高。

实际中可以使用各种安全模式的 RSA 签名算法,如 RSA-PSS 等,这里不再阐述。

7.3 ElGamal 数字签名

ElGamal 数字签名体制是由 Taher ElGamal 于 1985 年提出的,其安全性基于有限域乘法群上的离散对数问题求解的困难性。ElGamal 数字签名的一种修订形式已被 NIST 选为数字签名标准。

1. 系统参数与密钥生成

选 p 是一个大素数,$p-1$ 有大素数因子,g 是一个模 p 的原根,将 p 和 g 公开。用户随机选取一个整数 $x(1 < x < p-1)$ 作为签名私钥,计算公钥 $y = g^x \bmod p$。参数 p、g 和 y 公开。

2. 签名产生

设用户要对消息 m 签名，$0 \leqslant m \leqslant p-1$，其签名过程如下：

1) 用户随机地选择一个整数 k，$1 < k < p-1$，且 $(k, p-1) = 1$。
2) 计算 $r = g^k \bmod p$。
3) 计算 $s = k^{-1}(m - xr) \bmod p-1$。
4) 取 (r, s) 作为消息 m 的签名，并以 $<m, r, s>$ 的形式发给接收者。

3. 签名验证

接收者收到 $<m, r, s>$ 后，验证

$$g^m \equiv y^r r^s (\bmod p) \tag{7-4}$$

是否成立。若成立，则输出 1，表示签名为真，否则输出 0，表示签名为假。

正确性验证：对于正确的签名 $<m, r, s>$，因为 $s = k^{-1}(m - xr) \bmod p-1$，所以 $m \equiv xr + ks (\bmod p-1)$，故 $g^m \equiv g^{xr+ks} \equiv g^{xr} g^{ks} \equiv y^r r^s (\bmod p)$，故签名可验证通过。

注意 1：对于 ElGamal 数字签名，为了安全，随机数 k 应当是一次性的，否则会存在安全风险。假设随机数 k 不是一次性的，那么时间一长，k 将可能泄露。

其中，(r, s) 是攻击者可以获得的，所以如果攻击者知道了 m，便可利用重复的 k 求出签名私钥 x，即

$$x \equiv (m - ks) r^{-1} (\bmod p-1) \tag{7-5}$$

这里不妨假设 k 重复使用，并且用于对消息 m_1 和 m_2 进行签名。于是有

$$m_1 \equiv xr + ks_1 (\bmod p-1) \tag{7-6}$$
$$m_2 \equiv xr + ks_2 (\bmod p-1) \tag{7-7}$$

从而可得

$$(s_1 - s_2) k \equiv (m_1 - m_2) (\bmod p-1) \tag{7-8}$$

因此，如果知道了 m_1 和 m_2，便可求出 k，进而求出签名私钥 x。

注意 2：由于取 (r, s) 作为 m 的签名，所以 ElGamal 数字签名的数据长度是明文的两倍，即数据扩展一倍。ElGamal 数字签名需要使用随机数 k，这就要求在实际应用时搭配高质量的随机数生成器完成签名。

注意 3：在实际应用中为了提高安全性、加快签名计算速度和缩短签名的长度，应该对数据 m 的哈希值进行签名，而不要对数据直接签名。

关于 ElGamal 数字签名，根据文献可以总结出 18 种利用 ElGamal 密码实现数字签名的变形算法（见表 7-1），其中 x 是用户的私钥，k 是随机数，g 是一个模 p 的原根，m 是要签名的信息，r 和 s 是签名的两个分量。

表 7-1　18 种利用 ElGamal 密码实现数字签名的变形算法

编号	签名算法	验证算法
1	$mx \equiv rh + s (\bmod p-1)$	$y^m \equiv r^r g^s (\bmod p)$
2	$mx \equiv sk + r (\bmod p-1)$	$y^m \equiv r^s g^r (\bmod p)$
3	$rx \equiv mk + s (\bmod p-1)$	$y^r \equiv r^m g^s (\bmod p)$
4	$rx \equiv sk + m (\bmod p-1)$	$y^r \equiv r^s g^m (\bmod p)$
5	$sx \equiv rk + m (\bmod p-1)$	$y^s \equiv r^r g^m (\bmod p)$
6	$sx \equiv mk + r (\bmod p-1)$	$y^s \equiv r^m g^r (\bmod p)$

(续)

编号	签名算法	验证算法
7	$rmx \equiv k+s \pmod{p-1}$	$y^{rm} \equiv rg^s \pmod{p}$
8	$x \equiv mrk+s \pmod{p-1}$	$y \equiv r^{rm} g^s \pmod{p}$
9	$sx \equiv h+mr \pmod{p-1}$	$y^s \equiv rg^{mr} \pmod{p}$
10	$x \equiv sk+rm \pmod{p-1}$	$y \equiv r^s g^{rm} \pmod{p}$
11	$rmx \equiv sk+1 \pmod{p-1}$	$y^{rm} \equiv r^s g \pmod{p}$
12	$sx \equiv rmk+1 \pmod{p-1}$	$y^s \equiv r^r g^m \pmod{p}$
13	$(r+m)x \equiv hk+s \pmod{p-1}$	$y^{r+m} \equiv rg^s \pmod{p}$
14	$x \equiv (m+r)k+s \pmod{p-1}$	$y \equiv r^{r+m} g^s \pmod{p}$
15	$sx \equiv k+(m+r) \pmod{p-1}$	$y^s \equiv rg^{m+r} \pmod{p}$
16	$x \equiv sk+(r+m) \pmod{p-1}$	$y \equiv r^s g^{m+r} \pmod{p}$
17	$(r+m)x \equiv sk+1 \pmod{p-1}$	$y^{r+m} \equiv r^s g \pmod{p}$
18	$sx \equiv (r+m)k+1 \pmod{p-1}$	$y^s \equiv r^{r+m} g \pmod{p}$

【例 7-1】 设 $p=11$，$g=2$，随机选取的私钥 $x=8$，计算公钥

$$y = g^x \bmod p = 2^8 \bmod 11 = 3 \tag{7-9}$$

设待签名消息 $m=3$，随机数 $k=7$，因为 $1<7<10$ 且 $(7,10)=1$，所以 $k=7$ 是符合条件的。计算签名

$$r = g^k \bmod p = 2^7 \bmod 11 = 7 \tag{7-10}$$

$$s = k^{-1}(m-xr) \bmod p-1 = 3 \times (3-8 \times 7) \bmod 10 = 1 \tag{7-11}$$

于是签名 $(r,s) = (7,1)$。

为了验证签名，需要验证 $g^m \equiv y^r r^s \pmod{p}$ 是否成立。为此，计算

$$g^m = 2^3 \bmod 11 = 8 \tag{7-12}$$

$$y^r r^s \bmod p = 3^7 \times 7^1 \bmod 11 \equiv 9 \times 7 \pmod{11} = 8 \tag{7-13}$$

显然，二者相等，因此签名为真。

7.4 数字签名标准

NIST 于 1994 年正式公布了其数字签名标准（DSS），并将其作为联邦信息处理标准 FIPS PUB 186 采用。DSS 采用的哈希算法为 SHA 系列，采用的数字签名算法称为 DSA（Digital Signature Algorithm）。DSA 是在 ElGamal 数字签名方案的基础上设计的，其安全性基于求解离散对数问题的困难性。目前，DSS 已被一些国际标准化组织采纳作为标准。2000年 1 月美国政府将 RSA 和椭圆曲线密码引入数字签名标准中，进一步丰富了数字签名算法。

7.4.1 数字签名算法

1. 系统参数与密钥生成

1) p 为素数，要求 $2^{L-1} < p < 2^L$，其中 $512 \leq L \leq 1024$ 且 L 为 64 的倍数，即 $L = 512 + 64j$，$j = 0, 1, 2, \cdots, 8$。

2) q 为一个素数，它是 $p-1$ 的因子，$2^{159}<q<2^{160}$。
3) $g=h^{(p-1)/q} \bmod p$，其中 $1<h<p-1$，且满足 $h^{(p-1)/q} \bmod p$ 大于 1。
4) x 为一个随机数$(0<x<q)$，作为用户的签名私钥。
5) $y=g^x \bmod p$，作为用户的签名验证公钥。

这里参数 p、q 和 g 可以作为系统参数公开，x 和 y 构成用户的一组公私密钥对，私钥 x 必须保密存储，公钥 y 可以公开。

2. 签名产生

设用户要对消息 m 签名，$0 \leqslant m \leqslant p-1$，其签名过程如下：

1) 用户随机地选择一个整数 k，$1<k<q$。
2) 计算 $r=(g^k \bmod p) \bmod q$。
3) 计算 $s=k^{-1}(e+xr) \bmod q$，其中 $e=\text{SHA-1}(m)$。
4) 取 (r,s) 作为消息 m 的签名，并以 $<m,r,s>$ 的形式发给接收者。需要注意的是，必须检验计算所得的 r 和 s 是否为 0，若 $r=0$ 或 $s=0$，则重新产生随机数 k，重新计算产生签名 r 和 s。

3. 签名验证

当收到签名 $<m,r,s>$ 后，接收者做如下检验：

首先检验 r、s、q 是否满足 $0<r<q$ 和 $0<s<q$，若其中之一不成立，则签名为假。

1) 计算
$$w=s^{-1} \bmod q$$
$$u_1=ew \bmod q, \text{其中 } e=\text{SHA-1}(m)$$
$$u_2=rw \bmod q$$
$$v=(g^{u_1}y^{u_2} \bmod p) \bmod q$$

2) 检验 $v=r$ 是否成立。若等式成立，则签名为真，否则签名为假或数据被篡改。

正确性验证：对于正确的签名 $<m,r,s>$，因为
$$w=s^{-1} \bmod q=k(e+xr)^{-1} \bmod q \tag{7-14}$$

所以
$$v=(g^{u_1}y^{u_2} \bmod p) \bmod q=(g^{(e+xr)w} \bmod p) \bmod q=(g^k \bmod p) \bmod q \tag{7-15}$$

因此，对于正确的签名，必有 $v=r$ 成立。

7.4.2 椭圆曲线数字签名算法

DSA 的椭圆曲线密码学版本是椭圆曲线数字签名算法（ECDSA）。ECDSA 于 1999 年成为 ANSI（美国国家标准协会）标准，并于 2000 年成为 IEEE（电气电子工程师学会）和 NIST 标准，其安全性基于椭圆曲线离散对数问题（ECDLP）。ECDSA 是目前国际上应用最广泛的数字签名算法之一。著名的比特币系统就采用 ECDSA 作为其数字签名算法。

1. 系统参数与密钥生成

选定椭圆曲线密码参数六元组，即
$$T=<p,a,b,G,n,h> \tag{7-16}$$

式中，p 为大于 3 的素数，p 确定了有限域 $\text{GF}(p)$；元素 $a,b \in \text{GF}(p)$，a 和 b 确定了椭圆曲线；G 为循环子群 E_1 的生成元，n 为生成元 G 的阶且为素数，h 为余因子。

用户选取随机数 $d \in \{1,2,\cdots,n-1\}$ 作为签名私钥，计算公钥：$Q=dG$。

2. 签名产生

1) 选择一个随机数 $k \in \{1, 2, \cdots, n-1\}$。

2) 计算点 $R = (x_R, y_R) = kG$，并记 $r = x_R \bmod n$。

3) 利用保密的私钥 d 计算 $s = k^{-1}(e+dr) \bmod n$，其中 $e = \text{Hash}(m)$，m 为待发送的消息。

4) 取 (r, s) 作为消息 m 的签名，并以 $<m, r, s>$ 的形式发给接收者。需要注意的是，必须检验计算所得的 r 和 s 是否为 0，若 $r=0$ 或 $s=0$，则重新产生随机数 k，并重新计算产生签名 r 和 s。

3. 签名验证

当收到签名 $<m, r, s>$ 后，接收者做如下检验：

1) 首先检验 r、s、n 是否满足 $0<r<n$，$0<s<n$，若其中之一不成立，则签名为假。

2) 计算 $s^{-1} \bmod n$。

3) 利用公钥 Q 计算 $U = (x_U, y_U) = s^{-1}(eG+rQ)$，其中 $e = \text{Hash}(m)$。

4) 检验 $x_U = r \bmod n$ 是否成立。若成立，则签名为真，否则签名为假或数据被篡改。

正确性验证：对于正确的签名 $<m, r, s>$，因为

$$s = k^{-1}(e+dr) \bmod n$$

所以

$$U = (x_U, y_U) = s^{-1}(eG+rQ) = k(e+dr)^{-1}(eG+rdG) = kG \tag{7-17}$$

因此，对于正确的签名，必有 $x_U = r \bmod n$ 成立。

除了可以用椭圆曲线密码实现上述 DSA 外，表 7-1 中的 18 种 ElGamal 变形算法都可以用椭圆曲线密码来实现。由于椭圆曲线密码具有安全、密钥短、软硬件实现节省资源等特点，因此基于椭圆曲线密码的数字签名算法在实际中得到了广泛的应用。

7.5　SM2 椭圆曲线公钥密码数字签名算法

SM2 是我国国家密码管理局颁布的国家商用公钥密码标准算法。它是一组椭圆曲线密码算法，其中包含加解密算法、数字签名算法和密钥交换协议。SM2 的数字签名算法于 2017 年正式成为 ISO/IEC 国际标准。下面将具体介绍 SM2 数字签名算法。

1. 系统参数与密钥生成

关于椭圆曲线密码参数六元组 $T = <p, a, b, G, n, h>$，SM2 标准文档给出了明确的参数标准，参见第 6 章 SM2 公钥加密算法部分。

对于签名者 A，选取随机数 $d_A \in \{1, 2, \cdots, n-2\}$ 作为签名私钥，计算公钥 $P_A = d_A G$。

2. 签名产生

设签名者 A 具有长度为 entlen_A 位的标识 ID_A，记 ENTL_A 为整数 entlen_A 转换而成的两个字节。在 SM2 数字签名算法中，签名者和验证者都需要用哈希函数计算：

$$Z_A = H_v(\text{ENTL}_A \| \text{ID}_A \| a \| b \| x_G \| y_G \| x_A \| y_A) \tag{7-18}$$

式中，H_v 表示摘要长度为 v 位的哈希函数；SM2 标准采用的是国密 SM3 哈希标准算法，输出摘要长度为 256 位；a, b 为椭圆曲线的系数；x_G, y_G 为基点 G 的坐标；x_A, y_A 为用户 A 的公钥 P_A 的坐标。

图 7-1 给出了 SM2 产生签名算法的执行流程。

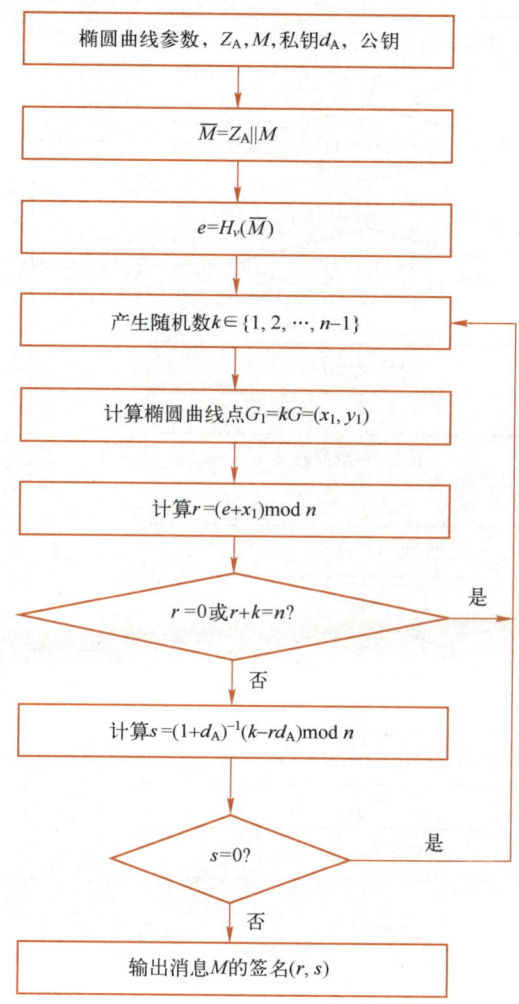

图 7-1 SM2 产生签名算法的执行流程

设待签名的消息为 M,产生消息 M 的数字签名 (r,s),签名者 A 执行以下运算:

1) 置 $\overline{M} = Z_A \| M$。
2) 计算 $e = H_v(\overline{M})$,并将 e 的数据表示为整数。
3) 用随机数发生器产生随机数 k,$k \in [1, n-1]$。
4) 计算椭圆曲线点 $G_1 = (x_1, y_1) = kG$。
5) 计算 $r = (e+x_1) \bmod n$,若 $r=0$ 或 $r+k=n$,则返回 3)。
6) 计算 $s = (1+d_A)^{-1}(k-rd_A) \bmod n$,若 $s=0$,则返回 3)。
7) 消息 M 的签名为 (r,s)。

3. 签名验证

图 7-2 给出了 SM2 验证签名算法的执行流程。

为了检验收到的消息 M 及其数字签名 (r,s),收信者 B 执行以下运算:

1) 检验 $r \in [1, n-1]$ 是否成立,若不成立,则验证不通过。
2) 检验 $s \in [1, n-1]$ 是否成立,若不成立,则验证不通过。
3) 置 $\overline{M} = Z_A \| M$。

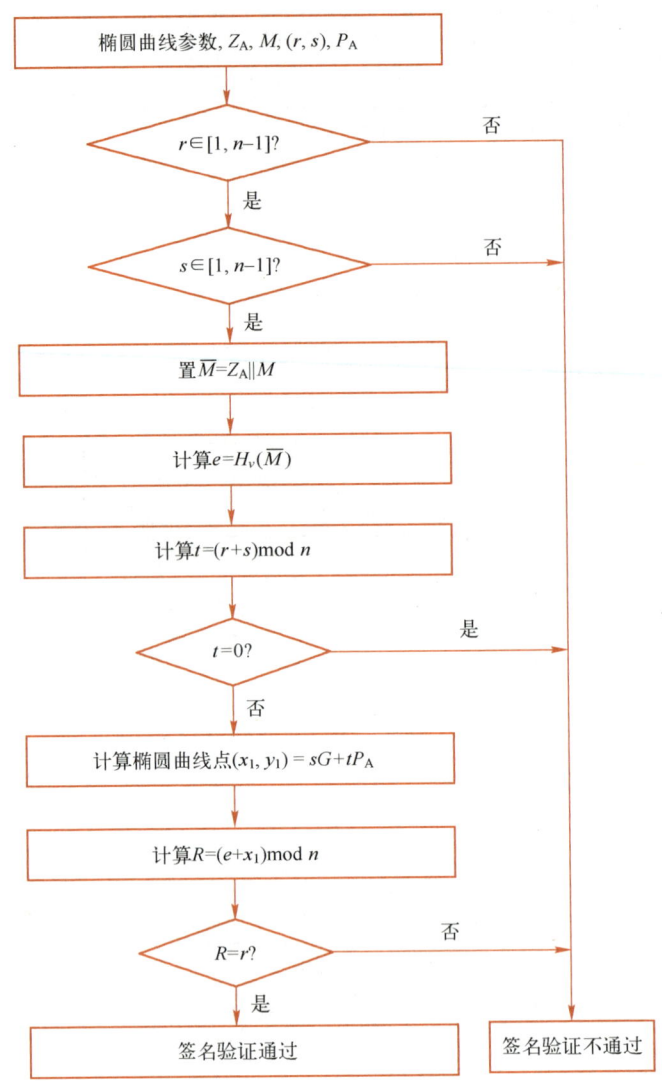

图 7-2　SM2 签名验证算法的执行流程

4) 计算 $e=H_v(\overline{M})$，将 e 的数据表示为整数。

5) 计算 $t=(r+s) \bmod n$，若 $t=0$，则验证不通过。

6) 计算椭圆曲线点 $(x_1,y_1)=sG+tP_A$。

7) 计算 $R=(e+x_1) \bmod n$，检验 $R=r$ 是否成立，若成立，则签名验证通过，否则验证不通过。

正确性验证：对于正确的签名 $<M,r,s>$，因为
$$s=(1+d_A)^{-1} \cdot (k-rd_A) \bmod n$$
所以
$$(x_1,y_1)=sG+tP_A=sG+(r+s)d_AG=s(1+d_A)G+rd_AG=kG \tag{7-19}$$
因此，对于正确的签名，必有 $R=(e+x_1) \bmod n=r$ 成立。

SM2 数字签名算法是我国 SM2 椭圆曲线密码算法标准的重要组成部分，旨在实现数字签名，保障身份的真实性、数据的完整性以及行为的不可否认性等，已成为网络空间安全的

核心技术和基础支撑。SM2 数字签名算法正式成为 ISO/IEC 国际标准，这标志着我国成功向国际标准化组织（ISO）和国际电工委员会（IEC）贡献了中国智慧和中国标准，在密码学领域取得了重要突破。此举将进一步促进我国在密码技术和网络空间安全领域的国际合作与交流，为全球网络安全体系的构建和完善做出积极贡献。

7.6 数字签名应用示例

7.6.1 ECDSA 签名及验证过程示例

椭圆曲线：secp256r1。
基点 $G=(x,y)$，其中：
$\quad G_x$ = f4a13945d898c296 77037d812deb33a0 f8bce6e563a440f2 6b17d1f2e12c4247
$\quad G_y$ = cbb6406837bf51f5 2bce33576b315ece 8ee7eb4a7c0f9e16 4fe342e2fe1a7f9b
基点的阶 n = f3b9cac2fc632551 bce6faada7179e84 ffffffffffffffff ffffffff00000000

1. 密钥对生成
私钥 d = 4666e16e10281ae2 c5de566edd75fd7b 1dfd2521c6c8732b f49876b3ca8e72bb
公钥 $P=dG=(x,y)$，其中：
$\quad P_x$ = 3376f686f6eaf348 a18665f08998b9ef b8af4845706089ee e8407a082fe57c40
$\quad P_y$ = 8c0c2ef029f08179 e27c9f4efd6326fa b2fea1272fba4d90 3d8a3bde89619ef3

2. 签名
设待签名的信息 m 为"northwestern polytechnical university"。
1) 用哈希函数 H = SHA256 生成消息摘要。
$\quad e=H(m)$ = bc1d8b5fba4bc5ff7929bc117e9c086007e81c6af6bf5c5b52bf60a888e0289b
2) 随机选取 k。
$\quad k$ = 60b39e560ae7a41a c63832d193f7cd38 51c26329c019065c 41277264c1d7c22a
3) 计算 $kG=(x_1,y_1)$。
$\quad x_1$ = f0428b380952a9d7 4e2bfa44c347c7fa ec1368ac67f90ccb 7cbbe644933d5815
$\quad y_1$ = 199d67e6a2eb9a87 2c1171cf50d73691 ae699515e59c7819 84241405fe4bff71
4) 计算 $r=x_1 \bmod n$。
$\quad r$ = f0428b380952a9d7 4e2bfa44c347c7fa ec1368ac67f90ccb 7cbbe644933d5815
5) 计算 $s=k^{-1}(e+rd) \bmod n$。
$\quad s$ = 47d6a59de330aad3 fc222b5f9e819aaf dcf16dd8156ba1b5 81d513bdfa26c17a
6) 最后，消息 m 的签名为 (r,s)。
$\quad r$ = f0428b380952a9d7 4e2bfa44c347c7fa ec1368ac67f90ccb 7cbbe644933d5815
$\quad s$ = 47d6a59de330aad3 fc222b5f9e819aaf dcf16dd8156ba1b5 81d513bdfa26c17a

3. 验证签名
因为 $s=k^{-1}(e+rd) \bmod n$，那么 $k=s^{-1}(e+rd) \bmod n$，所以 $kG=(s^{-1}eG+s^{-1}rdG) \bmod n$。
1) 首先计算 $z=s^{-1}$。
$\quad z$ = 8dc86de4683ee0fa 81da0f46179b323d 801dd3ae7ca907ad 8ed40281fb043e4
2) 然后计算 $u_1=s^{-1}e$。

$u_1 = $ 6f0b687a537ecbac 5a20dff05027a7f6 4588c24e9a3b053c bdbb7bc6f4be3e17

3) 再计算 $u_2 = s^{-1}r$。

$u_2 = $ f34c17bd7bf0a294 c26fc8d3872c7d44 607ad373145b3ee0 bdaa29478ff83c3a

4) 计算 $kG = (s^{-1}eG + s^{-1}rdG) \mod n = (u_1G + u_2P) \mod n = (x_1, y_1)$。

$x_1 = $ f0428b380952a9d7 4e2bfa44c347c7fa ec1368ac67f90ccb 7cbbe644933d5815

$y_1 = $ 199d67e6a2eb9a87 2c1171cf50d73691 ae699515e59c7819 84241405fe4bff71

5) 计算 $v = x_1 \mod n$。

$v = $ f0428b380952a9d7 4e2bfa44c347c7fa ec1368ac67f90ccb 7cbbe644933d5815

6) 验证是否 $v = r$。

$v = r = $ f0428b380952a9d7 4e2bfa44c347c7fa ec1368ac67f90ccb 7cbbe644933d5815

7.6.2 SM2 签名及验证过程示例

待签名的明文消息 m 为 "northwestern polytechnical university"。

采用 SM2 标准椭圆曲线参数。

用户 ID 采用默认值：0x31，0x32，0x33，0x34，0x35，0x36，0x37，0x38，0x31，0x32，0x33，0x34，0x35，0x36，0x37，0x38。

用户私钥 d：7CB28D99385C175C94F94E934817663FC176D925DD72B727260DBAAE1FB2F96F。

用户的公钥 P 的 x 坐标 P_x：A282FD13F04435AAE7C2BFE717BE12E9DB8F04BA36567F7983AE1E8E781913E4。

用户的公钥 P 的 y 坐标 P_y：2C682376416D0C45E82428E81E0E2040C2B870E7EB1B15FD556F24C4E39901F7。

SM2 签名预计算头：

Z_A：f094bbee39f46714d562a5b402760b1520cd688ee591d2a317d45feccdd992d0。

签名哈希值 e：1dc1475d29f2995cb3d29883789884f83c222a193f9c2fbe975159bf8543ef92。

签名生成的密钥 k：128B2FA8BD433C6C068C8D803DFF79792A519A55171B1B650C23661D15897263。

kG 的 x 坐标 x_1：D5548C7825CBB56150A3506CD57464AF8A1AE0519DFAF3C58221DC810CAF28DD。

kG 的 y 坐标 y_1：921073768FE3D59CE54E79A49445CF73FED23086537027264D168946D479533E。

签名值 $r = (e + x_1) \mod n$：F315D3D54FBE4EBE0475E8F04E0CE9A7C63D0A6ADD9723841973364091F3186F。

签名值 $s = (1+d)^{-1}(k-rd) \mod n$：822B893F642A7F5960240094B9B813FC13205C243CD15A61824AE6D61087A7FC。

签名验证通过。

扫码看视频

习题

1. 为什么数字签名能够确保数据真实性？

2. 说明哈希函数在数字签名中的作用。

3. 说明在 ElGamal 密码签名中，参数 k 必须是一次性的原因。

4. 用 C 语言编程实现 RSA 数字签名方案。

5. 用 C 语言编程实现 ECDSA。

6. 检索并阅读 SM2 标准文档资料，以 SM2 椭圆曲线公钥密码数字签名方案开发出文件签名软件系统，软件要求如下：

1）用 C 语言编程实现。

2）具有文件签名产生和文件签名验证功能。

3）具有较好的人机界面。

第 8 章 密钥建立与管理

根据近代密码体制的观点，密码系统的安全性依赖于密钥的安全性。在任何密码系统中，密钥的安全管理都是一个关键的因素，若密钥本身得不到保障，那么设计的任何密码体系都是不可靠的。在现实中，密钥管理是密码应用领域中最困难的部分。密钥管理涉及密钥的组织、产生、分配、存储、保护等一系列技术问题。密钥管理的根本意图，在于提高系统的安全保密程度。一个良好的密钥管理系统，尤其是在密钥的生成与分配方面，应当尽量减少人工干预，做到以下两点：密钥难以被非法窃取；在一定条件下，即使密钥被窃取了，也不会产生影响，密钥分配和更换的过程对用户是透明的，用户不一定亲自掌握密钥。本章将重点介绍密钥建立相关技术及密钥管理工作。

本章要点：
- 密钥管理的基本思想与方法
- 公钥基础设施的基本概念、原理及作用
- TLS 协议的实现原理

8.1 对称密钥的建立及分配

本小节首先简单介绍密钥的分类、密钥的建立方式，然后介绍基于对称密码和公钥密码建立会话密钥的技术方法。

8.1.1 密钥分类

根据密钥在信息系统安全中所起的作用，对称密钥大体上可以分为以下几种。

1) 初始密钥（Primary Key）或称主密钥：用户自己选定或由系统分配给用户的可在（相对于会话密钥）较长一段时间内由用户专用的秘密密钥，以 k_p 表示。初始密钥既要安全又要便于更换。初始密钥要和会话密钥一起启动和控制由某种加密算法构成的密钥生成器来产生用于加密明文数据的密钥流。

2) 会话密钥（Session Key）：两个通信终端用户在一次通话或交换数据时所用的密钥，以 k_s 表示。当其用于保护传输的数据时称为数据加密密钥（Data Encrypting Key），当用于保护文件时称为文件密钥（File Key）。会话密钥的作用是避免太频繁地更换基本密钥，有利于密钥的安全和管理。这一类密钥既可由用户预先约定，也可由系统动态地产生并赋予通信双方；它为通信双方专用。

3) 密钥加密密钥（Key Encrypting Key）：用于加密会话密钥的密钥，也称为次主密钥（Submaster Key）或辅助（二级）密钥（Secondary Key）。通信网中的每个节点都分配了一个这样的密钥。为了安全，各节点的密钥加密密钥应互不相同。在主机和主机之间以及主机和各终端之间传送会话密钥时都需要用到相应的密钥加密密钥。每台主机存储着与其他主机或本主机范围内各终端通信所需的密钥加密密钥,而各终端只需要存储一个用于与其主机交换会话密钥的密钥加密密钥,称为终端主密钥(Terminal Master Key)。在主机和一些密码设备中,存储各种密钥的装置应具有断电保护和防窃扰、防欺诈等控制能力。

4) 主机主密钥(Host Master Key):它是对密钥加密密钥进行加密的密钥,存储在主机处理器中。

除了以上几种密钥之外,还有用户选择密钥(Custom Option Key),用来保证同一类密码机的不同用户可使用不同的密钥,以及族密钥(Family Key)及算法更换密钥(Algorithm Changing Key)等。这些密钥的主要作用是在不增加换密钥工作量的情况下,扩大可使用的密钥量。

8.1.2 密钥建立方式

密钥建立协议是为两方或多方提供共享的"秘密",在之后将其作为对称密钥使用,以达到加密、消息认证和实体认证的目的。密钥建立大体分成两类:密钥分配和密钥协商。密钥分配是指由一方建立(或得到)一个秘密值并安全地传送给另一方。密钥协商是指由双方(或多方)生成的共享"秘密",该"秘密"是参与各方提供信息的函数,任何一方都不能算出预先所产生的秘密值。

密钥建立方式大致可以分成以下三种。

(1) 点到点机制 点到点机制涉及双方直接通信,不需要借助第三方机构,从而可以产生一个双方共享的密钥(K),如图 8-1 所示。

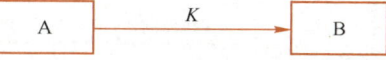

图 8-1 点到点机制的密钥建立方式

(2) 密钥分配中心(Key Distribution Center,KDC) 用户 A 和 B 分别与 KDC 共享密钥 K_{AT} 和 K_{BT},KDC 为用户 A 和用户 B 生成并分配会话密钥 K。A 将 (A,B) 发送给 KDC,KDC 将 $E_{K_{AT}}(B,K)$ 返回给用户 A。此外,如图 8-2a 所示将 $E_{K_{BT}}(A,K)$ 经过 A 传送给 B,或者如图 8-2b 所示,KDC 直接将 $E_{K_{BT}}(A,K)$ 传送给 B。

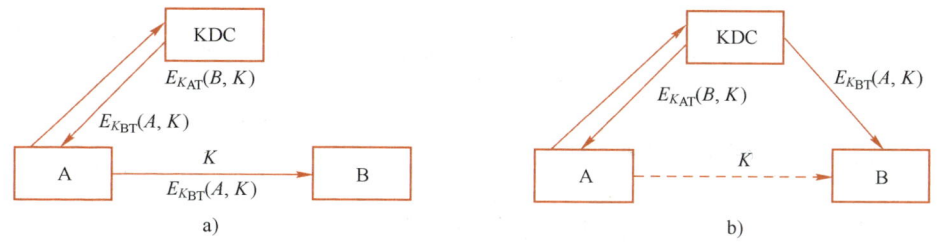

图 8-2 密钥分配中心

(3) 密钥转换中心(Key Translation Center,KTC) 与 KDC 不同的是,由 A 生成 A 和 B 之间的会话密钥 K,KTC 只起传送作用。首先 A 将 $(A,B,E_{K_{AT}}(B,K))$ 发送给 KTC。KTC 解密求出 K 后将生成的 $E_{K_{BT}}(A,K)$ 经过 A 传送给 B 或直接传送给 B。这样 B 也能够解密求出会话密钥 K。

8.1.3 基于对称密码体制的认证密钥分配协议——Kerberos 方案

Kerberos 是一种计算机网络授权协议,用来在非安全网络中实现用户身份认证及保密通信。Kerberos 又指麻省理工学院(MIT)为这个协议开发的一套计算机软件,称为 Kerberos

认证系统。该系统可以用于防止窃听、防止重放攻击、保护数据完整性等场合，是一种应用对称密钥体制进行密钥管理的系统。

Kerberos 认证密钥分配协议的基本思想是引入可信中心帮助用户分发会话密钥以建立安全信道。该方法最早是由 Needham 和 Schroeder 提出的，但是他们提出的协议存在缺陷。Kerberos 系统本质上是带时间戳版本的 Needham-Schroeder 协议。Kerberosre 认证密钥分配协议中存在三个角色，分别是：

1）客户端（Client）：发送请求的一方。

2）服务端（Server）：接收请求的一方。

3）密钥分配中心：一般又包括认证服务器（Authentication Server，AS）和票据授予服务器（Ticket Granting Server，TGS）两个部分。AS 专门用来认证 Client 的身份并发放用户用于访问 TGS 的票据授予票据（TGT）；TGS 用来完成用户认证并发放 Client 访问 Server 时所需的服务授予票据。

在整个 Kerberos 认证过程中，三个角色缺一不可，其中 Client 与 Server 默认都与 KDC 分别共享密钥 K_{CD} 和 K_{SD}。图 8-3 给出了 Client 与 Server 通过 Kerberos 认证系统建立会话密钥的流程。

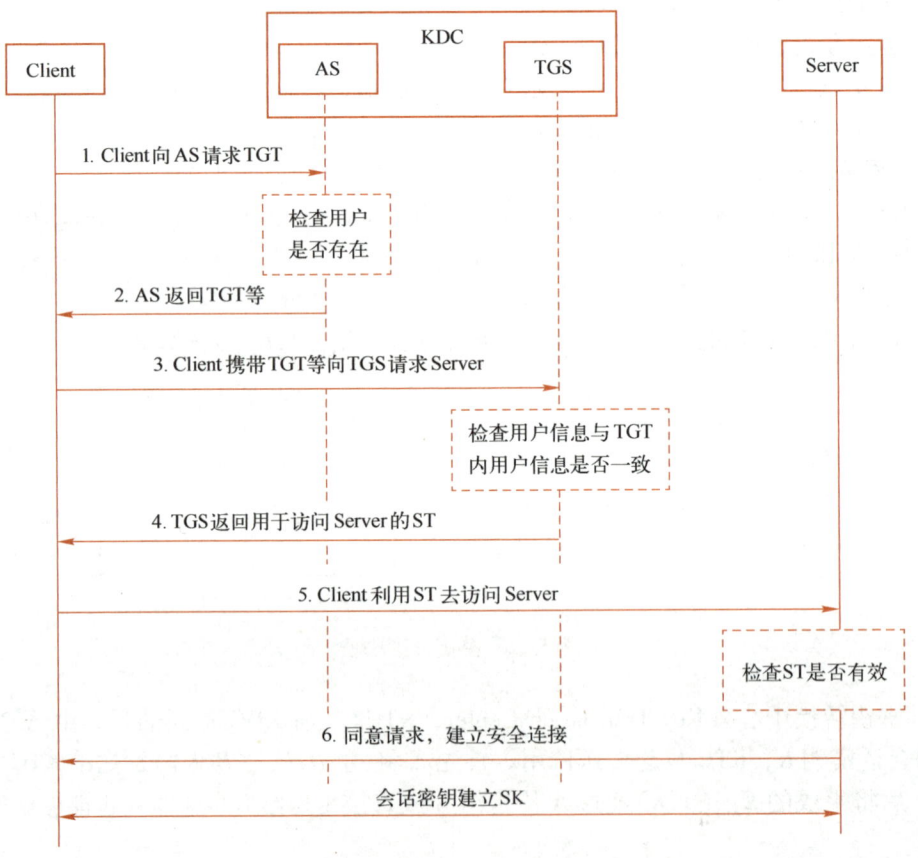

图 8-3 通过 Kerberos 认证系统建立会话密钥的流程

下面将具体介绍 Kerberos 协议的原理：

1）Client 向 KDC 发起与 Server 进行会话的请求。该请求中携带了 Client 的用户名、主机 IP 地址和当前时间戳等信息。

2）KDC 中的 AS 接收到该请求后，会根据用户名查找 Kerberos 认证数据库中是否存在该用户。若不存在，则认证失败，程序中断；若存在，AS 便认为用户存在，此时会返回以下两部分内容给 Client：

第一部分内容是 TGT（Ticket Granting Ticket，票据授予票据），Client 需要使用 TGT 去 KDC 中的 TGS（票据授予服务器）获取访问网络服务所需的票据（Ticket）。TGT 中包含的内容有 Kerberos 认证数据库中存储的该 Client 的用户名、IP 地址、当前时间戳、Client 即将访问的 TGS 的名称、TGT 的有效时间，以及一个用于 Client 与 TGS 间进行安全通信的密钥 K_{CT}。整个 TGT 的内容受到 TGS 的密钥加密保护，Client 无法解密得到 TGT 中的内容。

第二部分内容是使用 Client 与 KDC 之间共享的密钥 K_{CD} 加密的一段内容，其中包括用于 Client 和 TGS 间保密通信的密钥 K_{CT}、Client 即将访问的 TGS 的名称，以及 TGT 的有效时间、当前时间戳等。

3）Client 接收到上述两部分内容后，使用自己的密钥 K_{CD} 解密第二部分得到其与 TGS 进行安全会话的密钥 K_{CT}，并利用 K_{CT} 加密 Client 的用户名、IP 地址、当前时间戳。最后将加密后得到的密文、接收到的 TGT 密文以及自己想要访问的 Server 地址等一起发送给 KDC。

4）KDC 中的 TGS 收到来自 Client 的消息后，首先查看当前 Kerberos 系统中是否存在可以被用户访问的 Server 服务。若不存在，则认证失败，中断程序。否则，TGS 使用自己的密钥解密 TGT 密文，得到其中的明文信息，此时它将看到经过 AS 认证并记录的 Client 用户、密钥 K_{CT}、时间戳等信息。根据时间戳判定时延是否正常，若时延正常，则 TGS 会使用 K_{CT} 对 Client 发送来的另一部分密文进行解密（使用 K_{CT} 加密的 Client 信息），并将得到的用户信息和 TGT 中的用户信息进行比对，如果全部相同，则认为 Client 身份正确，此时 TGS 将返回以下两部分内容给 Client：

第一部分是用于 Client 与 Server 进行保密通信的服务器票据（Server Ticket，ST），ST 受到 K_{ST} 加密保护，其内容包括 Client 的名称、IP 地址、需要访问的 Server 地址（Server IP）、ST 的有效时间、时间戳以及用于 Client 和 Server 之间通信的会话密钥 SK。

第二部分是受到 K_{CT} 加密保护的内容，其中包括 Client 和 Server 之间的会话密钥 SK、时间戳以及 ST 的有效时间等。

5）Client 收到返回的消息后，利用 K_{CT} 解密得到其与 Server 之间的会话密钥 SK，并利用它将自己的主机信息和时间戳等信息加密，将密文与收到的 ST 密文一起发送给 Server。

6）Server 收到了来自 Client 的消息后，会使用自己的密钥 K_{ST} 解密出 ST 对应的明文消息，核对时间戳之后将其中的 SK 取出，使用 SK 将 Client 发来的另一部分内容解密，从而获得 Client 信息，此时它将这部分信息与 ST 带来的信息进行比对，最终确认该 Client 就是经过了 KDC 认证的具有真实身份的 Client，是可以为其提供服务的 Client。此时 Server 返回一段使用 SK 加密的表示接收请求的响应给 Client；Client 收到响应，使用 SK 解密之后也确定了 Server 的身份。至此，整个 Kerberos 认证完成，通信双方都确认了对方的身份，此时便可以放心地使用会话密钥 SK 进行安全网络通信了。

Kerberos 协议的缺点：首先，协议需要在线认证服务；其次，网络中的所有用户都要有同步时钟，用来确定一个给定的会话密钥是否是合法的。实际中，因为提供完全准确的同步时钟是困难的，所以允许时间上有一定量的偏差。

8.1.4　公钥密码系统的密钥传送方案

公钥密码学的一个重要优点是便于两个相距遥远的终端用户建立安全的信道，而不需要他们彼此见面或者使用在线认证服务，这正好克服了对称密码技术的缺点。使用公钥加密技术，用户 A 可以直接利用 B 的公钥 PK_B 对选定的随机会话密钥 K 进行加密并将密文发送给 B。B 收到密文后即可利用自持的私钥解密得到会话密钥 K，如图 8-4 所示。因此，公钥密码技术能够较为容易地在大规模的开放性系统中应用和推广。

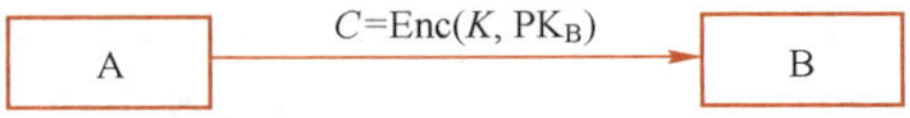

图 8-4　基于公钥加密技术分配密钥

在公钥密码系统中，不再需要安全的信道来传送私钥，且总是假定已经掌握对方的真实公钥，因此对方公钥的真实性是保证公钥密码系统安全的重要因素之一。除非在形成密钥和密钥的真实性和合法性认证中存在高可靠性，否则公钥加密算法是不可信的。在实际中，如何保证主体的公钥确实是该主体的呢？为了使公钥加密算法能在商业应用中发挥作用，有必要使用一个基础设施来跟踪和认证公钥，以确保公钥可信，由此公钥基础设施（Public Key Infrastructure，PKI）诞生。我们将在下一节具体介绍。

8.2　公钥密码体制的密钥管理

和传统密码一样，公钥密码体制也存在密钥管理问题，虽然二者有一些相同的地方，例如公钥对应的私钥的机密性、完整性、真实性，与传统密钥一样都必须严格加以保护，但是公钥可以被公开，无须保密。尽管如此，公钥的完整性和真实性却必须严格保护。为此公钥基础设施诞生了，以对公钥进行安全、有效的管理，并为对称密码体制提供必要的会话密钥，从而为现实中的应用提供安全、可行的密码服务。

8.2.1　公钥基础设施的概念

公钥基础设施是一组由硬件、软件、参与者、管理策略与流程组成的基础架构，其目的在于创建、管理、分配、使用、存储以及撤销数字凭证。PKI 本质上是一个遵循一系列安全标准与管理规范的密钥管理平台，它能够为所有网络应用程序集中地、透明地提供易于管理的、基于公钥密码技术的安全服务，使应用程序之间能够安全通信。基于 PKI 建立的安全通信信任机制中，任何通信都是建立在公钥基础之上的，与公钥配对的私钥则掌握在通信的另一方手中。这个信任的基础通过公钥数字证书来实现。公钥数字证书是一种包含持证主体标识、持证主体公钥等信息，并由可信签证机构（Certification Authority，CA，也称认证机构）签署的信息集合。具体来说，首先由一个第三方 CA 来证实用户的身份，然后 CA 对结合了用户身份和公钥信息的证书文件进行数字签名以证实证书的有效性。这样，任何个体收到该公钥数字证书后，都可以利用 CA 的公钥验证该证书的合法性，从而确认包含在证书中的公钥是可信的。通过有效的密钥管理和数字证书签名，PKI 确保了通信双方的身份验证和数据的加密保护，防止了恶意攻击和信息泄露。在今天数字化交流日益普及的环境中，PKI 扮演着至关重要的角色，为企业、组织以及个人用户提供了安全可靠的通信手段，保障了信息的机密性和完整性。

PKI 的核心任务是确定网络中各种行为主体身份的唯一性、真实性和合法性，将可信的身份与密码机制结合,从而提供诸如数字签名验证、认证等安全服务,保护网络空间中各种行为主体的安全和利益。PKI 必须解决以下问题:

1) 安全生成密钥。
2) 初始身份确认。
3) 颁发、更新及终止证书。
4) 证书的有效性验证。
5) 证书的分发。
6) 密钥的安全存档和恢复。
7) 产生签名和时间戳。
8) 建立和管理信任关系。

PKI 由认证机构、证书库、密钥备份及恢复系统、证书作废处理系统和 PKI 应用接口系统五部分组成。

1) 认证机构。认证机构(CA)是 PKI 的核心组成部分,也称作认证中心。它负责核实实体的身份信息,并颁发数字证书。这些数字证书包含了公钥和其他身份信息,确保了通信各方的身份可验证和数据的完整性。

2) 证书库。证书库用于存储数字证书和公钥,它有效地管理和维护用于身份验证和加密通信的所有数字证书。用户可以从证书库获得所需的证书和公钥。

3) 密钥备份及恢复系统。为避免密钥丢失,PKI 提供了密钥备份及恢复系统,并交由可信的机构来管理。密钥备份及恢复只能针对解密密钥,不能备份签名私钥。

4) 证书作废处理系统。证书作废处理系统用于吊销已失效或不再受信任的数字证书。通过及时作废无效证书,可以防止恶意实体滥用其权限,保护整个 PKI 生态系统的安全。

5) PKI 应用接口系统。PKI 应用接口系统为外界各种各样的应用提供安全、一致、可信的与 PKI 交互方式,确保建立起来的网络环境安全可靠,并降低管理成本。

PKI 从技术上解决了网上身份认证、信息完整性和抗抵赖等安全问题,为网络应用提供可靠的安全保障。除此以外,它还涉及电子政务、电子商务以及国家信息化整体发展战略等多层面问题。因此,PKI 不是一个独立的技术或应用,而是一个宏观体系,涵盖了技术手段、应用场景、组织架构以及相关法律法规。在企业实际运用中,PKI 必须与企业内外的安全机制相结合,只有形成有机整体,才能实现真正的价值。企业内部的信息安全策略、访问控制措施以及员工培训都需要与 PKI 相衔接,共同构筑起一个牢不可破的安全体系。同时,企业与合作伙伴之间的安全通信,以及与政府机构、金融机构等外部实体的衔接,也需要 PKI 所提供的安全认证和加密手段来保障。

我国的 PKI 建设已经取得重要成果。目前国内的 CA 可以分为三类:第一类是行业性 CA,如中国金融认证中心(CFCA)、海关 CA、商务部 CA(国富安 CA)等,这些机构由相应行业的主管部门牵头建立;第二类是地方性 CA,如北京 CA、上海 CA、浙江 CA 等,这些机构由地方政府牵头建立;第三类 CA 是商业性 CA,如天威诚信 CA 等。这类 CA 机构进行商业化经营,并不隶属于任何行业或地区,但也必须具有良好的公信力,只有经由国家主管部门审批通过才能开展业务,以确保权威性、公正性。

8.2.2 公钥数字证书

公钥数字证书是一种包含持证主体标识、持证主体公钥等信息,并由 CA 签署的信息集合。类似于日常生活中的身份证，公钥数字证书是各类实体（持卡人/个人、商户/企业、网关/银行等）在网上进行信息交流及商务活动的身份证明，并确保网上数据交换的安全。公钥数字证书将公钥的值与持有相应私钥的主体（个人、设备和服务）的身份绑定在一起。通过 CA 在证书上签名，任何个体都可以核实证书上的公钥是否为证书所指定的主体所拥有。数字证书的用途很广，例如 Web 用户身份验证、Web 服务器身份验证、使用安全多用途互联网邮件扩展（Secure/Multipurpose Internet Mail Extensions，S/MIME）协议的安全电子邮件、IP 安全性（IP Security）、代码签名等。

公钥数字证书的格式一般采用国际电信联盟电信标准化部门（ITU-T）发布的 X.509 v3 标准结构。采用 X.509 标准的证书称为 X.509 证书，其一般格式如图 8-5 所示。

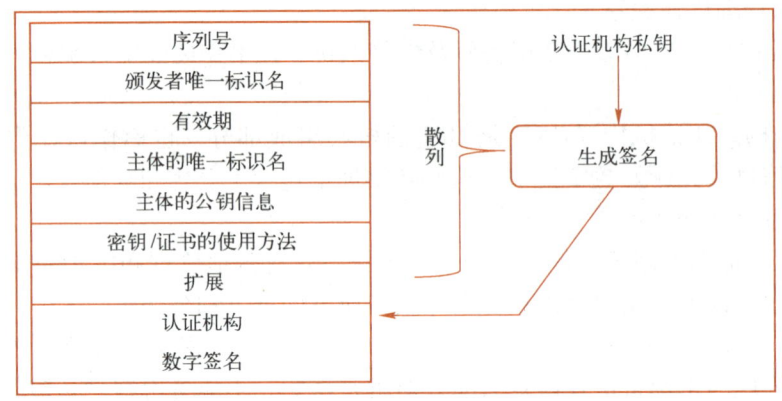

图 8-5　X.509 证书的一般格式

X.509 证书包括如下内容。

（1）证书信息

版本标识：描述证书的版本号，当前通用的版本为 X.509 V3。

序列号：序列号是 CA 给每一个证书分配的一个整数，它是特定 CA 签发的证书唯一代码，即发行者名称和序列号可以唯一标识一张数字证书。

有效期：证书的有效期是时间间隔，期间 CA 保证证书内信息有效。2049 年及以前的证书有效期以 UTCTime 类型编码，2050 年及以后的证书有效日期以 Generalized Time 类型编码。

扩展信息：提供一种将各种属性与用户或公钥相关联的方法。

（2）证书颁发者信息

颁发者：颁发者字段用来标识在证书上签名和发行的实体，颁发者字段含有一个非空的能辨识出的名字（DN）。

颁发者唯一标识：对 CA 证书中使用的主题唯一标识符的引用，以防多个 CA 具有相似的主题名称。

签名的算法标识符：这个算法是 CA 在证书上签名使用的算法，也可以用来判断 CA 对证书的签名是否符合所声明的算法。

（3）证书持有者信息

主体：用来标识证书使用者的可识别信息。

主体公钥：使用这个字段作为携带公钥及其使用算法的标识符。

证书所有者的唯一标识符：多个主体有可能重名，唯一标识符可以区分和标识出来这些主体。

公钥数字证书作为一种电子数据格式，既可以直接从网上下载，也可以通过其他方式存放。一种方式是使用 IC 卡存放用户证书，即把用户的数字证书写到 IC 卡中，供用户随身携带，大大方便了用户使用。这样做的好处在于用户可以轻松地使用证书，无须担心忘记带证书或证书被遗失。IC 卡作为一种物理设备，能够有效地保护数字证书的安全性。另一种方式是将用户证书直接存放在磁盘或终端上。用户把从 CA 申请来的证书下载或复制到磁盘或自己的个人计算机或智能终端上。尽管这种方式不如 IC 卡那样方便携带，但在没有 IC 卡设备的情况下，仍然是一种有效的存储方式。无论采用哪种方式，公钥数字证书在确保网络安全和加密通信方面都发挥着重要作用。用户可以使用其公钥数字证书进行身份验证、加密和数字签名等操作，以确保数据的机密性和完整性。

8.2.3 证书撤销列表

证书撤销列表（Certificate Revocation List，CRL，又称证书黑名单）为应用程序和其他系统提供了一种检验证书有效性的方式。一旦证书被废除，CA 会通过发布 CRL 的方式通知所有相关方。在 PKI 中，CRL 是通过轻量目录访问协议（Lightweight Directory Access Protocol，LDAP）系统发布的。生成 CRL 的步骤如下：首先，CA 管理员撤销相关证书，并与 CA 中心建立通信。接着，CA 公布被废除证书的序列号，并将该证书放入作废证书数据库，同时将序列号加入 CRL。最后，系统通过 LDAP 发送新的 CRL，使得所有使用该证书的实体都可以获取最新的 CRL，从而验证证书的有效性。

图 8-6 展示了 CRL 的基本格式。为了优化检索速度，CRL 只存储了证书的序列号而不存储证书内容。CRL 的颁发者首先对 CRL 的基本信息和标识信息进行散列运算，然后使用私钥对得到的散列值进行签名，从而产生一个数字签名。这个数字签名会被嵌入对应的 CRL，确保 CRL 的完整性和真实性。CRL 包含的主要内容如下：

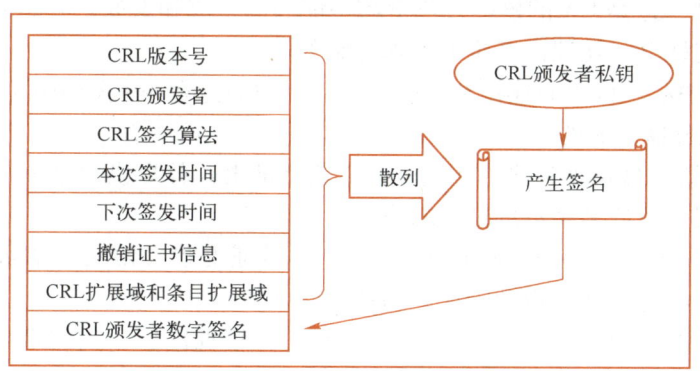

图 8-6　CRL 的基本格式

1）CRL 版本号：CRL 版本号标识其所遵循的 X.509 证书标准版本。0 表示 X.509 V1 标准，1 表示 X.509 V2 标准，目前最常用的是与 X.509 V3 证书对应的 CRL V2 版本。

2）CRL 颁发者：指示签发 CRL 的机构的可辨识名字，通常由国家、省市、地区、组织机构、单位部门和通用名等信息组成。

3) CRL 签名算法：包括算法标识和参数，用于指定证书签发机构对 CRL 内容进行签名的算法，确保 CRL 的完整性和真实性。

4) 本次签发时间：CRL 的签发时间。按照 ITU-T X.509 V3 标准，CA 在 2049 年之前将这个域编码为 UTCTime 类型，在 2050 年或之后编码为 GeneralizedTime 类型。

5) 下次签发时间：指示下一次 CRL 预计签发的时间，同样遵循 ITU-T X.509 V3 标准的编码规则。

6) 撤销证书信息：包括撤销的证书序列号和证书撤销时间。撤销的证书序列号是指要撤销的由同一个 CA 签发的证书的唯一标识号，同一机构签发的证书不会有相同的序列号。

7) CRL 扩展域和条目扩展域：CRL 扩展域提供与 CRL 相关的额外信息，允许组织定义私有的 CRL 扩展域传输自己独有的信息；CRL 条目扩展域则提供与 CRL 条目有关的额外信息，同样允许组织定义私有的 CRL 条目扩展域传递自己独有的信息。

8) CRL 颁发者数字签名：证书签发机构对 CRL 内容的数字签名。

CRL 的发布和更新对于保障数字证书的可信性和安全性至关重要，它提供了撤销证书的有效途径，防止证书泄露、证书过期或其他原因所导致的潜在安全风险。

8.2.4 认证机构

认证机构（CA）在整个 PKI 系统中扮演着核心角色，它与 PKI 的关系类似电力系统与发电厂之间的关系。作为权威的、可信任的、公正的第三方机构，CA 是 PKI 应用的信任源头，其主要职责是发放和管理数字证书。CA 通过其自身的注册审核体系，仔细核实证书申请者的身份和相关信息，以确保参与电子交易的实体的真实属性与证书上所载信息一致。通过 CA 的认证，数字证书的有效性得到保障，进而确保了网络通信和数据传输的安全性，为用户提供了可信赖的数字身份认证和数据保护机制。

1. CA 的结构

CA 的结构如图 8-7 所示，主要由以下六个部分组成：

1) CA 服务器：这是 CA 的核心，负责数字证书的生成和发放。它是颁发数字证书的实体，同时提供管理证书、处理证书撤销列表等服务。

2) 证书下载中心：该中心连接在互联网上，用户通过登录 CA 网站访问证书下载中心，从中心获取 CA 服务器生成的证书。

3) 目录服务器：目录服务器的功能是存储数字证书，并提供数字证书和证书撤销列表的查询服务。该服务器遵循轻量目录访问协议。

4) OCSP（Online Certificate Status Protocol，在线证书状态协议）服务器：该服务器向用户提供证书在线状态查询，帮助验证证书的有效性。

5) 密钥管理中心（Key Manager Center，KMC）：根据国家密码管理规定，加密用的私钥必须由权威、可靠的机构进行备份和保管。KMC 负责管理这些私钥。

6) RA（Registration Authority，证书注册机构）：它负责受理证书的申请和审核工作，主要功能是接受客户证书申请并进行审核。在一些情况下，注册机构是可选的，可以将其功能合并到 CA。

2. CA 的主要职责

CA 的主要职责包括证书颁发、证书废除、证书更新、维护证书和 CRL、证书状态查询、证书认证和制定政策等。

1）证书颁发：申请者既可以在线申请，也可以到注册中心去申请。CA 为将要颁发给申请者的证书签署数字签名用以鉴别申请者身份，同时由公证人对该签名和申请者身份进行公证。此外，CA 还为这份证书设置有效期。通常，CA 会将证书返回给证书申请系统或者寄给证书库。因此，证书的颁发可采取两种方式，一是在线直接从 CA 下载，二是 CA 将证书制作成磁盘或 IC 卡后，由申请者带走。

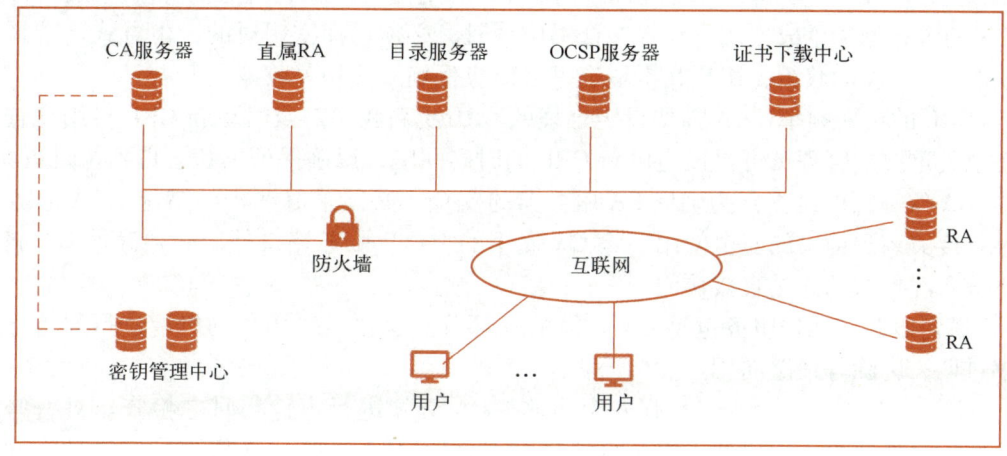

图 8-7　CA 的结构

2）证书废除：在某些情况下，需要废除证书，比如证书持有者离职、更名或私钥泄露。证书持有者或相关机构可以向 CA 申请废除证书。一旦证书被废除，CA 会在 CRL 中公布该证书的序列号，向相关组织和个人通知该证书已经失效。

3）证书更新：证书由于丢失或私钥泄露等原因而需要更新。更新可以是证书的更换或延期。证书更换意味着重新颁发一个新的证书，而证书的延期只是将证书有效期延长，不需要改变公私钥。

4）维护证书和 CRL：CA 通过目录服务器维护用户证书和 CRL。目录服务器允许用户浏览目录，并将新颁发的证书或废除的证书添加到其中。用户可以通过访问目录服务器获取他人的数字证书或查看 CRL。

5）证书状态查询：用户可以通过查看 CRL 来查看自己的证书是否被废除，但 CRL 的状态同当前证书状态相比有一定的滞后，因为 CRL 的签发通常是一天一次的。证书状态的在线查询向 OCSP 服务器发送 OCSP 查询包，包中含有待验证证书的序列号、验证时间戳。OCSP 服务器返回证书的当前状态并对返回结果签名。可见，证书状态在线查询比 CRL 更加具有时效性。

6）证书认证：在进行网上交易时，为了验证双方身份，交易双方提供自己的证书和数字签名，由 CA 来对证书进行有效性和真实性的认证。在实际中，一个 CA 很难得到所有用户的信任并接受它所发行的所有公钥用户证书，这就需要多个 CA 并且对 CA 分级。在多个 CA 中，一个特定 CA 发放证书的用户组成一个域。如果持有不同 CA 所颁发证书的交易双方需要进行安全通信，就需要解决跨域的公钥安全认证和递送问题。可以建立一个可信赖的证书书链或证书通路。最高层 CA 称作根 CA，它向低层 CA 发放公钥证书。

7）制定政策：普通用户信任一个 CA，不仅关心它的技术是否过硬，还关心它的政策是否公开、周到、合理。CA 的政策是指 CA 必须对信任它的各方负责，它的责任大部分体现在政策的制定和实施上。

CA 政策对于保证证书的安全性和有效性至关重要，它包含以下几方面：

1) 私钥的保护。私钥是证书的灵魂，私钥一旦被泄露或毁损，证书也就名存实亡。因此 CA 签发证书所用的私钥要受到严格的保护，防止毁坏和非法使用。

2) 密钥对的产生方式。CA 提供两种密钥对产生方式：一种是在客户端生成，另一种是在 CA 的服务器端生成。用户在提交证书申请时，必须选择密钥对的产生方式。选择哪种方式还取决于 CA 的政策，用户在申请证书之前应仔细阅读相关政策。

3) CRL 的更新频率：CA 需要设定合理的 CRL 更新频率。及时更新 CRL 对用户查询证书状态至关重要。管理员可以设定更新 CRL 的时间间隔，以确保证书状态得到及时更新。

4) CA 服务器的维护：为确保 CA 服务器的安全，必须采取严密的措施。CA 服务器的安全性直接关系到证书的安全使用。除 CA 使用的 HTTP 服务端口外，必须确保 CA 服务器主机不被未经授权的人员直接访问。

5) 通告服务：通告服务也是 CA 政策的一部分。这包括对用户的申请进行通告，以及对证书过期、废除等情况向用户发出通告。

6) 审计与日志检查：为了加强安全措施，CA 必须进行审计与日志检查。对一些关键操作必须记录系统日志，以便在发生事故后进行事后追踪处理。CA 管理员有责任定期检查日志文件，尽早发现潜在的安全隐患。

通过制定和遵守这些政策，CA 能够提供更可靠、更安全的证书服务，确保证书的合法性和保密性，同时有效防范潜在的安全威胁。

8.2.5 PKI 相关标准

目前 PKI 体系中已经包含了众多标准，主要可以分为两大类：一类是专门定义 PKI 本身的标准，这些标准主要涵盖 PKI 的基本架构、组件、证书格式、证书管理、密钥协商与管理等方面。另一类是基于 PKI 的标准协议，这些标准协议并不直接定义 PKI，而是利用 PKI 体系来实现特定的安全通信或身份验证功能。这些协议涵盖网络安全、身份认证、数据加密、数字签名等领域，为各种应用场景提供安全可靠的基础设施支持。通过这两类标准的不断完善与应用，PKI 体系得以更加稳健和灵活地服务于现代信息安全领域。

图 8-8 为 PKI 相关标准和应用示意图。其中，最著名的 PKI 标准是由 IETF（Internet Engineering Task Force，互联网工程任务组）制定的 PKIX（PKI for X.509，X.509 公钥架构）。PKIX 的工作组成立于 1995 年 10 月，旨在开发一套互联网标准，以支持可互操作的 PKI 体系。PKIX 系列标准是建立在另外两个标准基础上的：首先是 ITU-T 的 X.509 标准，定义了证书的格式和相关的认证流程；其次是来自 RSA 工作组的 PKCS（Public Key Cryptography Standards，公钥加密标准），这个标准为公钥密码学提供了一系列的规范和算法。

X.509 是一种数字证书标准。在 X.500 确保用户名称唯一性的基础上，X.509 为 X.500 用户名称提供了通信实体的鉴别机制且规定了实体鉴别过程中使用的证书语法和数据接口。

PKCS 系列标准是针对 PKI 体系的关键性标准，涵盖了加解密、签名、密钥交换、分发格式及行为等方面。PKCS 系列标准已经成为 PKI 体系中不可或缺的一部分，为所有 PKI 实现提供了重要的基础。这些标准的广泛应用确保了互操作性和安全性，促进了数字证书的有

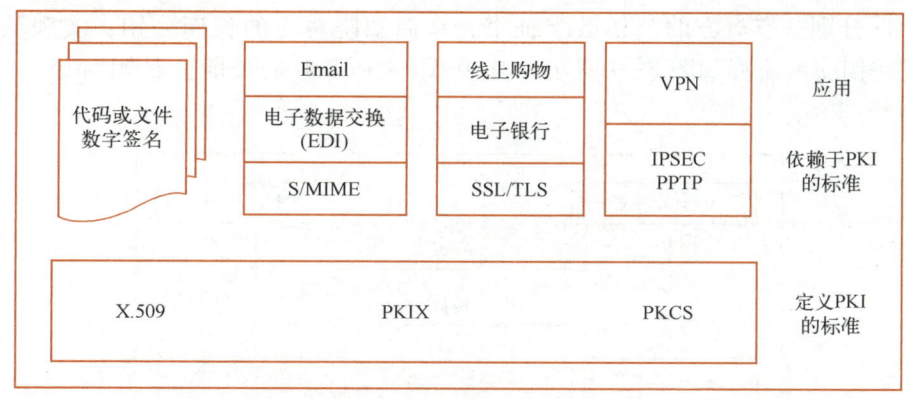

图 8-8　PKI 相关标准和应用示意图

效使用，提升了加密通信的可靠性。PKCS 系列标准的简要说明如下。

PKCS#1：定义了 RSA 加密、解密、签名和验证的标准，是最早的 PKCS 标准之一。

PKCS#3：描述了 Diffie-Hellman 密钥交换协议，用于安全地在通信双方之间交换密钥。

PKCS#5：描述了一种利用安全密钥（从口令派生出来的）加密字符串的方法。使用 MD2 或 MD5 从口令中派生密钥，并采用 DES-CBC 模式加密。主要用于加密从一个计算机传送到另一个计算机的私人密钥，不能用于加密消息。

PKCS#6：描述了公钥证书的标准语法，主要描述 X.509 证书的扩展格式。

PKCS#7：定义了加密数据的语法标准，尤其在数字签名和加密文件传输中得到广泛应用。

PKCS#8：规定了私钥信息语法标准，为私钥的存储和传输提供了通用格式。

PKCS#9：定义了 PKI 中常用的属性类型，用于证书和 CRL 等实体的扩展信息。

PKCS#10：规定了证书请求语法标准，允许用户请求数字证书的生成和签发。

PKCS#11：描述了密码设备的应用程序接口（API），使得软硬件安全模块（HSM）和其他密码设备能够与应用程序交互。

PKCS#12：定义了个人信息交换语法标准，通常用于在不同系统之间安全地导出和导入个人证书及私钥。

PKCS#13：椭圆曲线密码体制标准。

PKCS#14：伪随机数生成标准。

PKCS#15：密码令牌信息格式标准。

其中最重要的三个标准是 PKCS#7、PKCS#10 及 PKCS#12。

这些标准的广泛采用确保了 PKI 体系的统一和相容性，使得数字证书的应用更加简便和安全。PKCS 系列标准的持续发展和应用为数字安全领域的发展贡献了重要力量。

8.2.6　基于 PKI 的 MQV 认证密钥交换

MQV（Menezes-Qu-Vanstone）协议是基于 Diffie-Hellman 协议而构建的一个著名认证密钥交换（AKE）协议。MQV 于 1998 年被设计出来，美国国家安全局（NSA）将其纳入套件 B（套件 B 指保护机密信息的一系列算法组合）中，并已被批准用于保护最关键的资产。MQV 允许用户以任意顺序发送两个彼此独立的消息至对端。在 MQV 中，假设通信双方

Alice 和 Bob 分别持有对方的公钥数字证书,从而知晓对方的长期公钥,实现认证功能。MQV 认证密钥交换流程如图 8-9 所示,其中 Alice 和 Bob 的长期公私钥对分别是 (a, g^a) 和 (b, g^b)。

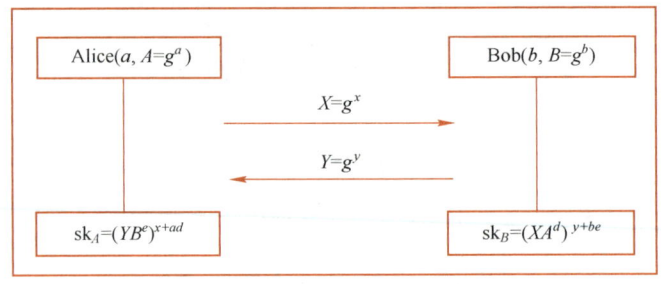

图 8-9　MQV 认证密钥交换流程

为实现相互认证与密钥协商,Alice 生成一个临时公私钥对 (x, g^x),并将临时公钥 $X = g^x$ 发送给对端 Bob。同理,Bob 生成一个临时公私钥对 (y, g^y),并将临时公钥 $Y = g^y$ 发送给对端 Alice。

Alice 获得 Bob 的临时公钥 Y 后,利用其自身掌握的密钥以及对端的公钥即可计算

$$\text{sk}_A = (YB^e)^{x+ad} = (g^y(g^b)^e)^{x+ad} = (g^{y+be})^{x+ad} = g^{(y+be)(x+ad)} \tag{8-1}$$

Bob 获得 Alice 的临时公钥 X 后,利用其自身掌握的密钥以及对端的公钥即可计算

$$\text{sk}_B = (XA^d)^{y+be} = (g^x(g^a)^d)^{y+be} = (g^{x+ad})^{y+be} = g^{(x+ad)(y+be)} \tag{8-2}$$

式中,$e = 2^l + (Y \bmod 2^l)$;$d = 2^l + (X \bmod 2^l)$,$l = |q|/2$,$|q|$ 表示循环群的阶 q(为一个大素数)的二进制位长。

由此可见,Alice 和 Bob 获得的会话密钥值相同,即 $g^{(x+ad)(y+be)}$。这说明 Alice 和 Bob 拥有相同的"秘密"。同时,我们可以看到 MQV 不会仅仅因临时密钥泄露而被攻破,攻击者知道临时密钥 x 或 y 也无法确定最终的共享"秘密",还需要长期的私钥 a 或 b 来计算。同理,即使攻击者 Eve 获取了 Alice 和 Bob 的长期私钥 a 和 b,先前建立的共享密钥 sk 也是安全的,这是因为 Alice 和 Bob 的计算还涉及为该会话生成的临时私钥 x 或 y。这意味着 MQV 可提供前向安全性。尽管 MQV 具有较高的安全性,但实际上它很少被使用,原因之一是它曾经受到专利的限制。

8.2.7　基于 PKI 的 TLS 协议

传输层安全(Transport Layer Security,TLS)协议是保障现代互联网安全的最基础、最重要的密码协议之一,其前身又称安全套接层(Secure Socket Layer,SSL)协议,由网景公司(Netscape)于 1994 年推出。后来,国际互联网工程任务组(IETF)将其标准化为 TLS 协议,最新的版本为 TLS 1.3。TLS 协议主要使用 PKI 在建立连接时对通信双方进行身份认证。利用 PKI 技术,TLS 协议允许在浏览器端和服务器端之间进行加密通信。此外还可以利用数字证书保证通信安全,服务器端和浏览器端分别由可信的第三方颁发数字证书,这样在通信时,双方就可以通过数字证书确认对方的身份。

TLS 协议自身包含两个主要协议:TLS 握手协议和 TLS 记录协议。前者负责协商加密模式和参数、鉴别通信实体、建立共享的会话密钥,后者利用 TLS 握手协议建立的参数来保

护通信双方的流量。TLS 记录协议将流量分割成一系列记录（record），每个记录都由通信密钥单独保护。TLS 记录协议是一个简单的协议，以至于人们常常忘记它是 TLS 协议的一部分，但事实上 TLS 记录协议与 TLS 握手协议不能分开。

TLS 握手协议是 TLS 协议的核心协议，是客户端和服务器建立共享密钥以便发起安全通信的过程。TLS 握手协议是从客户端初始化一个与服务器的安全连接开始的。客户端发送一个名为 ClientHello 的初始消息，其中包括客户端支持的一些密码套件。服务器检查此消息及其中的参数，然后返回 ServerHello 消息。一旦客户端和服务器都处理完彼此的消息，它们就可以用 TLS 握手协议所协商出的会话密钥来加密传输数据了。

TLS 1.3 握手协议流程可以分为三个阶段：密钥交换、服务器参数建立以及认证，如图 8-10 所示。在密钥交换阶段，客户端（Client）发送 ClientHello 消息。该消息包含一个随机数（ClientHello.random）、支持的协议版本，以及支持的对称加密算法/HKDF 哈希算法对的列表。另外，客户端会发送一个临时 DH 公钥（在 key_share 扩展项中）或者一个预共享密钥标签集合（在 pre_shared_key 扩展项中），或者两个都有。服务器（Server）处理 ClientHello，决定建立安全连接所使用的密码参数，然后在 ServerHello 中回复选择的密码参数。ClientHello 和 ServerHello 共同决定共享密钥。如果用到了（EC）DHE 密钥交换协议，ServerHello 会在一个 key_share 扩展项中带上 Server 的临时 DH 公钥。如果用到了 PSK 模式，ServerHello 会包含一个 pre_shared_key 扩展项，用于指示选择用哪个 Client 提供的 PSK。注意，具体实现可能会同时用（EC）DHE 和 PSK，这种情况下这两个扩展都会提供。

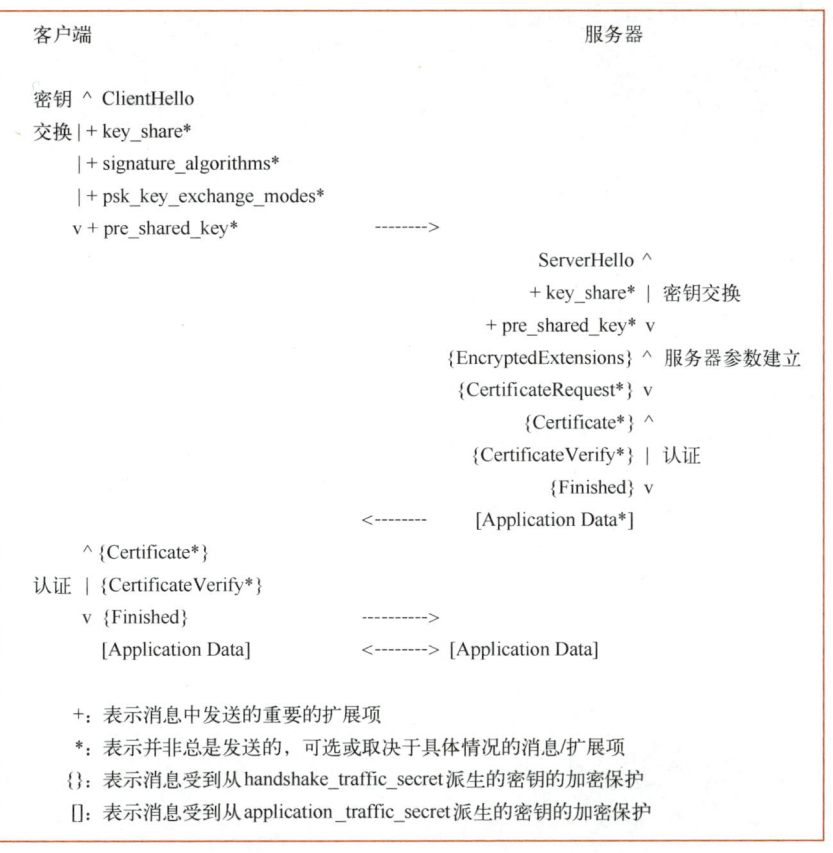

图 8-10　TLS 1.3 规范中的握手协议流程

在服务器参数建立阶段，Server 发送 EncryptedExtensions（加密扩展）响应 ClientHello 中不确定密码参数的其他扩展项，并且如果要用基于证书的认证方法来认证 Client，Server 还会发送 CertificateRequest（证书请求）以请求 Client 发送其证书用于身份认证。如果不需要认证 Client，就不发送该消息。

在认证阶段，当 Server 使用基于证书的认证方式向 Client 认证自己的身份时，它会向 Client 发送 Certificate（证书）和 CertificateVerify（证书验证）消息，其中 Certificate 包含 Server 端点证书和每个证书的扩展，CertificateVerify 是用 Certificate 中的公钥所对应的私钥对整个握手过程进行的签名。最后，Server 发送 Finished（结束）消息，这是针对整个握手过程的一个 MAC，并提供密钥确认。收到 Server 发送的握手消息后，Client 会对 Certificate、CertificateVerify 和 Finished 消息响应，完成握手协议流程，计算出与 Server 共享的会话密钥，并在之后的通信中利用该会话密钥对应用数据加密处理。TLS 规范中的握手协议流程如图 8-10 所示。

相较于 TLS 1.2，TLS 1.3 在安全性与效率等方面均有巨大提升，例如 TLS 1.3 摒弃了 MD5、SHA-1、RC4 和 AES-CBC 等密码算法。另外，TLS 1.3 协议还引入了一些新的特性，如 0-RTT（零往返时间）机制等。

随着互联网的发展与普及，网络上基于信息交换的各种应用都必须得到安全保障。PKI 作为一种标准的安全基础设施，应用范围非常广泛。基于 PKI 的 TLS 协议提供的安全服务，也正好能够满足电子商务、电子政务、网上银行、网上证券等金融业交易的安全需求，为这些网络应用提供了必不可少的安全保证。

习题

扫码看视频

1. 什么是 PKI？PKI 有哪些组成部分？PKI 有哪些功能？
2. PKI 的作用是什么？
3. 什么叫数字证书？数字证书有什么功能？
4. 请说明 X.509 证书的格式。
5. 什么是 CRL？
6. 谈谈 CA 的作用。
7. 谈谈数字签名算法在 PKI 系统中的作用。
8. 试分析一个电子商务网站，看看它是如何利用 PKI 来保证交易安全的。
9. 利用 OpenSSL 搭建一个简易的 PKI 系统。

第 9 章　侧信道攻击与分析

现代密码学算法的安全性依赖于密钥的安全性，虽然在现有计算条件下无法使用暴力破解，但是单纯从密码算法的数学结构判断密码算法的安全性已无法满足现实要求。密码算法虽然从数学理论分析上是安全的，但密码算法实现的安全性与密码算法在数学上的安全性十分不同。密码的物理实现以及运行过程中存在诸多设计实现方式所导致的安全隐患，目前侧信道攻击是对密码算法实现进行攻击的一种有效手段。

本章要点：
- 侧信道攻击的种类和方法
- 针对 AES 和 DES 的能量侧信道攻击方法
- 针对 RSA 的时间侧信道攻击方法
- 针对三种不同密钥长度的 AES 相关故障注入攻击方法
- 侧信道攻击防御方法
- 密码设计安全验证方法

9.1　侧信道攻击概述

密码算法在硬件设备工作的过程中会泄露能量、电磁和时间等多种类型的物理信息，这些信息称为侧信息。侧信息与加密信息紧密相关。侧信道攻击就是利用侧信息直接或间接获得密码算法运算过程中的加密信息，对密码实现进行攻击，破解加密密钥。

9.1.1　侧信道攻击种类

侧信道攻击的方法需要通过密码设备获得侧信息，侧信道攻击根据入侵设备的程度可以分为入侵攻击、非入侵攻击和半入侵攻击三类。

1) 入侵攻击。通过特殊工具对设备进行物理篡改，须拆开密码设备外壳，如保护层，直接对芯片表面进行直接访问。这种方法对密码设备的影响较大。

2) 非入侵攻击。非入侵攻击不影响密码设备的正常运行，可利用物理设备测量密码算法实现过程中的侧信道信息，实现侧信道分析。如利用示波器采集密码设备加密过程中消耗能量的能量迹，获取密码设备的加密时间等。

3) 半入侵攻击。半入侵攻击介于入侵攻击和非入侵攻击之间，需要访问芯片表面，但不需要对钝化层进行篡改，不与金属表面进行电接触。这种攻击会对密码设备产生影响，但产生的影响比入侵攻击小。

另外，根据在获取侧信息时是否影响密码设备正常运行，侧信道攻击又分为主动攻击和被动攻击。

1) 主动攻击。主动攻击是指攻击者通过外部手段干扰密码设备的正常运行，如改变电压使得密码设备发生故障,无法正确加密。

2)被动攻击。与主动攻击相反,被动攻击不干扰密码设备的正常运行,通过观察芯片处理数据来收集可利用的侧信息,实现侧信道攻击。

9.1.2 侧信道攻击方法

基于所利用的侧信道信息种类,侧信道攻击主要包含能量侧信道攻击、电磁侧信道攻击、时间侧信道攻击、声学侧信道攻击、光学侧信道攻击和故障注入攻击。除故障注入攻击外,其余均为被动攻击。

1)能量侧信道攻击。密码设备在执行密码算法时,电路中的逻辑元件会产生能量消耗,攻击者利用密码算法芯片在不同密钥和明文输入条件下能量消耗的差异来破解密钥。

2)电磁侧信道攻击。密码设备在执行过程中会泄漏电磁辐射信号,攻击者可以使用电磁探头来测量设备在运行过程中的电磁辐射信号,利用处理不同数据时电磁辐射信号的差异来恢复密钥。

3)时间侧信道攻击。加密设备在处理不同输入数据时运行的时间可能不同,攻击者可以通过测量加密设备的运行时间,提取加密系统的密钥和机密信息。

4)声学侧信道攻击。加密设备在运行过程中会产生物理噪声,处理不同密钥和明文时物理噪声会有差异,攻击者可以利用这种差异实现密钥恢复。

5)光学侧信道攻击。攻击者利用密码设备在不同密钥和明文输入条件下光辐射的差异破解密钥。

6)故障注入攻击。在密码算法执行过程中改变外部条件以干扰设备的正常运行,使得密码设备在加密过程中发生故障,攻击者通过分析故障信息的特点来获得密钥。

9.2 能量侧信道攻击

能量侧信道攻击是目前常用的一种侧信道攻击方法。密码设备在进行加解密运算时产生的能量消耗与密码算法的实现、密码算法的中间值数据密切相关。能量侧信道攻击人员通过分析密码设备的能耗,可以分辨密码设备运行的密码算法的种类,然后针对密码算法进行攻击,最终可以得到密码算法的密钥等关键信息。

9.2.1 能量泄漏原理与模型

1. 能量泄漏原理

密码设备在进行加解密操作时的能耗是密码设备中各个部分能耗的总和。电路中基本逻辑元件的能耗可分为静态能耗和动态能耗。当逻辑元件中没有发生信号转换时产生静态能耗,在信号转换或输出期间则发生动态能耗。逻辑元件的总能耗是这两者的总和。动态能耗是电路中总能耗的主要部分,它与逻辑元件处理的信号密切相关。例如:当逻辑元件的内部信号从 0 到 1 时,将产生动态能耗;充电电流和短路电流构成动态能耗。当逻辑元件的内部信号保持恒定时,仅存在静态能耗。CMOS(互补金属氧化物半导体)电路的平均能耗可以使用式(9-1)计算,其中 V_{DD} 是电路供电电压,$i_{DD}(t)$ 是电路的瞬时总电流,$P_{cir}(t)$ 是电路的瞬时总能耗。

$$P_{\text{cir}} = \frac{1}{T}\int_0^T P_{\text{cir}}(t)\,\mathrm{d}t = \frac{V_{\text{DD}}}{T}\int_0^T i_{\text{DD}}(t)\,\mathrm{d}t \tag{9-1}$$

在密码算法的软件实现中，如 STM32 开发板中，数据通过微控制器的数据总线传输，数据总线上面有很大的电容负载，导致数据总线的能耗会泄露数据总线处理的数据信息。在密码算法的硬件实现中，如 FPGA（现场可编程门阵列）开发板中，开发板的能耗大部分来源于寄存器和查找表的使用，寄存器内部的数据发生转换时会产生动态能耗，查找表工作时也会产生较大的能耗。同时，密码算法内部模块的特点，也会导致设备的能耗泄露数据信息。密码设备在密码算法执行非线性变换时，能量泄漏更为明显，如 S 盒运算和模幂运算等。图 9-1 所示为 RSA 算法模幂运算的部分能量迹，根据 RSA 模幂运算特点，当密钥位为 1 时运算复杂，因此可以根据能量迹获得对应的密钥位信息。

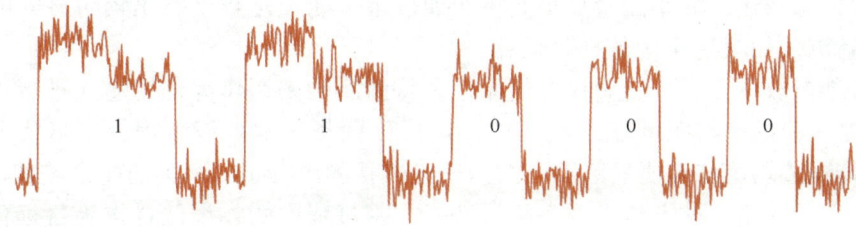

图 9-1　RSA 算法模幂运算的部分能量迹

2. 能量泄漏原理

能量侧信道攻击需要使用能量泄漏模型，将与猜测的密钥相对应的敏感中间值映射到能量消耗。常见的模型包括汉明距离模型、汉明重量模型、值模型和单位模型。

1）汉明距离模型。汉明距离模型用于映射元件内数据转换的能耗。当数据总线的数据由 v_0 转换为 v_1 时，汉明距离映射的假设能量消耗为 $\mathrm{HD}(v_0,v_1) = \mathrm{HW}(v_0 \oplus v_1)$，即将 v_0 与 v_1 异或，异或后数据的汉明重量也就是 v_0 与 v_1 的汉明距离。汉明距离模型可用于在能量模拟期间生成模拟的能量轨迹，并在侧信道攻击期间获得假设的能量消耗。

2）汉明重量模型。汉明重量模型利用数据 v_1 中 1 的个数来刻画设备在处理数据 v_0 时的能量消耗。汉明重量模型不考虑设备在处理数据 v_0 前后处理的值，只与设备正在处理的数据相关。如果设备处理的数据从 v_0 变为 v_1，并且 v_0 的每个位都是 0 或都是 1，则汉明重量模型等效于汉明距离模型。汉明重量模型消除了汉明距离模型须知晓密码设备内寄存器分配要求的条件。这些知识的缺乏使得在侧信道攻击中利用汉明距离模型进行能量映射比较困难，此时攻击者通常会使用汉明重量模型。

在能量侧信道攻击中，重点是能量消耗和数据之间的比例。当 v_0 恒定但每个位均不同时，汉明重量模型和汉明距离模型对于单个位变换是等效的，但汉明重量模型可能无法准确描述多个位的能量消耗。如果 v_0 的每个位都是均匀分布的并且独立于其他位，那么汉明重量模型不能有效地描述能量消耗。尽管存在这些限制，但汉明重量模型在侧信道攻击中通常是有效的，这是因为汉明距离模型假设从 0 到 1 和从 1 到 0 的数据转换的能耗相等。然而在现实中，从 0 到 1 的数据转换通常会消耗更多的能量，而汉明重量模型可以在一定程度上反映这种能量消耗。

除了汉明距离模型和汉明重量模型之外，还存在其他能量泄漏模型，例如：直接使用敏感中间值某一位的值作为能量消耗的值模型，将能量消耗分配给敏感中间值的每个位的单位模型，将不同权重分配给每个中间值位的寄存器模型。在实际攻击中，如果密码设备的数据转换明确，则采用汉明距离模型，否则采用汉明重量模型。汉明距离模型在攻击硬件实现的加密算法时非常有效，而汉明重量模型在攻击软件实现的密码算法时是首选。

9.2.2 能量侧信道攻击方法

1. 能量侧信道攻击方法分类

能量侧信道攻击是目前常用的一种侧信道攻击方法，根据建立的能量模型不同，能量侧信道攻击分为简单能量攻击（Simple Power Analysis，SPA）、差分能量攻击（Differential Power Analysis，DPA）、相关能量攻击（Correlation Power Analysis，CPA）和模板攻击（Template Analysis，TA）。前三种方法属于非模板攻击。

1）简单能量攻击。简单能量攻击侧重于通过单个能量迹或差别比较明显的能量迹直接对密钥进行猜测，如图9-1中的模幂运算。

2）差分能量攻击。差分能量攻击的原理是将猜测的密钥作为密钥输入进行加密，并根据中间值的某一位的值将能量迹分为"0"和"1"两类。根据能量理论，当猜测的密钥正确时两类的能量迹均值将有明显区别，而当未正确猜测出密钥时两类的能量迹相似。

3）相关能量攻击。此方法在准备阶段选择加密过程中的一个位置作为目标位置，采集使用正确密钥进行加密时的能量迹并将其作为初始能量迹。在攻击阶段须采集在猜测密钥时加密过程的能量迹，并计算与初始能量迹的相关性，相关性大的猜测密钥就是正确的密钥。相关能量攻击针对能量迹的多个泄漏位置进行测试，弥补了差分能量攻击的不足。

4）模板攻击。使用此方法攻击时，攻击者须持有与攻击设备一样的参考设备来建立模板。攻击者选择随机明文在参考设备上加密并记录设备加密过程中的能量迹，然后选择以敏感中间值作为模板构建的分类标准，中间值的取值范围决定了模板的数量。在攻击时须采集攻击设备加密时的能量迹，并与模板能量迹进行匹配，匹配的模板所用密钥即正确密钥。

2. 能量侧信道攻击流程

在非模板攻击中，攻击者可以选择明文或密文，使用待攻击设备运行密码算法，然后获得密码设备运行过程中的能量迹。在非模板攻击中，攻击者针对一个密码设备进行攻击，具体包含选择攻击位置、采集能量迹、计算假设能量迹和计算攻击成果四个步骤。

1）选择攻击位置。攻击者需要根据密码设备的特点和密码算法的结构选择攻击位置，选择攻击加密算法的某个敏感中间值。通常，中间值与密钥和攻击者已知的数据相关。常见的攻击位置有分组密码S盒替换的输入和输出等。

2）采集能量迹。在选择攻击位置后，攻击者使用设备进行加解密操作，并记录设备运行过程的能量迹。根据密码设备和密码算法的不同，采集能量迹时的相关参数设置也不相同。所有能量迹都可以保存为一个矩阵 T：矩阵的每一行代表采集一次的能量迹，每一行的长度也就是采样点的个数；矩阵的每一列代表某一时刻设备运行的瞬时能耗。当能量迹完全对齐时，设备在每次加密的同一时刻运行相同的算法步骤，此时攻击更加有效。

3）计算假设能量迹。攻击者根据收集的明文和选择的攻击位置构造一个中间值函数。此函数计算与给定明文和密钥相对应的中间值。然后，攻击者可以逐字节猜测密钥，每个猜测的密钥都对应一组假定的中间值。使用能量泄漏模型，攻击者将每个猜测密钥的假定中间值转换为假设能耗值。

4）计算攻击结果。使用假设能量迹分析收集到的能量迹，攻击者能够得到受攻击的密钥。在差分能量攻击中，根据假设能量迹对能量迹进行分组，以获得差分能量轨迹，然后将其用于猜测密钥。在相关能量攻击中，计算假设能量迹和能量迹之间的相关系数，并根据该系数的绝对值来猜测密钥。对能量迹的预处理也可以提高攻击效率。一旦猜到密钥，就可以分析结果以识别密码算法的能量泄漏位置。

在模板攻击中，攻击者拥有与目标相同的加密设备，可以控制其所有加密过程。通常，攻击者使用已知的加密设备构建模板，并将其与收集的能量迹进行匹配，以完成攻击。在传统的模板攻击中，通常使用多变量正态分布来描述能量迹。攻击过程通常分为两个阶段：模板建立和模板匹配。

1）模板建立。攻击者首先设定加密初始密钥，然后选择随机明文进行加密并记录设备加密过程中的能量迹。攻击者选择敏感中间值作为模板构建的分类标准，中间值的取值范围决定了模板的数量。使用值模型建立模板时，需要针对一个字节的 256 种可能的值分别建立模板。使用汉明重量模型建立模板时，将选择的中间值转换为汉明重量，针对 9 种汉明重量建立模板。能量迹分类完成后，通常需要选择能量迹上的兴趣点。能量迹中只有部分采样点与中间值密切相关，可以通过差值法或相关系数法选择能量迹中的兴趣点，压缩能量迹，以便模板的建立与匹配。模板一般由均值向量 m 和协方差矩阵 c 组成。

2）模板匹配。完成模板建立后，攻击者获取到待攻击设备的能量迹，首先需要使用与模板建立阶段相同的预处理方法对能量迹进行处理，然后使用相同的兴趣点选择方法提取兴趣点，最后使用模板进行模板匹配。可以使用皮尔逊相关系数计算使用待测密钥加密产生的能量迹与每一个模板的匹配概率，概率值最大的模板即匹配模板。如果建立模板时使用值模型，攻击者需要根据匹配到的中间值与能量迹对应的明文得到密钥。如果模板建立时使用汉明重量模型，攻击者需要使用多条能量迹进行匹配，并选择符合所有匹配结果的唯一密钥作为猜测密钥。

模板攻击有如下缺点：它要求攻击者拥有与目标相同的设备，并在模板建立阶段收集大量能量迹数据；在模板攻击中选择兴趣点的方法可能会对攻击结果产生重大影响；由于生产过程的差异，同一型号的不同设备可能在其能量迹中表现出不同的泄漏特性，这可能会降低攻击的成功率。

9.2.3　DES 算法的差分能量攻击

DES 算法加密的第一轮中，明文被分为 L_0 和 R_0 两个部分，L_0、R_0 和第一轮轮密钥作为第一轮 F 函数的输入，F 函数的输出为 R_1。在 F 函数中，R_0 首先经过扩展置换 E，然后与第一轮轮密钥进行异或，接着进行 S 盒替换。S 盒的输入包括明文和密钥，明文已知，从而可以直接攻击密钥。选择第一轮 F 函数中的 S 盒替换的输出作为中间值，设计选择函数的输入是明文的 R_0 部分和第一轮轮密钥，函数输出是 S 盒输出的一个字节的某一位。通过猜测轮密钥的一个字节（共有 256 种可能），根据选择函数的结果将明文对应的能量迹分成 0 和 1 两组，并对 256 种可能的密钥值进行 256 次分类。

分别计算两组的均值能量迹，这一步可以减少能量迹中随机噪声的影响。当猜测的密钥字节是正确的时，得到的 S 盒输出是正确的，相当于按照设备实际处理的数据对能量迹进行了分类，由能量泄漏理论可知能量迹中与 S 盒输出相关的位置，0 组能量迹会小于 1 组能量迹。当猜测的密钥是错误的时，近似于随机分组，两组的能量迹同时存在中间值为 0 和 1 的两种能量迹，最终这两组能量迹均值之间的差异不太明显。

选择 DES 算法第一轮 F 函数中的第一个 S 盒的输出作为攻击点。选择该 S 盒的第一个位作为分类函数，每进行一次密钥猜测，就根据位对能量迹进行分组求均值、求差值的操作，最终会得到对应于 256 种猜测密钥的 256 条差值能量迹，正确的密钥猜测对应的差值能量迹会有明显的峰出现。图 9-2a 是采集的 DES 算法加密的能量迹，可以明显看到 DES 算法的 16 轮迭代的能量迹特征。图 9-2b 是正确密钥猜测对应的差分能量迹，在对应于 DES 算法加密第一轮的能量迹附近出现了明显的峰。图 9-2c 是错误密钥猜测对应的差分能量迹，整体差值分布较为均匀，但是也出现了部分峰，峰的数量过多且位置并不属于 DES 算法加密第一轮范围，因此不是正确密钥猜测对应的峰。

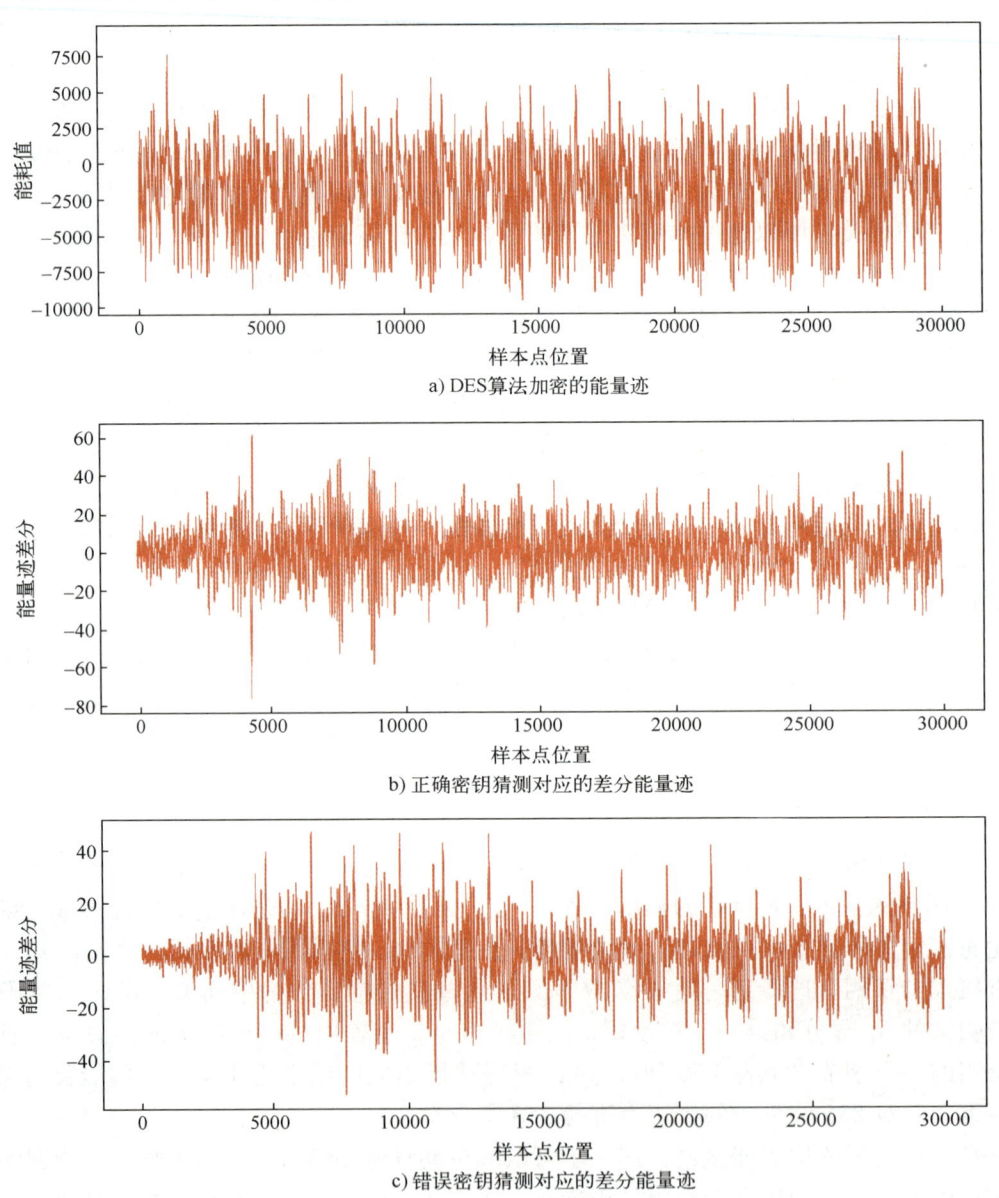

a) DES算法加密的能量迹

b) 正确密钥猜测对应的差分能量迹

c) 错误密钥猜测对应的差分能量迹

图 9-2　DES 算法的差分能量攻击 DES 算法

9.2.4 AES 算法的相关能量攻击

在 AES 算法的相关能量攻击中，一般选择第一轮 S 盒输出作为中间值。AES 算法中，第一轮 S 盒的输入是通过对明文和第一轮轮密钥进行异或而得到的。选择 S 盒的输出作为中间值，且明文已知，那么只需要猜测轮密钥就可以得到 S 盒的输出。进行实际攻击时，通常选择逐字节猜测轮密钥的方法。每一个猜测密钥都需要使用所有加密明文来计算中间值。假设已经执行了 n 次加密，从而得到 n 个能量迹。每个猜测密钥对应于长度为 n 的中间值数组。通常使用 n 维假设能耗数组将中间值映射到能耗。然后计算假设的能耗数组和能量迹矩阵的相关系数。对于总共有 m 个点的能量迹，取能量迹矩阵的一列和假设的能耗矩阵进行计算。每个猜测密钥的相关系数是一个长度为 m 的数组。所有 256 个猜测密钥的相关系数形成一个 $256n$ 的相关系数数组。相关系数数组中绝对值最大的行表示正确的密钥猜测。

使用相关能量攻击方法攻击 AES 算法加密第一轮 S 盒替换的第一个字节，逐字节猜测密钥计算相关系数。图 9-3a 是采集的 AES 加密的能量迹，可以看到 AES 加密泄漏的能量特征非常明显。图 9-3b 是 AES 算法相关能量攻击的攻击结果，相关系数大小表示在纵轴上，猜测密钥表示在横轴上，可以看到峰值出现在 7，这和加密使用的密钥一致，攻击成功。

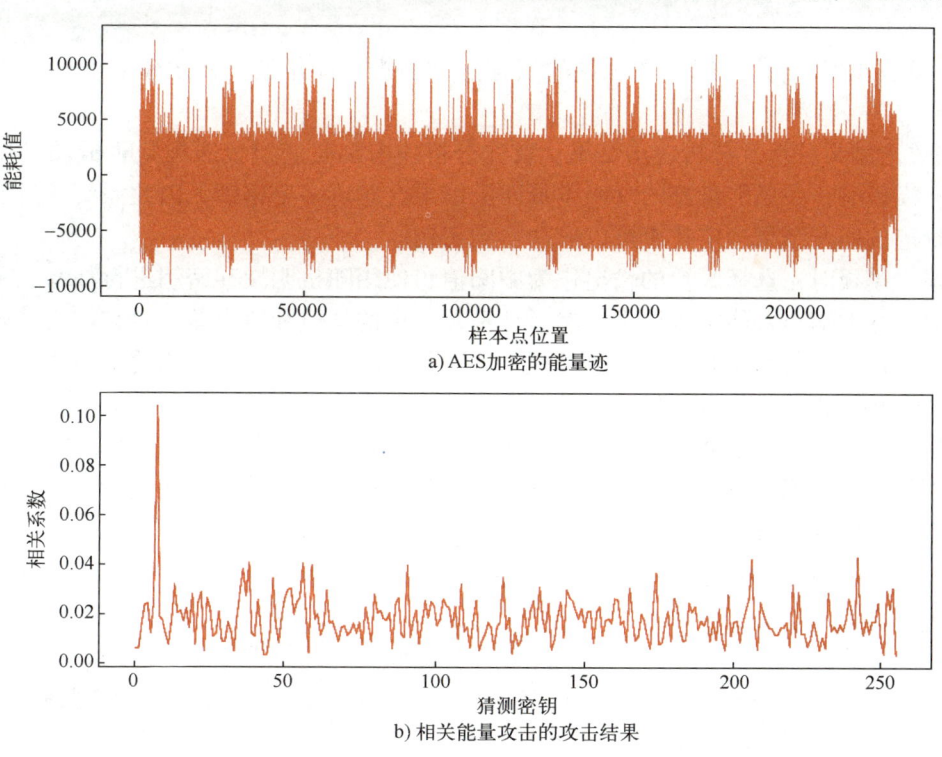

图 9-3 AES 算法的相关能量攻击

9.2.5 模板攻击

模板攻击假设攻击者只能够获得少部分待测设备的能量迹，无法使用大量能量迹进行差分分析或者相关性计算，但是攻击者可以获得与待测设备相同的设备。因此模板攻击的攻击思路是先采集足够多的能量迹，从这些能量迹中提取特征，对待测设备的少量能量迹进行匹配以完成攻击。传统的模板攻击使用多元正态分布对能量侧信道泄漏进行刻画，使用均值和协方差建立模板，计算能量迹匹配不同模板的概率。

攻击者需要可以完全控制的设备来建立模板，这个阶段需要大量能量迹，模板建立完成后只需要从待测设备中采集少量能量迹就可以完全恢复密钥。如果针对密钥字节值建立模板，在模板辨别度较高的情况下只需要一条能量迹就可以成功攻击密钥的一个字节。模板攻击分为五个阶段：

1）采集能量迹。使用与待测设备相同的设备加密并采集能量迹，采集过程中的密钥和明文的设置根据模板类别不同而不同。通常根据 S 盒的汉明重量建立模板，使用相同密钥对随机明文进行加密，寻找到 S 盒输出的汉明重量分别属于九种汉明重量分类的明文并进行多次加密，同时采集能量迹。

2）建立模板。能量迹中只有部分点与 S 盒输出相关，因此首先需要选择兴趣点。常用的方法是差值法，根据模板将能量迹分为九组，每组能量迹求均值得到平均能量迹，计算九组平均能量迹之间的差值，使用差值较大的部分点作为兴趣点。将九组能量迹按照兴趣点重新提取，然后对每组能量迹分别建立模板。

3）从待测设备采集能量迹。在待测设备中运行加密算法，记录加密过程的明文并使用示波器采集能量迹。

4）模板匹配。使用与 2）中相同的兴趣点索引提取能量迹，使用建立的模板来匹配能量迹。

5）攻击结果分析。分析攻击结果，首先分析攻击能量迹模板匹配是否成功。使用汉明重量建立模板时，一条能量迹的汉明重量匹配结果会对应多个密钥，因此需要通过统计全部攻击能量迹的匹配结果确定是否可以成功得到密钥。

在建立模板时，选择 S 盒的输出作为中间值，使用随机明文和密钥进行加密，采集能量迹，根据 S 盒的输出将能量迹分类，然后计算每一类的均值和协方差，以它们为基础建立模板。建立模板时，对明文和密钥构建模板，即对每个明文的字节与密钥的字节建立模板，这样需要 256^2 种模板。按照 S 盒输出的值建立模板，共 256 种模板。按照 S 盒输出的汉明重量建立模板，只需要 9 种模板。图 9-4a 是使用值模型建立的模板，图 9-4b 是使用汉明重量模型建立的模板，两种方法的兴趣点都是使用差值法选择的。使用汉明重量建立的模板之间差别更大，更容易区分。

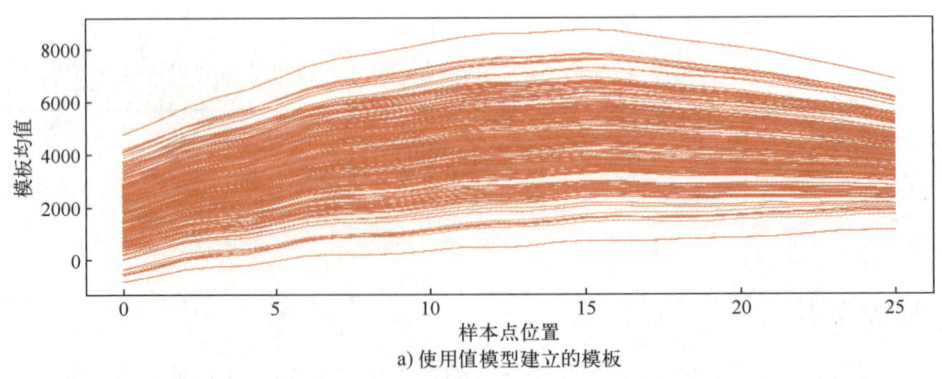

a) 使用值模型建立的模板

图 9-4 模板攻击值模型与汉明重量模型

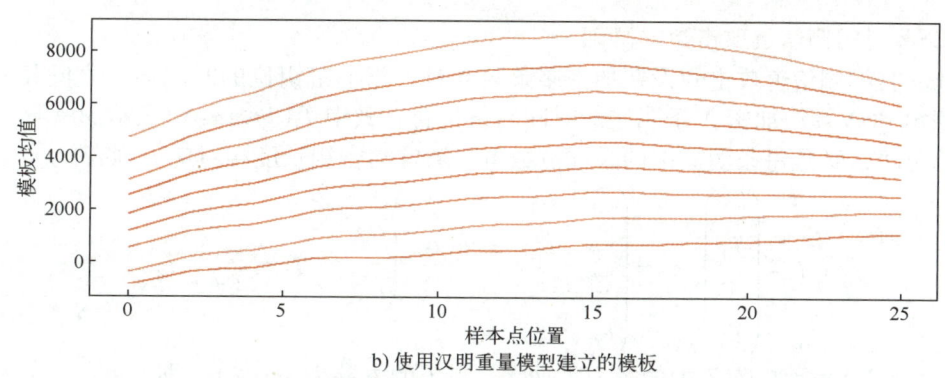

b) 使用汉明重量模型建立的模板

图 9-4 模板攻击值模型与汉明重量模型（续）

模板建立完成后进入模板匹配阶段，对模板进行分析可以发现不同模板的均值差别非常明显，因此可以直接计算攻击能量迹与模板均值之间的差异，将能量迹匹配为差异最小的模板。

9.2.6 基于机器学习的能量侧信道攻击

模板攻击是侧信道攻击方法中最早的建模攻击之一，使用能量迹的平均值和协方差等建立模板，使用最大似然估计进行模板匹配。随着机器学习方法在各个领域的应用，侧信道研究人员提出了基于机器学习的侧信道攻击方法作为模板攻击的替代方案。

基于机器学习的侧信道攻击被视为分类任务。它将传统图像识别的机器学习方法的输入（图像）替换为训练能量迹，并输出与密钥相关的中间值。模板攻击使用均值和协方差作为模板，而机器学习使用经过训练的模型作为模板。待攻击的能量迹被输入到训练的多类模型中，该模型返回每个类别的概率，类似于传统的模板攻击。攻击者可以从自己的设备上收集能量迹用于训练模板，并使用目标设备的能量迹进行匹配，以便完成攻击。

之前的侧信道攻击方法需要进行复杂的人工操作，对能量迹进行预处理，选择特定的攻击区间等，基于机器学习的侧信道攻击方法可以省略这些步骤，使用机器学习方法直接训练能量迹，训练后的模型对相似的加密设备也有相同的攻击效果。

支持向量机（SVM）是一种常用的有监督的机器学习算法，这种算法比随机森林和朴素贝叶斯等方法更灵活且更准确。最初，SVM 算法只能解决二分类问题。为了将 SVM 应用于多分类任务，需要基于两个分类构造多个分类器。目前有两种构造多类 SVM 的方法：第一种方法直接修改目标函数或在训练过程中构造多个超平面并同时优化它们的参数，但是这种方法具有较高的计算复杂性。第二种方法是对 SVM 算法的分类进行修改。在使用 SVM 基于汉明重量训练能量迹时，若针对任意两种汉明重量分类，就需要构建 36 个分类器，使用 36 个分类器对攻击能量迹分别分类；若每次选择一种汉明重量作为一类，其他所有汉明重量作为另一类，则需要构建 9 个分类器。

9.3 RSA 时间侧信道攻击

RSA 时间侧信道攻击是利用 RSA 中模乘运算分支结构运行时间的差异实现密钥分析的，本节主要介绍经典的 Kocher 时间侧信道攻击方法。

扫码看视频

1. RSA 时间侧信道攻击数学基础

Kocher 时间侧信道攻击假设在加密多条明文时，每个密钥位的时间向量之间相互独立，假设 T 表示 RSA 算法加密 N 条明文的时间向量集合，其中 $T_i(1 \leq i \leq N)$ 表示加密第 i 条明文所需的总时间，M 是每条明文中的采样点数量，通常与密钥长度相对应，则有

$$T = \begin{pmatrix} T_1 \\ T_2 \\ \vdots \\ T_N \end{pmatrix}_{N \times 1} = \begin{pmatrix} t_{11} & t_{12} & \cdots & t_{1M} \\ t_{21} & t_{22} & \cdots & t_{2M} \\ \vdots & \vdots & & \vdots \\ t_{N1} & t_{N2} & \cdots & t_{NM} \end{pmatrix}_{N \times M}, \quad T_i = \sum_{j=1}^{M} t_{ij} \quad (9-2)$$

$t_i(1 \leq i \leq M)$ 表示矩阵 T 中的第 i 列向量，则 T 的方差为 $\mathrm{var}(T)$，即

$$\mathrm{var}(T) = \sum_{i=1}^{M} \mathrm{var}(t_i) \quad (9-3)$$

2. RSA 时间侧信道攻击方法

Kocher 时间侧信道攻击方法利用简单的平方乘算法中密钥位为 1 时比密钥位为 0 时多执行一个模乘运算的特点实现密钥 k 分析。攻击的基本原理是给定 N 条明文输入，观测相应的加密时间，获得矩阵 T，分别猜测第 i 个密钥位为 0 或 1，在相同的明文输入下，采集第 i 个密钥位分别为 0 和 1 时的加密时间向量 t_i^0 和 t_i^1。其中矩阵 T 中的各个列向量 $t_1, t_2, \cdots, t_M$ 是统计独立的。t_i^k 是 T 的一部分，c 与 k 的取值相反，如当 $k = 1$ 时，$c = 0$，根据式（9-3）可得

$$\mathrm{var}(T-t_i^c) = \mathrm{var}(T) - \mathrm{var}(t_i^c) < \mathrm{var}(T), k \text{ 猜测正确。}$$
$$\mathrm{var}(T-t_i^c) = \mathrm{var}(T) + \mathrm{var}(t_i^c) > \mathrm{var}(T), k \text{ 猜测不正确。}$$

具体攻击步骤如下：

1）给定 N 条明文输入，观测相应的加密时间，获得向量 T。
2）最低密钥位始终为 1。
3）假设已经恢复了第 $1 \sim i-1$（$i \geq 2$）个密钥位。
4）从第 i（$i \geq 2$）个密钥位开始，分别猜测其为 0 和 1，其他高密钥位（大于 i 的密钥位）先置为 0。
5）在相同的 N 条明文输入下，采集第 i 个密钥位分别为 0 和 1 的加密时间向量 t_i^0 和 t_i^1。
6）分别计算 $\mathrm{var}(T-t_i^0)$ 和 $\mathrm{var}(T-t_i^1)$。
7）若 $\mathrm{var}(T-t_i^0) < \mathrm{var}(T-t_i^1)$，则第 i 个密钥位为 0，否则第 i 个密钥位为 1。

9.4 针对基于格的后量子密码 Kyber 的侧信道攻击

Kyber 是一种基于格的后量子密码，利用非对称思想实现加密算法（Kyber.CPAPKE）和密钥封装协商机制（Kyber.CCAKEM）。它包含 Kyber512、Kyber768、Kyber1024 三种不同安全级别的算法。目前已有多种针对 Kyber 密码算法的侧信道攻击方法，如针对编码解码函数、数论变换（Number Theoretic Transform，NTT）、FO（Fujisaki–Okamoto）变换、模约减函数等。下面以针对 FO 变换的侧信道攻击为例，介绍针对 Kyber 后量子密码的侧信道攻击方法。

9.4.1 后量子密码 Kyber 算法简介

密钥封装协商机制 Kyber.CCAKEM 基于 Kyber.CPAPKE 加密方案来实现通信双方的密

钥协商,通过 FO 变换来构造 IND-CCA2 安全 KEM。理论上,FO 变换有助于保护 Kyber 密钥封装机制免受选择密文攻击。FO 变换主要涉及解密后的重新加密,能够检测到无效或恶意形成的密文,并在检测时返回失败,但是任何加密算法在真实设备上实现时都会通过侧信道泄露出有关中间值的信息。图 9-5 是 Kyber 算法密钥协商的具体流程,Kyber.CCAKEM 由密钥生成、加密运算和解密运算三个部分组成。

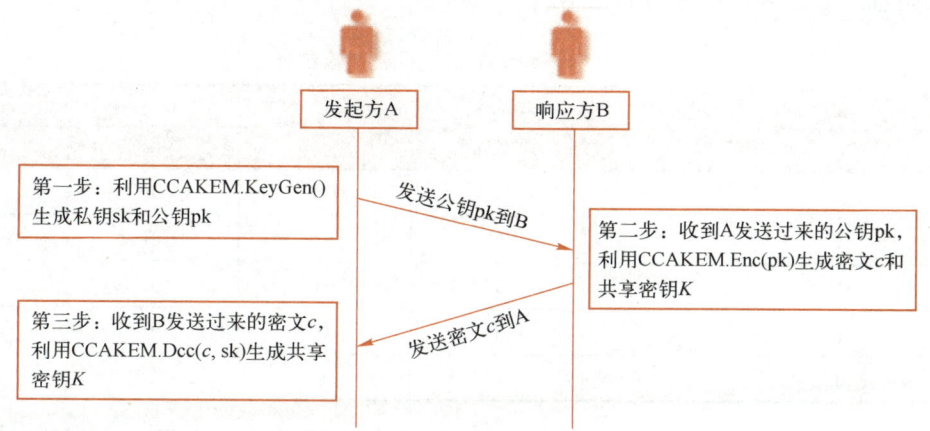

图 9-5　Kyber 算法密钥协商的具体流程

9.4.2　基于格的后量子密码 Kyber 的侧信道攻击

算法 9-1 展示了基于中间变量 (u,v,s) 完成解密的方法。解码密文 c 得到多项式系数 (u,v),解码私钥 sk 得到秘密多项式 s 的系数,通过 Poly_to_Msg 即可获得信息 m'。由该算法可知变量 (u,v) 的取值决定了密文 c,(sk,c) 唯一确定了信息 m',而 sk 又与 s 直接相关,这为分析 Kyber 侧信道攻击提供了理论依据。

算法 9-1:Kyber.CPAPKE.Dec(sk,c)

输入:密文 c,私钥 sk
输出:解密信息 m'
1:(u,v) = DecodeCT(c)
2:s = DecodeSK(sk)
3:m' = Poly_to_Msg($v-u \cdot s$)

当 $k_u=u[0]$,$k_v=v[0]$ 且 u 和 v 的其他系数为 0 时,消息 m' 可根据式(9-4)按位解密。

$$m'_j = \begin{cases} \text{Poly\_to\_Msg}(k_v - k_u \cdot s[0]), & \text{当 } j=0 \text{ 时} \\ \text{Poly\_to\_Msg}(-1 \cdot k_u \cdot s[0]), & \text{当 } 1 \leq j \leq n-1 \text{ 时} \end{cases} \quad (9-4)$$

根据式(9-4)可知,消息 m' 仅依赖于 $s[0]$,因此可以通过筛选 k_u 和 k_v 使得消息 m' 和 $s[0]$ 满足

$$m'_j = \begin{cases} D(s[0]), & \text{当 } j=0 \text{ 时} \\ 0, & \text{当 } 1 \leq j \leq n-1 \text{ 时} \end{cases} \quad (9-5)$$

因此攻击者通过选择 (k_u,k_v) 生成密文 c,使解密消息 $m'=0$ 或 $m'=1$,进而唯一确定 $s[0]$ 的值。类似地,攻击者通过改变 u 中非 0 系数的位置,将 k_u 的值依次赋给 $u[0]$,…,

$u[n-1]$，同时将此时多项式的其他系数赋为0。按对应顺序恢复$s[0]$，$-s[n-1]$，$-s[n-2]$，$\cdots$，$-s[2]$，$-s[1]$破解多项式s的系数后可获得私钥sk。

在CPAPKE.KeyGen( )算法中，s表示一个多项式，其系数是由CBD_η函数产生的，即一个中心二项分布函数，而多项式s的每一个系数的范围在$[-\eta,\eta]$，其中$\eta=2$或$\eta=3$。经多次实验寻找(k_u,k_v)，使得$s\in[-\eta,\eta]$时对应的解密信息$m'=0$或$m'=1$。现以Kyber512为例，可以得到选择密文攻击表（见表9-1）。

表 9-1　Kyber512 的选择密文攻击表

s 的系数	(k_u, k_v)					
	(3120,2380)	(3120,1130)	(3220,2780)	(3220,720)	(3250,2750)	(3250,710)
-3	1	-3	1	-3	1	-3
-2	1	-2	1	-2	1	-2
-1	1	-1	1	-1	1	-1
0	1	0	1	0	1	0
1	0	1	0	1	0	1

图9-6展示了针对Kyber算法中FO变换的选择密文攻击分析流程，分析Kyber密码算法原理，筛选符合条件的密文并分别采集密文解密时的能量迹，建立攻击模板。然后对密码设备实施侧信道攻击，采集目标迹，根据目标迹与模板的匹配程度来破解密钥。

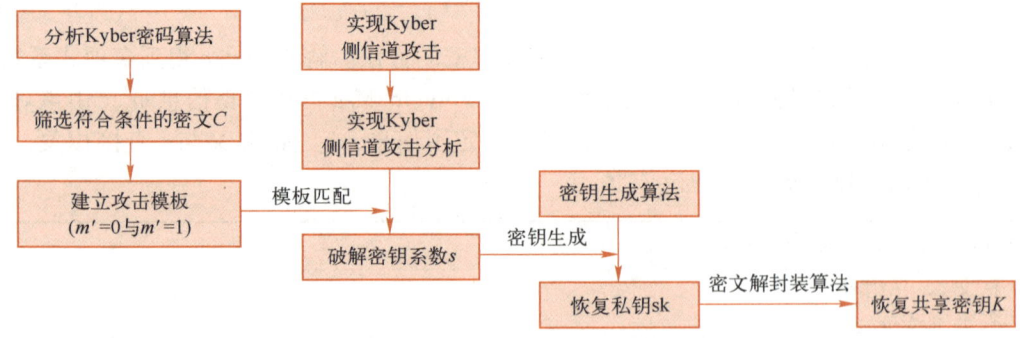

图 9-6　针对 Kyber 算法中 FO 变换的选择密文攻击分析流程

9.5　故障注入攻击

故障注入攻击是一种典型的主动侧信道分析方法，通过外部手段在密码算法执行过程中引入错误，导致密码芯片运行时发生故障，生成错误的加密结果，对错误的加密结果进行分析从而实现密钥破解。与简单能量侧信道攻击、差分能量侧信道攻击和电磁侧信道攻击等被动侧信道攻击方法相比，故障注入攻击更加有效，仅需数条数据轨迹即可破解整个密钥。此外，掩码和盲化等侧信道防护措施，虽然能够在一定程度上抵御能量侧信道、电磁侧信道和时间侧信道攻击，但仍可能无法有效防御故障注入攻击。

密码设备在正常工作时一般不会出现运行故障和寄存器运算错误，但在射线、脉冲干扰、温度变化等条件下，密码设备中的寄存器数据位可能会发生位翻转，从而导致密码设备运行故障，攻击者通过分析故障信息的特征实现密钥分析。因此，故障注入攻击通常分为故障注入和故障分析两个阶段。

9.5.1 故障注入攻击流程

故障注入攻击是指利用注入故障后的加密结果来恢复部分甚至全部密钥。通常，故障注入攻击包含五个步骤：故障效应传播模型建立，故障效应传播特点分析，故障注入，故障样本筛选和基于故障信息的故障分析。

1) 故障效应传播模型建立。攻击者在故障分析开始时需要明确给出注入的故障类型，包括故障注入的时机、位置、数量和效果，根据故障在密码迭代中的传播过程来建立模型，为分析故障效应传播特点提供了理论支撑。故障类型按故障数量划分，主要包括在加密过程中注入单位故障、单字节故障和多字节故障。

2) 故障效应传播特点分析。故障效应传播是研究在密码算法加密过程中，在不同位置注入故障后故障信息扩散情况和故障信息的数值变化，为后续故障分析密钥恢复提供了良好的数学理论基础。故障效应传播特点与密码加密算法紧密相关，不同加密算法的故障效应传播的细节不同。

3) 故障注入。根据故障效应传播模型，攻击者选定故障注入手段，如采用电源、时钟、激光、温度、电磁等干扰方式进行故障注入。

4) 故障样本筛选。在故障注入完成后，攻击者根据故障效应传播模型，结合密码运行的最终输出结果来筛选理想的故障样本。故障样本的选择对故障分析效率有较大影响。此外，根据故障分析方法的特点，还须考虑是否需要收集故障密文所对应的正确密文，如差分故障分析中恢复密钥时就须使用正误密文对。

5) 基于故障信息的故障分析。在筛选出理想的故障样本后，攻击者须结合故障效应传播特点，对筛选出的故障样本使用一定的故障分析方法来恢复密钥算法的加密密钥。

9.5.2 故障注入方式

故障注入要求在某个合适的时机将故障注入密码算法运行过程中的某些中间状态，其技术实施和实际效果依赖于攻击者使用的工作环境和攻击设备。表 9-2 展示了故障注入攻击中注入故障的基本分类。

表 9-2 注入故障的基本分类

	故障注入类型	故障注入位置	故障注入数量
类别 1	位翻转	轮函数	单位
类别 2	随机故障	密钥扩展	单字节
类别 3	持续性故障	/	多字节
类别 4	永久性故障	/	/

注入故障的类型包含位翻转、随机故障、持续性故障和永久性故障。位翻转即数据位 0 变 1 或 1 变 0，通常采用位复位、位置位或者 Stuck-at-0（固定为 0）方法来实现位翻转。随机故障是指注入故障时不能控制故障的具体数值和具体位置，并且每次加密完成后该故障消失，也称为瞬时故障。持续性故障是在注入故障后，在芯片正常运行无断电或重启等情况

下,注入的故障不变且一直有效。永久性故障一般是由元器件的不可逆变化引发的,其永久地改变元器件的原有逻辑。在进行密钥分析时,须根据注入故障的类型进行故障效应传播模型的建立与分析。通常可以在密码算法的轮函数或密钥扩展中进行故障注入。若在密钥扩展中注入故障,则对密钥信息直接产生影响;而若在轮函数中进行故障注入,则正误密文使用的密钥相同,因此在密钥扩展中进行故障注入攻击时故障分析更加复杂。理论上可以实现单位故障、单字节故障和多字节故障注入,但由于进行单位故障注入对故障注入位置和数量的精准度要求高,在物理实验中,一般选择注入单字节故障或多字节故障。

攻击者可以进行仿真攻击和物理攻击以实现故障注入。仿真攻击可以通过位翻转实现单位、单字节和多字节的故障注入。物理攻击可以通过改变外部环境实现故障注入。根据故障注入的实现方法,可以将故障注入攻击分为电压毛刺攻击、时钟频率攻击、温度攻击、电磁攻击和光攻击。

1) 电压毛刺攻击。通过扰乱外部电压或者外部时钟使得密码加密设备暂时失灵而导致设备加密发生故障。电压毛刺攻击的优点是易于实施,但该方法不能对某一特定的部分进行攻击,并且目前大多数芯片都使用毛刺检测器等来抵抗毛刺攻击。

2) 时钟频率攻击。基于外部手段改变密码运行设备的工作频率,使得电路中的一些关键路径失效,从而导致生成错误的加密结果。常见的时钟频率攻击为超频注入或时钟毛刺。超频注入的时钟故障对全局时钟都有影响,时钟毛刺只对一个时钟周期产生影响。

3) 温度攻击。芯片在极低或极高的温度下运行时会发生改变。迫使芯片在非正常工作的温度条件下运行,可能会导致内存信息异常或电路异常从而影响输出。攻击者可以通过改变环境温度,使得温度不能满足设备正常工作所需要的温度条件,从而扰乱设备正常运行,以便获得错误的加密结果。

4) 电磁攻击。密码设备在运行时会产生电磁辐射,可以利用设备测量电磁消耗或用磁场干扰密码执行的正常过程来进行攻击。常见的电磁攻击主要有电磁脉冲注入和谐波注入两种方式。与其他方法相比,电磁攻击实施简单但精准度不高。

5) 光攻击。光攻击基于高能射线或激光照射扰乱正常的跃迁,从而影响密码设备的正常运行。这种攻击方法难度大但可以选择具体的攻击位置。一般,芯片正面都有防护层,因此在实际操作中需要拆掉设备芯片的物理封装,在芯片背面或者侧面进行攻击。具体注入方式与芯片的封装方式有关。

各种故障注入方式的对比见表 9-3。

表 9-3 各种故障注入方式的对比

故障注入方式		注入精准度要求		操作难度	知晓加密细节	技术成本	先进工艺影响	故障范围	故障种类	需要拆封	破坏设备
		注入时间	注入位置								
时钟频率攻击	超频注入	高	低	一般	需要	低	是	全局	随机	否	否
	时钟毛刺	高	低	一般	需要	低	是	局部	随机	否	否
电压毛刺攻击	低功率输入	一般	低	一般	需要	低	否	全局	随机	否	否
	电压毛刺	一般	低	一般	需要	低	否	局部	随机	否	否
电磁攻击	电磁脉冲注入	一般	低	一般	需要	低	否	局部	随机	否	可能
	谐波注入	一般	一般	一般	需要	低	否	局部	随机	可能	可能

(续)

故障注入方式		注入精度要求		操作难度	知晓加密细节	技术成本	先进工艺影响	故障范围	故障种类	需要拆封	破坏设备
		注入时间	注入位置								
光攻击	光脉冲	一般	一般	一般	需要	中等	是	局部	精准	是	可能
	激光束	高	高	高	需要	高	是	局部	精准	是	可能
	光辐射	低	低	一般	无须	低	是	局部	精准	是	是
	聚焦离子束	极高	极高	极高	需要	极高	是	局部	精准	是	是
改变温度		低		低	需要	低	可能	全局	随机	否	可能

9.5.3 故障分析

故障分析是通过特定的分析方法，利用密文中的故障信息来恢复密钥。故障分析不仅依赖密码系统的设计和实现，也依赖不同密码的算法规范。故障分析通常都要与传统的密码分析方法相结合，如差分故障分析和碰撞故障分析就是故障分析与传统差分分析、碰撞分析的高度结合，代数故障分析和统计故障分析就是故障分析与数学运算、统计分析的完美结合。图 9-7 展示了一些常见的故障分析方法。

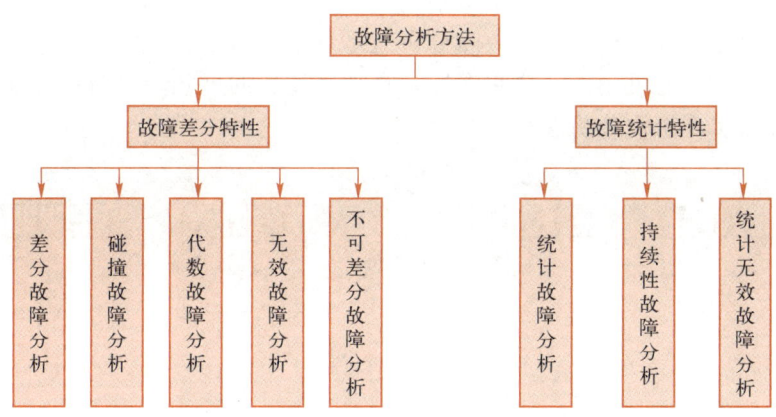

图 9-7 一些常见的故障分析方法

1. 基于故障差分特性的故障分析方法

1) 差分故障分析。差分故障分析是结合 S 盒差分特性和故障信息实现密钥分析的，基于差分特性的故障分析方法通常被认为是差分故障分析方法的扩展。S 盒变换是分组密码中的非线性变换，为分组密码的安全性提供了重要保障，其输入和输出通常与密钥信息有关。S 盒差分特性如图 9-8 所示，p 和 k 分别为明文和密钥，二者异或后作为 S 盒变换的输入 in，对应的 S 盒输出为 out，p' 为明文 p 对应的故障状态，in′ 和 out′ 分别为 S 盒输入和输出对应的故障状态，则 S 盒输入差分 Δin 为正确输入 in 和错误输入 in′ 的异或结果，正确输出 out 和错误输出 out′ 的异或结果 Δout 是输出差分。对于一组确定的 Δin 和 Δout 值，通过查询 S 盒差分表能够得到 S 盒输入 in 的候选值，将此候选值与已知的明文 p 进行异或可以获得密钥 k 的候选值。当密钥和 S 盒输出有关时，可以用相似的方法利用 S 盒输出值推导密钥 k 的候选值。

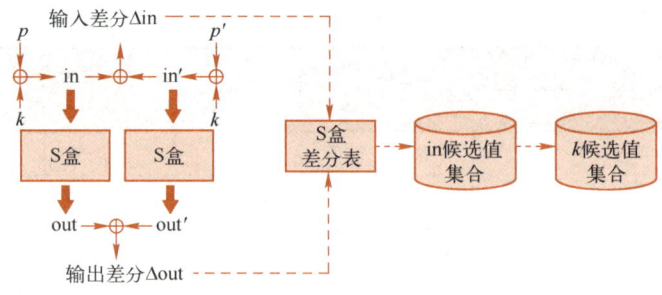

图 9-8　利用 S 盒差分特性获得密钥 k 的候选值

在差分故障分析过程中，攻击者先收集正误密文，然后利用正误密文推导 S 盒的故障输入输出差分，根据 S 盒差分和密钥的关系来恢复密钥。目前，差分故障分析被广泛应用于具有 S 盒结构的分组密码分析中，如 AES、LED、PRESENT、GIFT、CLEFIA 和 SM4 等分组密码算法分析中。

2）碰撞故障分析。碰撞故障分析是一种选择明文攻击方法。如图 9-9 所示，攻击者在进行物理故障分析时，可以控制明文输入，通过在 S 盒变换中注入单位故障，使得两个不同的明文生成相同的密文，然后基于故障差分特性恢复密钥。实际上，碰撞故障分析是差分故障分析的逆应用，为了减少密码迭代扩散不同明文差异的加密影响，碰撞故障分析通常在分组密码迭代的前几轮注入故障。差分故障分析则是利用故障密文中的差异来推导密钥的，为了保证密文中故障差分的可用性，攻击者通常在加密迭代的后几轮进行故障注入，然后采用差分故障分析方法实现密钥分析。

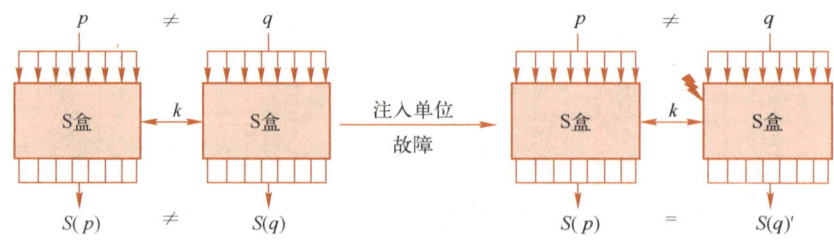

图 9-9　碰撞故障分析示意图

3）代数故障分析。代数故障分析是将密钥分析转化为数学求解的一种故障分析方法，通过将故障效应传播模型转化为布尔满足式来恢复密钥。该方法需要将密码迭代中的非线性变换转化为代数方程，具体而言，是利用方程表示出每个位的运算结果，然后利用代数方程表示故障信息，利用 SAT 求解器来搜索密钥。

4）无效故障分析。无效故障分析是一种特殊的碰撞故障分析。基于故障碰撞分析的思想，无效故障分析利用在密码中引入不影响输出结果的故障来建立故障效应传播模型从而实现密钥分析。该方法按位恢复密钥，通常一次恢复一个位的密钥信息。

5）不可差分故障分析。不可差分故障分析是利用零差分特性来恢复加密密钥的。在加密过程中，故障经过多次轮迭代后会出现零故障差分，例如在 AES 第七轮输入注入单字节故障，经过三轮迭代后，第九轮输出结果可能存在零故障差分，即某字节为正确值（未发生故障）。攻击者通过判断猜测的密钥是否可以推导出零故障差分来减少密钥候选值数量，直至密钥候选值唯一，从而恢复正确的密钥信息。

2. 基于故障统计特性的故障分析方法

1) 统计故障分析。由于注入的故障会改变密码中间状态原有的均匀分布，统计故障分析利用故障自身的偏置性或故障对整体数据统计分布的影响来恢复加密密钥。与基于差分特性的故障分析方法相比，统计故障分析支持唯密文分析。攻击者对大量故障密文进行统计分析，利用故障密文和假设的密钥推导中间状态，通过计算中间状态的实际分布与均匀分布的距离来判断密钥的正确性。当猜测的密钥为正确值时，中间状态的实际分布与均匀分布的距离出现明显偏差，否则错误密钥推导出的中间状态的分布与均匀分布无明显差别。

2) 持续性故障分析。持续性故障分析通过在字节代替变换表中注入单字节持续性故障来修改某个字节的 S 盒值，然后利用故障引起的统计偏差来实现密钥分析。由于 AES 加密迭代的最后一轮只包含字节代替和行移位变换，因此故障修改的 S 盒值等同于影响了密文结构中每个字节的出现概率，攻击者可以通过统计 S 盒中每个数值出现的概率来推导出故障继而恢复出加密密钥。如图 9-10 所示，在正确迭代过程中，S 盒变换后输出的数值满足均匀分布，每个数值的出现概率为 1/256；当注入持续性故障后，被修改的数值的出现概率为 0，而修改后的数值的出现概率更改为 2/256，攻击者利用此特性来实现密钥分析。

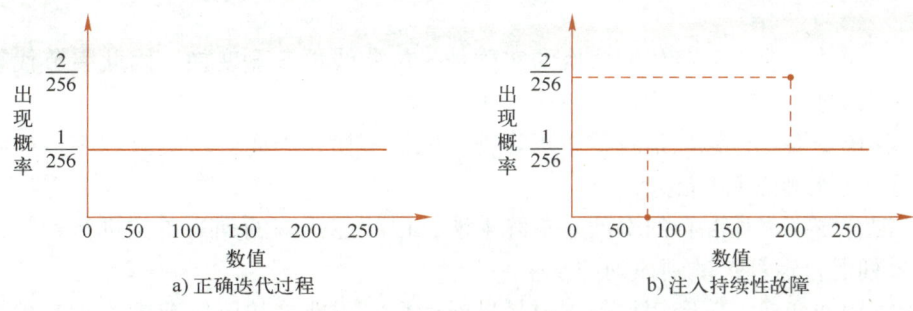

图 9-10 持续性故障统计分布

3) 统计无效故障分析。无效故障虽然不影响加密结果，但仍会导致数据分布不均匀，因此在猜测密钥正确的情况下，被恢复数据的分布与均匀分布会有较大偏差。统计无效故障分析结合无效故障分析和统计故障分析的特性实现密钥分析。目前，统计无效故障分析可以突破所有传统的故障防御方法，如纠错码或冗余检测等。

9.6 AES 相关故障注入攻击

AES 相关故障注入攻击方法是在 AES 倒数第二轮和第三轮注入单字节故障，利用故障在 AES 迭代过程中存在的相关关系来恢复密钥。首先需要建立故障效应传播模型，分析在 AES 加密迭代过程中注入单字节故障后故障效应的传播特点，然后根据故障效应传播的特点结合正误密文对来破解密钥。

9.6.1 AES 故障效应传播分析

在 AES 加密变换中注入单字节故障后，故障信息会影响正常的加密运算结果。由于在加密变换中注入故障不影响密钥的正确性，正误密文使用的加密密钥相同，因此在加密变换中注入故障时无须考虑密钥扩展的故障效应传播。以在第 r 轮字节代替的状态字节 S_{15} 注入故障为例，带有颜色的字节为故障字节，不同颜色代表的故障不同。如图 9-11 所示，单字节故障经过一轮加密迭代变换扩散到 4 个字节。

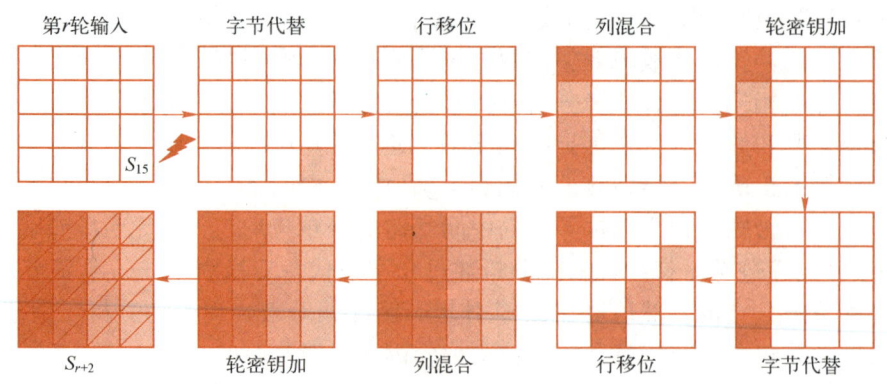

图 9-11 AES 单字节故障效应传播

由图 9-11 可知,单字节故障信息经过一轮迭代后扩散到 4 个字节,而经过两轮迭代后扩散到状态矩阵的 16 个字节。在加密迭代过程中,各个变换对故障信息产生不同影响,具体如下。

1)字节代替变换。字节代替变换的实质是 8 位非线性 S 盒变换,因此字节代替变换会改变故障注入的数值,但不会影响故障注入的位置。

2)行移位变换。行移位是对状态矩阵进行位置变换,因此会影响故障字节在状态矩阵的相对位置而不影响故障信息数值。

3)列混合变换。列混合的本质是矩阵乘法,以状态矩阵的列为单位进行运算,因此故障信息经过列混合运算扩散到该列的 4 个字节。

4)轮密钥加变换。轮密钥加的本质是异或运算,不改变故障字节的位置与数量,即不对故障效应的传播产生任何影响。

由于行移位影响故障字节的位置,当故障信息经过一轮迭代扩散到 4 个字节后,第二轮迭代的行移位变换改变故障位置,使得状态矩阵中每一列都有 1 个故障字节;在列混合变换时,每列运算会将单字节故障扩散至该列的每个字节,这样所有字节都发生故障。另外,由于状态矩阵中每一列只有 1 个故障字节,因此经过列混合变换后,该列故障字节信息也满足列混合变换的运算关系。如图 9-11 所示,相同颜色的故障字节表示故障信息有相关关系。但故障信息的相关关系只能维持两轮。由于故障信息经过两轮迭代后已扩散到所有字节,因此在后续迭代过程中故障字节的传播过程无法确定。

轮函数中包含行移位,因此在不同的变换中注入故障对密文的影响可能不同。在行移位之前注入单字节故障,行移位变换会对故障字节位置产生影响,则加密结果中故障字节所在列是注入的故障字节列经过行移位之后的位置。在行移位之后注入单字节故障,加密结果的状态矩阵中故障字节所在列即注入故障所在列。图 9-12 展示了在 AES 第 r 轮迭代的不同变换中注入故障的故障传播示意图。如图 9-12 所示,第 $r-1$ 轮的轮密钥加变换和第 r 轮的字节代替与行移位注入故障的故障传播效应相同,加密结果状态矩阵中的故障列与行移位后故障所在列一致。在第 r 轮列混合变换注入故障时,故障列与注入故障所在列一致。如图 9-13 所示,当进行第 $r+1$ 轮变换时,虽然最后输出的加密结果都发生故障,但状态矩阵中每一列的故障源不同。

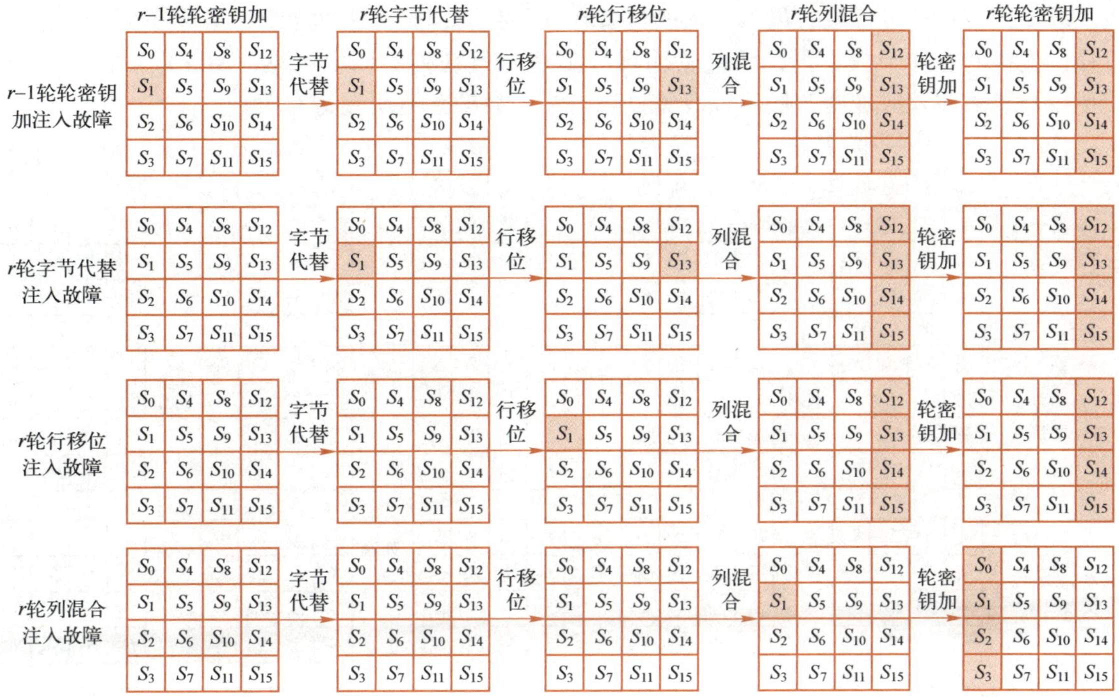

图 9-12 在 AES 第 r 轮迭代的不同变换中注入故障的故障传播示意图

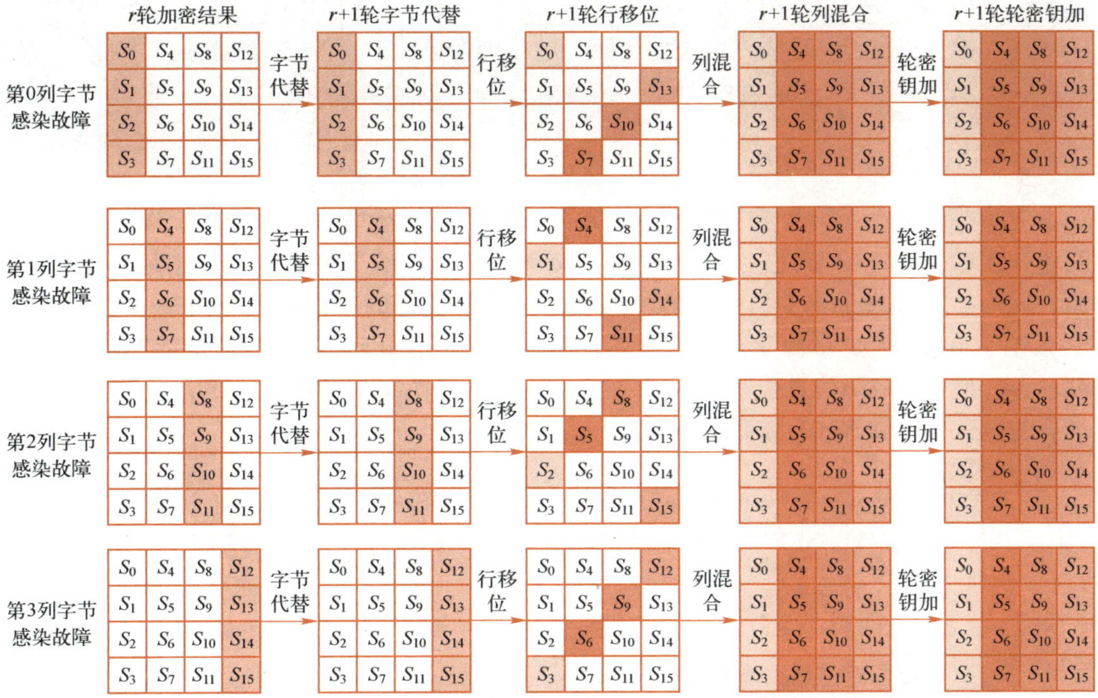

图 9-13 在第 r 轮不同变换中注入故障的 $r+1$ 轮故障传播示意图

另外，故障传播也与注入的故障字节位置有关。以字节代替和列混合加密变换过程中状态矩阵的 S_5 和 S_6 随机注入故障为例，判断在不同字节注入故障对加密结果的影响。在轮迭代的不同字节注入故障的故障效应传播如图 9-14 所示。在字节代替和列混合变换的 S_5 和 S_6

注入故障,在传播过程中,虽然注入的位置在同一列,但是由于两个字节处于不同行,经过行移位变换的左移个数不同,因此轮输出故障字节所在列不同。可见,AES的故障传播效应不仅与故障注入的加密变换位置有关,还与注入故障字节所在行有关。

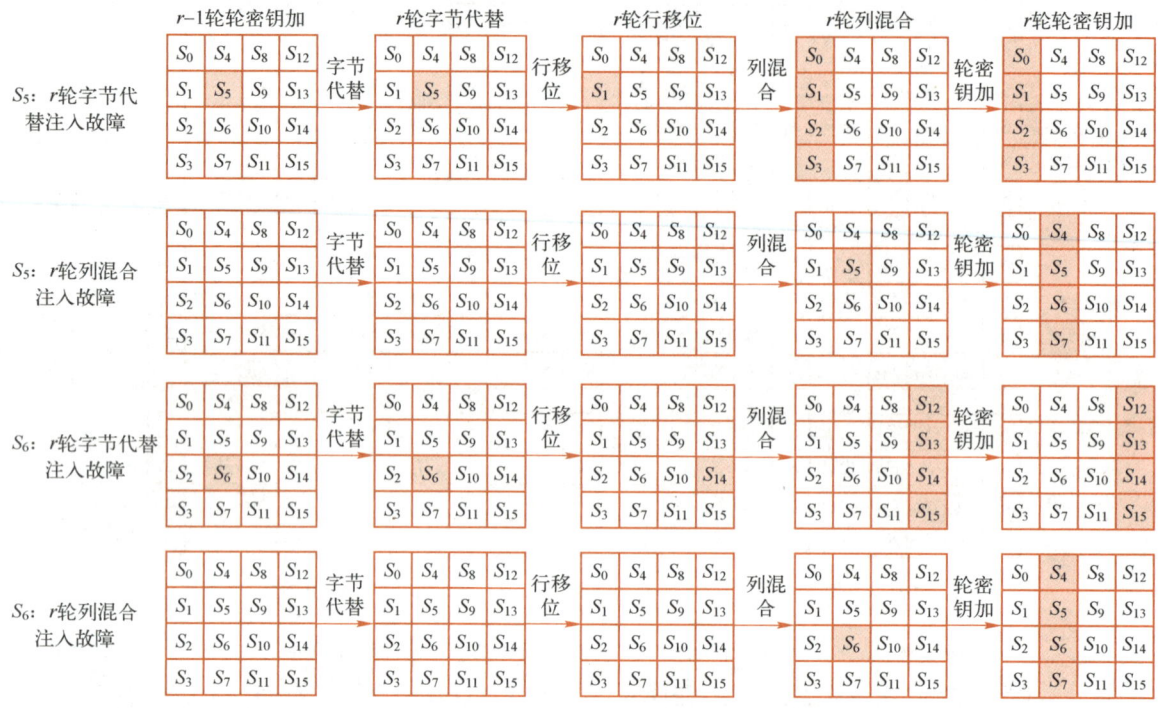

图 9-14 在轮迭代的不同字节注入故障的故障效应传播

9.6.2 AES 相关故障分析

由上一节可知在 AES 加密变换中注入单字节故障的故障效应传播特点,单字节故障经过两轮迭代后,16 个字节状态矩阵均感染故障,状态矩阵的各列故障字节满足列混合运算关系,这为实现 AES 加密变换的故障注入攻击提供了良好的理论基础。图 9-15 展示了在 S_{15} 注入单字节故障后,故障字节经过两轮加密变换的变化,f 为故障字节的故障信息。f 经过列混合变换后,故障信息扩散到 4 个字节,但 4 个字节具有相关性,$\{f, f', f''\}$ 分别对应列混合的 $\{\otimes 01, \otimes 02, \otimes 03\}$ 有限域运算。

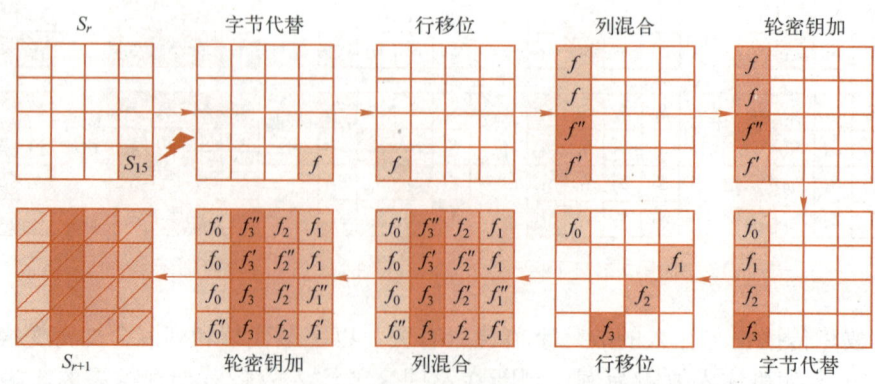

图 9-15 AES 加密变换中故障效应传播的线性关系

AES 列混合变换代码如算法 9-2 所示，其中 gf_mult2( ) 函数为列混合变换中在有限域中的 $\otimes 02$ 运算。当在字节代替状态矩阵的 S_{15} 注入故障时，列混合变换输入的状态矩阵的 S_3 则发生故障。因此，在列混合变换输入的差分中，除 S_3 的故障差分非零外，其余均为正确字节，无故障差分。根据算法代码可知，ptext[3]非零，经过变换后，状态矩阵中只有 temp[0]、temp[1]、temp[2]和 temp[3]非零，并且满足 temp[0] = temp[1]和 temp[0] = temp[2]⊕temp[3]两种相关关系，即对应着 $f=f$ 和 $f=f'\oplus f''$。

算法 9-2：AES 列混合变换

输入：状态矩阵 ptext[ ]
输出：列混合变换矩阵 temp[ ]
//状态矩阵第一行
temp[0] = gf_mult2(ptext[0]) ^ (gf_mult2(ptext[1]) ^ ptext[1]) ^ ptext[2] ^ ptext[3];
temp[4] = gf_mult2(ptext[4]) ^ (gf_mult2(ptext[5]) ^ ptext[5]) ^ ptext[6] ^ ptext[7];
temp[8] = gf_mult2(ptext[8]) ^ (gf_mult2(ptext[9]) ^ ptext[9]) ^ ptext[10] ^ ptext[11];
temp[12] = gf_mult2(ptext[12]) ^ (gf_mult2(ptext[13]) ^ ptext[13]) ^ ptext[14] ^ ptext[15];
//状态矩阵第二行
temp[1] = ptext[0] ^ gf_mult2(ptext[1]) ^ (gf_mult2(ptext[2]) ^ ptext[2]) ^ ptext[3];
temp[5] = ptext[4] ^ gf_mult2(ptext[5]) ^ (gf_mult2(ptext[6]) ^ ptext[6]) ^ ptext[7];
temp[9] = ptext[8] ^ gf_mult2(ptext[9]) ^ (gf_mult2(ptext[10]) ^ ptext[10]) ^ ptext[11];
temp[13] = ptext[12] ^ gf_mult2(ptext[13]) ^ (gf_mult2(ptext[14]) ^ ptext[14]) ^ ptext[15];
//状态矩阵第三行
temp[2] = ptext[0] ^ ptext[1] ^ gf_mult2(ptext[2]) ^ (gf_mult2(ptext[3]) ^ ptext[3]);
temp[6] = ptext[4] ^ ptext[5] ^ gf_mult2(ptext[6]) ^ (gf_mult2(ptext[7]) ^ ptext[7]);
temp[10] = ptext[8] ^ ptext[9] ^ gf_mult2(ptext[10]) ^ (gf_mult2(ptext[11]) ^ ptext[11]);
temp[14] = ptext[12] ^ ptext[13] ^ gf_mult2(ptext[14]) ^ (gf_mult2(ptext[15]) ^ ptext[15]);
//状态矩阵第四行
temp[3] = (gf_mult2(ptext[0]) ^ ptext[0]) ^ ptext[1] ^ ptext[2] ^ gf_mult2(ptext[3]);
temp[7] = (gf_mult2(ptext[4]) ^ ptext[4]) ^ ptext[5] ^ ptext[6] ^ gf_mult2(ptext[7]);
temp[11] = (gf_mult2(ptext[8]) ^ ptext[8]) ^ ptext[9] ^ ptext[10] ^ gf_mult2(ptext[11]);
temp[15] = (gf_mult2(ptext[12]) ^ ptext[12]) ^ ptext[13] ^ ptext[14] ^ gf_mult2(ptext[15]);

由 AES 加密变换的特点可知，字节代替为非线性结构，因此故障信息经过非线性结构变换的结果与原数据有关。但列混合是线性运算，注入故障后数据的列混合变换可以拆分成故障信息的列混合运算和正确信息的列混合运算。结合列混合变换的特点可知，每一列的故障信息都会满足列混合线性变换的关系。例如分别在字节代替的状态矩阵的 S_1、S_5 和 S_6 注入故障，状态矩阵经过轮变换的过程如式（9-6）所示。

$$S = \begin{pmatrix} 0 & 0 & 0 & 0 \\ \Delta x & 0 & 0 & 0 \\ 0 & 0 & 0 & 0 \\ 0 & 0 & 0 & 0 \end{pmatrix} \rightarrow \begin{pmatrix} 0 & 0 & 0 & 0 \\ 0 & 0 & 0 & \Delta x \\ 0 & 0 & 0 & 0 \\ 0 & 0 & 0 & 0 \end{pmatrix} \rightarrow \begin{pmatrix} 0 & 0 & 0 & 03(\Delta x) \\ 0 & 0 & 0 & 02(\Delta x) \\ 0 & 0 & 0 & 01(\Delta x) \\ 0 & 0 & 0 & 01(\Delta x) \end{pmatrix}$$

$$S = \begin{pmatrix} 0 & 0 & 0 & 0 \\ 0 & \Delta x & 0 & 0 \\ 0 & 0 & 0 & 0 \\ 0 & 0 & 0 & 0 \end{pmatrix} \rightarrow \begin{pmatrix} 0 & 0 & 0 & 0 \\ \Delta x & 0 & 0 & 0 \\ 0 & 0 & 0 & 0 \\ 0 & 0 & 0 & 0 \end{pmatrix} \rightarrow \begin{pmatrix} 03(\Delta x) & 0 & 0 & 0 \\ 02(\Delta x) & 0 & 0 & 0 \\ 01(\Delta x) & 0 & 0 & 0 \\ 01(\Delta x) & 0 & 0 & 0 \end{pmatrix} \quad (9\text{-}6)$$

$$S = \begin{pmatrix} 0 & 0 & 0 & 0 \\ 0 & 0 & 0 & 0 \\ 0 & \Delta x & 0 & 0 \\ 0 & 0 & 0 & 0 \end{pmatrix} \rightarrow \begin{pmatrix} 0 & 0 & 0 & 0 \\ 0 & 0 & 0 & 0 \\ 0 & 0 & 0 & \Delta x \\ 0 & 0 & 0 & 0 \end{pmatrix} \rightarrow \begin{pmatrix} 0 & 0 & 0 & 01(\Delta x) \\ 0 & 0 & 0 & 03(\Delta x) \\ 0 & 0 & 0 & 02(\Delta x) \\ 0 & 0 & 0 & 01(\Delta x) \end{pmatrix}$$

由图 9-12 可知，在不同加密变换的相同位置注入故障，故障效应传播的特点不同。例如在 AES 加密迭代的列混合变换的 S_5 注入单字节故障后，故障差分的变换如式（9-7）所示，与在 S 盒注入单字节故障对比，由于在列混合注入故障时故障信息不进行行移位变换，因此故障信息不同，但满足的相关关系相同。

$$S = \begin{pmatrix} 0 & 0 & 0 & 0 \\ 0 & \Delta x & 0 & 0 \\ 0 & 0 & 0 & 0 \\ 0 & 0 & 0 & 0 \end{pmatrix} \rightarrow \begin{pmatrix} 0 & 03(\Delta x) & 0 & 0 \\ 0 & 02(\Delta x) & 0 & 0 \\ 0 & 01(\Delta x) & 0 & 0 \\ 0 & 01(\Delta x) & 0 & 0 \end{pmatrix} \tag{9-7}$$

由上文分析可知，故障信息经过一轮重复轮变换，即使故障传播效应是一致的，故障信息满足的线性关系也有所不同，故障信息满足的线性关系与注入故障的字节位置有关，具体关系如下：

1) 在状态矩阵中同行的字节，以及任意变换注入故障时，故障信息相关关系一致。
2) 在列混合变换的状态矩阵同列的字节随机注入故障时，加密结果感染的位置一致，但满足的相关关系不一致。
3) 在轮密钥加、字节代替和行移位的状态矩阵同列的字节注入随机故障时，加密结果感染的位置不同，故障信息满足的相关关系也不同。式（9-7）列举了在第 r 轮字节代替状态矩阵的第一列进行故障注入攻击时，故障在两轮迭代中每轮输出结果满足的相关关系。在这列的四个位置，故障迭代过程相似，相关关系一致，但满足相关关系的各个字节排序不同。由于这种相关关系仅保持两轮迭代，因此相关故障攻击通常在 AES 的第 8 轮或第 9 轮注入故障来恢复密钥。特别地，因为 AES 最后一轮不包含列混合变换，所以在第 9 轮进行故障注入攻击时，密文中只有四个故障字节。

第 r 轮字节代替中故障注入攻击的部分故障传播相关关系见表 9-4。

表 9-4 第 r 轮字节代替故障注入攻击的部分故障传播相关关系

故障注入位置	故障输出	相关关系
S_0	第 r 轮输出	$S_1 = S_2$，$S_1 = S_0 \oplus S_3$
S_0	第 $r+1$ 轮输出	$S_1 = S_2$，$S_1 = S_0 \oplus S_3$ $S_{15} = S_{14}$，$S_{14} = S_{13} \oplus S_{12}$ $S_8 = S_{11}$，$S_{11} = S_9 \oplus S_{10}$ $S_4 = S_5$，$S_5 = S_6 \oplus S_7$
S_1	第 r 轮输出	$S_{15} = S_{14}$，$S_{14} = S_{13} \oplus S_{12}$
S_1	第 $r+1$ 轮输出	$S_{13} = S_{14}$，$S_{14} = S_{12} \oplus S_{15}$ $S_{11} = S_{10}$，$S_{10} = S_8 \oplus S_9$ $S_4 = S_7$，$S_7 = S_6 \oplus S_5$ $S_1 = S_0$，$S_1 = S_2 \oplus S_3$

(续)

故障注入位置	故障输出	相关关系
S_2	第 r 轮输出	$S_8 = S_{11}$，$S_{11} = S_9 \oplus S_{10}$
	第 $r+1$ 轮输出	$S_9 = S_{10}$，$S_9 = S_8 \oplus S_{11}$ $S_7 = S_6$，$S_6 = S_4 \oplus S_5$ $S_0 = S_3$，$S_0 = S_1 \oplus S_2$ $S_{12} = S_{13}$，$S_{13} = S_{15} \oplus S_{14}$
S_3	第 r 轮输出	$S_4 = S_5$，$S_5 = S_6 \oplus S_7$
	第 $r+1$ 轮输出	$S_5 = S_4$，$S_5 = S_6 \oplus S_7$ $S_2 = S_3$，$S_3 = S_0 \oplus S_1$ $S_{15} = S_{12}$，$S_{12} = S_{13} \oplus S_{14}$ $S_8 = S_{11}$，$S_{11} = S_{10} \oplus S_9$

9.6.3 针对 128 位 AES 的故障注入攻击

AES 故障效应传播特点中的故障相关关系只能维持两轮迭代，由于 AES 加密算法中最后一轮 N_r 不包含列混合变换，因此可以在倒数第 2 轮和倒数第 3 轮对 AES 进行故障注入攻击，通过利用最后一轮输入中故障信息满足的相关关系来恢复故障字节对应的密钥信息。图 9-16 展示了在 AES 倒数第 2 轮进行故障注入攻击的流程，相同颜色的字节块之间对应的故障具有相关性，经过两轮迭代后，N_r-1 轮状态矩阵中各列都满足故障相关关系，可以通过猜测最后一轮轮密钥以及利用此关系来确定密钥的正确性。

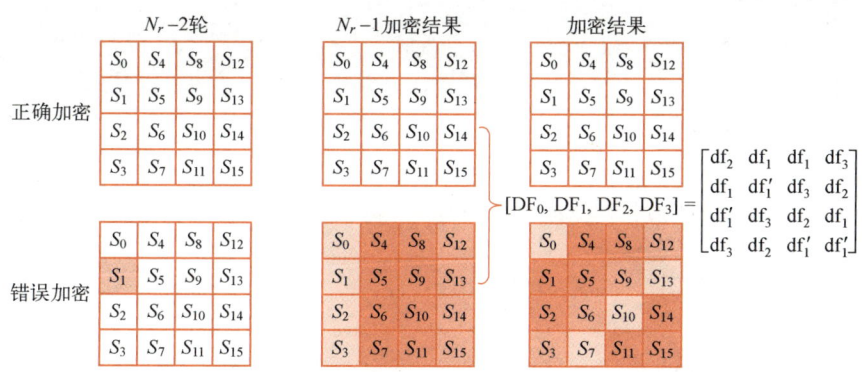

图 9-16 在 AES 倒数第 2 轮进行故障注入攻击的流程

以攻击 128 位 AES 为例，图 9-17 展示了在 AES 第 9 轮加密变换中进行故障注入攻击的流程。通常，首先收集在相同明文输入下的正误密文以获得故障字节，猜测故障字节对应的密钥信息，并利用猜测的密钥信息将正误密文中对应的字节进行逆字节代替 InvSubBytes，恢复正误密文第 9 轮迭代的加密结果，从而获得第 10 轮迭代输入时的故障信息，判断故障信息是否满足相关关系。若满足，则猜测密钥可以作为密钥候选值，若不满足，则重新猜测密钥。分析多组正误密文对，使得密钥候选值唯一，则对应的候选值为正确密钥。AES 密钥分析算法如算法 9-3 所示。

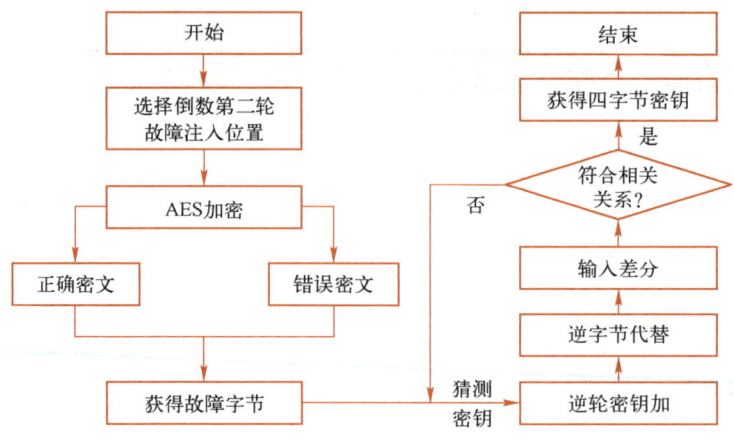

图 9-17　AES 第 9 轮加密变换中进行故障注入攻击的流程

算法 9-3：AES 密钥分析

输入：8 个字节 $S_w, S_x, S_y, S_z, S'_w, S'_x, S'_y, S'_z$

输出：K_i, K_j, K_m, K_n

1：根据正误密文选择存在相关关系的正误 8 个字节
2：选择错误字节中错误信息为 df_1 和 df'_1 的字节 S_i, S_j ($i,j \in \{w,x,y,z\}$)
3：FOR S_i, S_j 字节组合对应的 r 轮轮密钥字节 K_i, K_j in $0:2^{16}$ DO
4：　S_i = InvSubBytes（$C_i \oplus k_i$）
5：　S_j = InvSubBytes（$C_j \oplus k_j$）
6：　S'_i = InvSubBytes（$C'_i \oplus k_i$）
7：　S'_j = InvSubBytes（$C'_j \oplus k_j$）
8：　$\varepsilon_i = S_i \oplus S'_i$
9：　$\varepsilon_j = S_j \oplus S'_j$
10：　IF $\varepsilon_i = \varepsilon_j$ THEN
11：　　K_i, K_j 为潜在的正确密钥猜测组合
12：　END IF
13：END FOR
14：选择错误字节中错误信息为 df_3 的字节 S_m ($m \in \{w,x,y,z\}$)
15：FOR S_m 字节对应 r 轮轮密钥字节 K_m in $0:2^8$ DO
16：　S_m = InvSubBytes（$C_m \oplus k_m$）
17：　S'_m = InvSubBytes（$C'_m \oplus k_m$）
18：　$\varepsilon_m = S_m \oplus S'_m$
19：　IF ε_i 和 ε_m 满足 $\otimes 02$ 运算 THEN
20：　　K_m 为潜在的正确密钥猜测
21：　END IF
22：END FOR
23：选择错误字节中错误信息为 df_2 的字节 S_n ($n \in \{w,x,y,z\}$)
24：FOR S_n 字节对应的 r 轮轮密钥字节 K_n in $0:2^8$ DO
25：　S_n = InvSubBytes（$C_n \oplus k_n$）
26：　S'_n = InvSubBytes（$C'_n \oplus k_n$）
27：　$\varepsilon_n = S_n \oplus S'_n$
28：　IF $\varepsilon_i = \varepsilon_m \oplus \varepsilon_n$ THEN
29：　　K_n 为潜在的正确密钥猜测
30：　END IF
31：END FOR
32：RETURN K_i, K_j, K_m, K_n

第 8 轮的故障注入攻击方法与第 9 轮相似,可以按照相同的流程进行分析。只不过在第 8 轮注入单字节故障后,16 个字节都发生了故障,可以将 16 个故障字节按列分组进行分析,一次可以分析获得 16 个字节的密钥。此外,在第 8 轮进行故障分析时,各列故障信息满足相关关系时各个字节的顺序不同。

9.6.4 针对 192 位和 256 位 AES 的故障注入攻击

对于 192 位和 256 位的 AES 加密算法,即便恢复最后一轮的轮密钥也无法恢复初始密钥,因此可以先在倒数第二轮或第三轮进行故障注入攻击以恢复最后一轮密钥信息,再通过在倒数第三轮或倒数第四轮的故障注入攻击恢复倒数第二轮的密钥,继而恢复初始密钥。但倒数第二轮迭代与最后一轮迭代不同,倒数第二轮迭代存在列混合变换,这为实现故障分析增加了难度。

分析 AES 结构可知,除正常的逆运算外还有其他 AES 的解密算法,如图 9-18 所示。更改逆列混合和轮密钥加的变换顺序,此时使用的轮密钥为原轮密钥的逆列混合变换后的结果。这为恢复 192 位和 256 位倒数第二轮轮密钥提供了可能。

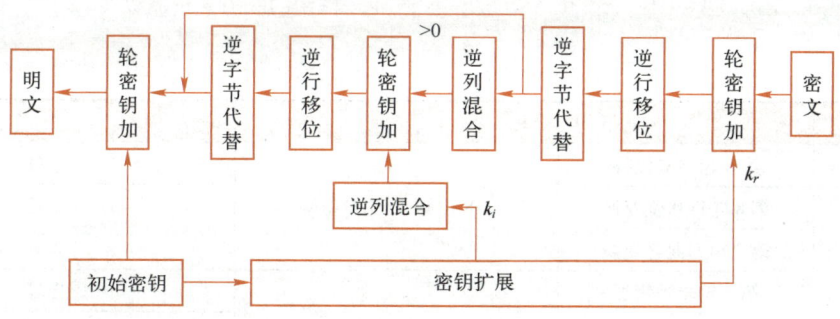

图 9-18 AES 的一种解密算法

利用这种解密算法,可以实现 192 位和 256 位 AES 的倒数第二轮轮密钥信息的恢复。如图 9-19 所示,在 256 位 AES 的第 12 轮进行故障注入攻击,利用已破解的第 14 轮轮密钥恢复第 13 轮轮密钥。具体步骤如下:首先,收集在第 12 轮进行故障注入攻击的正误密文,然后进行第 14 轮解密变换以恢复第 13 轮加密结果,再进行逆列混合变换,猜测第 13 轮轮密钥后恢复第 12 轮加密结果,利用正误密文恢复的第 12 轮加密结果获得第 13 轮输入的故障信息。若故障信息满足相关关系,则猜测密钥即密钥候选值。当候选值唯一时,对候选值进行列混合变换即可得到正确的轮密钥。

9.6.5 AES 相关故障注入攻击实验结果

对 AES-128 而言,在第 8 轮进行故障注入攻击时可以获得 128 位密文,而在第 9 轮进行故障注入攻击时可以获得 32 位密文,因此在第 9 轮至少需要进行 4 次故障注入攻击才可以恢复全部密钥。对 AES-192 和 AES-256 而言,不仅需要获得最后一轮轮密钥,还需要获得倒数第二轮轮密钥,因此须先在第 12 轮或第 13 轮注入故障后得到最后一轮轮密钥,再在第 12 轮或第 11 轮注入故障攻击,分析倒数第二轮轮密钥,具体攻击位置与密钥数量的关系见表 9-5。AES 故障注入攻击密文对与密钥候选值数量的关系见表 9-6。

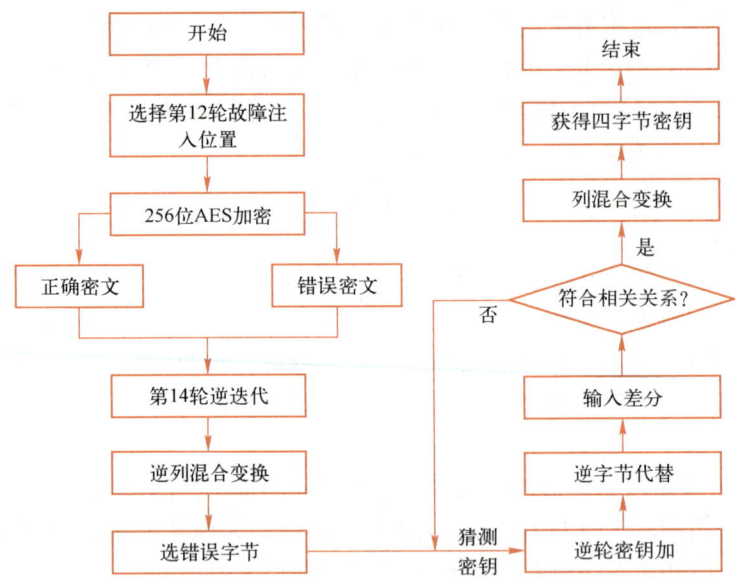

图 9-19 256 位 AES 破解第 13 轮轮密钥的故障分析流程

表 9-5 AES 相关故障注入攻击位置与密钥数量的关系

密码算法	攻击位置	获得密钥数量	分析所需的正误密文对数量
AES-128	第 8 轮字节代替	128 位第 10 轮轮密钥	2 对
	第 8 轮行移位变换		2 对
	第 8 轮列混合变换		2 对
	第 8 轮轮密钥加	32 位第 10 轮轮密钥	2 对
	第 9 轮字节代替		2 对
	第 9 轮行移位变换		2 对
	第 9 轮列混合变换		2 对
AES-192/ AES-256	第 12 轮字节代替	128 位第 14 轮轮密钥	2 对
	第 12 轮行移位变换		2 对
	第 12 轮列混合变换		2 对
	第 12 轮轮密钥加	32 位第 14 轮轮密钥	2 对
	第 13 轮字节代替		2 对
	第 13 轮行移位变换		2 对
	第 13 轮列混合变换		2 对
	第 11 轮字节代替	128 位第 13 轮轮密钥	2 对
	第 11 轮行移位变换		2 对
	第 11 轮列混合变换		2 对
	第 11 轮轮密钥加	32 位第 13 轮轮密钥	2 对
	第 12 轮字节代替		2 对
	第 12 轮行移位变换		2 对
	第 12 轮列混合变换		2 对

表 9-6 AES 故障注入攻击密文对与密钥候选值数量的关系

密码算法	恢复密钥长度	密文对数	最大密钥候选值数量	最小密钥候选值数量	平均密钥候选值数量	标准差
AES-128	32 位/128 位	1 对	2075	883	1161	123.11
	32 位/128 位	2 对	3	1	1	0.32
	32 位/128 位	3 对	1	1	1	0
AES-256	32 位/128 位	1 对	2433	888	1154	124.19
	32 位/128 位	2 对	4	1	1	0.37
	32 位/128 位	3 对	1	1	1	0

9.7 侧信道攻击防御方法

侧信道攻击对密码实现的安全性产生严重威胁，我们需要采取有效的措施来减少或者消除密码芯片设计中的侧信道信息泄露，保证密码实现的安全性。侧信道防御的难度要远远大于攻击的难度，侧信道攻击只需要利用一种侧信息即可实现密钥破解，侧信道防御却需要防范各种侧信息泄露。

侧信道防御的关键是阻止攻击者获得有效侧信息，从而增加攻击难度。目前，针对单一侧信道攻击方法的防御措施有两种：第一种是通过去除侧信息的数据依赖性实现侧信道防护；第二种是通过掩盖侧信息，弱化其某些特征，使得攻击者难以分辨和利用。在去除侧信息的数据依赖性方面，主要有对侧信息进行均衡化、转移侧信息的数据依赖性两种方法。在掩盖侧信息方面，主要有对侧信息进行随机化、加入噪声或屏蔽隔离技术、降低侧信息的信噪比等方法。

此外，还需要从系统层面综合应用多种防御措施以达到最优的侧信道防御效果。从系统层面综合考虑，需要考虑多个侧信道防御措施之间的相互影响。系统防御主要考虑以下两点：并不是所有密码系统的所有侧信息都能实现防御，以及一种侧信道防御技术会带来其他侧信道攻击。系统防御的目的是权衡各种方案以达到全局最优。侧信道防御技术可以由硬件、软件或者两者结合来实现。相对而言，软件防御技术具有高灵活性、高扩展性和成本低的特点，但防御效果有限。侧信道防御技术的实施，对系统的成本、运行效率等方面会产生一定影响。

9.7.1 能量侧信道防护

能量侧信道攻击得以实现是因为加密设备的能量消耗与数据处理相关，可以通过加入随机数据来消除导致数据信息泄露的因素，目前常用的方法有隐藏技术和掩码技术。

1. 隐藏技术

隐藏技术的主要目标是使密码设备的能量消耗与设备处理的数据和执行的指令相互独立。一般采用两种策略来实现这种独立性：第一种是使加密设备每次处理数据的能量消耗是随机的，第二种是加密设备在执行任意数据时都消耗相同的能量。

第一种策略可以通过随机插入冗余操作实现。传统的密码算法按照密码算法的步骤逐步执行，多次加密时的相同操作会出现在能量迹的相同位置。通过随机化算法的执行顺序，可以使密码设备的功耗在时间维度上具有一定的随机性，多次加密时相同的操作可能会出现在能量迹的多个位置，攻击者选择攻击区间就会更加困难。在时间维度上的隐藏技术还有随机插入伪操作。密码算法一般要经过多轮迭代，在算法开始和运行过程中添加随机伪操作，伪操作本身与算法正常操作类似，但是不参与密码算法实际运算，同时插入伪操作的位置也是通过随机数选取的。还可以通过乱序操作来隐藏，如 AES 算法进行 S 盒替换时，共有 16 个 S 盒依次替换，通过随机化 S 盒替换的执行顺序可以改变 S 盒输出的能量泄漏位置。然而，上述防御措施也有一定局限性。随机伪操作会降低密码算法的速度，插入此类操作会降低加密和解密的实际效率。乱序操作对加密算法的效率几乎没有影响，但它们只能在算法的特定步骤中实现，并且可能无法覆盖整个加密和解密过程。

第二种策略通过在设备操作期间使用特殊噪声操作或部件来增加功耗中的噪声。当攻击加密设备密钥的特定字节时，涉及其他字节的操作产生的功耗相当于噪声，这也会降低信噪比。并行化加密操作，例如使用流水线实现 SM4 算法或并行进行多个 S 盒替换，也可以降低信噪比。此外，降低功耗信号可以进一步降低信噪比。这可以通过使用特殊的逻辑元件来实现，以确保设备在处理数据时产生的能量消耗是一致的。还可以对设备产生的功耗进行滤波，并且滤波器可以从功耗信号中去除与设备操作和处理数据相关的任何信号。

2. 掩码技术

掩码技术使用掩码覆盖加密算法的中间值，随机产生的掩码 m 对中间值 v 进行处理后，原始的中间值 v 也变为随机数，使得加密设备的能量迹与随机的中间值相关，增加攻击者获取原始中间值的难度。掩码技术通常用于算法实现层面，一个完整的掩码方案包含掩码的产生、使用和消除，掩码方案保证中间值始终被掩码保护且可以进行加密运算并返回正确的加密结果。目前常用的掩码方案有布尔掩码、算术掩码和盲化技术等。

布尔掩码通过将中间值 v 与掩码 m 进行异或来实现，即掩码中间值 $v_m = v \oplus m$。在算术掩码实现中，中间值 v 与掩码 m 进行加法或乘法运算，常使用模加 $v_m = (v+m) \mod n$ 或模乘 $v_m = (v \times m) \mod n$ 运算。如果密码算法使用线性函数，那么可以使用布尔掩码进行保护。如果密码算法使用非线性函数，就需要使用乘法掩码或其他掩码进行保护。

使用掩码技术保护非对称密码算法时，经常使用算术掩码。算术掩码在非对称密码方案中的应用称作盲化技术。在 RSA 解密过程中，可以给消息 v 添加乘法掩码，添加后的解密公式为 $(v_m)^d \equiv v^d \times m (\mod n)$。还可以将算术掩码应用于 RSA 算法中的指数 d，即 $d_m = d + m \times \emptyset(n)$，再进行模幂运算时，指数 d 的掩码会自动消除，$v^{dm} \equiv v^d (\mod n)$。

9.7.2 时间侧信道防护

时间侧信道防护旨在消除加密时间与处理数据的关系，一般可以通过加入随机延迟、加入随机数和平衡分支结构的方法来实现。以 RSA 时间侧信道防护为例：可利用增加空操作等方法平衡条件分支结构，减少条件分支造成的运行时间差异；通过引入随机数对 RSA 的密钥进行盲化处理，解耦或混淆密码运行时间与密钥之间的相关性；对模幂运算的时间进行离散化或者随机化处理，来减弱攻击者的观测能力。

平衡 RSA 密码算法的分支结构示例如图 9-20 所示。

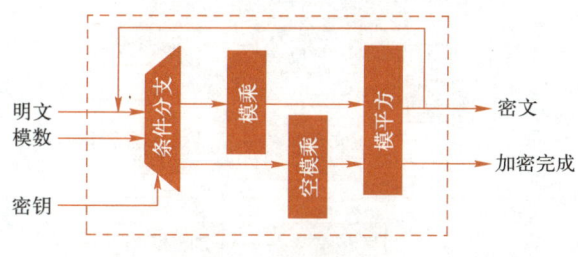

图 9-20 平衡 RSA 密码算法的分支结构示例

9.7.3 故障注入攻击防御

故障注入攻击作为最有效的侧信道攻击方法之一，对密码实现的安全性构成了验证威胁。目前可以从硬件层面和软件层面实施故障注入攻击防御，主要包含检错、容错和纠错三类方法，具体见表 9-7。

表 9-7 故障注入攻击防御方法

类别	防御方法	内容
检错	循环冗余校验码（CRC）	使用循环冗余校验码对数据进行检验
	传感器	检测信号的异常变化
容错	滤波电路	实现脉冲过滤，滤除异常电路和电压，使输出的电压较为稳定平滑
	多模冗余	增加冗余密码实现模块，利用冗余模块的加密结果对原模块的加密结果进行验证，若二者一致，说明加密未发生故障，反之，则说明在加密过程中发生故障
	物理屏蔽	使用物理手段（如增加外层防护，隔离外界环境）实现物理屏蔽，减少外部信号对芯片运行的干扰
纠错	纠错码（ECC）	利用汉明码的奇偶性对数据进行纠错

纠错码是实现故障检测的常用方法，该方法是一种同步故障检测技术，支持在加密的同时进行故障检测。利用输入消息生成校验位，如奇偶校验码和非线性码等，这些校验位与输入消息一起传播，在生成输出消息时得到验证。比如在 S 盒的每个字节增加奇偶校验位，通过对比预测的奇偶校验位与实际输出的奇偶校验位是否一致实现 AES 的故障攻击检测。

多模冗余主要分为时间冗余、混合冗余和硬件冗余。时间冗余是指利用时间冗余度对相同输入进行重复计算，若两次计算的结果不一致，则说明发生了故障。混合冗余是指结合多个层面的冗余来实现故障检测，如在 AES 的变换函数级别、轮迭代级别和算法级别实现冗余检测。硬件冗余检测是最常用的一种防御方法。研究者在硬件上重复实现或复制某些加密算法中的关键运算来建立硬件冗余，通过对比原模块与冗余模块结果的一致性来检测是否存在故障。硬件冗余主要包含两种方案，如图 9-21 所示。第一种硬件冗余方案是在芯片内部加入一个与原加密模块完全一致的冗余加密模块，两者密文结果不相同则说明发生故障，需重新加密。第二种硬件冗余方案是增加一个解密模块，通过对加密模块解密，通过判断解密结果与明文是否一致来检测是否存在故障攻击。硬件冗余方法虽然有效，但硬件冗余模块会增加芯片设计的成本与面积，并且提高了芯片的功耗。

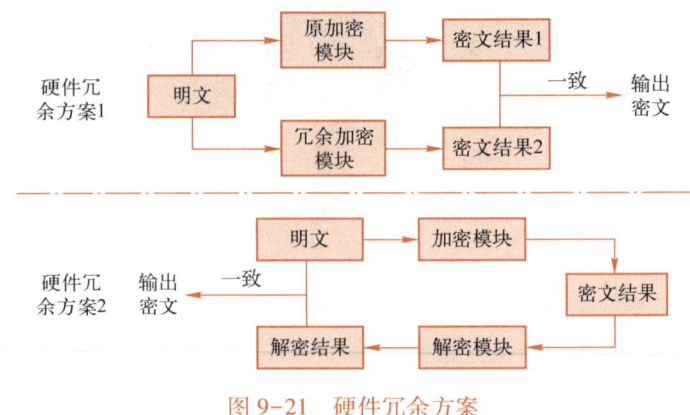

图 9-21　硬件冗余方案

硬件层面的故障防御可以分为故障检测和故障预防。故障检测主要是通过传感器监测设备运行时各个物理参数判断是否存在异常。密码设备根据传感器的监测数据调整功能实现来防御故障攻击，例如一旦检测到发生故障，密码设备就会执行复位操作或销毁芯片上存储的敏感消息使得攻击失效。这种方法本质上与物理传感器设计有关。研究者可以通过增加各种类别的传感器（如电压传感器、温度传感器和光传感器等）来检测故障注入攻击。故障预防旨在阻止攻击者接触目标芯片的电路。为了防止攻击者接近设备，可使用屏蔽技术实现对芯片的保护。例如为了防御基于电压的故障注入攻击，芯片设计者通过给电路增加一个低通滤波器，实现对电压毛刺的过滤。芯片设计者加入异步电路，预防时序攻击。对于电磁故障注入或强光故障注入攻击，芯片设计者在芯片内部加入金属岩壁层或反射层可以保护芯片不受到攻击。

目前故障检测和故障预防主要是针对某些特定密码算法的，如 AES 等，或者针对具体的故障注入攻击，如差分故障攻击等，但无法对所有密码的故障注入攻击进行检测，尤其是对新型故障注入攻击。传统的故障防御方法无法对其进行有效的防御，因此，有效实现故障攻击防御是目前研究者所热衷的方向。

9.8　密码设计安全验证

密码设计安全验证可以采用信息流跟踪技术建立信息流安全模型，通过监测敏感信息的流动来判断密码设计是否存在安全问题。

扫码看视频

9.8.1　信息流安全模型

信息流控制是保证信息流安全的根本途径，而信息流跟踪技术是实现信息流控制最常用的技术之一。该技术可以为硬件设计中的每个数据单元按位分配一个标签，此标签称为该数据位的安全标签，以反映该数据位的属性，如可信/不可信、保密/非保密等。利用信息流跟踪技术为密码设计建立信息流安全模型，来分析信息流动过程中是否存在违背密码设计安全属性的行为或敏感信息的泄露。除原硬件设计的数据运算单元外，模型中还包括一个附加的标签传播单元。这个标签传播单元利用当前操作数、操作类型以及操作数的标签计算输出结果的标签，如图 9-22 所示。信息流安全模型可用标准硬件语言描述，通过观察密码设计输入输出的标签来分析信息的流动是否违背了密码设计的安全策略，从而可以有效防止违背信息流安全策略的运算操作，防止有害信息流的流动。

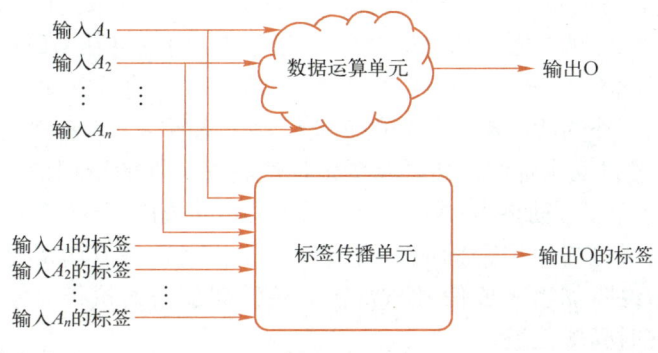

图 9-22　密码设计的信息流安全模型

信息流安全模型中安全标签为逻辑 1 时，表征该标签对应的信号包含高安全性信息，当数据的安全标签是逻辑 0 时，此信号所包含的信息安全性低。在密码设计中，不允许高安全性信息流向低安全性信息。以二输入与非门的信息流安全模型为例，此安全模型的部分真值表见表 9-8，其中 A、B 为输入信号，O 为输出信号，A_t、B_t 和 O_t 分别为对应信号的安全标签。表中第一行信息表示 B 为高安全信息，A 为低安全信息，由于输出信号 O 的取值与低安全性信息一致，因此输出信息为低安全信息，满足 $O_t=0$；表中第 5 行输出信号 O 与高安全性信息一致，输出信号安全标签 O_t 为逻辑 1。可由完整的真值表推导出与非门的信息流跟踪逻辑满足 $O_t=A_tB+AB_t+A_tB_t$，这说明信息流安全模型中的信息流动仍满足原始数据单元的逻辑，不仅包含输入信号的安全标签，还反映了输入信号值对输出结果的影响，可以精确地捕捉到安全信息的流动。

表 9-8　二输入与非门信息流安全模型的部分真值表

行号	A	B	A_t	B_t	O	O_t
1	0	0	0	1	0	0
2	0	0	1	0	0	0
3	0	1	0	1	0	0
4	0	1	1	0	0	1
5	1	0	0	1	0	1
6	1	0	1	0	0	0
7	1	1	0	1	1	1
8	1	1	1	0	1	1

可以按照相同的方法为其他集成电路基本逻辑单元建立信息流安全模型，构建一个功能完备的硬件信息流安全模型库，以便生成复杂电路设计的信息流安全模型。

9.8.2　时间侧信道安全验证

密码设计中高安全性信息通常为密钥信息，安全的密码设计不允许泄露与密钥有关的信息。在检测密码设计中是否存在时间侧信道时，可利用信息流安全模型判断密码设计执行时间是否与密钥信息有关。

在进行时间侧信道安全验证时，首先在密码设计中加入加密完成信号 finish。信号 finish 为逻辑 1，表示加密执行完成；该信号为逻辑 0，表示加密执行未完成。为密码设计建立信息流安全模型，并据此测试在密钥信息安全标签为逻辑 1 时信息在密码迭代过程中的流动。

以测试 RSA 密码算法为例，为 RSA 密码设计增加 finish 信号，建立 RSA 的信息流安全模型。将除密钥信息之外的所有输入信号的安全标签全部置为 0，密钥信息的安全标签全部置为 1，因此，可以通过安全标签的传播行为来描述高安全性的密钥信息在加密迭代中的流动过程。如图 9-23 所示，当加密完成时，加密结果 result 的安全标签 result_t 全为 1，说明密钥信息流向了密文，这与使用密钥加密明文的功能相一致。但加密完成信号的安全标签 finish_t 也为逻辑 1，说明加密完成信号与密钥有关，即加密的执行时间与密钥有关，说明 RSA 密码设计中存在时间侧信道。

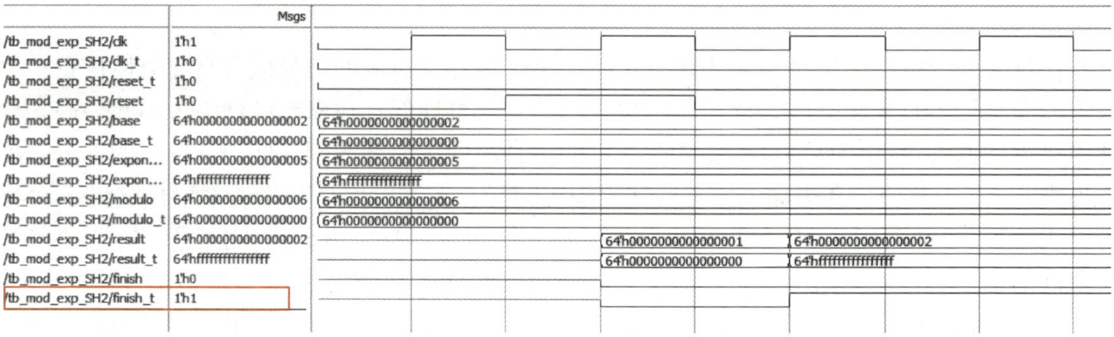

图 9-23　RSA 信息流安全模型时间侧信道验证结果

采用相同的方法测试 AES 密码设计，将密钥信息的安全标签 Key_t 全部设置为 1。如图 9-24 所示，当加密完成时，密文中 Dout_E 的安全标签 Dout_t 全为 1，说明密钥信息流向了密文。加密完成信号的安全标签 finish_t 为逻辑 0，说明 AES 密码设计执行时间与密钥无关，AES 密码设计中不存在时间侧信道。

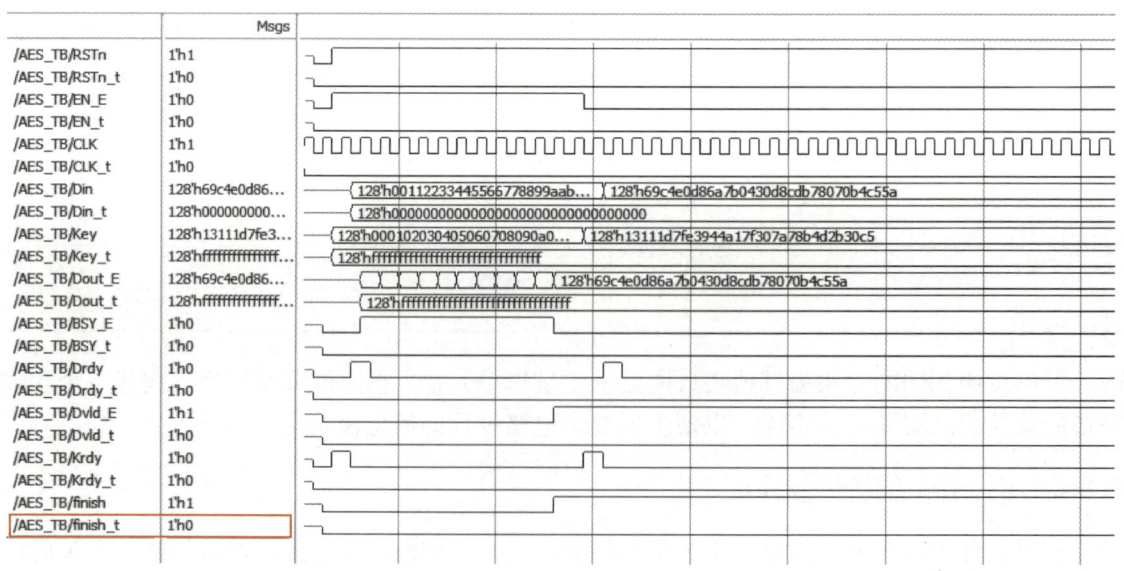

图 9-24　AES 信息流安全模型时间侧信道验证结果

9.8.3 能量侧信道安全验证

密码设备在进行密码运算时会产生能量消耗,能量消耗与数据中 0 和 1 互相翻转的数量有关。在进行能量侧信道安全验证时,需要判断在每次密码迭代过程中,包含密钥信息的变换操作能量消耗是否一致。若每次能量消耗一致,则说明该变换的能量消耗不能泄露密钥信息,反之,则存在泄露密钥信息的风险。

数据中 0 和 1 的翻转变化可用汉明重量来描述,因此,可以利用信息流安全模型来判断每次加密迭代时与密钥信息相关的变换是否存在汉明重量的变化,进而确定该变换是否存在能量侧信道,有泄露密钥信息的风险。以 AES 加密算法为例,利用 AES 信息流安全模型判断 AES 密码设计中是否存在能量侧信道。

在 AES 密码迭代中,轮密钥加、字节代替和密钥扩展变换都与密钥信息相关。在 AES 硬件设计中,寄存器分为两种,分别用于存储加密数据和存储加密密钥,前者称为数据寄存器,后者称为密钥寄存器。数据寄存器保存初始明文及每轮加密迭代的结果,密钥寄存器保持初始密钥及每轮加密密钥。首先对 AES 信息流安全模型进行仿真,保证密钥不变,利用随机明文对 AES 信息流安全模型进行测试。以测试第一轮 AES 加密变换为例,随机选取一个仿真案例作为基准测试,测试基准的加密密钥 Key = 128'h000102030405060708090a0b0c0d0e0f,明文 Din = 128'h00112233445566778899aabbccddeeff,其仿真结果如图 9-25 所示。Drg 信号为保存加密结果的数据寄存器,HW 为数据寄存器的汉明重量,在本基准案例中,第一轮 AES 加密变换后数据寄存器汉明重量为 56。另外,此案例中第一轮轮密钥寄存器汉明重量为 67。

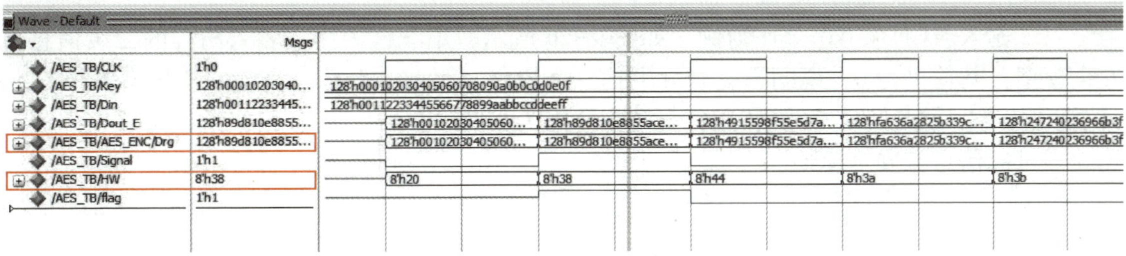

图 9-25 AES 信息流安全模型能量侧信道验证结果

使用相同的密钥和不同的随机明文对 AES 信息流安全模型进行随机测试,将第一轮加密结果与基准测试作比较:其密钥寄存器的汉明重量在所有测试案例中都相同,说明密钥寄存器不存在能量泄漏;在随机测试中数据寄存器的汉明重量和基准测试中数据寄存器的汉明重量不同,说明数据寄存器存在与密钥信息相关的能量泄漏。

9.8.4 密码设计属性安全验证

扩散性、混淆性和随机性是评估密码设计的三个重要安全属性。扩散性是一种量化的安全性,要求更改某位取值时,密文中一半的位都应翻转。混淆性则要求每位密文中都与多个密钥位有关。随机性与混淆性相似,可以用来评估密码设计的屏蔽机制强度,要求密码设计中的敏感信息至少被随机数中的 N 位数据保护,即至少随机数中有 N 位信息需要流入敏感信息的每个位。可通过为密码设计建立信息流安全模型来验证这些密码设计的属性。

为了提高验证效果,可在 9.8.1 节的二级信息流安全模型基础上建立多目标信息流安全模型,来精确地描述每位信息的流向。以一个 4 位信号 A 为例,其二级信息流模型安全标签为 A_t,A 中第 w 位 $A[w]$ 对应的安全标签表示为 $A_t[w]$($0 \leqslant w \leqslant 3$)。为了与二级信息流安全标签区分,信号 A 的多目标信息流安全模型安全标签用 A_i 表示,具体见表 9-9。在二级信息流安全模型中,A_t 是 4 位,$A[w]$ 的安全标签 $A_t[w]$ 是 1 位,$A_t[w] \in \{0, 1\}$。多目标信息流安全模型采用独热码对安全标签进行更精细的分类,信号 A 的多目标信息流安全模型安全标签 A_i 的宽度是 16 位,每位 $A[w]$ 将被分配一个 4 位安全标签 $A_i[w]$,此时安全标签 $A_i[w] \in \{0000, 0001, 0010, 0100, 1000\}$,$A_i[w]=0000$ 与二级信息流安全模型的 $A_t[w]=0$ 相对应。

表 9-9 不同信息流安全模型的安全标签编码方式

信息流安全模型	信号	编码方式	标签宽度
二级	$A_t[w]$	0, 1	1 位
多目标	$A_i[w]$	0000, 0001, 0010, 0100, 1000	4 位

多目标信息流安全模型中安全标签的映射规则,如式(9-8)所示,其中 ≪ 是左移位运算符,给定一个 n 位信号 B,需要 n 位宽的独热码来描述安全标签。B_t 和 B_w 分别为二级和多目标信息流安全模型的安全标签。当 $B_t[i]=0(0 \leqslant i \leqslant n-1)$ 时,$B_w[i]$ = n'b0;当 $B_t[w]=1$ 时,$B_w[i]$ 中的第 i 位为 1,精确地描述了每位信息的流向。

$$B_w[i] = \begin{cases} 0000, & B_t[i]=0 \\ 0001 \ll i, & B_t[i]=1 \end{cases} \tag{9-8}$$

以二输入与门(AND-2)为例,如图 9-26 所示,虚线框内为二输入与门的二级信息流安全模型:其输出为 0,说明高安全性的信息未流出,因此多目标信息流安全模型输出 O_i 仍为 0;当二输入与门的二级信息流安全模型输出为 1 时,$O_i = A_i | B_i$。相似地,可以密码设计建立多目标信息流安全模型。

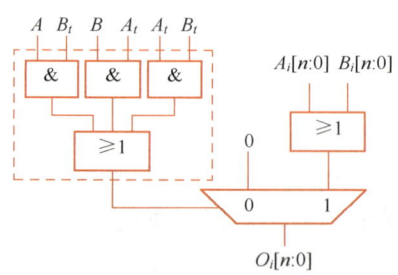

图 9-26 AND-2 多目标信息流安全模型

以 AES 作为研究对象,针对 AES 的 S 盒变换进行密码设计属性验证。为 AES 建立多目标信息流安全模型,将加密密钥安全标签的所有位置为 1,其余信号置为 0,有且只有密钥为高安全性的信息,产生随机明文对 AES 多目标信息流安全模型进行测试,并观察 S 盒变换中的安全标签。AES 多目标信息流安全模型中 S 盒受密钥位数量不同影响的信号百分比如图 9-27 所示。

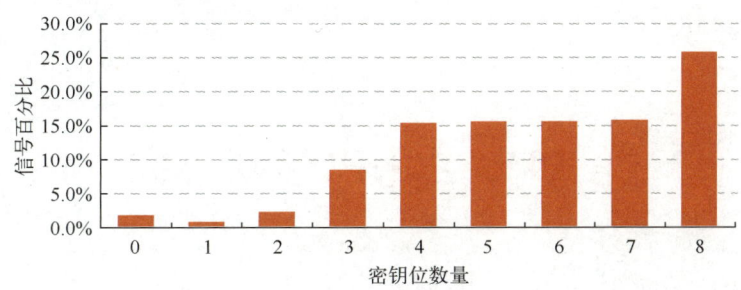

图 9-27　AES 多目标信息流安全模型中 S 盒受密钥位数量不同影响的信号百分比

从仿真结果可以看出：受不超过两个密钥位影响的信号总和约为 5%；受三个密钥位影响的信号约为 8%；超过 85% 的信号至少受到四个密钥位的影响；超过 25% 的信号受所有八个密钥位的影响。基于多目标信息流安全模型进行的仿真测试成功揭示了 S 盒变换的混淆性。

习题

1. 请列举针对被动侧信道攻击的防御方法并阐述原理。
2. 请列举针对主动侧信道攻击的防御方法并阐述原理。
3. 请阐述优化 RSA 实现的方法，使其避免存在时间侧信道。
4. 请简述简单能量攻击、差分能量攻击和相关能量攻击的原理。
5. 请简述能够作为能量侧信道攻击目标的密码变换须具备的特点。
6. 请简要分析不同故障注入技术产生的故障特点。
7. 假设在 AES-128 第 8 轮字节代替中注入单字节故障，请分析故障注入的字节位置对故障效应传播产生的影响。
8. 在 AES-128 第 7 轮进行故障注入攻击能否成功恢复密钥？如果能成功恢复密钥，请给出具体的故障注入位置。
9. 请阐述对 AES-192 和 AES-256 的故障注入攻击方法与对 AES-128 的故障注入攻击方法的异同。
10. 轻量级分组密码 LED 与 AES 结构相似，请简要分析能否采用与对 AES 的故障注入攻击相似的方法对 LED 进行故障注入攻击。

第 10 章 密码学新方向

密码学是一门研究加密和解密技术的学科，其主要目标是保护信息的安全传输和存储。随着互联网和数字技术的发展，对密码技术的需求越来越多。除本书已介绍的传统密码技术以外，同态加密、安全多方计算、隐私集合求交、区块链以及后量子密码等密码学新技术也逐渐步入密码学研究者的视野，本章主要对密码学新方向进行介绍与探讨。

本章要点：
- 同态加密的性质及经典算法的算法描述
- 安全多方计算的构造基础与构造方法
- 隐私集合求交的基础协议及其在联邦学习中的应用
- 区块链的建立过程及相关协议
- 基于格的密码算法的构造原理及算法描述

10.1 同态加密

10.1.1 同态加密简介

云计算的快速发展提供了一种新兴服务模式，应用该服务模式的系统可以借助云平台的海量存储能力和强大计算能力处理数据，然而，数据外包也伴随着隐私泄露风险。由此引出一个问题：能否在委托其他机构处理数据时，不必提供访问原始数据的权限？也就是，在密文上处理数据以保护隐私信息。

同态加密（Homomorphic Encryption，HE）为解决这一问题提供了新途径。具体而言，在事先确定转换规则的前提下，使用该规则将所有参与运算的明文数据转换为密文，在密文空间中进行特定形式的代数运算并得到结果，再通过相应的规则将密文运算结果转换成明文，该结果与明文运算结果一致。以 m_1、m_2、pk 和 sk 分别表示两个明文消息、公钥和私钥，$+_c$ 和 $\times_c$ 表示密文上的加法同态和乘法同态操作，E_{pk} 和 D_{sk} 表示加密算法和解密算法，同态加密方案的同态特性可用式（10-1）和式（10-2）表示。

$$D_{sk}(E_{pk}(m_1) +_c E_{pk}(m_2)) = m_1 + m_2 \qquad (10\text{-}1)$$

$$D_{sk}(E_{pk}(m_1) \times_c E_{pk}(m_2)) = m_1 \times m_2 \qquad (10\text{-}2)$$

同态加密可分为部分同态加密（Partial Homomorphic Encryption，PHE）、些许同态加密（Somewhat Homomorphic Encryption，SHE）和全同态加密（Fully Homomorphic Encryption，FHE），其中 PHE 支持对密文进行任意次、单一类型的同态操作（同态加法或同态乘法），SHE 支持对密文进行有限次复杂计算（同态加法和同态乘法），而 FHE 支持对密文执行任意次复杂计算。

1978 年，Rivest、Adleman 和 Dertouzos 在"On Data Banks and Privacy Homomorphic"一

文中首次提出"数据银行"和"隐私同态"的概念。数据拥有者将原始数据加密后存储在数据银行中；数据银行可以对密文进行有意义的计算，并将结果以密文形式返回给数据拥有者。数据银行无法获取原始明文数据，而数据拥有者无须解密计算即可从数据银行处获取结果。Rivest 等人虽然为这一类特定密文计算需求提出了一个理论上的解决方案，但无法对加密数据进行任意复杂计算，并由此提出两个问题：①隐私同态能否应用于实践之中？②哪些代数系统具备实用的隐私同态性质？

自此之后，众多密码学者开始关注同态加密研究，并在随后的 30 年间相继设计出多种具备部分同态性质的密码算法，然而，他们都无法实现对任意（可计算）函数的同态操作。例如，RSA 和 ElGamal 密码算法支持任意次乘法同态操作，Boneh-Goh-Nissim 方案（简称 BGN 方案）支持任意次加法同态操作和一次乘法同态操作，Paillier 方案支持任意次加法同态操作。这些算法都无法同时支持任意次的加法和乘法同态操作，与理想的全同态加密算法还有一定差距。

2009 年，Gentry 基于理想格提出了第一个全同态加密方案，支持任意多项式的同态操作，并且可证明安全。该方案具有里程碑意义，解决了现代密码学领域的公开难题，吸引了众多学者投入全同态加密的研究。Gentry 在博士论文中详细阐述了构造全同态加密方案的思路：首先设计一个只支持有限次同态操作的 SHE 方案，再通过自举（Bootstrapping）技术控制噪声增长来实现任意次同态操作。虽然该方案中密文膨胀过快、自举计算开销过大，但它为研究者们指明了构造全同态加密方案的思路和方向，掀起了密码学者的研究热潮。接下来以经典方案为例，简要介绍全同态加密研究的三个阶段：

第一代全同态加密方案以 Gentry 2009 为基础，这一方案的安全性建立在理想格上的理想陪集问题（Ideal Coset Problem，ICP）、稀疏子集和问题（Sparse Subset Sum Problem，SSSP）的困难假设上，而不是基于一般格的最坏情况困难问题。2010 年，Gentry 提出了一个基于格上最困难问题的同态加密方案。同年，VanDijk 等人应用简单的代数结构提出了一种基于整数的全同态加密方案，可以看作 Gentry 2009 方案在特殊理想格上的实例化。与 Gentry 基于理想格的方案相比，基于整数的全同态加密方案更易理解。2011 年，Gentry 和 Halevi 提出了一个不经过压缩（Squashing）就能支持密文同态解密操作的方案，其安全性不再依赖于 SSSP 假设。以上方案的安全性都是基于理想格上困难问题的。

第二代全同态加密方案的安全性是基于格的容错学习（Learning With Error，LWE）问题。2011 年，LWE 问题下第一个基于标准假设（一般格上最困难问题）的全同态加密方案被提出，该方案同时提出维数约化（Dimension Reduction）和模切换（Modulus Switching）技术。之后，利用维数约化和模切换，一个不需要自举技术的全同态加密方案（BGV 方案）被设计出来，在一定程度上降低了同态操作的计算开销。

第三代全同态加密方案以 Gentry-Sahai-Waters 方案（简称 GSW 方案）为代表。2013 年，Gentry 等人利用近似特征向量提出一种不需要同态计算密钥（Evaluation Key）的 GSW 方案，进而设计了基于身份和基于属性的全同态加密方案。由于 GSW 方案中的密文是矩阵形式的，加法和乘法同态操作即相应矩阵的加法和乘法，不会出现维数膨胀，因此在密文计算时不需要同态计算密钥，但其仍需要通过自举技术才能实现任意次的密文同态操作。后来研究者为了提高计算效率，陆续提出了更简单的对称 GSW 算法以及更高效的自举算法。

与公钥同态加密方案相比，对称密钥同态加密方案更简洁、更容易理解。Rothblum 介绍了对称密钥同态加密方案和公钥同态加密方案的通用转换方法，使得研究人员可以重点关注对称密钥同态加密方案的设计。除了上述方案以外，还有学者关注多密钥同态加密方案。第一个多密钥全同态加密方案是基于格的公钥密码系统（Number Theory Research Unit，NTRU）提出的，Brakerski 等人提出了完全动态的多密钥全同态加密方案。大部分同态加密方案都要求解密结果与明文完全一致，而 Cheon 等人提出了可用于近似密文计算的同态加密方案（CKKS 方案），支持对密文消息做近似加法和乘法运算，使用重缩放（Rescaling）来控制噪声，保持近似计算之后的消息精度。

自 Gentry 提出第一个全同态加密方案以来，越来越多的密码学者提出了改进技术和新的设计方案，极大地推动了全同态加密技术的发展，业界也诞生了多个试点应用。然而，从目前的研究成果看，全同态加密的实践应用还面临诸多障碍，如果全同态加密能解决自身的效率问题，就可以为隐私保护计算提供新的安全保障技术。

10.1.2 部分同态加密

虽然全同态加密的研究历程相对较短，但许多密码算法都具有某种同态加密特性，有些满足加法同态性质，有些支持乘法同态操作。本节将选取几种常见的密码算法分析其同态加密特性。

1. 加法同态加密

本小节以公钥密码算法 Paillier 为例分析其加法同态性质。

1999 年，Paillier 等人基于判定性复合剩余假设（Decisional Composite Residuosity Assumption，DCRA）提出一种概率加密算法。该算法具有部分同态特性，支持任意多次加法同态操作，广泛应用于加密信号处理、匿名投票、云计算、医疗计量等多个领域。

（1）Paillier 算法描述

1）密钥生成。

① 随机选取两个大素数 p 和 q，使其满足 $\gcd(pq,(p-1)(q-1))=1$，其中 gcd 表示两个参数的最大公约数。

② 计算 $n=pq$，$\lambda=\mathrm{lcm}(p-1,q-1)$，其中 lcm 表示两个参数的最小公倍数。

③ 随机选取整数 g，$g\in\mathbb{Z}_{n^2}^*$（$\mathbb{Z}_{n^2}^*$ 表示模 n^2 的乘法群），确保满足式（10-3）的 μ 存在，使得 n 能整除 g 的阶。

$$\mu=(L(g^\lambda \bmod n^2))^{-1} \bmod n \tag{10-3}$$

式中，函数 $L(x)$ 定义为

$$L(x)=\frac{x-1}{n} \tag{10-4}$$

选取 (n,g) 为公钥 pk，(λ,μ) 为私钥 sk（注：为了优化计算速度，可以直接令 $g=n+1$）。

2）加密。对于任意明文 m，$m\in\mathbb{Z}_n$（$\mathbb{Z}_n$ 表示模 n 的加法群），选取随机数 r，$r\in\mathbb{Z}_n^*$（$\mathbb{Z}_n^*$ 表示模 n 的乘法群），则密文 c 可以通过式（10-5）所示的加密算法得到。

$$c=E(m)=g^m \cdot r^n \bmod n^2 \tag{10-5}$$

3）解密。由密文 c 获取明文 m 的解密算法，即

$$m=D(c)=L(c^\lambda \bmod n^2)\cdot \mu \bmod n=\frac{L(c^\lambda \bmod n^2)}{L(g^\lambda \bmod n^2)} \bmod n \tag{10-6}$$

（2）Paillier 算法的同态特性　对于两个明文 m_1 和 m_2，分别对其加密得到密文 $E(m_1) = g^{m_1} \cdot r_1^n \bmod n^2$ 和 $E(m_2) = g^{m_2} \cdot r_2^n \bmod n^2$，其中 r_1 和 r_2 均随机选取于 $\mathbb{Z}_n^*$，计算

$$\begin{aligned} E(m_1) \cdot E(m_2) &= (g^{m_1} \cdot r_1^n) \cdot (g^{m_2} \cdot r_2^n) \bmod n^2 \\ &= g^{m_1+m_2} \cdot (r_1 \cdot r_2)^n \bmod n^2 \\ &= E(m_1+m_2) \end{aligned} \quad (10\text{-}7)$$

可得

$$D(E(m_1) \cdot E(m_2)) = m_1 + m_2 \quad (10\text{-}8)$$

由式（10-8）可知，Paillier 算法具备加法同态特性。此外，针对密文 $E(m_1)$ 和明文 m_2，Paillier 算法还具备以下特殊的同态性质：

$$D(E(m_1)^{m_2} \bmod n^2) = m_1 m_2 \bmod n$$

$$D(E(m_1) \cdot g^{m_2} \bmod n^2) = (m_1 + m_2) \bmod n$$

2. 乘法同态性质

本小节以经典的公钥密码算法 RSA 和 ElGamal 为例，分析其乘法同态特性。由于算法 RSA 和 ElGamal 的具体流程已在前文给出，故本小节不再赘述。

（1）RSA 算法的同态特性　给定明文 m_1 和 m_2，利用公钥为 (e, n)、私钥为 (d, n) 的 RSA 算法对其进行加密，可得密文 $E(m_1) = m_1^e \bmod n$ 和 $E(m_2) = m_2^e \bmod n$，计算

$$\begin{aligned} E(m_1) \cdot E(m_2) &= m_1^e \cdot m_2^e \bmod n \\ &= (m_1 \cdot m_2)^e \bmod n \\ &= E(m_1 \cdot m_2) \end{aligned} \quad (10\text{-}9)$$

可得

$$D(E(m_1) \cdot E(m_2)) = m_1 \cdot m_2 \quad (10\text{-}10)$$

由式（10-10）可知，RSA 算法具备乘法同态特性。

（2）ElGamal 算法的同态特性　给定明文 m_1 和 m_2，利用公钥为 (p, g, y)、私钥为 x 的 ElGamal 算法对其进行加密，可得密文 $E(m_1) = (c_{11}, c_{12})$ 和 $E(m_2) = (c_{21}, c_{22})$，其中 $(c_{11}, c_{12}) = (g^{r_1}, m_1 y^{r_1})$，$(c_{21}, c_{22}) = (g^{r_2}, m_2 y^{r_2})$。计算

$$\begin{aligned} E(m_1) \cdot E(m_2) &= (c_{11}, c_{12}) \cdot (c_{21}, c_{22}) \\ &= (c_{11} \cdot c_{21}, c_{12} \cdot c_{22}) \\ &= (g^{r_1+r_2}, m_1 \cdot m_2 \cdot y^{r_1+r_2}) \\ &= E(m_1 \cdot m_2) \end{aligned} \quad (10\text{-}11)$$

可得

$$D(E(m_1) \cdot E(m_2)) = m_1 \cdot m_2 \quad (10\text{-}12)$$

由式（10-12）可知，ElGamal 算法具备乘法同态特性。

10.1.3　些许同态加密

本小节介绍一个经典的些许同态加密方案——BGN 方案。该方案支持无限次同态加法操作和一次同态乘法操作。

BGN 算法是由 Boneh、Goh、Nissim 于 2005 年提出的第一个同时支持任意多次加法同态和一次乘法同态操作的密码算法。BGN 算法加密效率较高，且安全性可达语义安全级别。

1. BGN 算法描述

（1）密钥生成

1）给定安全参数 $\lambda \in \mathbb{Z}^+$，生成参数 (q_1, q_2, G, G_1, e)。其中 q_1 和 q_2 是两个不同的大素数，令 $N = q_1 \cdot q_2$；G 和 G_1 是两个阶为 N 的乘法循环群；e 是一个双线性映射 $e: G \times G \to G_1$。

2）随机选取 G 的两个生成元 g 和 u，令 $h = u^{q_2}$，则 h 是群 G 的 q_1 阶子群的随机生成元。输出公钥 $pk = (N, G, G_1, e, g, h)$，私钥 $sk = q_1$。

（2）加密　假设明文空间为整数集 $\{0, 1, 2, \cdots, T\}$，$T < q_2$。对于明文 m，随机选取 $r \xleftarrow{R} \{0, 1, 2, \cdots, N-1\}$，$m$ 可以被加密成 $c = E(m) = g^m h^r \in G$。

（3）解密　对于密文 c，可通过式（10-13）和式（10-14）解密以恢复明文。

$$c^{q_1} = (g^m h^r)^{q_1} = (g^{q_1})^m \tag{10-13}$$

$$m = D(c) = \log_{g'} c^{q_1}, \quad g' = g^{q_1} \tag{10-14}$$

2. BGN 算法的同态特性

（1）加法同态　给定明文 $m_1, m_2 \in \{0, 1, 2, \cdots, T\}$，利用 BGN 算法加密可得密文，即

$$E(m_1) = c_1 = g^{m_1} h^{r_1} \in G \tag{10-15}$$

$$E(m_2) = c_2 = g^{m_2} h^{r_2} \in G \tag{10-16}$$

随机选取 $r \xleftarrow{R} \{0, 1, 2, \cdots, N-1\}$，计算

$$\begin{aligned}
c_1 \cdot c_2 \cdot h^r &= (g^{m_1} h^{r_1}) \cdot (g^{m_2} h^{r_2}) \cdot h^r \\
&= g^{m_1 + m_2} \cdot h^{r_1 + r_2 + r} \\
&= E(m_1 + m_2)
\end{aligned} \tag{10-17}$$

可获得 $(m_1 + m_2) \bmod N$ 的密文，并得到

$$D(E(m_1) \cdot E(m_2) \cdot h^r) = m_1 + m_2 \tag{10-18}$$

由式（10-18）可知，BGN 算法具备加法同态特性。

（2）乘法同态　令 $g_1 = e(g, g), h_1 = e(g, h)$，则 g_1 的阶为 N，h_1 的阶为 q_1。存在未知数 $\alpha \in \mathbb{Z}$，使得 $h = g^{\alpha q_2}$。基于密文 c_1、c_2，随机选取 $r \in \mathbb{Z}_N$，计算

$$\begin{aligned}
e(c_1, c_2) h_1^r &= e(g^{m_1} h^{r_1}, g^{m_2} h^{r_2}) h_1^r \\
&= e(g^{m_1} g^{\alpha q_2 r_1}, g^{m_2} g^{\alpha q_2 r_2}) h_1^r \\
&= e(g^{m_1 + \alpha q_2 r_1}, g^{m_2 + \alpha q_2 r_2}) h_1^r \\
&= e(g, g)^{m_1 m_2 + \alpha q_2 (r_1 m_2 + r_2 m_1 + \alpha q_2 r_1 r_2)} h_1^r \\
&= e(g, g)^{m_1 m_2} h_1^{r + r_1 m_2 + r_2 m_1 + \alpha q_2 r_1 r_2} \\
&= g_1^{m_1 m_2} h_1^{\tilde{r}} \in G_1
\end{aligned} \tag{10-19}$$

可以获得 $(m_1 \cdot m_2) \bmod N$ 在群 G_1 中的密文。

式中，$\tilde{r} = r + r_1 m_2 + r_2 m_1 + \alpha q_2 r_1 r_2$ 在 $\mathbb{Z}_N$ 中均匀分布。由上述运算可知，计算 $e(c_1, c_2) h_1^r$ 所得的新密文也是均匀分布的，可以正确恢复出明文 $(m_1 \cdot m_2) \bmod N$，但新的密文在群 G_1 中而非群 G 中，因此 BGN 算法只支持一次乘法同态操作。

10.1.4　全同态加密

本小节详细介绍全同态加密的定义并对经典全同态加密方案——GSW 方案进行简单描述。

1. 全同态加密的定义

一个同态加密方案（Π）通常包含 4 个概率多项式时间（Probabilistic Polynomial Time, PPT）算法，即密钥生成算法（KeyGen）、加密算法（Enc）、解密算法（Dec）和同态操作算法（Eval），可记为 $\Pi=(\text{KeyGen}, \text{Enc}, \text{Dec}, \text{Eval})$。

1）密钥生成算法 $\text{KeyGen}(1^k) \to (\text{pk}, \text{sk}, \text{ek})$：输入安全参数 k，输出加密密钥 pk、解密密钥 sk 及同态操作密钥 ek。

2）加密算法 $\text{Enc}(m, \text{pk}) \to c$：输入明文消息 m 和加密密钥 pk，输出密文 c。

3）解密算法 $\text{Dec}(c, \text{sk}) \to m$：输入密文 c 和解密密钥 sk，输出明文消息 m。

4）同态操作算法 $\text{Eval}(c, \text{pk}, \text{ek}, f) \to c_f$：输入密文 c、加密密钥 pk、同态操作密钥 ek 及电路 f，输出密文计算结果 c_f。

如果对于 $\text{KeyGen}(1^k)$ 生成的任意密钥对 (pk, sk, ek)，电路族 F 中的任意电路 f，明文域 M 中的任意 t 维的明文向量 $\boldsymbol{m} = (m_1, m_2, \cdots, m_t)$，以及相应的密文向量 $\boldsymbol{c} = (c_1, c_2, \cdots, c_t)$，其中 $c_i = \text{Enc}(m_i, \text{pk})$，$1 \leq i \leq t$，都有式（10-20）成立，即

$$f(\boldsymbol{m}) = \text{Dec}(\text{Eval}(c, \text{pk}, \text{ek}, f), \text{sk}) \tag{10-20}$$

则称同态加密方案 Π 对于电路族 F 是正确的。

如果同态加密方案 Π 对于电路族 F 是正确的，且存在一个关于安全参数 k 的多项式 $\text{poly}(k)$，使得解密算法 $\text{Dec}(c, \text{sk})$ 可以表示成 $\text{poly}(k)$ 大小的电路，则称 Π 对 F 是同态的。如果 Π 对任意电路都同态，则称其为全同态加密方案。

接下来，定义全同态加密方案的选择明文安全性。对于全同态加密方案 $\Pi=(\text{KeyGen}, \text{Enc}, \text{Dec}, \text{Eval})$ 和敌手 $\mathcal{A}$，考虑实验 $\text{Exp}_{\Pi, \mathcal{A}}^{\text{IND-CPA}}(1^k)$，其中 $O(\cdot)$ 为随机预言机，b 为抛掷硬币的结果（0 或 1），b' 为 $\mathcal{A}$ 猜测 b 的结果：

1）密钥生成：$(\text{pk}, \text{sk}, \text{ek}) \leftarrow \text{KeyGen}(1^k)$。

2）敌手选择明文：$(m_0, m_1) \leftarrow \mathcal{A}^{O(\cdot)}(\text{pk}, \text{ek})$。敌手 $\mathcal{A}$ 可以选择两个明文 m_0 和 m_1，且 $|m_0| = |m_1|$。

3）挑战密文生成：$b \leftarrow \{0, 1\}$，$c^* \leftarrow \text{Enc}(m_b, \text{pk})$。随机选择一个位 b，并生成挑战密文 c^*。

4）敌手猜测：$b' \leftarrow \mathcal{A}^{O(\cdot)}(c_*, \text{pk}, \text{ek})$。敌手 $\mathcal{A}$ 根据挑战密文 c^* 猜测 b'。

5）若 $b = b'$，则输出为 1，否则输出为 0。

定义 $\mathcal{A}$ 在实验中的优势，即

$$\text{Adv}_{\Pi, \mathcal{A}}^{\text{IND-CPA}}(k) = \left| \Pr[\text{Exp}_{\Pi, \mathcal{A}}^{\text{IND-CPA}}(1^k) = 1] - \frac{1}{2} \right| \tag{10-21}$$

如果对于任意 PPT 敌手 $\mathcal{A}$，在实验 $\text{Exp}_{\Pi, \mathcal{A}}^{\text{IND-CPA}}(1^k)$ 中猜对 b 的概率不超过 $\frac{1}{2} + \text{negl}(k)$，即 $\mathcal{A}$ 的优势 $\text{Adv}_{\Pi, \mathcal{A}}^{\text{IND-CPA}}(k)$ 在安全参数 k 上是可忽略的，则 Π 在选择明文攻击下满足密文不可区分性安全（INDistinguishability under Chosen Plaintext Attack, IND-CPA）。

针对自适应选择密文攻击（Adaptive Chosen Ciphertext Attack, CCA2），给定同态操作密钥，敌手可以有针对性地选择密文进行解密，并利用其同态特性破解某一个密文，因此全同态加密方案不具备 IND-CCA2 安全性。

2. GSW 方案

2009 年，Gentry 基于理想格提出第一个基于自举技术的全同态加密方案，该方案是第

一代全同态加密方案,但其效率低下,不能满足实际需求。2012 年,Brakerski、Gentry 和 Vaikuntanathan 提出一个不使用自举技术的层次型全同态加密技术(BGV 方案),在一定程度上降低了同态操作的计算开销,是第二代全同态加密方案的典型方案。2013 年,全同态加密方案已经发展至第三阶段,代表性方案为 GSW 方案。该方案基于 LWE 困难问题,不需要同态操作密钥即可实现同态操作,且其密文是矩阵形式的,对密文做加法和乘法运算就是对矩阵做加法和乘法,不会造成维数膨胀,无须像 BGV 方案一样进行维数约减。在详细描述 GSW 方案之前,首先对 LWE 假设的定义与 Lattice Gadget 工具进行介绍。

(1) LWE 假设的定义 对于安全参数 λ,设 $n=n(\lambda)$ 是一个正整数,整数 $q=q(\lambda) \geq 2$,令 $\mathcal{X}=\mathcal{X}(\lambda)$ 是 $\mathbb{Z}$ 上的高斯分布,$\mathrm{LWE}_{n,q,\mathcal{X}}$ 假设是指以下两个分布在计算上不可区分:

1) 随机均匀地选取 $(\boldsymbol{a}_i, b_i) \leftarrow \mathbb{Z}_q^{n+1}$。

2) 随机均匀地选取 $\boldsymbol{s} \leftarrow \mathbb{Z}_q^n$、$\boldsymbol{a}_i \leftarrow \mathbb{Z}_q^n$,从 $\mathcal{X}$ 中随机采样得到 e_i,计算 $b_i = \langle \boldsymbol{a}_i, \boldsymbol{s} \rangle + e_i$,得到 $(\boldsymbol{a}_i, b_i)$。

(2) Lattice Gadget 工具 Lattice Gadget 工具的本质是一些代数运算,能够辅助将标准 LWE 加密方案生成的密文转换成满足同态性质的密文,具体包括 BitDecomp 运算、Flatten 运算和 Powersof2 运算。

1) $\mathrm{BitDecomp}(\boldsymbol{a})$:$\boldsymbol{a}$ 是 $\mathbb{Z}_q$ 上的 n 维向量,$\mathrm{BitDecomp}(\boldsymbol{a})$ 将 $\boldsymbol{a}$ 的每个元素都进行二进制分解。令 $l = \lfloor \log_2 q \rfloor + 1$,$N = n \cdot l$,则 N 维向量 $\mathrm{BitDecomp}(\boldsymbol{a}) = (a_{1,0}, a_{1,1}, \cdots, a_{1,l-1}, \cdots, a_{n,0}, a_{n,1}, \cdots, a_{n,l-1})$,其中 $\boldsymbol{a}$ 的第 i 维数据 $a_i = \sum_{j=0}^{l-1} a_{i,j} 2^j$。若记 $\boldsymbol{a}' = (a_{1,0}, \cdots, a_{1,l-1}, \cdots, a_{n,0}, \cdots, a_{n,l-1}) \in \mathbb{Z}_q^{n \cdot l}$,则 BitDecomp 的逆运算可表示为 $\mathrm{BitDecomp}^{-1}(\boldsymbol{a}') = (\sum_{j=0}^{l-1} a_{1,j} 2^j, \cdots, \sum_{j=0}^{l-1} a_{n,j} 2^j) \in \mathbb{Z}_q^n$。

2) $\mathrm{Flatten}(\boldsymbol{a}')$:对于 N 维向量 $\boldsymbol{a}'$,$\mathrm{Flatten}(\boldsymbol{a}') = \mathrm{BitDecomp}(\mathrm{BitDecomp}^{-1}(\boldsymbol{a}'))$,$\mathrm{Flatten}(\boldsymbol{a}')$ 可以将不是全由 $\{0,1\}$ 构成的 $\boldsymbol{a}' \in \mathbb{Z}_q^{n \cdot l}$ 重新"抹平"成由 $\{0,1\}$ 中的元素构成,并且能够保持其一定的性质。

3) $\mathrm{Powersof2}(\boldsymbol{b})$:$\boldsymbol{b}$ 也是 $\mathbb{Z}_q$ 上的 n 维向量,$\mathrm{Powersof2}(\boldsymbol{b})$ 的功能也是将一个 $\boldsymbol{b} \in \mathbb{Z}_q^n$ 的向量转换成 $\boldsymbol{b}' \in \mathbb{Z}_q^{n \cdot l}$,具体来说,$\boldsymbol{b}' = \mathrm{Powersof2}(\boldsymbol{b}) = (b_1, 2b_1, \cdots, 2^{l-1} b_1, \cdots, b_n, 2b_n, \cdots, 2^{l-1} b_n)$。

如果以矩阵作为输入执行上述几种运算,就是对矩阵的每一行单独执行相应的运算。此外,Lattice Gadget 工具中的运算还具备以下两个性质:

① $\langle \mathrm{BitDecomp}(\boldsymbol{a}), \mathrm{Powersof2}(\boldsymbol{b}) \rangle = \langle \boldsymbol{a}, \boldsymbol{b} \rangle$。

② 对于任意 N 维向量 $\boldsymbol{a}'$,有 $\langle \boldsymbol{a}', \mathrm{Powersof2}(\boldsymbol{b}) \rangle = \langle \mathrm{BitDecomp}^{-1}(\boldsymbol{a}'), \boldsymbol{b} \rangle = \langle \mathrm{Flatten}(\boldsymbol{a}'), \mathrm{Powersof2}(\boldsymbol{b}) \rangle$。

(3) GSW 方案算法描述 GSW 方案主要包含五个算法:

1) 初始化 $\mathrm{GSW.Setup}(1^\lambda, 1^L)$:输入安全参数 λ 和电路层(也称电路深度)L,选取 $\kappa = \kappa(\lambda, L)$ 位的模 q,参数 $n = n(\lambda, L)$ 表示格的维度,噪声分布 $\mathcal{X} = \mathcal{X}(\lambda, L)$,使得 $\mathrm{LWE}_{n,q,\mathcal{X}}$ 对已知攻击至少达到 2^λ 的安全性。选取参数 $m = m(\lambda, L) = O(n \cdot \log q)$,令 $l = \lfloor \log q \rfloor + 1$,$N = (n+1) \cdot l$,输出参数 $\mathrm{params} = (n, q, \mathcal{X}, m)$。

2) 私钥生成 $\mathrm{GSW.SecKeyGen}(\mathrm{params})$:从 $\mathbb{Z}_q^n$ 中采样向量 $\boldsymbol{\tau}$,输出私钥 $\mathrm{sk} = \boldsymbol{s} \leftarrow (1, -\boldsymbol{\tau}) \in \mathbb{Z}_q^{n+1}$,令 $\boldsymbol{v} = \mathrm{Powersof2}(\boldsymbol{s})$。

3) 公钥生成 $\mathrm{GSW.PubKeyGen}(\mathrm{params}, \mathrm{sk})$:随机均匀生成矩阵 $\boldsymbol{B} \leftarrow \mathbb{Z}_q^{m \times n}$ 和向量 $\boldsymbol{e} \leftarrow \mathcal{X}^m$,计算 $\boldsymbol{b} = \boldsymbol{B} \cdot \boldsymbol{\tau}^\mathrm{T} + \boldsymbol{e}^\mathrm{T}$,令 $\boldsymbol{A}$ 为 $n+1$ 列的矩阵,由向量 $\boldsymbol{b}$ 和矩阵 $\boldsymbol{B}$ 组成,即 $\boldsymbol{A} = [\boldsymbol{b} | \boldsymbol{B}]$。显然可

知，$A \cdot s^T = e^T$，输出公钥 $pk = A$。

4）加密 GSW.Enc(params, pk, m)：输入明文消息 $m \in \mathbb{Z}_q$，随机均匀生成矩阵 $R \in \{0, 1\}^{N \times m}$，输出密文 $C = \text{Flatten}(m \cdot I_N + \text{BitDecomp}(R \cdot A)) \in \mathbb{Z}_q^{N \times N}$。其中，$I_N$ 为 $N \times N$ 的单位矩阵。

5）解密 GSW.Dec(params, sk, C)：向量 v 的前 l 个系数分别是 $1, 2, \cdots, 2^{l-1}$，令 $v_i = 2^i \in (q/4, q/2]$，c_i 是密文 C 的第 i 行，计算 $x_i \leftarrow <c_i, v>$，输出明文 $m' = \lfloor x_i / v_i \rceil$。

（4）GSW 方案的同态特性　GSW 方案支持常量乘法（GSW.CMul）、加法（GSW.Add）、乘法（GSW.Mul）及与非门（GSW.NAND）这四种同态操作。

1）GSW.CMul(C, α)：输入密文 $C \in \mathbb{Z}_q^{N \times N}$ 和已知常量 $\alpha \in \mathbb{Z}_q$，令 $M_\alpha \leftarrow \text{Flatten}(\alpha \cdot I_N)$，GSW.CMul$(C, \alpha)$ 输出 $\alpha \cdot m$ 的密文 $\text{Flatten}(M_\alpha \cdot C)$。

2）GSW.Add(C_1, C_2)：输入明文为 $m_1, m_2 \in \mathbb{Z}_q$ 的密文 $C_1, C_2 \in \mathbb{Z}_q^{N \times N}$，GSW.Add$(C_1, C_2)$ 输出 $m_1 + m_2$ 的密文 $\text{Flatten}(C_1 + C_2)$。

3）GSW.Mul(C_1, C_2)：输入明文为 $m_1, m_2 \in \mathbb{Z}_q$ 的密文 $C_1, C_2 \in \mathbb{Z}_q^{N \times N}$，GSW.Mul$(C_1, C_2)$ 输出 $m_1 \cdot m_2$ 的密文 $\text{Flatten}(C_1 \cdot C_2)$。注意，在同态乘法操作中，新的噪声取决于原噪声、密文 C_1 和明文消息 m_2。由于原噪声的影响无法消除，且密文 C_1 对新噪声的影响有限（至多增长 N 倍），因此明文消息 m_2 是最主要的影响因素，该问题可以通过限制明文空间大小解决。

4）GSW.NAND(C_1, C_2)：输入明文为 $m_1, m_2 \in \{0, 1\}$ 的密文 $C_1, C_2 \in \mathbb{Z}_q^{N \times N}$，GSW.NAND$(C_1, C_2)$ 输出 $1 - m_1 \cdot m_2$ 的密文 $\text{Flatten}(I_N - C_1 \cdot C_2)$。

此时，因为明文空间为 $\{0, 1\}$，噪声最多增长 $N+1$ 倍。

10.2　安全多方计算

安全多方计算（Secure Multi-Party Computation, SMPC 或 MPC）允许一组参与方在不泄露各自私有输入的条件下共同实现联合计算。参与方约定一个待计算的函数，随后应用 MPC 协议，将每个参与方的秘密输入协议中，联合计算得到函数的输出，同时不泄露私有输入。自 20 世纪 80 年代姚期智提出此概念以来，MPC 已经从理论设想发展成构建大规模隐私保护应用系统的关键技术。

10.2.1　安全多方计算概述

安全多方计算是指在一个互不信任的多用户网络中，各用户既能够通过网络来协同完成可靠的计算任务，也能够保持各自数据的安全性。实际上，安全多方计算协议是一种分布式协议，在这个协议中，n 个成员 $P_1, P_2, \cdots, P_n$ 分别持有秘密输入 $x_1, x_2, \cdots, x_n$，试图计算函数值 $(y_1, y_2, \cdots, y_n) = f(x_1, x_2, \cdots, x_n)$，其中，$f$ 为给定的函数。安全的含义是指既要保证函数值的正确性，又不暴露任何有关成员秘密输入的信息。如果系统中存在可信的管理中心，则只要各个成员将自己的秘密数据传给管理中心，便可以很容易地计算出函数值，然而，大部分实际应用中很难找到一个完全可信的管理中心，安全多方计算协议为解决这类问题提供了一种途径。

姚期智最早提出安全多方计算的概念，他给出了一个趣味性例子，这个例子被称为

"百万富翁"问题：两个富翁在街头相遇，如何在不暴露各自财富的前提下比较出谁更富有？这个问题可以用数学方法描述为：假设参与方 A 有秘密数值 a，B 有秘密数值 b，能否安全地比较 a 与 b 的大小？有时也需要比较两者是否相等，A、B 双方各有一个消息，如何在不暴露各自消息的前提下比较出二者的消息是否一致？这里"安全"的含义是指除最后结果（$a>b$ 或 $a<b$ 或 $a=b$）之外，双方不泄露自己的任何信息。

安全多方计算有较强的应用背景，如网上电子投标（拍卖）、网上商业谈判、电子选举计票、比较薪资或年龄等问题，很多情况下还可以用来认证。下面给出一个简单的安全多方计算协议，无可信中心下平均工资的计算：

假设有 A、B、C 和 D 共四人，每人选择自己的公钥/私钥对，并公开公钥，可以通过以下步骤计算他们的平均工资：

1) A 将一个随机秘密数与自己的工资数相加，并以 B 的公钥加密后发送给 B。

2) B 以其私钥解密后，将自己的工资数与接收的数字相加，而后以 C 的公钥加密后发送给 C。

3) C 以其私钥解密后，将自己的工资数与接收的数字相加，而后以 D 的公钥加密后发送给 D。

4) D 以其私钥解密后，将自己的工资数与接收的数字相加，而后以 A 的公钥加密后发送给 A。

5) A 以其私钥解密后，从中减去最早加上的随机数，得到所有成员的工资之和，再除以 4 便得到平均工资数。

此协议假定每个成员都能诚实地按协议执行，否则，只要有一人伪造数据，便无法得到正确的结果。此外，还存在 A 的权力过大的问题。

一个安全多方计算协议，如果对于拥有无限计算能力的攻击者是安全的，则称其为信息论安全的或无条件安全的；如果它对于拥有多项式计算能力的攻击者是安全的，则称其为密码学安全的或条件安全的。已有结果证明：在无条件安全模型下，当且仅当恶意参与者的人数少于总人数的 1/3 时，安全的方案才存在；在条件安全模型下，当且仅当恶意参与者的人数少于总人数的 1/2 时，安全的方案才存在。

10.2.2 安全多方计算构造基础

本节主要介绍可以用于安全多方计算构造的密码技术，包含秘密共享、不经意传输及零知识证明。

1. 秘密共享

秘密共享是一种重要的密码协议，是很多 MPC 协议的核心构造模块。它通过将一个秘密数据分割成多个部分，并分配给不同的参与者，来确保数据的安全性。只有在将多个部分合并时，才能恢复出原始的秘密数据。因此，在秘密共享方案中，任何单个参与者都无法看到完整的秘密数据。

门限方案是理想的秘密共享方案，(k,n) 门限方案是一类特殊的秘密共享方案，其中 n 表示参与方个数，k 表示重构秘密所需要的最少份额数，其访问结构是所有 k 元素子集构成的集合。(k,n) 门限方案可具体描述为将一个秘密 S 拆分成 n 份 $S_1, S_2, \cdots, S_t, \cdots, S_n$，并分发给不同的参与方 $P_1, P_2, \cdots, P_n$ 管理，只有至少 k 个参与方合作才能恢复出秘密 S，即对确定的整数 $k(k<n)$，方案满足：①在 n 个参与方中，任意 $r(r \geq k)$ 个参与方协作都能重构秘密；

② 任意 $r(r<k)$ 个参与方协作对恢复秘密没有任何帮助。

(k,n) 门限方案于 1979 年由 Shamir 和 Blakley 提出，两位密码学家各自独立地给出构造思想，之后又陆续出现了很多秘密共享的方案。其中较为经典的方案包括 Shamir 秘密共享方案、Blakley 秘密共享方案、Brickell 秘密共享方案和基于中国剩余定理的秘密共享方案。下面主要介绍基于有限域上拉格朗日插值多项式构造的 Shamir 秘密共享方案，具体流程描述如下：

设 q 为素数的幂，α 是有限域 $\mathrm{GF}(q)$ 中的本原元，设要共享的秘密为 $S \in \mathrm{GF}(q)$，随机选取 $\mathrm{GF}(q)$ 上的 $k-1$ 次多项式 $f(x)$，得到

$$f(x) = S + a_1 x + a_2 x^2 + \cdots + a_{k-1} x^{k-1} \tag{10-22}$$

式中，$a_i \in \mathrm{GF}(q), i=1,2,\cdots,k-1$，且 $a_i \neq 0$。对 n 个互不相同的非零 $\alpha_i \in \mathrm{GF}(q), i=1,2,\cdots,n$，计算 $d_i = f(\alpha_i)$，则集合 $\{d_i\}_{i=1}^n$ 构成一个 (k,n) 门限方案。

证明：假设 k 个参与者提供了 k 个份额 $d_i, i=1,2,\cdots,k$，则根据拉格朗日插值公式，得到

$$f(x) = \sum_{i=1}^{k} d_i \prod_{\substack{j=1 \\ j \neq i}}^{k} \frac{x - \alpha_i}{\alpha_i - \alpha_j} \tag{10-23}$$

通过计算 $f(0)$ 可以得到秘密 S，并且每个参与者 α_i 均可利用自己掌握的份额 d_i 来验证所求得的 $f(x)$ 是否正确，从而发现其他参与方的欺骗行为。

当份额数量 $r<k$ 时，要确定 $k-1$ 次多项式 $f(x)$ 的全部系数，就必须另外找到 $k-r$ 个插值点，这需要在有限域 $\mathrm{GF}(q)$ 中穷尽搜索 q^{k-r} 次，从而存在 q^{k-r} 个多项式 $f(x)$ 满足 $f(\alpha_i) = d_i$，$i=1,2,\cdots,r$，因而确定秘密 S 的取值成为一个计算上困难的问题。

Shamir 指出该方案具有以下特点：

1) 在参与者集合中成员总数不超过 q 的条件下可以增加新成员，即计算新的秘密份额不会改变已有的秘密份额。
2) 通过选用常数项不变的另一个新的 $k-1$ 次多项式，可以撤销旧的秘密份额。
3) 可以根据成员的重要性分给不同个数的份额，实现分级的秘密共享。
4) 恢复秘密 S 的算法是多项式时间的，其时间复杂度为 $O(t^3)$。

2. 不经意传输

不经意传输（Oblivious Transfer，OT）目前被广泛地应用于 MPC 中，是构造 MPC 方案的核心密码技术之一。它由 Rabin 在 1981 年为了解决如下问题而提出：Alice 拥有秘密 S_A，Bob 拥有秘密 S_B。要求 Alice 和 Bob 在交换秘密时，都有可能在对方不知情的情况下得到对方的秘密。但是，在 Rabin 构造的方案中，Alice 和 Bob 都无法获得对方秘密的概率是 1/4，成功交换秘密的概率是 3/4，不能保证两方每次都能在满足要求的情况下获得秘密，因此该方案还不具有应用意义，仍有待完善。1985 年，Even 等人在此基础上提出 2 选 1-OT，记为 OT_2^1，具体描述如下：发送方 Alice 有两条消息 m_0 和 m_1，通过信息交互，接收方 Bob 可得到其中之一，但 Alice 不知道 Bob 选择的是哪一个消息。

该方案利用了公钥加密方案传递会话密钥，公钥系统和 OT_2^1 所有参数由 Alice 选取。后续步骤如下：

1) 发送方 Alice 选择公钥系统 $\{E_{pk}(\cdot), D_{sk}(\cdot)\}$ 和两个随机数 $c_0, c_1 \in_R \mu_x$（μ_x 是上述公钥系统的消息空间），并将公钥 pk 和随机数 c_0、c_1 传送给 Bob。
2) Bob 选择随机数 $r \in_R \{0,1\}$ 和会话密钥 $k \in_R \mu_x$。然后，利用 Alice 的 pk 加密会话密

钥 k，同时利用 Alice 发送的两个随机数之一盲化密文，即计算 $q=E_{pk}(k)\oplus c_r$，最后将 q 发送给 Alice。

3) Alice 利用私钥解密 q，对于 $i=0,1$，分别计算 $k'_i=D_{sk}(q\oplus c_i)$，得到两个结果，一个是真正的会话密钥 k，另一个则是无意义的随机数，但 Alice 无法区分。

4) Alice 利用计算所得的 k'_0 和 k'_1 分别加密消息 m_0 和 m_1 后发送给 Bob。

5) Bob 收到两份消息，一份是利用真正的会话密钥加密的，另一份则是利用假的会话密钥加密的，因此，Bob 利用自己的会话密钥解密时只能正确读取其中一份，另一份对他毫无意义。

分析：由 Alice 选取公钥系统及两个随机数发送给 Bob，Bob 选择会话密钥并用 Alice 的公钥加密，同时用 Alice 给的两个随机数之一盲化该密文，这样 Bob 所选的会话密钥就具有不经意性。Alice 去掉盲化，再解密得到两个密钥，其中只有一个是 Bob 选取的会话密钥，如此保证了 Alice 消息的安全性。

随后，在 1986 年，Brassard 等人继续对 OT 协议进行改进，使其可适用于 n 选 1 的场景，记作 OT_n^1，具体描述如下：发送方 Alice 有 n 条消息 $m_1,m_2,\cdots,m_n\in\{0,1\}^t$，每条消息的长度为 t 位，$b_{ij}\in\{0,1\}$ 表示第 i 条消息的第 j 位。通过信息交互，接收方 Bob 可得到其中一条消息，但 Alice 不知道 Bob 得到的是哪一条消息。

后续步骤如下：

1) Alice 随机选取两个大素数 p 和 q，计算 $m=pq$，并计算模 m 的二次非剩余 y，然后对于每一个位 b_{ij} 选择一个整数 x_{ij}，计算 $z_{ij}=x_{ij}^2 y^{b_{ij}} \bmod m$。显然，当且仅当 $b_{ij}=0$ 时，z_{ij} 是模 m 的二次剩余。Alice 将 m、y 以及所有 $\{z_{ij}|i\in[1,n],j\in[1,t]\}$ 发送给 Bob。

2) 针对 Bob 想选取的第 i 条消息的每一位 $j\in[1,t]$，Bob 先随机选取一个 $r\in Z_m^*$ 和一个随机位 $\alpha\in\{0,1\}$，再计算 $q_j=z_{ij}r^2y^\alpha \bmod m$。随后，Bob 将 q_j 发送给 Alice，询问 q_j 是否为模 m 的二次剩余。

3) Alice 基于 p 和 q，计算 q_j 是否为模 m 的二次剩余，并将结果返回给 Bob。

4) Bob 根据返回的结果判断 b_{ij} 的值，若 q_j 是模 m 的二次剩余，则 $b_{ij}=\alpha$，否则不相等。重复上述 2) 3) 步骤 t 次，可以得到一条完整的消息。

分析：基于大合数分解难题，Bob 无法直接验证二次剩余问题，从而保证了 Alice 其他消息的安全性；Bob 选取的随机数 r 盲化了消息 z_{ij}，使得 Bob 具体选取哪一条消息对 Alice 来说具有不经意性。

3. 零知识证明

零知识证明（Zero-Knowledge Proof，ZKP）最早由 Goldwasser 等人提出。ZKP 是一种双方协议，其中一方（证明者）向另一方（验证者）证明一个命题成立，但不让后者证明方法。验证者在确信所证明内容的有效性之后，并不能获得证明者为了完成证明所拥有的知识，另外，协议结束以后，任何第三方都不可能明白证明者与验证者之间的通信内容。

Quisquater 和 Guillou 设计了一个形象的例子来说明零知识证明的含义，这个例子又被称为洞穴问题。如图 10-1 所示，假设存在一个洞穴，洞穴底部的门需要秘密的咒语才能打开，证明者 P 知道咒语，他要向验证者 V 证实他确实知道

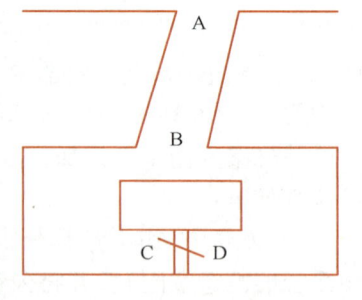

图 10-1 洞穴问题

这个咒语但又不能泄露咒语内容。

P 和 V 之间可以通过以下协议来实现证明：

1）V 站在 A 点。
2）P 一直走到洞穴底部，到达 C 点或 D 点。
3）当 P 消失在洞穴中后，V 走到 B 点。
4）V 命令 P "从左边出来"或"从右边出来"。
5）P 照办，如果需要通过门，就用咒语打开。
6）重复上面的步骤。

在上面的协议中，只要有一次 P 没有按照 V 的命令去做，V 就会认为证明失败，P 没有掌握咒语，因此如果 P 不知道咒语，则经过 m 轮重复后，P 成功实施欺骗的概率为 $1/2^m$，m 越大，证明的可信度就越高。

零知识证明协议必须满足完备性、合理性和零知识性。在零知识证明中，给定一个断言，证明者的目标是让验证者确信其有效性，这被称为完备性；验证者的目标是只接受正确的断言，这称为合理性；在证明过程中，验证者不会得到证明者所掌握的知识，这被称为零知识性。证明者在交互过程中要防止验证者提取出知识，因此通常验证者的工作要相对容易一些。

作为计算复杂性理论的重要分支，ZKP 有着非常重要的理论价值和应用背景，它具有信息论意义上最"强"的可证明安全性，主要应用于各种密码协议、密钥分配方案，为密码协议的安全性提供有力的证据。

ZKP 协议可以分为交互式的和非交互式的。20 世纪 80 年代末，Blum 等人在零知识证明中以通信双方共享一个共同的短随机串来代替交互过程，从而实现了非交互式的零知识证明，即证明者和验证者在证明阶段无须交互，就能实现零知识性。非交互式不仅提高了效率，而且可以应用于一些交互式证明无法实现的场合，比如应用于可抵抗自适应选择明文攻击的数字签名系统，因而具有更广的适用范围。下面主要介绍一种最著名的交互式零知识证明协议 Feige-Fiat-Shamir（FFS）识别协议。

（1）准备阶段　可信的权威机构 TA 产生全局变量 n，n 为两个大素数的乘积且除了 TA 之外没有任何其他参与方知道 n 的分解式。

证明者 P 秘密选择随机数 s，$1<s<n$ 且 $\gcd(s,n)=1$，P 计算 $l \equiv s^2 \pmod n$，公开 l 和 n。

（2）目的　P 要使 V 确信他知道秘密信息 s，即要向 V 证明他知道 l 模 n 的一个平方根。

（3）证明阶段

1）P 随机选择一个 r，计算 $x \equiv r^2 \pmod n$ 并将 x 发送给 V。
2）V 随机选择 $e_i=0$ 或 1，将 e_i 传给 P。
3）在证明者 P 一方，如果 $e_i=0$，则令 $y=r$，否则令 $y=rs$，P 将 y 传给 V。
4）在验证者 V 一方，当 $e_i=0$ 时，V 检查是否满足 $y^2 \equiv x \pmod n$，否则检查是否满足 $y^2 \equiv xl \pmod n$。
5）重复上述步骤。

安全性分析：①给定 l 和 n，计算 s 是困难的，其难度相当于分解大整数 n；②完备性，即 V 能确信 P 知道 l 模 n 的一个平方根而 P 不泄露任何关于 s 的消息；③合理性，即 P 在选择 r 并将 x 传给 V 之前并不知道 e_i 的取值，P 可以以 1/2 的概率猜测 e_i 的值，但当协议重复

执行 t 次以后，猜测成功的概率变成 $1/2^t$。

10.2.3 安全多方计算协议的构造方法

本节介绍的安全多方计算协议均构造于理想模式下，理想模式要求所有协议参与者正确地执行涉及的每步运算。假设要计算的函数为 f，现有的大多数安全多方计算协议通过构造能计算 f 的电路来仿真实现，该电路由两个门 "×" 和 "+" 组成，分别实现域中的乘法和加法运算，进而计算出整个函数的输出。

在理想模式下，常见的安全多方计算协议主要有四种：基于 OT 的安全多方计算协议，基于可验证秘密共享的安全多方计算协议，基于同态加密的安全多方计算协议和基于 Mix_Match 的安全多方计算协议。这里主要介绍前三者。

1. 基于 OT 的安全多方计算协议

假设发送者 Alice 有 n 个输入 $d_1, d_2, \cdots, d_n \in \{0,1\}$，接收者 Bob 有输入 $l \in \{1,2,\cdots,n\}$，协议执行后，Bob 将得到 d_l 而不知道除 d_l 外 Alice 的其他输入，Alice 则不知道 Bob 的选择 l。我们将这样的 OT_n^1 协议记作 $OT[(d_1, d_2, \cdots, d_n), l, \text{Alice}, \text{Bob}]$。下面具体介绍如何基于该协议进行安全多方计算。

基于 $OT[(d_1, d_2, \cdots, d_n), l, \text{Alice}, \text{Bob}]$ 构造的安全多方计算协议可以计算任意的二进制运算函数，而所有的二进制运算都可以分解为基本二进制运算，包括异或（XOR）、与（AND）和非（NOT）三种，记作 "$\oplus$" "·" 和 "$\overline{}$"。因此只要能利用 OT 协议安全地计算二元 XOR、AND 和 NOT 运算，便可以安全地计算所有二进制函数。基于 OT 的安全多方计算协议的运行具体可分为三个阶段。

（1）输入阶段　N 个参与方 $P_1, P_2, \cdots, P_N$ 拥有各自的输入自变量 $x_i \in \{0,1\}, i=1,2,\cdots,N$，$P_i$ 将 x_i 秘密地随机分解为 $x_{i1}, x_{i2}, \cdots, x_{iN}$，使得 $x_i = x_{i1} \oplus x_{i2} \oplus \cdots \oplus x_{iN}$，并将 x_{ij} 秘密地发送给参与方 P_j。

（2）计算阶段

1）二元 XOR 运算：设运算的逻辑输入为 $x_a, x_b, a, b \in [1, N]$，且 x_a, x_b 已经被表示为 $x_a = x_{a1} \oplus x_{a2} \oplus \cdots \oplus x_{aN}$ 和 $x_b = x_{b1} \oplus x_{b2} \oplus \cdots \oplus x_{bN}$，其中参与者 P_i 只知道 x_{ai} 和 x_{bi}。在进行 XOR 运算时，各 P_i 输出 $x_{ai} \oplus x_{bi}$。由于异或运算的可交换性，有 $x_a \oplus x_b = (x_{a1} \oplus \cdots \oplus x_{aN}) \oplus (x_{b1} \oplus \cdots \oplus x_{bN}) = (x_{a1} \oplus x_{b1}) \oplus \cdots \oplus (x_{aN} \oplus x_{bN})$，因此可正确计算出 $x_a \oplus x_b$。

2）一元 NOT 运算：设运算的逻辑输入为 $x_a, a \in [1, N]$，且 x_a 已经被表示为 $x_a = x_{a1} \oplus x_{a2} \oplus \cdots \oplus x_{aN}$，其中只有参与者 P_i 知道 x_{ai}。在进行 NOT 运算时，P_1 将其输出设置为 $\overline{x_{a1}}$，其他参与者 P_i 将输出设置为 $\overline{x_{ai}}, i \in [2, N]$，则由于 $\overline{x_a} = x_{a1} \oplus x_{a2} \oplus \cdots \oplus x_{aN} = \overline{x_{a1}} \oplus x_{a2} \oplus \cdots \oplus x_{aN}$，因此可正确地计算出 $\overline{x_a}$。

3）二元 AND 运算：设运算的逻辑输入为 $x_a, x_b, a, b \in [1, N]$，且 x_a 和 x_b 已经被表示为 $x_a = x_{a1} \oplus x_{a2} \oplus \cdots \oplus x_{aN}$ 和 $x_b = x_{b1} \oplus x_{b2} \oplus \cdots \oplus x_{bN}$，其中参与者 P_i 只知道 x_{ai} 和 x_{bi}。AND 运算的目标是得到 $c_1, c_2, \cdots, c_N$，满足 $c_1 \oplus c_2 \oplus \cdots \oplus c_N = a \cdot b = (x_{a1} \oplus x_{a2} \oplus \cdots \oplus x_{aN}) \cdot (x_{b1} \oplus x_{b2} \oplus \cdots \oplus x_{bN})$，且保证 P_i 只知道 c_i。当 $N=2$ 时，需要得到 c_1, c_2，保证 P_i 只知道 $c_i, i=1,2$，使得 $c_1 \oplus c_2 = (x_{a1} \oplus x_{a2}) \cdot (x_{b1} \oplus x_{b2})$，可以利用子协议 $OT[(d_1, d_2, \cdots, d_n), l, P_1, P_2]$ 来实现这个目标。P_1 随机选择 $c_1 \in \{0,1\}$，并设置各参数如下：

$$d_1 = c_1 \oplus (x_{a1} \cdot x_{b1})$$
$$d_2 = c_1 \oplus [x_{a1} \cdot (x_{b1} \oplus 1)]$$

$$d_3 = c_1 \oplus [(x_{a1} \oplus 1) \cdot x_{b1}]$$
$$d_4 = c_1 \oplus [(x_{a1} \oplus 1) \cdot (x_{b1} \oplus 1)]$$

P_1 以 d_1, d_2, d_3, d_4 作为 OT 的输入，P_2 设置 $l = 1+2x_{a2}+x_{b2} \in \{1,2,3,4\}$ 作为 OT 的输入，双方执行 $\text{OT}[(d_1,d_2,d_3,d_4),l,P_1,P_2]$。由 OT 的性质可知，$P_2$ 只能得到 $d_l = d_{1+2x_{a2}+x_{b2}}$，而 P_1 不知道 l。P_2 设置 $c_2 = d_l = d_{1+2x_{a2}+x_{b2}}$，易证 $c_1 \oplus c_2 = (x_{a1} \oplus x_{a2}) \cdot (x_{b1} \oplus x_{b2})$，且 P_1 只知道 c_1，P_2 只知道 c_2。

对于一般情形，由于 $(x_{a1} \oplus x_{a2} \oplus \cdots \oplus x_{aN}) \cdot (x_{b1} \oplus x_{b2} \oplus \cdots \oplus x_{bN}) = \left\{\bigoplus_{i=1}^{N}(x_{ai} \cdot x_{bi})\right\} \oplus \{\bigoplus_{1 \leq i < j \leq N}[(x_{ai} \cdot x_{bj}) \oplus (x_{aj} \cdot x_{bi})]\}$。显然，$P_i$ 可以单独计算 $(x_{ai} \cdot x_{bi})$，而任意的 $\{P_i, P_j\}$，$i,j \in [1,N]$，可以执行 4 选 1-OT 协议，即 $\text{OT}[(d'_1,d'_2,d'_3,d'_4),l,P_i,P_j]$，由 P_i 选择一个一次性随机数 $c_i \in \{0,1\}$，设置 d'_1, d'_2, d'_3, d'_4 为

$$d'_1 = c_i$$
$$d'_2 = c_i \oplus x_{bi}$$
$$d'_3 = c_i \oplus x_{ai}$$
$$d'_4 = c_i \oplus x_{ai} \oplus x_{bi}$$

P_j 设置 $l = 1+2x_{aj}+x_{bj} \in \{1,2,3,4\}$，$c_j = d_l = d_{1+2x_{aj}+x_{bj}}$，易证 $c_i \oplus c_j = (x_{ai} \cdot x_{bj}) \oplus (x_{aj} \cdot x_{bi})$。综上，最终可得 $(x_{a1} \oplus x_{a2} \oplus \cdots \oplus x_{aN}) \cdot (x_{b1} \oplus x_{b2} \oplus \cdots \oplus x_{bN})$，且 P_i 只知道每次执行 OT 协议时选择的随机数 c_i，而不知道 $c_j (j \neq i)$ 的任何信息。

（3）输出阶段　对于需要计算的函数，假设经过最后一步运算（AND、XOR 或 NOT）后，P_i 得到 $y_i, i=1,2,\cdots,N$，易知函数的输出结果为 $y = y_1 \oplus y_2 \oplus \cdots \oplus y_N$。如果 P_i 公布 y_i，则所有参与者都能得到正确的结果 y。

2. 基于可验证秘密共享的安全多方计算协议

在有仲裁的秘密共享体制中，仲裁者分发给每个参与者的份额是否有效，要等到合格子集成员一起重构出秘密后才能验证，然而，可验证秘密共享则允许每个成员能够在不重构秘密时就验证所得到的份额是否有效。相较基于 OT 的安全多方计算协议，基于可验证秘密共享的安全多方计算协议的效率更高，且要计算的函数的定义域和值域均为有限域 $\text{GF}(p)$，p 为素数。由于域上的所有运算都可以分解为域上加法和乘法运算的组合，因此只要能安全地进行加法和乘法计算，便可以安全地计算 $\text{GF}(p)$ 上的所有函数。类似地，基于可验证秘密共享的安全多方计算协议的运行也可分为输入阶段、计算阶段和输出阶段。

（1）输入阶段　设 N 个参与方 $P_1, P_2, \cdots, P_N$ 各自的输入自变量为 $s_i (i=1,2,\cdots,N) \in \text{GF}(p)$，$P_i$ 在 $\text{GF}(p)$ 上随机选择一个 t 次多项式，即

$$f_i(x) = s_i + a_{1i}x + a_{2i}x^2 + \cdots + a_{ti}x^t \tag{10-24}$$

再将秘密 s_i 分给 N 个参与方共享，其中 P_j 的秘密份额为 $f_i(j)$。

（2）计算阶段

1）域上的加法运算：设运算的逻辑输入为 $s_a, s_b \in \text{GF}(p)$，且 s_a, s_b 分别用 t 次多项式 $f_a(x)$、$f_b(x)$ 分给 N 个参与方共享，此时 $f_a(0) = s_a$，$f_b(0) = s_b$，参与方 P_i 的份额为 $f_a(i)$、$f_b(i)$。经过加法运算后，每一个参与方 P_i 的输出为 $f_a(i) + f_b(i)$，从而相当于 $s_a + s_b$ 被用 $\text{GF}(p)$ 上的 t 次多项式 $h(x) = f_a(x) + f_b(x)$ 共享，其中 $s_a + s_b = f_a(0) + f_b(0)$，并且 P_i 只知道 $f_a(i) + f_b(i)$。

2）域上的乘法运算：设运算的逻辑输入为 $s_a, s_b \in \mathrm{GF}(p)$，且 s_a, s_b 分别用 t 次多项式 $f_a(x)$、$f_b(x)$ 分给 N 个参与方共享，此时 $f_a(0) = s_a$，$f_b(0) = s_b$，参与方 P_i 的份额为 $f_a(i)$、$f_b(i)$。与加法运算类似，如果能找到 $\mathrm{GF}(p)$ 上的 t 次多项式 $h(x)$，使得 $h(0) = s_a \cdot s_b$，并利用 Shamir 的插值方案将 $s_a \cdot s_b$ 分给 N 个参与方共享，那就实现了对 $s_a \cdot s_b$ 的安全计算。

设 $f_{ab}(x) = f_a(x)f_b(x) = c_{2t}x^{2t} + c_{2t-1}x^{2t-1} + \cdots + s_a s_b$，令
$$X = (s_a s_b, c_1, \cdots, c_{2t})$$
则
$$\begin{pmatrix} f_{ab}(1) \\ f_{ab}(2) \\ \vdots \\ f_{ab}(2t+1) \end{pmatrix} = \begin{pmatrix} 1 & 1 & \cdots & 1 \\ 1 & 2 & \cdots & 2^{2t} \\ \vdots & \vdots & & \vdots \\ 1 & 2t+1 & \cdots & (2t+1)^{2t} \end{pmatrix} \begin{pmatrix} s_a s_b \\ c_1 \\ \vdots \\ c_{2t} \end{pmatrix} = A \cdot X^{\mathrm{T}}$$

式中，A 为范德蒙矩阵（一种各列为几何级数的矩阵），且可逆。设 A^{-1} 第一行为 $(\lambda_1, \lambda_2, \cdots, \lambda_{2t+1})$（注意这个对所有参与方是已知的），则 $s_a s_b = \lambda_1 f_{ab}(1) + \lambda_2 f_{ab}(2) + \cdots + \lambda_{2t+1} f_{ab}(2t+1)$，且 $f_{ab}(i)$ 是 P_i 的秘密信息。此时 $P_i (i=1,2,\cdots,2t+1)$ 寻找 $\mathrm{GF}(p)$ 上的 t 次多项式 $h_i(x)$，令 $h_i(0) = \lambda_i f_{ab}(i)$，计算 $h_i(j)$ 并将其发送给 P_j。设 $h(x) = h_1(x) + h_2(x) + \cdots + h_{2t+1}(x)$，则
$$h(0) = \sum_{i=1}^{2t+1} h_i(0) = \sum_{i=1}^{2t+1} \lambda_i f_{ab}(i) = s_a s_b$$

而 P_i 仅知道 $\sum_{j=1}^{2t+1} h(i)$，从而实现了域上的乘法运算。

（3）输出阶段　对于需要安全计算的函数，经过最后一步运算后，P_i 将得到 $h(i)$，根据 Shamir 秘密共享方案，任意 $t+1$ 个参与方可以安全计算 $h(0)$，即产生多方安全协议的输出。

3. 基于同态加密的安全多方计算协议

同态加密一般具有如下性质。

1）加法加密同态：已知明文对 x_1 和 x_2，任意参与方都能得到 $E(x_1+x_2)$。

2）常数乘法同态：已知明文 x 及任一常数 a，任意参与方都能得到密文 $E(ax)$。

3）已知明文证明：若已知明文 x，任意参与方都可以利用零知识证明协议证明 $E(x)$ 是 x 的密文。

4）常数乘法正确性证明：已知常数 a 及密文 $E(x)$，任意参与方都可以零知识协议证明 $E(ax)$ 是 ax 的密文。

5）门限解密：解密密钥被所有参与方共享，解密时，各参与方利用自己的份额共同对密文解密，而无须公开秘密份额及解密密钥。

利用同态加密体制可以设计安全多方计算协议，这类协议也可分为输入阶段、计算阶段和输出阶段。

（1）输入阶段　参与方 $P_1, P_2, \cdots, P_N$ 拥有各自的输入变量 $a_1, a_2, \cdots, a_N$，P_i 利用同态加密体制的公钥 pk 对 a_i 加密，将密文 $E(a_i)$ 发给其他参与方，并零知识证明他知道 a_i。

（2）计算阶段

1）加法运算：每个参与方都知道加法运算的输入 x_1, x_2 所对应的密文 $E(x_1), E(x_2)$，由于同态加密的同态性，显然，每个参与方都能得到 $E(x_1+x_2)$。

2）乘法运算：每个参与方都知道加法运算的输入 x_1, x_2 所对应的密文 $E(x_1), E(x_2)$，要求能得到 $E(x_1 x_2)$。P_i 随机选择 d_i，利用公钥 pk 对 d_i 加密并将密文广播，由于同态的性质，每个参与方都能计算得到

$$E(d_1)+E(d_2)+\cdots+E(d_N)+E(x_1)=E(x_1+d_1+\cdots+d_N)$$

从而所有参与方都能解密得到 $x_1+d_1+\cdots+d_N$，这样对参与方 P_i 而言，他已知信息为 d_i 和 $x_1+\sum_{j=1}^{N}d_j$。P_1 设置 $a_1=\left(x_1+\sum_{j=1}^{N}d_j\right)-d_1$，其他参与方设置 $a_i=-d_i(i=2,3,\cdots,N)$，则显然有 $\sum_{i=1}^{N}a_i=x_1$。由于常数乘法的同态性，P_i 可以计算出 $E(a_ix_2)$，P_i 将 $E(a_ix_2)$ 公布并证明其真实性。再由于加法的同态性质，每个 P_i 都可以计算出

$$E(a_1x_2)+E(a_2x_2)+\cdots+E(a_Nx_2)=E(a_1x_2+\cdots+a_Nx_2)=E(x_1x_2)$$

（3）输出阶段 对于需要安全计算的函数，经过最后一步计算后，假设每个参与方都得到密文 $E(y)$，所有参与方共同解密便可得到函数的输出。

10.3 隐私集合求交与联邦学习

联邦学习是一种融合了密码技术的新兴人工智能基础技术，可以有效解决跨设备、跨机构合作中的数据孤岛问题，使参与方在不共享各自原始数据的基础上，通过交互模型中间参数完成跨参与方的联合建模，实现安全的人工智能协作。整个联邦学习的工作流程通常包含四步：样本对齐、特征工程、联合建模和联合推理。

10.3.1 隐私集合求交概述

常见的联邦学习主要包括横向联邦学习和纵向联邦学习两种。横向联邦学习是跨样本的联合建模，每个参与方都同时提供标签数据和特征数据，参与方只要把各自提供的特征标识对齐即可；纵向联邦学习是跨特征的联合建模，需要对多个数据集合进行样本对齐，即挑选出各个数据集的样本标识（通常为 ID）相同的数据条目。由于数据隐私保护的要求，不能把参与方的 ID 直接汇集求交，并且不能暴露非交集部分的 ID。通常，样本对齐可用隐私集合求交（Private Set Intersection，PSI）密码协议来完成。

隐私集合求交要求参与方各输入一个集合，最终结果方仅获得各个参与方（包括本方）集合的交集，非交集的信息不暴露给任意参与方，包括结果方。存在一种朴素但是并不安全的 PSI 协议，响应方分别将本方集合的每个元素进行计算意义上不可逆的映射，将映射结果集合发到发起方，由发起方在结果空间进行匹配。这种方法并不能保护响应方集合元素的安全性，原因在于发起方可通过正向映射的方式，暴力尝试原消息空间内的所有元素来匹配响应方的各个原数据，只要消息空间大小在计算能力范围内，就可获取响应方的所有信息。

对于两方情景下的 PSI，发起方 A 持有隐私输入集合 $X=\{x_1,x_2,\cdots,x_n\}$，响应方 B 持有隐私输入集合 $Y=\{y_1,y_2,\cdots,y_m\}$，假设 X 和 Y 都不包含重复元素，集合元素的取值空间公开，并且假设各方输入集合的元素个数公开（若考虑隐藏集合元素个数，可参考集合大小隐藏的隐私集合求交）。PSI 协议要求在不暴露额外信息的情况下，发起方 A 得到双方的集合交集 $I=X\cap Y$。PSI 是一种重要的专用安全多方计算协议，其敌手攻击模型和安全性要求与一般的安全多方计算的一致。

1. 正确性

若协议双方诚实，发起方 A 与响应方 B 的输入分别是集合 X 和 Y，发起方 A 的输出是 $(|I|,X\cap Y)$，响应方 B 的输出为空。

2. 安全性

安全性的定义根据参与者的身份不同而不同，具体分为发起方 A 的隐私性和响应方 B 的隐私性。

（1）发起方 A 的隐私性　对于每个概率多项式时间敌手$\mathcal{A}$，对于任意的两个大小相同的集合 X^0 和 X^1（$|X^0|=|X^1|$），发起方 A 以此两个集合作为输入，与敌手$\mathcal{A}$多次执行协议实例。在协议运行结束之后，敌手$\mathcal{A}$收集运行过程中的所有信息，组成信息集合作为随机变量，两个输入对应的随机变量记为 $\text{VIEW}_{\mathcal{A}}^0$ 和 $\text{VIEW}_{\mathcal{A}}^1$，但是$\mathcal{A}$在计算意义上不可区分这两个随机变量。

（2）响应方 B 的隐私性　令 $\text{VIEW}_{A,B}(X,Y)$ 表示发起方 A 和响应方 B 在输入对应集合 X 和 Y 上执行协议所产生的所有信息的随机变量，存在概率多项式算法$\mathcal{B}$，可以在不与响应方 B 交互的情况下，只通过输入、输出模拟出与真实交互不可区分的交互信息，即概率多项式算法$\mathcal{B}$的输出 $\{\mathcal{B}(X,X\cap Y)\}$ 与 $\text{VIEW}_{A,B}(X,Y)$ 计算不可区分，随机变量中的随机性来自输入集合。

下面将介绍几种两方 PSI 协议及多方 PSI 协议的基本思路和实际方案，其安全性基于诚实且好奇的威胁模型。

10.3.2　隐私集合求交的基础协议

1. 基于不经意多项式取值的 PSI

Freedman 等人将发起方的集合元素按照多项式插值法以根的形式编码到多项式中，并将该多项式的系数以同态加密的形式发送到响应方，响应方将本方的每个元素在多项式下取值得到多项式值密文并发送给发起方，发起方解密出的值为零的对应输入就是交集的元素。具体方案描述如下：发起方 A 输入本方私有集合 $X=\{x_1,x_2,\cdots,x_n\}$，$x_i\in\mathcal{F}$，$1\leqslant i\leqslant n$；响应方 B 输入本方私有集合 $Y=\{y_1,y_2,\cdots,y_m\}$，$y_j\in\mathcal{F}$，$1\leqslant j\leqslant m$。

1）发起方生成一组（加法）同态加密的公私钥对 (pk,sk)，并且生成一个 n 次多项式，即

$$f(x)=(x-x_1)(x-x_2)\cdots(x-x_n)=a_nx^n+a_{n-1}x^{n-1}+\cdots+a_1x+a_0\in\mathcal{F}(x)$$

将系数 a_k 加密得到密文 $c_k=\text{Enc}_{\text{pk}}(a_k)$，$0\leqslant k\leqslant n$。发送方 A 将密文 $c_0,c_1,\cdots,c_n$ 和公钥 pk 发送到响应方 B。

2）响应方 B 对于本方的每个输入 y_j，选择随机数 $r_j\neq 0$，运行 $n+1$ 次密文同态数乘算法，得到 $t_{j,k}=\text{HE.Mult}_{\text{pk}}(r_jy_j^k,c_k)$，再运行 n 次密文同态加法算法将密文累加，得到 $\sum_{k=0}^{n}r_ja_ky_j^k$ 的密文 d_j，显然，d_j 是 $r_jf(y_j)$ 的密文。再利用公钥 pk 加密 y_j 得到 c_j^*，计算

$$D_j=\text{HE.Add}_{\text{pk}}(c_j^*,d_j)$$

最后，将所有密文 $\{D_1,D_2,\cdots,D_m\}$ 发送给发起方 A。显然，D_j 是 $r_jf(y_j)+y_j$ 的密文。

3）发起方对于收到的每一个密文 D_j，运行解密算法并使用私钥 sk 解密得到 $r_jf(y_j)+y_j$，若解密得到的信息存在于本方的输入集合 X 中，则将其放入输出集合 I 中，否则丢弃，最终得到输出集合 I。

2. 基于 RSA 盲签名的 PSI

由于无法在原输入集合元素空间内进行对比，PSI 通常将原元素随机映射到其他空间中，在该空间内进行对比，最终将匹配出的元素映射到原有输入空间内，得到最终的结果。

Cristofaro 和 Tsudik 提出了一种基于 RSA 盲签名的 PSI 方案，具体方案描述如下：

系统设定：方案具备两个公开的哈希函数 $H_1(\cdot)$ 和 $H_2(\cdot)$，响应方 B 的公钥为 $\mathrm{pk}=(N,e)$。发起方 A 输入本方私有集合 $X=\{x_1,x_2,\cdots,x_n\}$ 的哈希值 $h_i^A=H_1(x_i)$，$1 \leq i \leq n$；响应方 B 输入本方私有集合 $Y=\{y_1,y_2,\cdots,y_m\}$ 的哈希值 $h_j^B=H_1(y_j)$，$1 \leq j \leq m$。

1) 发起方 A 对本方输入的每个元素 h_i^A，随机选择 $r_i \in \mathbb{Z}_N^*$，令 $c_i=h_i^A \cdot r_i^e \bmod N$，将 $\{c_1,c_2,\cdots,c_n\}$ 发送给响应方 B。

2) 响应方 B 对于每个 c_i，计算 $c_i'=c_i^d \bmod N$。同时，对于本方输入的每个元素 y_j，计算 $t_j=H_2(h_j^B)$。最后，将 $\{c_1',c_2',\cdots,c_n'\}$ 和 $\{t_1,t_2,\cdots,t_m\}$ 发送给发起方 A。

3) 发起方 A 对每个 c_i'，计算 $t_i'=H_2\left(\dfrac{c_i'}{r_i}\right)=H_2(h_i^A)$，$T=\{t_1',t_2',\cdots,t_n'\} \cap \{t_1,t_2,\cdots,t_m\}$。初始化空集合 I，对于每个 x_i，若其哈希值 $H_2(H_1(x_i)) \in T$，令 $I=I \cup \{x_i\}$，输出集合 I。

3. 基于不经意传输扩展协议的 PSI

从基于 RSA 盲签名的 PSI 方案可以看出，让响应方在不经意的情况下，对发起方请求的数值进行某个秘密函数的取值运算（该秘密函数由响应方掌握）。另外，响应方对本方的输入也进行该秘密函数的取值，并将所有值都发送给发起方，让发起方在函数值域内进行匹配得到交集元素，这里需要保证发起方不能从非交集的元素函数值中获取响应方的原始输入。不经意伪随机函数（Oblivious Pseudo Random Function，OPRF）协议能够满足以上安全需求。简单来说，响应方具有一个伪随机函数的实例 $F_k(\cdot)$，发起方请求 x 在该伪随机函数下得到的函数值 $F_k(x)$，OPRF 可以实现让响应方无法反推出发起方请求的原始值 x。

OPRF 有很多高效的构造，例如基于 DH（Diffie-Hellman）困难问题、基于大整数分解、基于 OT 扩展的构造等，其中基于 OT 扩展的构造是最高效的，这里主要介绍 Chase 和 Miao 等人提出的基于 OT 扩展的构造方案。具体方案描述如下：

系统设定：方案的安全参数为 λ 和 σ，矩阵的高度和宽度分别为 α 和 β，哈希函数 $H_1:\{0,1\}^* \to \{0,1\}^{l_1}$ 和 $H_2:\{0,1\}^{\beta} \to \{0,1\}^{l_2}$，伪随机函数 $F:\{0,1\}^{\lambda} \times \{0,1\}^{l_1} \to \{1,2,\cdots,\alpha\}^{\beta}$。

发起方 A 输入本方私有集合 X；响应方 B 输入本方私有集合 Y。

1) 发起方 A 初始化一个 $\alpha \times \beta$ 的全 1 矩阵 D，为 F 随机选取一个密钥 $sk \in \{0,1\}^{\lambda}$，对于每一个 $x \in X$，计算 $c=F_{sk}(H_1(x))=(c[1],c[2],\cdots,c[\beta])$，将矩阵 D 的第 $c[k]$ 行、第 k 列元素置为 0，即 $D_k[c[k]]=0$，$1 \leq k \leq \beta$，随机选择一个 $\alpha \times \beta$ 的位矩阵 $P \in \{0,1\}^{\alpha \times \beta}$，计算 $Q=P \oplus D$。

2) 响应方 B 随机选择一个长度为 β 的位串 $s \in \{0,1\}^{\beta}$，发起方 A 与响应方 B 运行 β 次 2 选 1-OT 协议。对于第 k 次执行，发起方 A 扮演发送者角色，输入为矩阵 P 的第 k 列和矩阵 Q 的第 k 列，即 P_k 和 Q_k；响应方 B 扮演接收者角色，输入为随机选择的位串 s 的第 k 维度分量值 $s[k] \in \{0,1\}$。最后，响应方获得 β 个位串构造的 $\alpha \times \beta$ 的比特矩阵 $C=[C_1,\cdots,C_{\beta}]$，其中 $C_k=P_k \oplus (s[k] \cdot D_k)$。

3) 发起方 A 将密钥 sk 发送给响应方 B。

4) 响应方 B 初始化一个空集合 I_y，对于本方的每个输入元素 $y \in Y$，令 $c=F_{sk}(H_1(y))=(c[1],c[2],\cdots,c[\beta])$，计算 OPRF 值 $\psi_y=H_2(C_1[c[1]] \| C_2[c[2]] \| \cdots \| C_{\beta}[c[\beta]])$，令 $I_y=I_y \cup \{\psi_y\}$，发送 I_y 给发起方 A。

5) 发起方 A 初始化一个空集合 I，对于本方的每个输入 $x \in X$，令 $c = F_{sk}(H_1(x)) = (c[1], c[2], \cdots, c[\beta])$，计算 OPRF 值 $\psi_x = H_2(P_1[c[1]] \| P_2[c[2]] \| \cdots \| P_\beta[c[\beta]])$，若 $\psi_x = \psi_y$，令 $I = I \cup \{x\}$。

4. 多方隐私集合求交协议

以上介绍的都是两方 PSI 协议，但是联合建模通常需要联合超过两方的数据，所以需要多方隐私集合求交（Multi-party PSI，mPSI）协议来解决多方样本对齐问题。Hazay 等人以一种基于多项式不经意取值的两方 PSI 协议为基础，利用基于离散对数的门限同态加密算法构造了一个 mPSI 协议，其中实际使用的门限同态加密算法是 ElGamal 类型的加密。具体方案描述如下：

参与协议的各方 P_i 分别输入一个集合大小为 n_i 的集合 $X = \{x_1^{(i)}, x_2^{(i)}, \cdots, x_{n_i}^{(i)}\}$，$P_1$ 为发起方，其余方为响应方，系统利用生成元 g 产生一个 q 阶循环群 $\mathbb{G}$。

1) 密钥生成：每个参与方 P_i 随机选择一个 $s_i \in \mathbb{Z}_p$，令 $h_i = g^{s_i}$ 为总公钥的一份碎片并发送给其他各方，本方掌握私钥 s_i。完成所有公钥碎片的接收之后，每个参与方 P_i 将本方接收的所有总公钥碎片进行汇总，即 $h = \prod_{i=1}^{N} h_i$，N 为参与方总数，总公钥为 $PK = (\mathbb{G}, q, g, h)$。

2) 作为响应方的参与方 P_i，$2 \leq i \leq N$ 将本方输入结合插值多项式生成 $Q_i(x) = x^{n_i} + q_{n_i}^{(i)} x^{n_i-1} + \cdots + q_2^{(i)} x + q_1^{(i)}$，参考第 10.3.2 节中基于不经意多项式取值的 PSI 步骤 1），并将系数加密 $c_1^{(i)} = (g^{r_{1,i}}, h^{r_{1,i}} \cdot g^{q_1^{(i)}}), \cdots, c_{n_i}^{(i)} = (g^{r_{n_i,i}}, h^{r_{n_i,i}} \cdot g^{q_{n_i}^{(i)}})$，其中 $r_{j,i}(1 \leq j \leq n_i)$ 为非零随机数。

3) 多项式系数密态求和：P_1 在收到各方多项式的全部系数密文之后，密态汇总同一次数项的系数，即

$$c_1 = \left(\prod_{i=2}^{n} c_1^{(i)}[1], \prod_{i=2}^{n} c_1^{(i)}[2]\right), \cdots, c_{\text{MAX}} = \left(\prod_{i=2}^{n} c_{\text{MAX}}^{(i)}[1], \prod_{i=2}^{n} c_{\text{MAX}}^{(i)}[2]\right)$$

式中，$\text{MAX} = \max\{n_2, \cdots, n_N\}$，若不存在某个 $c_j^{(i)}$，则令 $c_j^{(i)} = (1,1)$。实际上，$c_1, \cdots, c_{\text{MAX}}$ 分别是多项式 $Q_1(\cdot) = Q_2(\cdot) + \cdots + Q_n(\cdot)$ 的 0 次到 MAX-1 次的系数密文。

按照第 10.3.2 节中基于不经意多项式取值的 PSI 协议步骤 2）的方法，密态计算多项式 $Q_1(\cdot)$ 在点 $x_1^{(1)}, x_2^{(1)}, \cdots, x_{n_1}^{(1)}$ 处取值的密文之后再进行随机化，即可以同态得出密文 $c_1^{(1)} = r_1 \cdot Q_1(x_1^{(1)}), \cdots, c_{n_1}^{(1)} = r_{n_1} \cdot Q_1(x_{n_1}^{(1)})$，其中 $r_1, \cdots, r_{n_1}$ 为非零随机数。

最后，P_1 请求 $P_2, \cdots, P_N$ 对每个密文 $c_j^{(1)}(1 \leq j \leq n_1)$ 进行解密，若结果为 0，那么将 $x_j^{(1)}$ 放入输出集合。

5. 隐私集合求交基数协议

求各方集合交集元素的数量也是一个较为常用的应用，用于诸如基于位置的人口统计等场景。相关协议被称为隐私集合求交基数协议（Private Set Intersection Cardinality，PSI-CA）。由于无法获取任务集合元素的信息，因此其安全性要求比 PSI 协议更高。

从基于盲签名的 PSI 协议方案可以看出，先将集合元素映射到另一个空间进行匹配，再将匹配后的集合逆映射回原有输入空间，就可以在保持隐私的情况下得到交集部分的具体元素。如果通过某种方式将集合元素进行处理后，使逆映射无法正常有效地完成，那么匹配后的结果将不会泄露交集元素的具体信息，只保持交集元素个数信息。Cristofaro 等人通过向发起方集合添加随机置换以打乱原有的集合次序来达到这个目的。具体方案描述如下。

系统设定：方案的安全参数为 κ；两个素数 p 和 q，满足 $q|(p-1)$；一个阶为 q 的子群的生成元 g；两个哈希函数 $H_1: \{0,1\}^* \to \mathbb{Z}_p^*$，$H_2: \{0,1\}^* \to \{0,1\}^\kappa$。

发起方 A 输入本方私有集合 $X = \{x_1, \cdots, x_n\}$；响应方 B 输入本方私有集合 $Y = \{y_1, \cdots, y_m\}$。

1）发起方 A 从 $\mathbb{Z}_q$ 选择两个随机数 R_c 和 R_c'，令 $X' = g^{R_c}$。对 X 中的每个元素 $x_i (1 \leq i \leq n)$，令 $\alpha_i = H_1(x_i)$，$a_i = \alpha_i^{R_c'}$，将 X' 和集合 $\{a_1, a_2, \cdots, a_n\}$ 发送给响应方 B。

2）响应方 B 首先从 $\mathbb{Z}_q$ 中选择两个随机数 R_s 和 R_s'，令 $Y' = g^{R_s}$。然后将本方输入集合做随机置换 $(\hat{y}_1, \hat{y}_2, \cdots, \hat{y}_m) = \Pi(Y)$，并且对其中每个元素计算 $\beta_j = H_1(\hat{y}_j)$，$\sigma_j = X'^{R_s} \cdot \beta_j^{R_s'}$，$\zeta_j = H_2(\sigma_j)$，$1 \leq j \leq m$。最后，每个 $a_i' = (a_i)^{R_s'}$，对 $(a_1', a_2', \cdots, a_n')$ 进行随机置换 $(a_{l_1}', a_{l_2}', \cdots, a_{l_n}') = \Phi(a_1', a_2', \cdots, a_n')$。将 Y'，$(a_{l_1}', a_{l_2}', \cdots, a_{l_n}')$，$(\zeta_1, \zeta_2, \cdots, \zeta_m)$ 发送给发起方 A。

3）发起方 A 先对每个元素 a_{l_i}' 计算 $\mu_i = Y'^{R_c} \cdot (a_{l_i}')^{1/R_c' \bmod q}$，$\varphi_i = H_2(\mu_i)$，$1 \leq i \leq n$，然后计算交集 $\{\phi_1, \cdots, \phi_n\} \cap \{\zeta_1, \cdots, \zeta_m\}$，并输出该集合的基数。

10.3.3 联邦学习概述

联邦学习是多个参与方在保证各自的本地数据不出数据方定义的私有边界的前提下，协作完成某项机器学习任务的分布式机器学习模式。联邦学习最早是由 Google 人工智能（AI）团队在 2016 年提出的，主要是针对智能手机终端设备上的私有数据集进行协同机器学习的模型，可以在用户数据没有离开设备的基础上，在多个设备上训练出共享的 Gboard 系统的语言输入预测模型。近几年，随着技术发展，联邦学习逐步发展为面向机构间合作的联合建模技术，并形成横向联邦学习、纵向联邦学习、联邦迁移学习等类别。总体来说，联邦学习是人工智能、大数据、密码学、通信工程等多个领域交叉融合的跨学科技术体系，强调开放、安全的合作模式。

联邦学习定义了隐私保护的机器学习框架，在此框架下，不同数据拥有方的原始数据在本地进行模型训练，参与方之间通过交换局部模型参数或损失、梯度等中间数据进行模型聚合，实现全局模型的训练。联邦学习要求建模效果应无限接近传统模式，将多个数据拥有方的数据汇聚后，建模结果的误差能满足应用的要求，例如不大于 1%。

联邦学习本质上是一种融合了密码技术的分布式机器学习技术，各参与方在不暴露底层数据的前提下共建模型。通过联邦学习技术进行模型训练的过程中，参与计算的原始数据均不出私有域，只在自己的节点内部进行计算，模型训练只交互中间计算结果，从而达到"数据不动、模型动"，在保护用户隐私数据的同时完成跨终端、跨机构的联合建模，打破数据壁垒，构建跨域合作。

1. 联邦学习的分类

根据参与方数据分布的情况，联邦学习可以分为横向联邦学习、纵向联邦学习和联邦迁移学习，如图 10-2 所示。

（1）横向联邦学习 参与方的数据集特征重叠较多且样本重叠较少，把数据集按照样本维度切分，取出参与方特征相同而样本不相同的部分数据进行训练。横向联邦学习也可以称为跨样本联邦学习。

横向联邦学习适用于业务场景相似、用户特征相同、用户群体交集较小的应用，例如：多家医疗机构希望开展关于某项疾病的分析与建模，但每家医疗机构的病历数据有限，不足以单独完成研究任务，而且每家医疗机构采集的患者信息的相似度很高，需要将多家医疗机构的数据联合起来完成分析与建模任务。但是，由于医疗数据的强隐私性，因此不能直接将数据汇总到某个研究机构中。对于此类场景，可以使用横向联邦学习来构建联合模型。在有监督学习中，横向联邦学习的参与方均同时拥有标签数据（L）和特征数据（F）。横向联邦学习通过参与方之间样本量的互补，扩大整体的样本空间，提升模型的准确性和泛化能力。

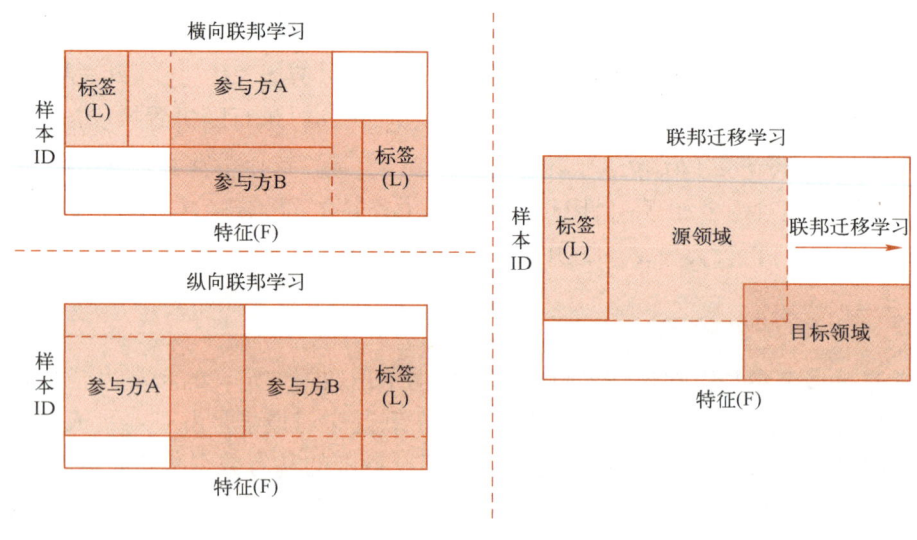

图 10-2 联邦学习的分类

（2）纵向联邦学习　在参与方的数据集样本重叠较多、特征差异性很大的情况下，按特征维度切分，取出参与方样本相同而特征不相同的数据进行训练。纵向联邦学习也可以称为跨特征联邦学习。

纵向联邦学习适用于参与方用户交集比较大、各个参与方所拥有的特征差异性很大的应用场景。例如某个保险公司与同地区电信运营商之间的联合建模，两个机构的用户交集较大，同时各自拥有的用户特征数据差异也很大，保险公司拥有的是用户的保险购买特征、理赔特征等，电信运营商拥有的则是用户的通话特征、上网行为特征等。在智能核保、智能理赔、智能营销等业务场景中，可以使用纵向联邦学习来进行跨特征联合建模。纵向联邦学习就是将这些不同特征形成一个虚拟的融合数据集，扩大模型训练的特征空间，通过参与方之间特征的互补提升模型的整体信息量，增强联合模型能力。在有监督的学习中，纵向联邦学习通常只有其中一个参与方拥有标签数据（L），该参与方也可以同时拥有特征数据（F），而其他参与方仅拥有特征数据（F）。

（3）联邦迁移学习　在参与方的数据集样本与特征重叠都较少的情况下，无法对数据进行有效切分，这种情况可以利用迁移学习来克服样本和特征不足的难题，这种联邦化的迁移学习称为联邦迁移学习。

迁移学习是指把一个领域（源领域）的知识，迁移到另外一个领域（目标领域），使得目标领域能取得更好的学习效果。它适用于源领域模型训练数据量充足，而目标领域可用数据量较小的情况。例如在金融领域的建模，普遍存在金融样本有限或者金融标注数据欠缺而难以使用通用机器学习算法的情况，如反洗钱、大额信贷等业务场景。如果在源领域存在大量数据和已训练好的模型，通过联邦迁移学习把模型迁移到目标领域，可以得到一个融合了目标领域小数据并具有较好鲁棒性的新模型。

2. 联邦学习具体流程

现在以多个数据参与方的场景为例来介绍典型的横向联邦学习流程。横向联邦学习通常需要一个中心协调方进行模型聚合，而各个参与方的数据同时拥有标签和特征，可以基于这些数据进行本地模型训练，从而得到局部模型，再通过中心协调方将这些局部模型进行聚合得到全局模型。

具体流程如下：任务发起方通过中心协调方启动联合建模，初始化模型并分发给各个参与方；参与方基于初始化模型和本地数据进行模型训练得到更新的局部模型，并将更新后的局部模型发送给中心协调方（如中心服务器）；中心协调方收到各个参与方更新后的局部模型，通过模型聚合算法得到全局模型，并再次发送给参与方进行下一轮的模型迭代。此过程一直持续，直到全局模型达到收敛条件。

典型的纵向联邦学习流程，以提供数据的两个不同行业机构（例如银行与电信运营商）的联合场景为例进行介绍，该流程可扩展至更多机构参与的场景。假设银行要训练一个金融风控的机器学习模型，银行具有模型训练的标签数据（L）及一部分银行内部的用户属性和信用行为的特征数据（F），而参与联合建模的电信运营商拥有用户的通信行为特征数据（F）。由于隐私保护和数据合规使用的要求，两个机构的数据均不能出本地服务器。在这种情况下，可通过纵向联邦学习建立模型。

具体流程如下：首先，由于不同机构的用户群体往往不是完全重合的，因此在进行模型训练之前，需要进行样本对齐，也就是确定参与方间重叠的样本 ID。在纵向联邦学习中，通常采用隐私集合求交技术进行安全样本对齐，使得参与方之间在不公开各自数据的前提下确认样本数据中的共有用户，同时保证均无法获知对方非重叠部分的用户，从而形成一个虚拟融合数据集。然后，基于虚拟融合数据集，参与方之间通过加密模型训练进行纵向的联邦学习。参与方分别基于己方的数据进行本地的模型训练，产生不含敏感信息的中间结果，例如模型损失、梯度等。这些中间结果通过同态加密、秘密分享等安全多方计算技术进行跨参与方的交互，参与方在得到各自特征对应的梯度值后，分别更新己方的模型参数。通过上述步骤进行模型迭代，直到满足模型收敛条件，完成整个纵向联邦学习的训练过程。模型训练结束后，参与方分别持有各自特征对应的部分模型。

在纵向联邦学习训练过程中，可采用不同的中间数据交互技术，有些情况需要可信第三方作为协调方，例如基于同态加密的纵向联邦学习，通常需要借助协调方来进行密钥分发、数据加解密等。基于秘密分享的纵向联邦学习，则可以实现无可信第三方的对等网络下的联邦学习模型训练。

3. 联邦学习应用

原始的联邦学习框架以机器学习本身技术层面为基础考虑隐私保护问题，从而实现原始数据不出库。通过结合密码技术，联邦学习不仅可以保护原始数据，还可以进一步增强对中间交互信息的安全保护。例如，通过联邦学习与差分隐私、同态加密、秘密分析等技术相结合并综合应用，能对各个参与方的数据隐私实现全流程的增强保护，避免通过中间交互信息反推出敏感信息而导致泄露。

联邦学习在以下两种情况下可以很好地解决企业的人工智能应用难题：一是企业或机构既有数据输出需求，也需要保护数据隐私和核心价值的场景。联邦学习的整个学习训练过程都没有传输任何原始数据。二是企业或机构有多方数据补充的场景，包括建模数据样本量不够充分和自有数据维度不够丰富这两种情况。例如：在金融风控场景中，银行希望外部数据源做特征补充来建立联合风控模型；在医疗研究场景中，单个医疗机构的样本量有限，同时这些病历样本数据具有高度隐私性，需要有安全的方式汇总多个医疗机构的数据以构建医学模型；在精准营销场景中，广告主希望后端的转化数据能够与流量平台的前端用户数据结合，提升目标用户筛选的精准度与营销的效果。基于用户授权，联邦学习可以在保证数据安全、不出库的同时，整合不同机构、不同维度的用户行为特征，以用户为基础，形成对个体更全面的描述，从而学到更多用户信息，提升模型效果，实现降本增效。

10.3.4 联邦学习典型算法

联邦学习除了支持分类、回归、聚类等常用机器学习算法外，通常还支持特征的预处理和联邦特征工程，包括特征的缺失值处理、特征的异常值处理、特征的无量纲化、特征分箱、特征编码、特征相关性分析、特征选择等。

目前，市面上的联邦学习产品普遍支持线性回归算法、逻辑斯谛回归算法，以及树类算法等常用机器学习算法，例如决策树、随机森林、LightGBM、XGBoost、GBDT（梯度提升决策树）等，以及一些经典的神经网络算法，例如 CNN（卷积神经网络）、DNN（深度神经网络）等。部分产品针对特定场景需求，开发与业务场景紧密结合的算法，例如 k 近邻算法、推荐算法、迁移学习算法等。

本节以典型的联邦线性回归算法为例，介绍机器学习算法的联邦化实现方法。

线性回归模型是对自变量（X）和因变量（Y）之间关系进行建模的一种回归分析，旨在学到一个通过自变量的线性组合来预测因变量的函数。假设存在一个模型训练样本集 $D = \{(x_1, y_1), (x_2, y_2), \cdots, (x_n, y_n)\}$，其中 $x_i = (x_{i1}, x_{i2}, \cdots, x_{id})$ 是模型训练第 i 个样本对应的各个特征的具体取值。线性回归的模型定义为

$$f(x_i) = \omega_0 + \omega_1 x_{i1} + \omega_2 x_{i2} + \cdots + \omega_d x_{id}, \quad 1 \leq i \leq n \tag{10-25}$$

也可用矩阵表示为 $f(\boldsymbol{X}) = \boldsymbol{XW}$，其中 $\boldsymbol{W} = [\omega_0, \omega_1, \cdots, \omega_d]^T$ 是模型中各个特征变量对应的系列参数，$\boldsymbol{X}$ 是一个 n 行 $d+1$ 列的矩阵，$\boldsymbol{X}$ 的第 1 列值均为 1，$\boldsymbol{X}$ 每 1 行的第 2 至 $d+1$ 列为某个样本数据的所有特征值。

线性回归模型训练的目标就是通过统计学的学习方式，找到所有参数 ω_j 使得 $f(\boldsymbol{X}) = \boldsymbol{XW}$ 尽可能地贴近目标变量集 $\boldsymbol{Y} = [y_1, y_2, \cdots, y_n]^T$，即 $y_i \approx f(x_i)$，$1 \leq i \leq n$，$1 \leq j \leq d$。

求解线性回归的最佳参数 ω_j，主要通过以最小化损失函数作为目标函数。在线性回归中，通常使用均方误差作为损失函数，即最小二乘法。因此，损失函数可定义为

$$L(\boldsymbol{W}) = \frac{1}{n} \sum_{i=1}^{n} (f(x_i) - y_i)^2$$

利用矩阵可表示为 $L(\boldsymbol{W}) = (\boldsymbol{XW} - \boldsymbol{Y})^T (\boldsymbol{XW} - \boldsymbol{Y}) / n$。通过梯度下降的方式可以实现损失函数的求解，梯度下降的核心是对每一个参数 $\boldsymbol{W}$ 求偏导，不断更新自变量系数，使得目标函数不断逼近最小值的过程，即

$$\boldsymbol{W} \leftarrow \boldsymbol{W} - \alpha \cdot \frac{1}{n} \cdot \frac{\partial L(\boldsymbol{W})}{\partial \boldsymbol{W}}$$

$$\boldsymbol{W} \leftarrow \boldsymbol{W} - \alpha \cdot \frac{2}{n} \cdot \boldsymbol{X}^T (\boldsymbol{XW} - \boldsymbol{Y})$$

$$\boldsymbol{W} \leftarrow \boldsymbol{W} - \Delta \boldsymbol{W}, \quad \Delta \boldsymbol{W} = \alpha \cdot \frac{2}{n} \cdot \boldsymbol{X}^T (\boldsymbol{XW} - \boldsymbol{Y})$$

式中，α 是学习率，也是模型迭代过程的步长。最后，通过梯度下降得到的 ΔW 不断更新 W，直到损失函数 $L(W)$ 收敛。判断当前模型是否收敛时，可以通过比较 $L(W)$ 的前后两次迭代的值是否发生变化确定。若没有发生变化或者变化小于某个设定值，则认为已经达到最小值，此时对应的 W 值为模型训练最终的输出结果。

假设样本特征 X 的前 n 个特征和因变量 Y 值在参与方 Alice 的数据集中，后 m 个特征在参与方 Bob 的数据集中，存在一个协调方管理和协调 Alice 与 Bob，并参与执行联邦学习任务，保证联邦学习顺利执行。协调方除了管理和协调功能外，还需要提供密钥分发、算法管理等功能（若更换同态加密技术为秘密分享，则不需要协调方，直接由参与者以点对点的方式进行交互）。这里，采用有协调的方式来实现纵向联邦学习任务，其中中间计算结果的交互基于同态加密来实现增强安全的联邦学习机制，具体流程如下：

1）每次发起模型训练任务后，协调方通过密钥生成函数生成一个同态加密的公钥 pk 并发送给 Alice 和 Bob。

2）参与方 Alice 和 Bob 首先对各自拥有的特征进行初始预测，计算获得 $Y_A^* = X_A W_A$ 和 $Y_B^* = X_B W_B$，然后利用公钥 pk 对预测值进行加密得到 $E_{pk}(Y_A^*)$ 和 $E_{pk}(Y_B^*)$，Bob 将 $E_{pk}(Y_B^*)$ 发送给 Alice。

3）Alice 基于同态加密的性质直接对密文进行计算，得到 $E_{pk}(Y^*) = E_{pk}(Y_A^*) + E_{pk}(Y_B^*)$，并将 $E_{pk}(Y^*)$ 与真实 Y 值的密文 $E_{pk}(Y)$ 进行同态计算，得到密态损失函数 $L(E_{pk}(Y), E_{pk}(Y^*)) = E_{pk}(L(Y, Y^*))$。

4）Alice 通过同态计算得到自有特征的梯度 $E_{pk}(\Delta W_A) = \alpha \cdot \frac{2}{n} \cdot X_A^T (E_{pk}(Y^*) - E_{pk}(Y))$，同时将 $E_{pk}(Y^*) - E_{pk}(Y)$ 传送给 Bob，Bob 也可以计算出自有特征的梯度 $E_{pk}(\Delta W_B) = \alpha \cdot \frac{2}{n} \cdot X_B^T (E_{pk}(Y^*) - E_{pk}(Y))$。

5）Alice 和 Bob 分别将损失函数计算结果 $E_{pk}(L(Y, Y^*))$、各自的梯度 $E_{pk}(\Delta W_A)$ 和 $E_{pk}(\Delta W_B)$ 传送给协调方，协调方解密得到损失函数计算结果和梯度，并根据 $L(Y, Y^*)$ 判断模型是否达到收敛效果。如果未达到，则将加密后的梯度 ΔW_A 和 ΔW_B 分别返回给 Alice 和 Bob。参与方收到梯度后，分别更新各自的特征系数，并进行新一轮的特征迭代。

6）通过上述流程，联邦学习的线性回归模型一直迭代至模型达到收敛的效果才终止模型训练，得到最终的联邦模型，其中各个参与方所拥有的模型特征系数均只存在于各自的服务器中，形成各自部分的模型。

10.4 区块链与数字货币

区块链（Blockchain）是一种块链式存储、不可篡改、安全可信的去中心化分布式账本。它结合了分布式存储、点对点传输、共识机制和密码学等技术，通过不断增长的数据块（Block）记录交易和信息，确保数据的安全和透明性。本节主要对区块链的基本概念、建立以及具体的协议进行介绍。

10.4.1 区块链与数字货币概述

区块链技术是伴随着加密货币而产生的，是加密货币基本的支撑技术与构建基础，同时加密货币也是区块链最成功的应用场景之一。

在人类社会的早期，采用以物易物的方式完成交易，没有货币的概念。随着社会的发展，货物交易越发频繁，以物易物的方式极为不便，因此出现了作为交易中间介质、固定充当一般等价物的商品——货币。早期的等价物是社会稀缺并且便于携带的实物，如贵金属。随着人类社会的发展，货币的金融工具属性大大超越了贵金属的实用属性。因此，便于携带和交易的票据及定额发行的纸币随之出现。与原始的贵金属货币不同，现代纸币的面值远超其实物成本，如果没有合理的机制限制纸币发行，纸币很可能被大量复制印刷。现代货币普遍是以国家信用作为担保而发行的，因此货币的价值也与国家信用紧密相关。由此可见，现代的货币发行以及货币价值均是由国家信用保证的，通常由央行或者商业银行代表国家完成货币的发行。20世纪70年代，经济学家提出了非国家化货币的构想，以及货币发行私有化或者去中心化的思想，至此，人们开始探索数字货币的可能性。

对于加密货币的研究始于20世纪80年代初期，Chaum等人在论文"Blind Signatures for Untraceable Payments"中提出了数字货币的概念，继而于1992年利用盲签名技术设计了具有密码属性的数字货币eCash。早期对数字货币的研究主要集中于防止重复花费（也称为双花）、用户隐私性和找零钱问题。基于数字货币的所有金融活动都不需要纸币流通，而是由一个中心机构（例如银行）在用户的账上做记录。给用户发工资，则在账上做一个加法；用户消费，则在账上做一个减法。但是，这种具有中心机构的货币系统有三大问题。第一，它有可能造成系统的瓶颈；第二，它可能成为攻击目标，有可能造成单点失败；第三，它在发行数字货币或为用户记账时，可能要收取用户的费用。中本聪于2008年提出的比特币就是要解决去中心化的问题，同时又很好地解决了找零钱问题。比特币的底层技术是区块链，区块链是可持续增长、不可篡改的分布式数据库。区块链要解决的具体问题包括去中心化、防止重复花费、共识机制和激励机制等。

1. 去中心化

去中心化是指网络中的每个节点都可获得记账权，都可以存储系统的账本。节点如何获得记账权？区块链设置了一个困难问题，谁先解出，谁就获得了记账权，这个过程称为工作量证明（Proof of Work，PoW）。困难问题的设置需要满足三个要求：

1）其答案具有稀缺性，不经过一定的工作很难获得。

2）有效答案有多个，但不需要全部解出，解出一个即可。

3）答案求解虽然很难，但找出后却很容易被他人验证。

因为问题很难解答，没有固定的算法，所以唯一的方法是不断尝试，寻找答案的过程称为"挖矿"。具体地，就是寻找 $H(\text{Nonce}\|\text{PreHash}\|\text{Tx}) \leq \text{Bits}$ 的随机数Nonce，其中，H是哈希函数，Tx是记录交易的交易单，PreHash是哈希指针（后文具体介绍），Bits是目标值。问题的困难程度取决于Bits以多少个0开始：如果Bits是以一个0开始的，那么平均只要两次尝试就可以；如果Bits是以两个0开始的，那尝试的Nonce前两位可能是00、01、10、11，因此平均需要2^2次尝试。在区块链中，Bits被称为目标值，由48个0开始，因此PoW平均需要2^{48}次尝试。Bits的值每当求出2016个解后，按式（10-26）进行调整。

$$\text{Bits}_{i+1} = \text{Bits}_i \times \frac{t_{\text{actual}}}{t_{\text{design}}} \tag{10-26}$$

式中，$t_{\text{design}}=2016\times 10\text{ min}$，是产生2016个解的设计时间，10 min是每个解产生的大概时间；t_{actual}是产生2016个解的实际时间。如果$t_{\text{actual}}<t_{\text{design}}$，则$\text{Bits}_{i+1}<\text{Bits}_i$，困难问题的难度增加；

反之，难度减小。对 Bits 进行调整，目的是保持链的增长时间稳定。

挖矿时使用哈希函数，是因为哈希函数有两个特性：一是无记忆性，即无论之前发生了什么都不影响这一次事件发生的概率；二是无进展，即每次尝试都不会离答案更近。这两个特性保证了挖矿的公平性，即任何人都可以在任何时候挖矿，不会受到别人是否挖到的影响，也不会因为比别人开始得晚，就一定比别人挖到得晚。

上述记账过程通常是打包记账，即把 10 min 内的所有交易打包形成块记入账本，打包的方式是用默克尔（Merkle）哈希树。Merkle 哈希树是一种树形认证结构，其定义如下：设文件 $Y=Y_1,\cdots,Y_n$，分为等长的 n 个块，用 n 个叶节点表示 n 个块，则根节点的哈希值递归定义为 $H(Y)=F(H(Y 的前一半),H(Y 的后一半))$，其中 F 是一个单向函数。

在区块链中，用叶节点表示交易，取 $F=H=\text{SHA256}$。Merkle 哈希树用于认证，例如图 10-3a 中的交易，Alice 给 Bob 转了 20 个比特币（BTC），被篡改为 Alice 给 Eve 转了 20 个比特币，则从这个叶节点往上的内部节点直至根节点的哈希值都发生了变化，如图 10-3b 阴影节点所示。接收方收到的根节点值和求得的根节点值不相等，则判断出发生了篡改。

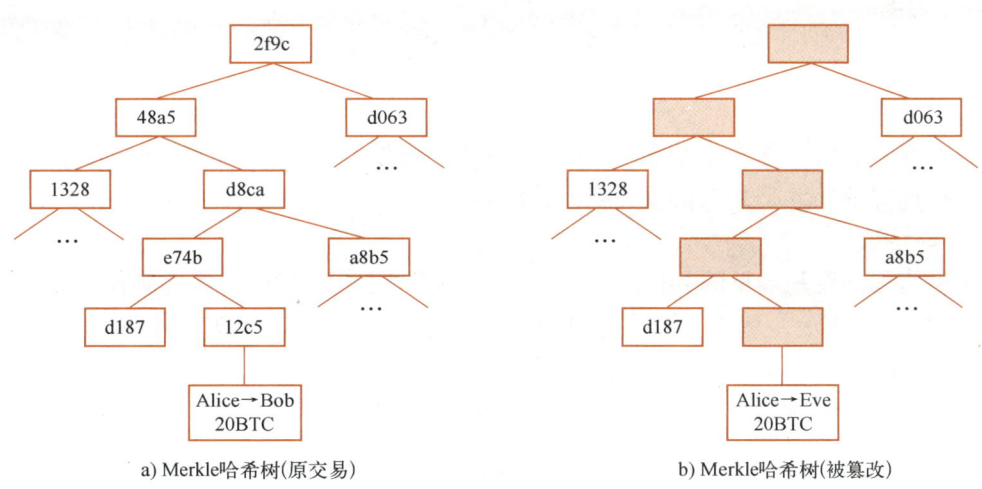

a) Merkle 哈希树(原交易)　　　　b) Merkle 哈希树(被篡改)

图 10-3　Merkle 哈希树用于认证

将树的根节点值 MerkleRoot 记账，挖矿改为 $H(\text{Nonce}\|\text{PreHash}\|\text{MerkleRoot})\leqslant \text{Bits}$。

2. 防止重复花费

如果用户 A 将自己的比特币同时给 B 和 C，这就是重复花费。B 收到这个比特币后，为了把这笔交易记入账本，他将交易记录广播出去。C 收到 B 广播的消息之后就知道 A 重复花费了。但是这种防止重复花费的方法，仅能解决一种理想情况，即网络中广播是可靠且无时延的。如果 C 因为时延在交易以后才收到这笔交易，即使发现重复花费，也可能于事无补。区块链采取的方法是大家都参与交易的验证，如果大多数用户认可这笔交易，则认为这笔交易合法。但 A 可以伪造很多身份来认可这笔交易，这种攻击称为女巫攻击。区块链解决女巫攻击的方法是把"大多数"定义为用户的计算能力而不是身份。该问题是区块链要解决的第三个问题——共识机制。

若 A 重复花费了，则两次交易被打包进入不同的块。因此，由块形成的链（即账本）就会形成分叉，如图 10-4 所示。

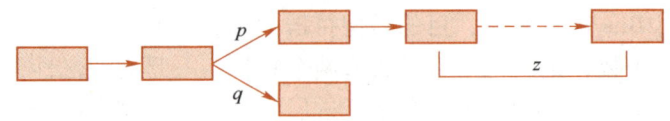

图 10-4　重复交易形成的分叉

设 p 是诚实节点找到下一块的概率，q 是攻击者找到下一块（其中包括重复支付或恶意伪造）的概率，z 是两个链的长度之差。诚实节点找到下一块时给 z 加 1，攻击者找到下一块时给 z 减 1，即 z 的变化为

$$z = \begin{cases} z+1, & \text{以概率 } p \\ z-1, & \text{以概率 } q \end{cases}$$

则当 $z=-1$ 时，攻击者产生的链超过了诚实节点的链，如果区块链规定以长链为准（即共识机制），则攻击者成功。设 q_z 是攻击者在落后 z 块的情况下，追上诚实节点的概率。由全概率公式得差分方程 $q_z = pq_{z+1} + qq_{z-1}$，并取初值为 $q_0=1$，$q_a=0$，其中 a 是诚实节点超过攻击者的最大步数。由差分方程解出

$$q_z = \frac{\left(\frac{q}{p}\right)^a - \left(\frac{q}{p}\right)^z}{\left(\frac{q}{p}\right)^a - 1}, \quad \text{取 } a \to \infty$$

所以，在 $q<p$ 时，随着 z 的增大，q_z 越来越小。根据经验，$z=6$ 时就认为攻击者再也追不上了。如何保证 $q<p$ 是共识协议要解决的问题。

3. 共识协议

拜占庭将军问题是最早的共识问题。拜占庭帝国国土非常辽阔，各部队在协商作战命令（进攻还是撤退）时，一些将军可能会判断失误，因此做出的决定和其他将军不一致，如图 10-5a 所示，有 A、B、C 三位将军，A 和 B 下达 "进攻" 命令，C 下达 "撤退" 命令，按照少数服从多数的原则，三位将军将达成一致——"进攻"。一般情况下，设 n 是将军总数，m 是出错将军数，只要 $n \geq 2m+1$，就可达成一致。然而在有恶意将军的情况下，如图 10-5b 所示，第一轮协商，A 向 B、C、D 发出 "进攻" 命令，而在第二轮协商，D 将这个命令更改为 "撤退"，但 B、C、D 仍然按照少数服从多数的原则发出 "进攻" 命令。图 10-5 中先让 A 发出命令，是为了刻画 D 的恶意篡改。换句话说，这种情况下，B、C、D 是有时延的，只有 $n \geq 3m+1$ 才可以达成共识。

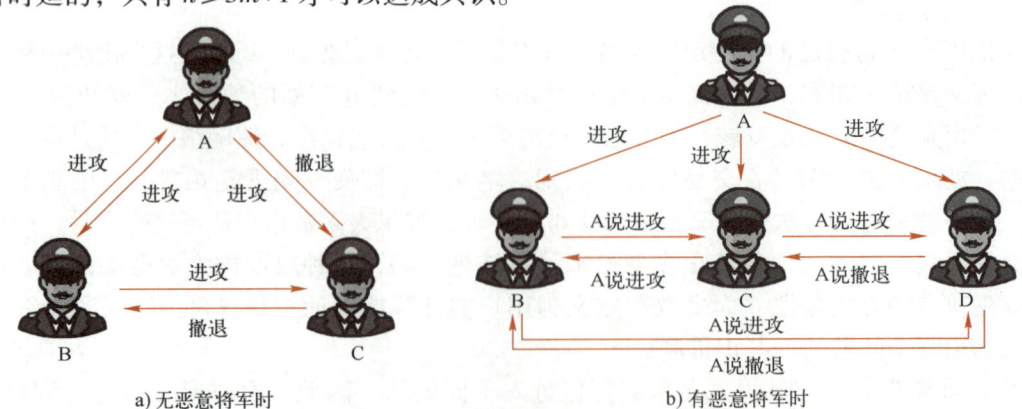

图 10-5　拜占庭将军问题

以上两种场景中，哪种更适合区块链？由于网络是有时延的，挖矿的意义就是保持用户同步，即每挖出一个矿，相当于大家同时前进一步。既然 10 min 挖出一个矿，那以 10 min 为间隔来保持同步是否可行？时间是人类主观定义的概念，具有延迟和相对论效应，因此在分布式系统中用时间保持同步是不可行的。因此，可以认为区块链中的节点是同步的，共识协议只要满足 $n \geqslant 2m+1$ 即可实现安全性。其中，n 表示全网总算力，m 表示恶意节点的总算力，攻击者若要攻击成功，则至少需要掌握全网 51% 的算力。如果攻击者在掌握多数算力的情况下发起分布式拒绝服务（Distributed Denial of Service，DDoS）攻击，则会产生雪崩效应，使得他的算力占全网的比例呈指数级增加。

4. 激励机制

为了激励用户参与，每笔交易中都有交易费。用户在打包记账时，收集可获得的交易就可赚取交易费。打包记账时，如果获得记账权，则可获得比特币奖励。设置的最初奖励是 50 个比特币，每四年奖励减半。设 a_n 是第 n 个四年奖励，则 $\{a_n\}$ 形成公比为 1/2 的等比数列，其初值为 50，那么

$$a_n = 50 \times \left(\frac{1}{2}\right)^n$$

当 $a_n \leqslant 10^{-8}$ 时，再无奖励可用。比特币的最小单位称为聪（satoshi）。由 $a_n \leqslant 10^{-8}$，得 $n=33$，那么在第 33 个四年全部奖励用完。

10.4.2 区块链的建立过程

区块链的建立分三步。第一步是将记录交易的信息组成单据，叫交易单（Tx）；第二步是将多个交易单组成数据块；第三步是将数据块有序连起来形成链。

1. 交易单的建立

交易单的建立如图 10-6 所示，其中，输入数据包括：

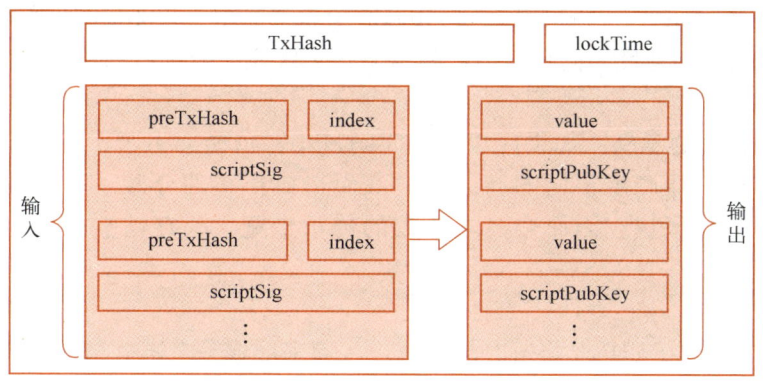

图 10-6 交易单的建立

preTxHash：前一个 Tx 的哈希值。
index：前一个 Tx 的输出编号，记作 1，2，…。
scriptSig：前一个支付者的签字 ECDSA（椭圆曲线数字签名算法）。
输出数据包括：
value：面值。
scriptPubKey：收款者的地址。例如 Bob 的比特币地址 = RIPEMD160（SHA256（Pub-

key$_{Bob}$))。

输入、输出建立以后,为本交易单加上时间戳和哈希值:

lockTime:时间戳,用数学方法建立的一个在线公正机制,用于证明从一个特定的时间点起数据的存在性及完整性。

txHash:此 Tx 的哈希值。

其中,哈希值作为交易单的关键词,用于引用交易单。

2. 区块的建立

区块的建立就是打包记账。主要包括以下步骤:

1)收集并验证可获得的交易。

2)取前一个块的块哈希 BlockHash 记作 PreHash。

3)建立 Merkle 哈希树。

4)求满足 $H(\text{Nonce} \| \text{PreHash} \| \text{MerkleRoot}) \leqslant \text{Bits}$ 的 Nonce。

5)创建数据块(如图 10-7 中的大方块所示),广播出去。

6)任何人收到数据块后,判断加入自己的链是否存在分叉。若没有分叉,则接收。

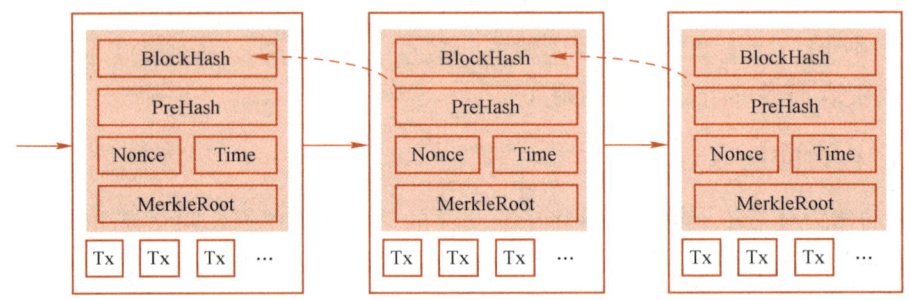

图 10-7 区块的链式结构

其中,Time 是时间戳,MerkleRoot 是 Merkle 哈希树的根,PreHash 是哈希指针,变量的指针是指存储该变量的地址,而哈希指针是指前一个区块的哈希值以及前一个区块数据的存储地址。

10 min 产生区块的意义:如果区块间隔时间过小,可能会由于不同节点来不及完全同步最新的区块广播,而产生不同的新区块,从而造成严重的分叉。如果区块间隔时间过大,则会产生过大的区块,因而会要求数据的传输带宽大、存储空间大、交易的验证时间长。

3. 链的建立

上述第 2)步通过 PreHash 将所有的区块连接起来形成一个链式结构,如图 10-7 所示。

4. 收款方的验证

收款方对收到的款项按以下过程进行验证:

1)根据时间戳下载相应的块。

2)验证块中的 Nonce。

3)求出 Merkle 树的根节点值,与块中的 MerkleRoot 比较。如果相等,则接收相应的款项。

在求根节点时,不用下载树中的所有节点,只须下载相应的节点值(这些值在交易池中存储)。

5. 找零钱

从比特币交易单的建立可见，它可以将多个钱合并在一起使用。交易单的输出中一部分可以作为花费支付出去，另一部分作为零钱返回给自己，因此很容易解决数字货币中的找零钱问题。

6. 隐私性

区块链中所有交易内容、交易金额都是公开的。交易地址是对用户的公钥执行两次哈希运算得到的，称为比特币地址。攻击者通过业务流分析，可得出交易双方身份，例如病历对应的病人姓名、信用记录是何人的，这些可能是商业机密或个人隐私。

区块链采取的保护隐私的方式是引入一个混淆者，用户将自己的比特币交易发送给混淆者，混淆者将比特币的输出地址混淆后返回给用户，这样就实现了交易的不可跟踪性。

10.4.3 零币协议——Zerocoin

比特币使用混淆服务实现匿名性和不可追踪性，然而，混淆服务有严重的缺陷：操作者可能偷钱、对钱的使用进行追踪，更为严重的是可能携款离开系统。

Zerocoin 是利用密码技术匿名性和不可追踪性的去中心化的电子现金系统，其主要思想是使用区块链作为"公告板"：用户可将自己的数字货币放在公告板上，而在使用货币时，利用累加器将可收集到的数字货币累加起来，并以零知识证明的方式证明自己的货币在累加器中，从而实现花钱时的匿名性。

1. Zerocoin 使用的密码工具

（1）**知识的签名** 在知识证明中，设 x 是论题，w 是论据，m 是消息，由 w 得到的 m 的签字被称为知识的签名，记为 $ZKSoK[m]\{(w):x\in L\}$。例如，将 Schnorr 签名改为利用 y 的离散对数知识对消息 m 进行签名。签名者随机选择 k，$1<k<q$，计算 $e=H(m\|y\|g\|g^k)$ 和 $s=(xe+k) \bmod q$，以 (e,s) 作为产生的数字签名，其中 H 是抗碰撞哈希函数。

验证者根据 $e=H(m\|y\|g\|g^s y^{-e})$ 是否成立来验证签名，上述过程也证明了签名者掌握 y 关于 g 的离散对数。

（2）**累加器** 累加器可将多个值累加到一个值，可用于隐藏每个被累加的值，并对被累加的每个值认证。累加器可以用函数 $h_n:X_n\times Y_n\to X_n$ 定义为
$$z=h_n(\cdots h_n(h_n(x,y_1),y_2),\cdots y_N)$$
式中，$x\in X_n$ 是初始值，$y_1,\cdots,y_N$ 是 N 个被累加的值。

如果函数 h_n 满足：对 $\forall x\in X_n$，$y_1,y_2\in Y_n$，有
$$h_n(h_n(x,y_1),y_2)=h_n(h_n(x,y_2),y_1)$$
则称其具有类交换性。

记累加器 $A=\text{Accumulate}(\text{params},C)$，其中 params 是运行累加器所需的参数，$C$ 是被累加的元素的集合。元素 $y\in C$ 被累加进 A 的证明过程如下：

1) 求 $w=\text{Accumulate}(\text{params},C\setminus\{y\})$。
2) 验证 $A=h_n(w,y)$ 是否成立，若成立，则 $y\in C$。

若取 $\text{params}=(x,n)$，其中，n 是 RSA 的模数（即两个大素数的乘积），$x\in\mathbb{Z}_n$，$h_n(x,y)$（其中 y 是素数）定义为 $h_n(x,y)=x^y \bmod n$，满足类交换性，这样构造的累加器称为 RSA 累加器（记为 RSA_{accu}）。对 $C=\{y_i:i\in[N]\}$ 的累加为 $A=x^{y_1\cdots y_N} \bmod n$。对于 $y_i\in A$ 的证明如下：

1) 求 $w = x^{y_1 \cdots y_{i-1} y_{i+1} \cdots y_N} \mod n$。这步记为 $w = \text{GetWitness}(\text{params}, y_i, A)$。

2) 验证 $w^{y_i} \mod n$ 是否等于 A，若相等，则 $y_i \in A$。这步记为 $\text{AccVerify}(\text{params}, A, y_i, w)$。

RSA 累加器满足抗碰撞性，即没有 PPT 敌手能产生 (w, y) 使得 $y \notin A$，但 $w^y \mod n = A$。这一性质由强 RSA 假设得到的。

定义 10.1（强 RSA 假设） 假设对任一非均匀的概率多项式时间敌手 $\mathcal{A}$，有 $\Pr[\text{Exp}_{\text{sRSA}}(\kappa) = 1] \leq \varepsilon(\kappa)$，则称强 RSA 假设成立。

实验 $\text{Exp}_{\text{sRSA}}(\kappa)$ 如下：

$$y \leftarrow_R \mathbb{Z}_n, e \leftarrow_R \mathbb{Z}_n^*, x \leftarrow y^e \mod n, (y', e') = A(n, x)$$

式中，n 是 RSA 的模数。若 $x = (y')^{e'} \mod n$，则返回 1。

已知 $\text{params} = \{x, n\}$，假定一敌手能找到 RSA 累加器的一对碰撞 $y_1, \cdots, y_N$ 和 y', A，使得 $(A')^{y'} \equiv x^{y_1 \cdots y_N} (\mod n)$，则可以按以下方式推翻强 RSA 假设：取 $e = y'$，$r = y_1 \cdots y_N$，因为 $y_1, \cdots, y_N, y'$ 都为素数，$(e, r) = 1$，由推广的欧几里得算法，存在 $a, b \in \mathbb{Z}$，使得 $ae + br = 1$。取 $y = (A')^b x^a$，则得 $y^e = (A')^{be} x^{ae} = ((A')^{y'})^b x^{ae} = x^{br+ae} = x$。输出 (y, e) 即推翻强 RSA 假设。

2. Zerocoin 的构造

（1）参数的产生　设 (x, n) 是 RSA 累加器的参数，(p, q, g, h) 是 Pedersen 承诺协议的参数，输出 $\text{params} = (x, n, p, q, g, h)$。

（2）铸币协议 $\text{Mint}(\text{params})$　随机选取 $s, r \leftarrow_R \mathbb{Z}_q^*$，计算 $c = g^s h^r \mod p$ 作为序列号为 s 的新币，而 $skc = (s, r)$ 作为花费时使用的私钥。可以认为 $skc = (s, r)$ 是 c 的秘密水印，只有掌握水印，才能执行花钱协议。

（3）花钱协议 $\text{Spend}(\text{params}, c, skc, R, C)$　其中，R 是接收方的公开地址，C 是用户收集到的网络中公开发行的钱币集合。

1) 计算 $A = \text{RSAaccu}(\text{params}, C)$。

2) 计算 $w = \text{GetWitness}(\text{params}, c, C)$。

3) 计算 $\pi = \text{ZKSoK}[R]\{(s, r): \text{AccVerify}(\text{params}, A, c, w) = 1 \wedge c = g^s h^r\}$，输出 (π, s)。

（4）验证 $\text{Verify}(\text{params}, \pi, s, R, C)$

1) 计算 $A = \text{RSAaccu}(\text{params}, C)$。

2) 验证 π，如果验证通过，接收者则可确认：

① C 中的确包括发送者要花费的钱币。

② π 中对 s 的承诺是正确的。

③ R 的签名是正确的。

由 Pedersen 承诺协议的隐藏性可知，他人在铸币协议中得到 c，但无法获得 s。若 s 未知，则无法执行花钱协议。

接收者通过花钱协议得到 (π, s)，由于累加器中元素的隐藏性以及 π 的零知识性，接收者不能得到 (r, c)，因此不能得知用户使用的是哪些钱。

Zerocoin 协议的缺点如下：①铸币协议得到的钱币 c 对应系统规定的固定面值，因此缺乏灵活性；②系统不支持找零业务。

10.4.4 零钞协议——Zerocash

1. 基本版 Zerocash 协议

Zerocash（零钞）可以是任何记账方式（比如以比特币为基础构造的），它的构造分为初始化、兑钱、用钱、收钱四步。$c = \mathrm{CM}_r(m)$ 表示用随机数 r 产生对消息 m 的承诺,三个伪随机函数为 $\mathrm{PRF}_x^{\mathrm{addr}}(\cdot)$、$\mathrm{PRF}_x^{\mathrm{sn}}(\cdot)$、$\mathrm{PRF}_x^{\mathrm{pk}}(\cdot)$,其中下标 x 表示种子。

(1) 初始化

1) 系统为 zk-SNARK 产生证明密钥 $\mathrm{pk}_{\mathrm{POUR}}$ 和验证密钥 $\mathrm{vk}_{\mathrm{POUR}}$。

2) 每一个用户产生地址密钥对:取随机种子 a_{sk},以 0 为初始值计算 $a_{\mathrm{pk}} = \mathrm{PRF}_{a_{\mathrm{sk}}}^{\mathrm{addr}}(0)$。以 a_{pk} 为自己的公开地址,用于"收钱";以 a_{sk} 为自己的秘密密钥,用于"用钱"。其中,"收钱""用钱"表示收钱协议和用钱协议。

(2) 兑钱 兑钱指用户将自己的比特币兑成 zerocash。设用户欲将自己的比特币兑换到公开地址为 a_{pk}、面值为 v 的 zerocash,具体流程如下。

1) 取随机数 ρ 作为初始值,a_{sk} 作为种子,计算 $\mathrm{sn} := \mathrm{PRF}_{a_{\mathrm{sk}}}^{\mathrm{sn}}(\rho)$ 作为新钱的序列号。

2) 按以下方式产生 $(a_{\mathrm{pk}}, v, \rho)$ 的承诺:

① 取随机数 r,计算 $k := \mathrm{CM}_r(a_{\mathrm{pk}} \| \rho)$。

② 取随机数 s,计算 $\mathrm{cm} := \mathrm{CM}_s(v \| k)$。

兑换得到的钱为 $c = (a_{\mathrm{pk}}, v, \rho, r, s, \mathrm{cm})$。这笔钱的业务记为 $\mathrm{tx}_{\mathrm{Mint}} := (v, k, s, \mathrm{cm})$,将 $\mathrm{tx}_{\mathrm{Mint}}$ 记入账本 L。L 以 Merkle 哈希树存储,其中,叶节点记录业务。

任何人都可通过 $\mathrm{CM}_s(v \| k) = \mathrm{cm}$ 是否成立来验证这笔业务,但不能得到 a_{sk},从而不能得到 c 的拥有者,也不能得到序列号 sn。因此,用户在后续使用 c 时实现了匿名性和不可追踪性。

(3) 用钱 "用钱"是指用户将兑换的钱分成若干个小额面值的,或者将若干个小额面值的合并成一个大额面值的,或者转换钱的所有者,或者做公开支付。

设账本 Merkle 哈希树根为 rt,用户 u 的两个旧钱(既可能是从兑钱协议得到的,也可能是接收他人的)c_1^{old}、c_2^{old} 为

$$c_i^{\mathrm{old}} = (a_{\mathrm{pk},i}^{\mathrm{old}}, v_i^{\mathrm{old}}, \rho_i^{\mathrm{old}}, r_i^{\mathrm{old}}, s_i^{\mathrm{old}}, \mathrm{cm}_i^{\mathrm{old}}), \quad i = 1, 2$$

对应的两个秘密地址分别为 $a_{\mathrm{sk},i}^{\mathrm{old}}$,并且已知承诺 $\mathrm{cm}_i^{\mathrm{old}}$ 到根 rt 的路径 path_i。

又设用钱协议欲按接收地址 $a_{\mathrm{pk},1}^{\mathrm{new}}$、$a_{\mathrm{pk},2}^{\mathrm{new}}$(既可能是自己的,也可能是他人的)产生两个新钱 c_1^{new}、c_2^{new},面值满足 $v_1^{\mathrm{new}} + v_2^{\mathrm{new}} + v_{\mathrm{pub}} = v_1^{\mathrm{old}} + v_2^{\mathrm{old}}$,其中 v_{pub} 用于找零或支付交易费。过程如下:

1) 取随机数 ρ_i^{new} 作为产生新钱序列号的初始值。

2) 取随机数 r_i^{new},计算 $k_i^{\mathrm{new}} := \mathrm{CM}_{r_i^{\mathrm{new}}}(a_{\mathrm{pk},i}^{\mathrm{new}} \| \rho_i^{\mathrm{new}})$。

3) 取随机数 s_i^{new},计算 $\mathrm{cm}_i^{\mathrm{new}} := \mathrm{CM}_{s_i^{\mathrm{new}}}(v_i^{\mathrm{new}} \| k_i^{\mathrm{new}})$。

产生的两个新钱 $c_i^{\mathrm{new}} = (a_{\mathrm{pk},i}^{\mathrm{new}}, v_i^{\mathrm{new}}, \rho_i^{\mathrm{new}}, r_i^{\mathrm{new}}, s_i^{\mathrm{new}}, \mathrm{cm}_i^{\mathrm{new}})$,然后利用 zk-SNARK 协议证明以下论题(记为 π_{POUR}):

c_i^{old} 中的 $\mathrm{cm}_i^{\mathrm{old}}$ 在账本中,即 path_i 是 Merkle 树中从叶节点 $\mathrm{cm}_i^{\mathrm{old}}$ 到根节点 rt 的有效认证路径。

c_i^{old} 中的 $a_{\mathrm{sk},i}^{\mathrm{old}}$ 与 $a_{\mathrm{pk},i}^{\mathrm{old}}$ 相匹配,即 $a_{\mathrm{pk},i}^{\mathrm{old}} = \mathrm{PRF}_{a_{\mathrm{sk},i}^{\mathrm{old}}}^{\mathrm{addr}}(0)$。

c_i^{old} 中的 $\mathrm{sn}_i^{\mathrm{old}}$ 是正确生成的,即 $\mathrm{sn}_i^{\mathrm{old}} = \mathrm{PRF}_{a_{\mathrm{sk},i}^{\mathrm{old}}}^{\mathrm{sn}}(\rho_i^{\mathrm{old}})$。

c_i^{old} 是良定的,即 $\mathrm{cm}_i^{\mathrm{old}} = \mathrm{CM}_{s_i^{\mathrm{old}}}(v_i^{\mathrm{old}} \| \mathrm{CM}_{r_i^{\mathrm{old}}}(a_{\mathrm{pk},i}^{\mathrm{old}} \| \rho_i^{\mathrm{old}}))$。

c_i^{new} 是良定的,即 $\mathrm{cm}_i^{\mathrm{new}} = \mathrm{CM}_{s_i^{\mathrm{new}}}(v_i^{\mathrm{new}} \| \mathrm{CM}_{r_i^{\mathrm{new}}}(a_{\mathrm{pk},i}^{\mathrm{new}} \| \rho_i^{\mathrm{new}}))$。

$v_1^{new}+v_2^{new}+v_{pub}=v_1^{old}+v_2^{old}$。

记以上业务为 $tx_{POUR}=(rt,sn_1^{old},sn_2^{old},cm_1^{new},cm_2^{new},v_{pub},*)$。

任何节点验证了 π_{POUR} 后，可将 tx_{POUR} 记入账本。zk-SNARK 是将证明的问题转化为电路的满足性，其论题为 $\boldsymbol{x}=(rt,sn_1^{old},sn_2^{old},cm_1^{new},cm_2^{new},v_{pk})$，论据为 $\boldsymbol{a}=(path_1,path_2,c_1^{old},c_2^{old},a_{sk,1}^{old},a_{sk,2}^{old},\boldsymbol{c}_1^{new},\boldsymbol{c}_2^{new})$。

（4）收钱

接收者收到新钱 $\boldsymbol{c}_i^{new}$ 后，检查新钱的序列号 $sn_i^{new}=PRF_{a_{sk,i}^{new}}^{sn}(\rho_i^{new})$ 是否在现有账本中出现。如果未在现有账本中出现，可以根据 $a_{pk,i}^{new}$ 对应的 $a_{sk,i}^{new}$ 使用这个新钱（即执行用钱协议）。其他人（包括原用户 u）由于不知道 $a_{sk,i}^{new}$，既不能使用这个钱，也不能得到接收者产生的新钱序列号，因此不能对接收者继续使用新钱进行追踪，从而实现了完全匿名性。

2. 增强版 Zerocash 协议

（1）以密文收钱　在上文中，并未给出接收者如何收到新钱 $\boldsymbol{c}_i^{new}$。设每个用户有一对公钥加密算法（设为 E）的密钥对 (pk_E,sk_E)，用户的收钱地址改为 $addr_{pk}=(a_{pk},pk_E)$，用钱地址改为 $addr_{sk}=(a_{sk},sk_E)$。因此，兑钱协议中得到的钱改为 $\boldsymbol{c}=(addr_{pk},v,\rho,r,s,cm)$。用钱协议中用户的两个旧钱改为 $\boldsymbol{c}_i^{old}=(addr_{pk,i}^{old},v_i^{old},\rho_i^{old},r_i^{old},s_i^{old},cm_i^{old}),i=1,2$，产生的两个新钱改为 $\boldsymbol{c}_i^{new}=(addr_{pk,i}^{new},v_i^{new},\rho_i^{new},r_i^{new},s_i^{new},cm_i^{new}),i=1,2$，利用公钥加密算法计算密文 $C_i=E_{pk_{E,i}}(v_i^{new},\rho_i^{new},r_i^{new},s_i^{new})$，并将 C_i 记入 tx_{POUR} 中，业务 tx_{POUR} 更新为 $tx_{POUR}=(rt,sn_1^{old},sn_2^{old},cm_1^{new},cm_2^{new},v_{pub},C_1,C_2,\pi_{POUR})$，将 C_i 加入仍不泄露钱数和接收者地址。接收者通过账本获得 tx_{POUR}，对 C_i 解密得到 $(v_i^{new},\rho_i^{new},r_i^{new},s_i^{new})$ 和 tx_{POUR} 中的 cm_i^{new}，得新钱 $\boldsymbol{c}_i^{new}=(addr_{pk,i}^{new},v_i^{new},\rho_i^{new},r_i^{new},s_i^{new},cm_i^{new})$。

（2）防延展性　在上文的用钱协议中，任何人（包括发送者和接收者）都可保持业务水平 tx_{POUR} 不变而修改 $\boldsymbol{c}_i^{new}$ 中的 $addr_{pk,i}^{new}$，从而挪用或盗用新钱 $\boldsymbol{c}_i^{new}$，这种攻击称为延展攻击。可在用钱协议中加入签名来防止延展攻击，具体如下：

1）每个用户都有一次性签名方案 (Sig,Ver) 的密钥对 (pk_{sig},sk_{sig})。

2）计算 $h_{sig}=CRH(pk_{sig})$，其中，CRH 是抗碰撞哈希函数。

3）计算 $h_1=PRF_{a_{sk,1}^{old}}^{pk}(h_{sig}),h_2=PRF_{a_{sk,2}^{old}}^{pk}(h_{sig})$，$h_1,h_2$ 的作用是将签字密钥和地址密钥捆绑在一起。

4）将上述计算得到的哈希值 (h_{sig},h_1,h_2) 加入 π_{POUR} 的议题 $\boldsymbol{x}$，得新议题 $\boldsymbol{x}=(rt,sn_1^{old},sn_2^{old},cm_1^{new},cm_2^{new},v_{pub},h_{sig},h_1,h_2)$，证据 $\boldsymbol{a}$ 保持不变。计算新的 π_{POUR}。

5）令 $m=(\boldsymbol{x},\pi_{POUR},C_1,C_2)$，求 $\sigma=Sig_{sk_{sig}}(m)$。

6）修改 tx_{POUR} 为 $tx_{POUR}=(rt,sn_1^{old},sn_2^{old},cm_1^{new},cm_2^{new},v_{pub},pk_{sig},h_1,h_2,C_1,C_2,\pi_{POUR},\sigma)$。

7）输出 $\boldsymbol{c}_1^{new}$、$\boldsymbol{c}_2^{new}$ 和 tx_{POUR}。

接收方从账本中获取 tx_{POUR}，执行以下运算：

1）计算 $(v_i,\rho_i,r_i,s_i)=D_{sk_E}(C_i)$。

2）验证 $CM_{s_i}(v_i\|CM_{r_i}(a_{pk}\|\rho_i))=cm_i^{new}$。

3）求 $sn_i=PRF_{a_{sk}}^{sn}(\rho_i)$，并检查 sn_i 是否未在账本 L 中出现。

4）由 tx_{POUR}，令 $m=(\boldsymbol{x},\pi_{POUR},C_1,C_2)$，验证 $Ver_{pk_{sig}}(\sigma)=1$。

5）如果 2）至 4）步验证均通过，则接收方得到新钱为 $\boldsymbol{c}_i=(addr_{pk},v_i,\rho_i,r_i,s_i,cm_i^{new})$。

10.5　后量子密码

美国麻省理工学院数学教授 Peter Shor 曾指出："量子计算机可以破解密码算法。" 1994 年，Peter Shor 提出了一个新的量子算法。如果量子计算机成为现实，那么用他提出的量子算法可以高效地进行整数分解，这将彻底攻破 RSA 等密码算法。当时，量子计算机还处于理论研究阶段，它是一种基于量子物理学的新型计算机概念。量子计算机理论还有待证实。2015 年，美国国家安全局宣布了其从传统密码算法向抗量子密码算法（不易受量子计算机攻击的密码算法）过渡的计划。

虽然量子计算的想法并不新鲜，但近年来，量子计算研究获得的资助呈爆炸式增长，也带来许多实验的巨大突破。然而，目前人们仍然不能用量子计算机破解密码算法。

10.5.1　震动密码学界的量子计算机

自从美国安全局宣布研究抗量子密码的计划以来，IBM、谷歌、阿里巴巴、微软、英特尔等许多大公司已经投入大量资金和人才来研究量子计算机。那么，量子计算机是什么？为什么它能够令密码学家如此"害怕"？这一切都始于量子力学，它是一个旨在研究小物体（比如原子和比原子更小的物体）行为的物理学领域。量子力学是量子计算机的基础，下面先介绍量子力学方面的知识。

1. 研究小物体的量子力学

一些物理学家认为整个世界都是确定性的，就像密码学中的伪随机函数生成器一样。如果知道宇宙是如何运行的，并且有一台足够大的计算机来计算"宇宙函数"，那么我们只须获得宇宙的种子（包含在宇宙大爆炸中的信息）就可以预测宇宙的一切事物。在这样的世界里，不存在任何的随机性。我们所做的每一个决定都取决于过去的事情，当然也包括之前所发生的事情。

这种世界观让许多哲学家困惑，他们曾发出这样的疑问："我们真的有自由意志吗？"量子力学作为一个 20 世纪 90 年代开始发展的物理学领域，也让许多科学家感到困惑。事实证明，非常小的物体的行为往往与基于经典物理观察和理论推导的结果截然不同。在（亚）原子维度上，粒子似乎表现出像波一样的行为。在物理学上，波既可以相互叠加，也可以相互抵消。

对于像电子这样的粒子，我们可以测量它们的自旋。例如，我们可以测量电子是自旋向上还是自旋向下的。到目前为止，电子的行为并没有什么独特之处。令人感到奇怪的是，量子力学认为一个粒子可以同时处于这两种状态，即自旋向上和自旋向下。此时，我们称粒子处于量子叠加态。针对不同类型的粒子，我们可以使用不同的技术手动诱导粒子进入量子叠加态。在测量粒子状态之前，粒子可以一直维持在量子叠加态；一旦对粒子进行测量，粒子就会坍缩成一种可能的状态，即向上旋转或向下旋转。量子计算机就建立在量子叠加态的原理之上，即一个量子位可以同时处于 0 态和 1 态，而不是要么处于 0 态要么处于 1 态。

更奇怪的是，量子理论解释到，只有在测量粒子状态时，处于量子叠加态的粒子才随机坍缩成一种状态（坍缩成 0 态和 1 态的概率均为 50%）。对于这种奇怪的现象，许多物理学家甚至无法想象粒子状态在确定性世界中会如何变化。然而，密码学家却对这种现象倍感兴趣，因为量子理论给出了一种获得真随机数的方法。这种随机数发生器称为量子随机数发生器，它的实现原理是不断测量处于量子叠加态的粒子。

物理学家还从普通人的角度在理论上解释了量子力学的概念。这引发了著名的"薛定谔的猫"思想实验：将一只猫关在装有少量镭和氰化物的密闭容器里。镭的衰变存在概率：如果镭发生衰变，就会触发机关打碎装有氰化物的瓶子，猫就会死；如果镭不发生衰变，猫就存活。根据量子力学理论，由于放射性的镭处于衰变和没有衰变两种状态的叠加，猫就理应处于死猫和活猫的叠加状态。这只既死又活的猫就是所谓的"薛定谔的猫"。但是，不可能存在既死又活的猫，必须在打开容器后才知道结果。

有时粒子间会发生相互作用（如相互碰撞），并最终处于强相关性状态，在这种状态下，不可能只描述一个粒子的状态而忽略其他与它相关的粒子的状态。这种现象被称为量子纠缠，它是提升量子计算机性能的一个关键因素。如果两个粒子纠缠在一起，那么当测量其中一个粒子时，两个粒子的状态都会改变，即一个粒子的状态与另一个粒子的状态完全相关。以下是一个具体示例：如果两个粒子纠缠在一起，当测量其中一个粒子的状态，发现该粒子正在自旋向上时，就可以知道另一个粒子正在自旋向下（但在测量第一个粒子之前，它的旋转状态是未知的）。任何这样的实验都会得出相同的结果。

此外，即使两个粒子距离很远，也会发生量子纠缠。爱因斯坦、波多尔斯基和罗森有一个著名的论点，即量子力学的描述是不完整的，它很可能缺少了可以解释量子纠缠的隐藏变量（例如，一旦粒子分离，粒子状态的测量结果就是确定的）。

爱因斯坦、波多尔斯基和罗森还描述了一个思维实验（EPR 悖论）。在这个思维实验中，假设两个纠缠的粒子距离很远（以光年为单位），然后同时测量它们的状态。由量子力学可知，测量其中一个粒子的状态会立即影响另一个粒子的状态，然而根据相对论原理，我们知道任何信息的传播速度都不能超过光速，因此两个粒子的状态互不影响。爱因斯坦称这个奇怪的思维为"远处的幽灵行为"。

约翰·贝尔后来提出一个称为贝尔不等式的概率不等式。如果这个不等式成立，那么它将证明隐藏变量是存在的。后来的多次实验结果违背了贝尔不等式，证明粒子纠缠是真实存在的，同时也否定了隐藏变量的存在。

量子力学理论指出，对纠缠粒子的测量会导致粒子之间的相互干扰，这违背了相对论中任何信息的传播速度不能超过光速的预测，物理学家也无法设计出任何基于量子纠缠的通信信道。然而，对于密码学家来说，具有一定距离的量子纠缠行为有利于设计新的密钥交换方法，密码学家将这种技术称为量子密钥分发。在量子密钥分发过程中，发送方创建并发送一个量子密钥给接收方，该密钥是由一组量子位构成的信息单元，每个量子位都处于纠缠态。接收方可以利用与发送方共享的量子纠缠态，对这些量子位进行测量，从而获取相应的信息。这个过程保证了如果有人试图拦截信息，由于量子状态的不可复制性，任何未经授权的测量都会导致信息的损失，从而确保了通信的安全性。

2. 量子计算机从诞生到实现量子霸权

1980 年，量子计算机的概念诞生。Paul Benioff 首次给出了对量子计算机的准确描述：量子计算机是一种根据过去几十年对量子力学观察的结果而建造的计算机。同年晚些时候，Paul Benioff 和 Richard Feynman 认为，量子计算机是模拟和分析量子系统的唯一方法，而且不存在经典计算机的局限性。

1998 年，IBM 公司首次在真实的量子计算机上运行了量子算法。2011 年，D-Wave Systems 公司宣布推出第一台商用量子计算机，开启了整个量子计算机行业发展的新纪元，以期制造出首台可扩展的量子计算机。2019 年，谷歌公司宣称已经实现了 53 个量子位的量子计算机并实现了量子霸权。量子霸权是指量子计算机拥有超越所有经典计算机的计算能力。这台计算机在 3 min 20 s 的时间内完成了一些经典计算机大约 1000 年才能完成的分析任务。

量子计算机几乎全部建立在量子物理现象（如量子叠加和纠缠）之上，这就像经典计算机使用电路来执行计算一样。在量子计算机的世界里，没有位的概念，使用的是量子位的概念，通过量子门可以将量子位设置为特定值，或将其置于叠加甚至纠缠状态，类似于经典计算机中的门电路。为了用经典计算机中门电路（用 0 或 1 表示其值）的解释方式解释量子计算机，可以在计算任务完成后测量量子位的状态。在此基础上，可以用经典计算机理论进一步解释计算结果，进而完成有意义的计算任务。一般来说，N 个纠缠的量子位包含的信息相当于 2^N 个经典位包含的信息。但在计算任务结束时，测量量子位状态只会得到 N 个 0 或 1。因此，当前量子计算机能够解决的问题还十分有限，在解决通用计算问题的设计上还有待进一步研究。

3. Shor 和 Grover 算法对密码学的影响

1994 年，量子计算机还只是一个处于思维实验阶段的概念，Peter Shor 提出了一种可以解决离散对数和大整数分解问题的量子算法。Shor 观察到，量子计算机可以用来快速计算出密码学困难问题相关的解。Shor 证明了存在一种有效的量子算法可以找到函数 $f(x)$ 的周期 T，使得给定任意 x 均有 $f(x+T)=f(x)$。例如，通过 $g^{x+T}=g^x \mod N$ 查找函数的周期。因此，基于该算法可以设计出高效的解决大整数分解和离散对数问题的算法，进而影响 RSA 算法和 Diffie-Hellman 算法的安全性。

对非对称密码算法来说，Shor 算法产生的影响是毁灭性的。目前，大部分非对称加密算法都依赖于离散对数或大整数分解问题。离散对数和大整数分解至今仍然属于数学困难问题，通过增加算法参数的规模可以提高这两类问题的抗量子能力。然而，2017 年，Bernstein 等人表明，虽然增加参数规模可以提高算法的抗量子能力，但会降低算法的运行性能，甚至导致算法难以在实际场景下应用。他们的研究表明，只有当 RSA 的参数规模提高到 1TB 时，才能具备抗量子性，这是不切实际的。

Grover 算法由 Lov Grover 于 1996 年提出，该算法提供了一种针对无序列表的优化搜索算法。在经典计算机系统下，包含 N 个数据项的无序列表平均需要的基本操作次数为 $N/2$。然而，在量子计算机下，它的搜索代价为 $\sqrt{N}$ 次操作，实现了速度上的极大提升。

Grover 算法也是一个可以应用于密码学领域的工具，例如，提取对称密码算法的密钥和寻找哈希函数碰撞。以搜索 128 位的密钥为例，在量子计算机下，Grover 算法需要的基本操作次数为 2^{64}，而在经典计算机下，需要的基本操作次数为 2^{128}。对所有对称密码算法来说，这是一个可怕的结论。但是，如果将安全参数的位长从 128 位提升至 256 位，就可以对抗 Grover 算法的攻击了。因此，如果希望对称密码算法不受量子计算机的影响，可以用 SHA-3-512 算法代替 SHA-3-256 算法，用 AES-256-GCM 算法代替 AES-128-GCM 算法，以此类推。

综上所述，在量子计算机下，对称加密算法基本上仍然可用，但是非对称加密算法会变得不安全，从而无法使用。然而，使用对称加密算法需要进行密钥交换，在量子计算机下，密钥交换的过程却很容易受到攻击。因此，量子计算机的出现给密码学的发展带来极大的挑战。

4. 可抵抗量子算法的后量子密码

幸运的是，量子计算机并没有带来密码学的"末日"。密码学界迅速对量子计算带来的威胁做出反应，并对能够抵抗 Shor 和 Grover 算法攻击的新旧密码算法进行了深入研究。在这样的背景下，后量子密码学（也称为抗量子密码学）诞生了。2016 年，标准化研究机构 NIST 启动了后量子密码标准化进程。

自 NIST 启动后量子密码标准化进程以来，共收到 82 个候选算法。通过三轮筛选，将候选算法个数缩小到 7 个入围算法和 8 个候补入围算法（基本不可能对候补入围算法进行标准化，只有入围算法最终被攻破，才会考虑从候补入围算法中选择新算法）。NIST 的标准化工作旨在取代常见的非对称密码原语，包括数字签名方案和非对称加密方案。后者也可以用作密钥交换原语。

正在标准化的后量子密码方案主要包含基于哈希函数的一次性签名方案及基于格的短密钥和签名方案，下面将重点介绍基于格的短密钥和签名方案。

10.5.2 基于格的密码算法

目前许多后量子密码方案都基于一种称为格的数学结构。在 NIST 后量子密码学竞赛中，有一半的候选算法都是基于格的密码方案。这使得基于格的密码算法更有希望成为 NIST 后量子密码标准。

1. 格的定义

首先，我们需要明确什么是基于格的密码。以 RSA 算法为例，RSA 算法被定义为基于大整数分解难题的算法，利用大整数分解可以攻击 RSA 算法，但是依赖于大整数分解的困难性，可以保障 RSA 算法的安全性。基于格的密码算法的定义与此类似：格是一种蕴含困难问题的数学结构，只要这些问题是困难的，那么基于格的密码算法就是安全的。

所谓"格"，是一种与向量空间类似的数学空间。实数空间上的向量空间是一些向量的集合，其中两个向量可以相加，向量可以和一个实数相乘，运算保持封闭。也就是说，向量空间支持向量加法和标量乘法，以下是一个向量空间的简单示例。

基：构成向量空间的基向量，例如$(0,1)$和$(1,0)$可以构成一个基。

向量加法：允许将两个向量加起来，例如$(0,1)+(1,0)=(1,1)$。

标量乘法：允许一个向量乘一个标量，例如$3\times(1,2)=(3,6)$。

在上述示例中，向量空间的所有向量都可以表示成基向量的线性组合，即对于变量 a 和 b，任何向量都可以写成 $a\times(0,1)+b\times(1,0)$。例如，向量$(3,5)$和$(0,99)$可以表示为$(3,5)=5\times(0,1)+3\times(1,0)$，$(0,99)=99\times(0,1)+0\times(1,0)$。

格与向量空间的区别就是将标量乘法中的乘数，从实数改为整数。图 10-8 中给出了三个格的示例，不难看出，每个格都可以由几个初始的向量生成。格既可以视为向量的集合，也可以视为点的集合。直观地看，格上的点排列得非常整齐，与栅栏、铁丝网、化学中的晶格类似。

在格空间中，存在一些众所周知的困难问题，虽然现在已有相应的算法可以解决这些困难问题，且这些算法已经是能够解决格上困难问题的最好算法，但是它们运行效率低，并不实用。因此，在研究出更高效的算法前，我们认为这些问题仍然是困难的。格上著名的两个困难问题（如图 10-9 所示）定义如下：

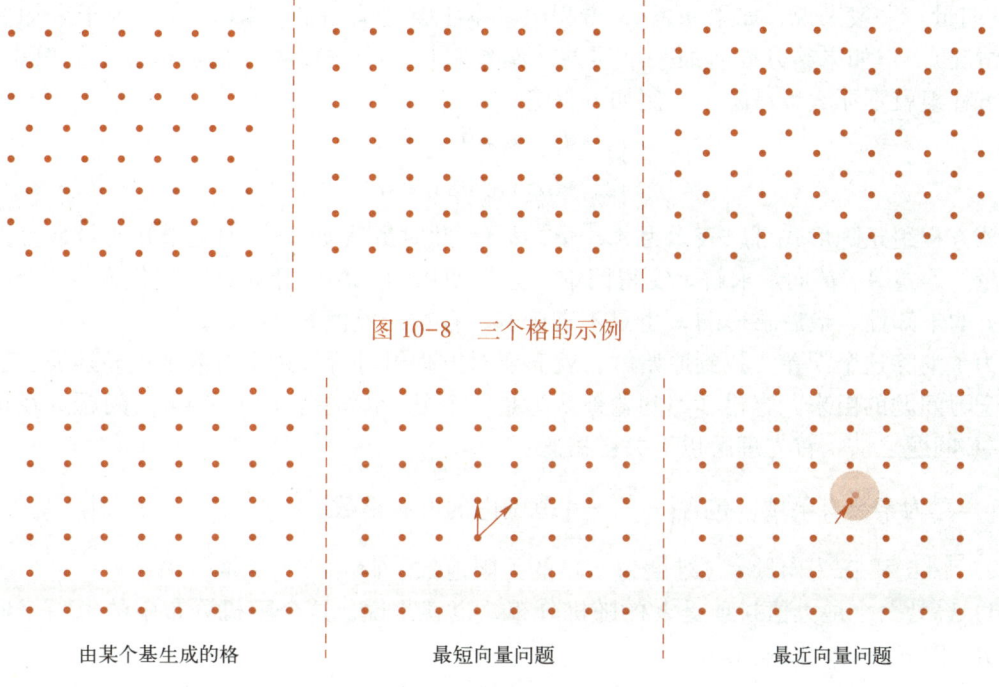

图 10-8 三个格的示例

由某个基生成的格　　　最短向量问题　　　最近向量问题

图 10-9 格上著名的两个困难问题

1）最短向量问题（Shortest Vector Problem，SVP）：在格 L 中找到一个最短非零向量。即找到一个非零向量 $v \in L$，使得 $\|v\|$ 最小。

2）最近向量问题（Closest Vector Problem，CVP）：给定一个不在格 L 中的向量 $w \in \mathbb{R}^m$，找到向量 $v \in L$，最小化 $\|w-v\|$。

通常，使用 LLL（Lenstra-Lenstra-Lovász）和 BKZ（Block-Korkine-Zolotarev）等算法可以解决这两个问题（计算上，一般认为 CVP 比 SVP 稍微难一些，SVP 可以归约到 CVP）。这些算法可以对格基进行约减，尝试找到一组比给定向量更短的向量，同时满足找到的这组更短向量能生成与原始格完全相同的格。

2. 格密码的基础：LWE 问题

容错学习（Learning With Errors，LWE）问题是美国计算机科学家 Oded Regev 于 2005 年提出的。Regev 凭借提出 LWE 问题的论文"On lattices, Learning with Errors, Random Linear Codes, and Cryptography"获得了计算机科学理论界的最高奖项之一——哥德尔奖。基于 LWE 问题的密码算法尚无有效的量子求解算法，因此我们认为基于 LWE 问题的密码算法是可抗量子攻击的。

为了便于理解 LWE 问题，首先尝试求解一个线性方程组，即

$$\begin{cases} x_1 + 4x_2 = 9 \\ 2x_1 + 6x_2 = 8 \end{cases}$$

这个问题非常简单，可以通过联立等式，使用消元法找到解。如果利用线性代数知识，那么通过计算 $\begin{pmatrix} 1 & 4 \\ 2 & 6 \end{pmatrix}^{-1} \begin{pmatrix} 9 \\ 8 \end{pmatrix} = \begin{pmatrix} -11 \\ 5 \end{pmatrix} = \begin{pmatrix} x_1 \\ x_2 \end{pmatrix}$ 得到答案。

多元线性方程组的向量形式可以表示为 $A x^{\mathrm{T}} = b^{\mathrm{T}}$，其中 A 是一个 $m \times n$ 的矩阵，x、b 是

$1×n$ 的向量。一般来说，如果 $m \geq n$，方程组基本上都是有解的（即 m 大于等于未知变量数目的情况）。但如果给方程组加一个误差，误差服从一个均值为 0 且随机分布的概率函数，那么方程组就不那么容易解了，例如方程组

$$\begin{cases} x_1+4x_2+e_1=9+e_1=b'_1 \\ 2x_1+6x_2+e_2=8+e_2=b'_2 \end{cases}$$

该方程组矩阵形式可以表示为 $\boldsymbol{A}\boldsymbol{x}^{\mathrm{T}}+\boldsymbol{e}^{\mathrm{T}}=\boldsymbol{b}'^{\mathrm{T}}$，此时虽然 $m \geq n$，但是未知变量数目大于等式数量，通过 $\boldsymbol{A}$、$\boldsymbol{b}'$ 向量求解 $\boldsymbol{x}$ 变得困难。如果使用消元法，计算过程将代入误差 $\boldsymbol{e}$，由于误差 $\boldsymbol{e}$ 的未知性，最后求得的 $\boldsymbol{x}'$ 也是不准确的，存在误差值 $\boldsymbol{e}'=\boldsymbol{x}-\boldsymbol{x}'$。

为了消除这个误差，找到原始解，就需要对方程组进行容错学习或者误差还原，这就是容错学习问题的由来。容错学习问题被认为是一个复杂度很高（NP-hard）问题。在正式定义 LWE 问题之前，首先理解以下关键概念：

1) $\mathbb{Z}_q$ 为素数有限域，包含 $\left(-\dfrac{q}{2}, \dfrac{q}{2}\right)$ 范围内的所有整数。

2) $\|\boldsymbol{e} \in \mathbb{Z}_q^m\|_\infty$ 为向量 $\boldsymbol{e}$（维度为 m）的无限范数，$\|\boldsymbol{e} \in \mathbb{Z}_q^m\|_\infty = \max_i^m |e_i|$。

3) χ_B 为一个最大值封顶是 B 的随机分布，也就是说，这个随机分布中的每一个取值都小于 B，即 $\forall \boldsymbol{x} \in \chi_B^m : \|\boldsymbol{x}\|_\infty \leq B$。

（1）搜索 LWE（Search LWE$_{n,m,q,\chi_B}$，SLWE） 搜索 LWE 是容错学习的基本问题之一，其目标是找到向量 $\boldsymbol{s}' \in \mathbb{Z}_q^n$，使得给定的 $\boldsymbol{A}, \boldsymbol{b}$ 满足：$\|\boldsymbol{A}\boldsymbol{s}'^{\mathrm{T}}-(\boldsymbol{A}\boldsymbol{s}^{\mathrm{T}}+\boldsymbol{e}^{\mathrm{T}})\|_\infty \leq B$。其中，$\boldsymbol{b} \equiv \boldsymbol{A}\boldsymbol{s}^{\mathrm{T}}+\boldsymbol{e}^{\mathrm{T}} \pmod q$，矩阵 $\boldsymbol{A}$ 取自整数环 $\mathbb{Z}_q^{m \times n}$，向量 $\boldsymbol{s}$ 取自整数环 $\mathbb{Z}_q^n$，噪声 $\boldsymbol{e}$ 取自随机分布 χ_B。

n 作为安全参数，代表了每个方程中有多少个未知数，n 越大，搜索 LWE 问题就会越困难；同为安全参数的 m 是 n 的多项式倍数，$m = \mathrm{poly}(n)$，表示方程组的数量，m 越小，搜索 LWE 问题就会越困难；q 是一个素数，一般也是 n 的多项式倍数，可以设置为 $O(n^2)$；误差上限 B 需要比 q 小很多，误差越小，找到正确解的概率就越大。

对搜索 LWE 问题的通俗解释是，给定矩阵 $\boldsymbol{A}$ 与 $(\boldsymbol{A}\boldsymbol{s}^{\mathrm{T}}+\boldsymbol{e}^{\mathrm{T}}) \bmod q$，如何能够搜索出一个合理的 $\boldsymbol{s}'$，使得 $\boldsymbol{A}\boldsymbol{s}'^{\mathrm{T}}$ 得到的向量和问题给定的 $\boldsymbol{A}\boldsymbol{s}^{\mathrm{T}}+\boldsymbol{e}^{\mathrm{T}}$ 之间的误差不超过 B（如图 10-10 所示）。

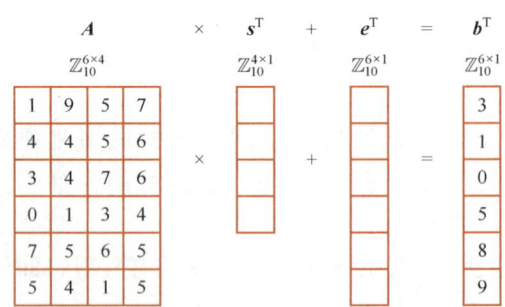

搜索LWE问题：找到s；决策LWE问题：区分b是误差乘积还是随机生成的向量

图 10-10 LWE 问题

（2）决策 LWE（Decisional LWE$_{n,m,q,\chi_B}$，DLWE） 决策 LWE 的设定和搜索 LWE 基本相同。唯一不同的是，搜索 LWE 最后需要解决的问题是找到向量 $\boldsymbol{s}'$，而决策 LWE 只需要辨别看到的 $\boldsymbol{b}$ 到底是 LWE 问题中的误差乘积还是随机生成的向量（如图 10-10 所示）。

3. 基于 LWE 问题的公钥加密算法

基于 LWE 问题，Regev 提出了一个二进制加密算法，该算法每次只能加密一位二进制信息，假设 Alice 想利用该加密算法发送一位二进制消息给 Bob，具体流程如下：令 n 为一个秘密整数参数，m 为一个可公开整数参数，q 为素数，$q \geq 2$ 且在 $[n^2, 2n^2]$ 之间，n, m, q 满足 $m = (1+\varepsilon)(n+1)\log p$ 的关系，其中 ε 为大于 0 的任意常数。令 χ 为 $\mathbb{Z}_q$ 上一个均值为 0 的概率分布。

（1）密钥生成　在密钥生成过程中，Bob 需要生成一个可供 Alice 加密使用的公钥。首先，双方约定好一组公钥 A，然后，Bob 使用私钥 s 生成新的公钥 b，有

$$\boldsymbol{b}^{\mathrm{T}} = \boldsymbol{A}\boldsymbol{s}^{\mathrm{T}} + \boldsymbol{e}^{\mathrm{T}} \bmod q$$

式中，公钥 $\boldsymbol{A} \in \mathbb{Z}_q^{m \times n}$ 是均匀随机分布的；$\boldsymbol{b} \in \mathbb{Z}_q^m$；私钥 $\boldsymbol{s} \in \mathbb{Z}_q^n$ 也是均匀随机分布的；$\boldsymbol{e} \in \chi^m$ 且满足条件 $\|\boldsymbol{e}\| < q/4m$，这也意味着 $\boldsymbol{e}$ 中所有元素之和不超过 $q/4$。至此，生成公钥组 $(\boldsymbol{A}, \boldsymbol{b})$，私钥为 $\boldsymbol{s}$。

（2）消息加密　假设存在明文消息 $d \in \{0,1\}$，Alice 首先随机选择一组 m 维二进制值向量 $\boldsymbol{r} \in \{0,1\}^m$，然后利用公钥组 $(\boldsymbol{A}, \boldsymbol{b})$ 进行加密，计算密文组

$$c_1 = \boldsymbol{r}\boldsymbol{A} \bmod q$$

$$c_2 = \left(\boldsymbol{r}\boldsymbol{b}^{\mathrm{T}} + \left\lfloor \frac{q}{2} \right\rfloor d\right) \bmod q$$

将 (c_1, c_2) 发送给 Bob。其中，c_1 等价于一个抗碰撞哈希函数，c_2 则作为主要密文，$\lfloor \cdot \rfloor$ 表示向下取整。

（3）密文解密　Bob 得到密文后，计算

$$d = (c_2 - \boldsymbol{c}_1 \boldsymbol{s}^{\mathrm{T}}) \bmod q$$

$$d = \begin{cases} 0, \text{如果 } d \text{ 更接近 } 0 \\ 1, \text{如果 } d \text{ 更接近} \left\lfloor \frac{q}{2} \right\rfloor \end{cases}$$

即如果 $d \in \left[-\frac{q}{4}, \frac{q}{4}\right]$，$d = 0$，否则 $d = 1$。

解密的正确性验证

$$d = c_2 - \boldsymbol{c}_1 \boldsymbol{s}^{\mathrm{T}} = \left(\boldsymbol{r}\boldsymbol{b}^{\mathrm{T}} + \left\lfloor \frac{q}{2} \right\rfloor d - \boldsymbol{r}\boldsymbol{A}\boldsymbol{s}^{\mathrm{T}}\right) \bmod q$$

$$= \left(\boldsymbol{r}(\boldsymbol{A}\boldsymbol{s}^{\mathrm{T}} + \boldsymbol{e}^{\mathrm{T}}) + \left\lfloor \frac{q}{2} \right\rfloor d - \boldsymbol{r}\boldsymbol{A}\boldsymbol{s}^{\mathrm{T}}\right) \bmod q$$

$$= \left(\boldsymbol{r}\boldsymbol{e}^{\mathrm{T}} + \left\lfloor \frac{q}{2} \right\rfloor d\right) \bmod q$$

由于 $\boldsymbol{r}$ 是一个随机二进制值向量，所以 $\boldsymbol{r}\boldsymbol{e}^{\mathrm{T}}$ 的取值最大为 $m \cdot (q/4m) = q/4$，所以引入的误差不会改变解密算法的正确性。

该方案为 Regev 加密算法的原始版本。除了该版本外，还有偶数形式的 Regev 加密方案以及多位 Regev 加密方案。

习题

1. 请分别阐述部分同态加密、些许同态加密和全同态加密的性质。它们之间的区别和联系是什么？
2. RSA 算法和 ElGamal 算法分别具备怎样的同态性质？请用公式推导证明。
3. 请阐述 LWE 假设的定义并描述一种基于 LWE 假设的全同态加密方案。
4. 安全多方计算的构造基础包含哪些技术？请选择一种进行描述。
5. 什么是 PSI？两方 PSI 协议与多方 PSI 协议在设计时需要注意哪些问题？
6. 横向联邦学习、纵向联邦学习和联邦学习迁移之间的联系与区别是什么？它们分别适用于哪些场景？
7. 应用区块链技术可以解决哪些具体问题？
8. 拜占庭将军问题的内涵是什么？请举例描述。
9. 请简要阐述基本版和增强版零钞协议。增强版做了怎么样的改进？
10. 什么是后量子密码？后量子密码方案的设计可以基于什么问题？

参考文献

[1] DIFFIE W, HELLMAN M E. New directions in cryptography [J]. IEEE Transactions on Information Theory, 1976, 22 (6): 644-654.

[2] RIVEST R L, SHAMIR A, ADLEMAN L. A method for obtaining digital signatures and public-key cryptosystems [J]. Communications of the ACM, 1978, 21 (2): 120-126.

[3] ELGAMAL T. A public key cryptosystem and a signature scheme based on discrete logarithms [J]. IEEE Transactions on Information Theory, 1985, 31 (4): 469-472.

[4] Koblitz N. Elliptic curve cryptosystems [J]. Mathematics of Computation, 1987, 48 (177): 203-209.

[5] MILLER V S. Use of elliptic curves in cryptography [C]//Advances in Cryptology—CRYPTO'85. Berlin: Springer, 1985: 417-426.

[6] HASSE H. Zur Theorie der abstrakten elliptischen Funktionenkörper. I, II & III [J]. Crelle's Journal, 1936, 175: 193-208.

[7] 密码行业标准化技术委员会. SM2 椭圆曲线公钥密码算法 第 1 部分: 总则 [EB/OL]. http://www.gmbz.org.cn/main/viewfile/20180108015515787986.html.

[8] 密码行业标准化技术委员会. SM3 密码杂凑算法 [EB/OL]. (2012-03-21) [2024-12-19]. http://www.gmbz.org.cn/main/viewfile/20180108023812835219.html.

[9] NIST. Digital signature standard (DSS) (EB/OL). [2024-12-27]. https://nvlpubs.nist.gov/nistpubs/FIPS/NIST.FIPS.186-5.pdf.

[10] JOHANNES B. RSA-PSS—Provable secure RSA Signatures and their Implementation [BE/OL]. [2024-12-27]. https://rsapss.hboeck.de/rsapss.pdf.

[11] HARN L, XU Y. Design of generalised ElGamal type digital signature schemes based on discrete logarithm [J]. Electronics Letters 30, 1994, 30 (24): 2025-2026.

[12] HARN L, GONG G. Elliptic Curve Digital Signatures and Accessories [EB/OL]. [2024-12-19]. https://api.semanticscholar.org/CorpusID:16117967.

[13] KOHL J, NEUMAN C. The Kerberos network authentication service (V5) [EB/OL]. [2024-12-19]. https://www.rfc-editor.org/rfc/rfc4120.

[14] NEEDHAM R M, SCHROEDER M D. Using encryption for authentication in large networks of computers [J]. Communications of the ACM, 1978, 21 (12): 993-999.

[15] ADAMS C, STEVE L. Understanding PKI: concepts, standards, and deployment considerations [M]. Addison-Wesley Professional. NW: ACM, 2003.

[16] LAW L, MENEZES A, QU M, et al. An efficient protocol for authenticated key agreement [J]. Designs, Codes Cryptography, 2003, 28 (2): 119-134.

[17] LAWRENCE S, KHARE R. Upgrading to TLS within HTTP/1.1 [EB/OL]. [2024-12-27]. https://www.rfc-editor.org/rfc/rfc2817.

[18] MERKLE R C. One way hash functions and DES [C]//Advances in Cryptology—CRYPTO'89. New York: Springer, 1989: 428-446.

[19] DAMGÅRD I B. A design principle for hash functions [C]//Advances in Cryptology—CRYPTO'89. New York: Springer, 1989: 416-427.

[20] RESCORLA E. The transport layer security (TLS) protocol version 1.3 [EB/OL]. [2024-12-27]. https://www.rfc-editor.org/rfc/rfc8446.

[21] 邱卫东, 黄征, 李详学, 等. 密码协议基础 [M]. 2版. 北京: 高等教育出版社, 2023.

[22] 杨波. 现代密码学 [M]. 5版. 北京: 清华大学出版社, 2022.

[23] 杨晓元. 现代密码学 [M]. 西安: 西安电子科技大学出版社, 2009.

[24] 埃文斯, 科列斯尼科夫. 罗苏莱克. 实用安全多方计算导论 [M]. 刘巍然, 丁晟超, 译. 北京: 机械工业出版社, 2021.

[25] 郑志勇, 刘峰霞, 田坤. 后量子密码的数学原理 [M]. 北京: 高等教育出版社, 2023.

[26] 王. 深入浅出密码学 [M]. 韩露露, 谢文丽, 杨雅希, 译. 北京: 人民邮电出版社, 2023.

[27] RIVEST R L, ADLEMAN L, DERTOUZOS M L. On data banks and privacy homomorphisms [J]. Foundations of Secure Computation, 1978, 4 (11): 169-180.

[28] GENTRY C. Fully homomorphic encryption using ideal lattices [C]//41st Annual ACM Symposium on Theory of Computing. NY: ACM, 2009: 169-178.

[29] GENTRY C. Toward basing fully homomorphic encryption on worst-case hardness [C]//Annual Cryptology Conference. Berlin: Springer, 2010: 116-137.

[30] VAN DIJK M, GENTRY C, HALEVI S, et al. Fully homomorphic encryption over the integers [C]//29th Annual International Conference on the Theory and Applications of Cryptographic Techniques. Berlin: Springer, 2010: 24-43.

[31] GENTRY C, HALEVI S. Fully homomorphic encryption without squashing using depth-3 arithmetic circuits [C]//52nd Annual Symposium on Foundations of Computer Science. NJ: IEEE, 2011: 107-109.

[32] BRAKERSKI Z, VAIKUNTANATHAN V. Efficient fully homomorphic encryption from (standard) LWE [C]//52nd Annual Symposium on Foundations of Computer Science. NJ: IEEE, 2011: 97-106.

[33] BRAKERSKI Z, GENTRY C, VAIKUNTANATHAN V. (Leveled) Fully homomorphic encryption without bootstrapping [C]//Innovations in Theoretical Computer Science. New York: ACM, 2012: 309-325.

[34] GENTRY C, SAHAI A, WATERS B. Homomorphic encryption from learning with errors: conceptually-simpler, asymptotically-faster, attribute-based [C]//33rd Annual Cryptology Conference. Berlin: Springer, 2013: 75-92.

[35] ALPERIN-SHERIFF J, PEIKERT C. Faster bootstrapping with polynomial error [C]//34th Annual Cryptology Conference. Berlin: Springer, 2014: 297-314.

[36] GAMA N, IZABACHENE M, NGUYEN P Q, et al. Structural lattice reduction: generalized worst-case to average-case reductions and homomorphic cryptosystems [C]//35th Annual International Conference on the Theory and Applications of Cryptographic Techniques. Berlin: Springer, 2016: 528-558.

[37] ROTHBLUM R. Homomorphic encryption: from private-key to public-key [C]//Theory of Cryptography Conference. Berlin: Springer, 2011: 219-234.

[38] HOFFSTEIN J, PIPHER J, SILVERMAN J H. NTRU: a ring-based public key cryptosystem [C]//International Algorithm Number Theory Symposium. Berlin: Springer, 1998: 267-288.

[39] BRAKERSKI Z, PERLMAN R. Lattice-based fully dynamic multi-key FHE with short ciphertexts [C]//Annual International Cryptology Conference. Berlin: Springer, 2016: 190-213.

[40] YAO A C. Protocols for secure computations [C]//23rd Annual Symposium on Foundations of Computer Science. NJ: IEEE, 1982: 160-164.

[41] SHAMIR A. How to share a secret [J]. Communications of the ACM, 1979, 22 (11): 612-613.

[42] RABIN M O. How to exchange secrets with oblivious transfer [J]. IACR Cryptology ePrint Archive, 2005, 187: 1-26.

[43] EVEN S, GOLDREICH O, LEMPEL A. A randomized protocol for signing contracts [J]. Communications

of the ACM, 1985, 28 (6): 637-647.

[44] BRASSARD G, CRÉPEAU C, ROBERT J M. All-or-nothing disclosure of secrets [C]//Theory and Application of Cryptographic Techniques. Berlin: Springer, 1986: 234-238.

[45] GOLDWASSER S, MICALI S, RACKOFF C. The knowledge complexity of interactive proof-systems [J]. SIAM Journal of Computing, 1989, 18 (1): 186-208.

[46] QUISQUATER J J, QUISQUATER M, QUISQUATER M, et al. How to explain zero-knowledge protocols to your children [C]//Theory and Application of Cryptology. New York: Springer, 1989: 628-631.

[47] BLUM M, DE SANTIS A, MICALI S, et al. Noninteractive zero-knowledge [J]. SIAM Journal on Computing, 1991, 20 (6): 1084-1118.

[48] FIEGE U, FIAT A, SHAMIR A. Zero knowledge proofs of identity [C]//19th Annual ACM Symposium on Theory of computing. New York: ACM, 1987: 210-217.

[49] BLAKLEY G R. Safeguarding cryptographic keys [C]//International Workshop on Managing Requirements Knowledge. NJ: IEEE, 1979: 313.

[50] BEIMEL A, CHOR B. Universally ideal secret-sharing schemes [J]. IEEE Transactions on Information Theory, 1994, 40 (3): 786-794.

[51] CHEON J H, KIM A, KIM M, et al. Homomorphic encryption for arithmetic of approximate numbers [C]//23rd International Conference on the Theory and Applications of Cryptology and Information Security. Cham: Springer, 2017: 409-437.

[52] FREEDMAN M J, NISSIM K, PINKAS B. Efficient private matching and set intersection [C]//International Conference on the Theory and Applications of Cryptographic Techniques. Berlin: Springer, 2004: 1-19.

[53] DE CRISTOFARO E, TSUDIK G. Practical private set intersection protocols with linear complexity [C]//International Conference on Financial Cryptography and Data Security. Berlin: Springer, 2010: 143-159.

[54] CHASE M, MIAO P. Private set intersection in the internet setting from lightweight oblivious PRF [C]//40th Annual International Cryptology Conference. New York: ACM, 2020: 34-63.

[55] HAZAY C, VENKITASUBRAMANIAM M. Scalable multi-party private set-intersection [C]//IACR International Workshop on Public Key Cryptography. Berlin: Springer, 2017: 175-203.

[56] DE CRISTOFARO E, GASTI P, TSUDIK G. Fast and private computation of cardinality of set intersection and union [C]//International Conference on Cryptology and Network Security. Berlin: Springer, 2012: 218-231.

[57] GOOGLEAIBLOG. Federated learning: collaborative machine learning without centralized training data [EB/OL]. https://research.googleblog.com/2017/04/federated-learning-collaborative.html.

[58] YANG Q, LIU Y, CHEN T, et al. Federated machine learning: concept and applications [J]. ACM Transactions on Intelligent Systems and Technology, 2019, 10 (2): 1-19.

[59] CHAUM D. Blind signatures for untraceable payments [C]//Advances in Cryptology. Boston: Springer, 1982: 199-203.

[60] NAKAMOTO S. Bitcoin: a peer-to-peer electronic cash system [M]. [S.l.]: Decentralized Business Review, 2008.

[61] MIERS I, GARMAN C, GREEN M, et al. Zerocoin: anonymous distributed e-cash from bitcoin [C]//Symposium on Security and Privacy. NJ: IEEE, 2013: 397-411.

[62] SASSON E B, CHIESA A, GARMAN C, et al. Zerocash: decentralized anonymous payments from bitcoin [C]//Symposium on Security and Privacy. NJ: IEEE, 2014: 459-474.

[63] REGEV O. New lattice-based cryptographic constructions [J]. Journal of the ACM, 2004, 51 (6): 899-942.

[64] REGEV O. On lattices, learning with errors, random linear codes, and cryptography [J]. Journal of the ACM, 2009, 56 (6): 1-40.

[65] ADAMS C. Constructing symmetric ciphers using the CAST design procedure [J]. Designs, Codes, and Cryptography, 1997, 12 (3): 283-316.

[66] 王育民. 美国新的联邦加密技术标准: CLIPPER 芯片 [J]. 通信保密, 1993 (4): 1-6.

[67] 张文政. SKIPJACK 算法 [J]. 通信保密, 1999 (3): 36-41.

[68] BLASER M. Protocol failure in the escrowed encryption standard [C]//2nd ACM Conference on Computer and Communications Security. New York: ACM, 1994: 59-67.